2023年
中国水稻产业发展报告

中国水稻研究所
国家水稻产业技术研发中心 编
国家水稻全产业链大数据平台

中国农业科学技术出版社

图书在版编目(CIP)数据

2023 年中国水稻产业发展报告 / 中国水稻研究所，国家水稻产业技术研发中心，国家水稻全产业链大数据平台编 . －－北京：中国农业科学技术出版社，2023.11

ISBN 978－7－5116－6547－8

Ⅰ.①2… Ⅱ.①中… ②国…③国… Ⅲ.①水稻－产业发展－研究报告－中国－2023 Ⅳ.①F326.11

中国国家版本馆 CIP 数据核字(2023)第 229760 号

责任编辑　崔改泵
责任校对　李向荣
责任印制　姜义伟　王思文

出 版 者　中国农业科学技术出版社
　　　　　北京市中关村南大街 12 号　　　邮编：100081
电　　话　(010) 82109194 (编辑室)　　　(010) 82109702 (发行部)
　　　　　(010) 82109709 (读者服务部)
网　　址　https://castp. caas. cn
经 销 者　各地新华书店
印 刷 者　河北鑫彩博图印刷有限公司
开　　本　185 mm×260 mm　1/16
印　　张　19.75
字　　数　468 千字
版　　次　2023 年 11 月第 1 版　2023 年 11 月第 1 次印刷
定　　价　100.00 元

《2023 年中国水稻产业发展报告》
编委会

前　言

2022 年，全国水稻种植面积 44 175.2 万亩，比 2021 年减少 706.7 万亩；亩产 472.0 kg，下降 2.2 kg，为历史次高；总产 20 849.5 万 t，减产 434.8 万 t。2022 年，早籼稻、中晚籼稻和粳稻的最低收购价格每 50 kg 分别提高至 124 元、129 元和 131 元，早籼稻最低收购价格每 50 kg 比 2021 年提高 2 元，中晚籼稻和粳稻均提高 1 元。2022 年，主产区各类粮食企业累计收购早籼稻 628 万 t，比 2021 年增长 7%；收购中晚籼稻 2 451 万 t，比 2021 年减少 2.4%；收购粳稻 2 968 万 t，比 2021 年减少 4.5%。2022 年政策性稻谷拍卖投放量 2 940.6 万 t，实际成交 65.4 万 t，成交率仅为 2.2%；实际成交量比 2021 年减少 476.8 万 t，减幅 87.9%，成交率下降了 6.1 个百分点。2022 年进口大米 619.4 万 t，比 2021 年增加 123.1 万 t，增幅 24.8%；出口大米 221.5 万 t，减少 23.3 万 t，减幅 9.5%。2022 年国内稻米市场行情整体弱于 2021 年，早籼稻、中晚籼稻和粳稻收购价分别为每吨 2 681.7 元、2 741.7 元和 2 730.0 元，早籼稻价格比 2021 年上涨 1.3%，中晚籼稻和粳稻价格分别下跌 0.7% 和 1.1%。2022 年，世界稻谷产量 7.38 亿 t 左右，比 2021 年减产 1 300 多万 t，减幅 1.7%。主要原因是中国、孟加拉国、巴基斯坦、泰国、越南、柬埔寨，以及非洲的马达加斯加等国家水稻生长期间气候条件较差，不利于产量形成。2022 年，世界全品类大米价格指数（以 2014—2016 年价格指数为 100）由 1 月的 101.4 上涨至 12 月的 119，涨幅 17.4%；年均价格指数 108.8，比 2021 年上涨 2.9%。

2022 年，水稻基础研究继续取得显著进展。国内外科学家以水稻为研究对象，在 *Science*、*Nature* 子刊、*PNAS* 等国际顶尖学术期刊上发表了一批研究论文。其中的重要论文如下。

Science 发表 3 篇，分别是：中国农业大学农学院李建生和杨小红团队联合华中农业大学严建兵团队首次挖掘出同时控制玉米和水稻产量性状的基因 *KRN2* 和 *OsKRN2*，发现这两个基因在驯化过程中受到趋同选择，在全基因组水平上揭示了玉米和水稻趋同选择的遗传规律。中国科学院分子植物科学卓越创新中心林鸿宣院士团队与上海交通大学林尤舜教授团队合作，首次揭示了在一个控制水稻抗热复杂数量性状的基因位点（*TT3*）中存在由两个拮

抗的基因（*TT3.1* 和 *TT3.2*）组成的遗传模块调控水稻高温抗性的新机制和叶绿体蛋白降解新机制，同时发现了第一个潜在的作物高温感受器。中国农业科学院作物科学研究所周文彬团队通过筛选水稻中候选的光合作用相关转录因子，鉴定了一个 DREB（脱水响应元件结合）家族成员 OsDREB1C，其表达受光照和低氮状态诱导，该研究发现 OsDREB1C 驱动功能多样的转录程序，决定光合能力、氮利用和开花时间。

Nature Communication 发表 7 篇，分别是：中国农业大学李自超教授团队研究克隆到一个水稻抗旱基因 *DROT1*，该基因的表达受到干旱诱导，可以提高纤维素结晶度，并通过调控细胞壁结构来提高水稻抗旱性。进一步研究发现，*ERF* 基因家族转录因子 ERF3 可以直接抑制 *DROT1* 表达，而另一成员 ERF71 可以直接激活 *DROT1* 表达，研究为揭示水稻抗旱性的分子机制提供了重要基础。中国科学院遗传与发育生物学研究所李云海团队与海南大学等单位合作研究发现，籼稻温敏不育系 Tian1S 在高温下表现出雄性不育，但在低温下表现出正常育性，与日长无关，为进一步阐明温度调控水稻育性转换的分子机制和指导两系杂交稻育种提供了帮助。中国科学院遗传与发育生物学研究所程祝宽研究员团队研究通过图位克隆鉴定到一个新的减数分裂起始调控基因 *ETFβ*，其编码一个线粒体定位的电子转运黄素蛋白 β 亚基，参与支链氨基酸的代谢，该研究为解析植物如何在贫瘠的土壤环境中维持必要的育性提供了理论支撑。日本福岛大学 Makoto Matsuoka 团队通过全基因组关联研究发现，14-3-3 家族基因 *GF14h* 能够有效解释不同水稻品种之间温度依赖性发芽的差异，揭示了温度依赖性水稻种子萌发的分子机制。日本近畿大学 Tsutomu Kawasaki 团队研究鉴定到一个晶体呈四螺旋束结构的蛋白 PBI1，该蛋白可以与免疫正向调控因子 U-box 型泛素连接酶 PUB44 互作，为探究水稻抗病的分子机制提供了新方向。日本神户大学 Takashige Ishii 团队研究表明，水稻驯化过程仅具有 *sh4* 突变并不足以使稻米不脱粒，野生稻需要同时具有 *sh4* 和 *qSH3* 突变才能获得不脱粒的特性。美国堪萨斯州立大学 David E. Cook 课题组利用 Cas12a 基因组编辑与多种测序技术阐明了稻瘟病菌中多条不同的 DNA 双链断裂修复机制及其对应的突变结果。

Nature Genetics 发表 1 篇：中国科学院遗传与发育生物学研究所储成才团队和高彩霞团队找到了调控水稻、小麦穗发芽问题的两个"开关"，包括负调控种子休眠的关键基因 *SD6* 和正调控种子休眠的基因 *ICE2*。研究认为两个基因"双剑合璧"，有望为因种子穗发芽导致的大规模农业损失提供解决方法。

Nature Biotechnology 发表 2 篇，分别是：中国科学院遗传与发育生物学研究所李家洋院士团队采用平铺删除的方法，对 *IPA1* 顺式调控区进行了系统性多靶点 CRISPR/Cas9 编辑，创制出大量 *IPA1* 顺式调控区平铺删除的基因编辑材料，从中发掘出了一个可以同时提高分蘖数和穗粒数的突变材料 *IPA1-Pro10*，并同时鉴定到该材料对应的 54 bp 关键顺式作用元件。华东师范大学李大力、刘明耀团队合作对腺嘌呤脱氨酶 TadA-8e 进行重新设计改造，创新性地构建了一系列"精准且安全"的新型胞嘧啶碱基编辑器，编辑窗口更加精准，脱靶率极低。

Nature Plants 发表 1 篇：中国科学院分子植物科学卓越创新中心林鸿宣研究团队研究鉴定到另一个耐热 QTL *TT2*，编码一个 G 蛋白 γ 亚基。在热胁迫下，携带耐热性等位基因的近等基因系苗期成活率显著提高，成熟期的单株产量也显著提高。研究发现，*TT2* 主要影响蜡质代谢通路，其中包括一个蜡质合成正向调控转录因子 OsWR2。

PNAS 发表 4 篇，分别是：南京农业大学万建民院士团队研究揭示了 IAA-OsARF18-OsARF2 生长素信号级联反应调控蔗糖转运子 OsSUT1 表达，调节蔗糖从源（叶片）到库（浆片、花药和子房）的分配，进而影响水稻颖壳张开、花药开裂和籽粒灌浆结实的分子机制，将为如何协调源—库—流提高农作物产量提供理论依据。中国科学院植物研究所宋献军研究员团队研究比较了两个种子活力差异巨大的水稻品种种子老化过程中转录组和代谢组的改变，通过构建共表达调控网络筛选到与种子活力有关的转录因子 bZIP23 和 bZIP42，研究揭示了一个活性氧清除途径改善水稻种子活力的新机制，为进一步改良作物相关农艺性状提供了有用的靶标。日本名古屋大学的 Yoshiaki Inukai 团队研究发现水稻中的两个 WUSCHEL 相关的 *WOX* 基因在控制侧根原基大小方面有着相反作用，解析了根系在不同环境下可塑性的分子机制。葡萄牙泽维尔大学 Katja E. Jaeger 团队研究揭示了 Evening complex（夜间复合体）对水稻抽穗期的控制作用，为深入了解水稻抽穗期调控机制提供了新思路。

在水稻栽培、植保、品质、加工等应用技术研究方面，科技工作者在水稻优质高产栽培理论创新、优质水稻栽培技术研发、绿色优质丰产协调规律与广适性等方面研究取得积极进展；杂交稻单本密植大苗机插栽培技术、水稻有序机抛高产高效栽培技术、杂交稻精准播种育秧机插技术、水稻氮肥高效利用技术、水稻节水灌溉技术、再生稻高产高效栽培等稻作新技术、新体系继续得到研究与推广应用。病虫害发生规律与预测预报技术、化学防治替代技术、化学防治技术、水稻与病虫害互作关系、水稻重要病虫害的抗药性及机理、水稻病虫害分子生物学等方面研究继续取得积极进展。稻米品质的理化基础、不同地区的稻米品质差异、生态环境和农艺措施对稻米品质的影响等方面研究，以及水稻重金属积累的遗传调控研究、水稻重金属胁迫耐受机理研究、水稻重金属污染控制技术研究、稻米中重金属污染状况及风险评价等方面研究同样也取得积极进展。在稻米加工方面，加工的新工艺、新技术、新产品得到快速发展和应用，稻米副产品的综合利用不断向新产品、新技术扩展，糙米的食味品质不断提升，米糠、米胚等副产品的综合利用技术开发也在向提高整体资源利用率方向发展，稻谷全产业链综合利用水平不断提高。

2022年，通过省级以上审定的水稻品种2 015个，比2021年减少214个，减幅10.6％。其中，国家审定品种438个，减少239个；地方审定品种1 577个，增加25个；科研单位为第一完成单位育成的品种占42.1％，比2021年提高3.5个百分点；种业公司育成的品种占57.9％。

农业农村部确认北粳1705、嘉禾优5号、嘉优中科13-1、隆两优5438、中浙优H7、粤禾优1002、万太优美占等7个品种为超级稻品种，取消因推广面积未达要求的Y优1号、Q优6号、楚粳27、新两优6380、陆两优819、桂两优2号、五丰优T025、沈农9816、徽两优6号等9个品种的超级稻冠名资格。截至2022年，由农业农村部冠名的超级稻示范推广品种共计133个。全国杂交水稻制种面积196.6万亩，比2021年增加40万亩，增幅25％；常规稻繁种面积228万亩，比2021年增加36万亩，增幅19％。全年水稻种子出口量2.3万t，比2021年减少8％；出口金额8 832.6万美元，比2021年减少7.1％。

根据农业农村部稻米及制品质量监督检验测试中心分析，2015年以来我国稻米品质达标率总体持续回升，但不同年度间小幅波动。2022年检测样品达标率达到56.50％，比2021年上升2.89个百分点。其中，籼稻达标率59.69％，粳稻达标率45.03％，籼稻比2021年上升了4.76个百分点，粳稻下降了4.43个百分点；整精米率、碱消值、胶稠度、直链淀粉和垩白度的达标率分别比2021年上升了1.72、1.38、1.10、0.47和0.24个百分点，透明度比2021年下降了1.26个百分点。

本年度报告的前五章，由中国水稻研究所稻种资源研究、基因定位与克隆、稻田生态与资源利用、水稻虫害防控、基因编辑与无融合生殖研究室组织撰写；第六章和第十章均由农业农村部稻米及制品质量监督检验测试中心组织撰写；第七章由黑龙江省农业科学院食品加工研究所、第九章由中国种子集团战略规划部组织撰写；其余章节在全国农业技术推广服务中心粮食作物处等单位的热心支持下，由中国水稻研究所稻作发展研究室完成撰写。报告还引用了大量不同领域学者和专家的观点，在此表示衷心感谢！

　　囿于编者水平，疏漏及不足之处在所难免，敬请广大读者和专家批评指正。

编　者

2023 年 6 月

目　　录

上篇　2022年中国水稻科技进展动态

下篇　2022 年中国水稻生产、质量与贸易发展动态

上篇

2022 年
中国水稻科技进展动态

第一章 水稻品种资源研究动态

2022 年，国内外科学家在水稻驯化研究上取得积极进展。中国农业大学杨小红研究组与国内合作者挖掘出同时控制玉米和水稻高产的基因 *KRN2* 和 *OsKRN2*，研究表明：玉米 *KRN2* 和水稻 *OsKRN2* 受到趋同选择并通过相似的途径调控玉米和水稻产量（Chen et al.，2022）。钱前研究组与国内多家单位合作构建了群体水平规模最大的水稻图形超级泛基因组及稻属一致性坐标体系，并利用其快速克隆了水稻粒型 *spd6* 和 *qT-GW1.2a* 的优异等位基因，揭示了复杂结构变异在水稻适应性及其平行驯化过程中的重要作用（Shang et al.，2022）。神户大学联合国际多家科研机构研究表明，在野生稻被驯化为栽培稻的初期阶段发生的 3 个基因突变使种子不容易脱落，该成果有助于改善水稻种子的易掉落性（Ishikawa et al.，2022）。基因鉴定方面，中国科学院分子植物科学卓越创新中心林鸿宣研究团队与上海交通大学林尤舜研究团队合作分离克隆了水稻高温抗性新基因位点 *TT3*，揭示了 *TT3* 中存在由两个拮抗的基因 *TT3.1* 和 *TT3.2* 组成的遗传模块调控水稻高温抗性的新机制（Zhang et al.，2022）。林鸿宣研究组还定位并克隆了编码 G 蛋白 γ 亚基的抗高温基因 *TT2*（Kan et al.，2022）。储成才研究组与高彩霞研究组合作，从强休眠水稻品种 Kasalath 中克隆到一个负调控水稻休眠的关键基因 *SD6*，并揭示了其调控种子休眠与萌发的分子机制，进一步利用基因组编辑技术对多个易穗发芽的水稻以及小麦主栽品种的 *SD6* 基因进行改良，为谷物穗发芽抗性育种改良奠定了理论基础并提供了基因资源（Xu et al.，2022）。

第一节 国内水稻品种资源研究进展

一、栽培稻的驯化和基因组研究

通过对淮河地区新石器时代中期汉江遗址的宏观和微观植物遗迹、食物残渣和类似稻田的特征分析，提出了汉江水稻种植的早期开端。不落粒的水稻小穗基部的存在和水稻植硅体百分比的增加证实了在汉江古植物群中出现了驯化水稻。然而，从 7 000 年前不同培养阶段的水稻型球状细胞的双峰型胶质细胞和鱼鳞装饰的形态计量学所显示的不同水稻驯化预测率可以看出，水稻培养处于发展的早期阶段。该发现证明了淮河已成为史前中国又一个重要的水稻栽培与驯化中心（Qiu et al.，2022）。

中国科学院遗传与发育生物学研究所科研团队利用强休眠的水稻品种 Kasalath 和弱休眠水稻品种日本晴构建染色体单片段代换系，成功从强休眠水稻品种中克隆到一个控制水稻种子休眠的关键基因 *SD6*，并证实了 *SD6* 负调控水稻种子休眠。研究团队通过基因编辑技术对水稻易穗发芽品种天隆 619、武运粳 27 号以及淮稻 5 号中的 *SD6* 基因进行改良，发现改良的水稻材料在收获期遭遇连阴雨天气时的穗发芽情况显著改善。研究团队对小麦品种科农 199 的 *TaSD6* 基因进行改良，也可以大幅提高小麦穗发芽抗性，表明 *SD6* 基因在水稻和小麦控制种子休眠的功能是保守的。这些研究成果都表明，*SD6* 在水稻、小麦穗发芽抗性育种改良中具有重要应用价值（Xu et al.，2022）。

Zhang 等（2022）报道了一种高质量的水稻泛基因组构建方法，通过引入一系列新步骤来处理长读取数据，包括未映射的序列块过滤、冗余去除和序列块延长。与 NipRG 相比，由 105 份水稻材料构建的基于长读测序的泛基因组包含 604 Mb 的新序列，比由 3 000 个短读测序的水稻基因组构建的泛基因组更全面。重复序列是新序列的主要组成部分，这部分解释了基于 TGS 和 SGS 的泛基因组之间的差异。加上 6 份野生水稻材料，水稻基因组中共有约 879 Mb 的新序列和 19 000 个新基因。此外，该研究为所有具有代表性的水稻种群创建了高质量的参考基因组，包括五个无间隙参考基因组。该研究在对水稻泛基因组的理解方面取得了重大进展，这种用于长读数据的泛基因组构建方法可以用于加速广泛的基因组学研究。

玉米 *KRN2* 和水稻 *OsKRN2* 受到趋同选择并通过相似的途径调控玉米和水稻的产量。Chen 等（2022）通过多年多点的田间小区试验表明，玉米 *KRN2* 敲除系和水稻 *OsKRN2* 敲除系可分别提高 10％的玉米产量和 8％的水稻产量，并且对其他农艺性状没有显著负面影响，展现了巨大应用潜力。

Ye 等（2022）通过对 439 份水稻材料（包括主栽品种、地方品种和引进品种）的重测序，分析了主栽品种的遗传变化以及在改良过程中受到地方品种和引进品种的贡献。结果表明，地方品种是常规中籼稻主栽品种的主要遗传贡献来源，而引进品种是常规中粳稻主栽品种的主要遗传贡献来源。选择扫荡和单倍型频率分析揭示了已报道基因在水稻改良中的单倍型频率变化，育种家在籼稻和粳稻育种中具有不同偏好性。通过全基因组关联分析定位到 6 个与农艺性状相关的候选区域，其中 5 个在水稻改良中受到正向选择。这项研究为主要常规稻品种的发展提供了全面见解，为水稻基因组学育种奠定了基础。

二、遗传多样性与资源评价利用

为发现适宜江苏省推广种植的优良水稻品种并筛选优质的水稻种质资源创新材料，张志鹏等（2022）对 104 个水稻品种（系）的 7 个表型性状进行研究，开展品种（系）表型性状的遗传多样性分析和聚类分析，利用 F 值综合评价水稻品种资源。结果表明，供试材料有效穗数、瘪粒数及单株产量的变异系数＞30％，在所有种群表型性状中具有良好的遗传变异性，7 个表型性状的香农—维纳多样性指数范围为 6.618～6.700，种群表型内部多样性丰富；利用聚类分析将种群划分为四大类群，为不同品种

（系）间的杂交和优质品种选育提供了理论依据；通过 F 值排名，筛选出 27 个地方稻品种（系）作为优良的种质资源创新材料和遗传育种的亲本来源。

李晓蓉等（2022）以 85 份宁夏回族自治区当地及引进水稻种质资源为试验材料，对其叶瘟和穗颈瘟抗性进行鉴定，分析 $Pita$、Pib 基因在这些水稻种质资源中的分布及其与穗颈瘟抗性的关系。结果表明，85 份水稻种质资源中，抗叶瘟的有 66 份，抗穗颈瘟的有 40 份，综合抗稻瘟病的有 56 份。85 份水稻种质资源中，不同基因组合对穗颈瘟的抗性表现为 $Pita+/Pib->Pita-/Pib+>Pita+/Pib+>Pita-/Pib-$，对稻瘟病的综合抗性表现为 $Pita+/Pib->Pita+/Pib+>Pita-/Pib+>Pita-/Pib-$。相关性分析结果表明，$Pib$ 基因与穗颈瘟抗性无显著相关性，$Pita$ 基因与穗颈瘟抗性有显著相关性。综上，$Pita$ 基因可以用于宁夏回族自治区水稻抗穗颈瘟育种，同时在生产上 $Pita$ 基因也可以和 Pib 基因相结合，用于抗稻瘟病的基因聚合育种。

原小年等（2022）以 119 份种质资源为材料，运用改进的免煮简易法测定供试材料的直链淀粉含量；利用开发的 dCAPS 分子标记鉴定其 Wx 基因型。结果表明，改进的免煮简易法准确性与现行国标法结果相当，但操作更加简便容易。供试材料的直链淀粉含量大部分处于 $9.0\% \sim 33.0\%$，抗性淀粉含量位于 $1.0\% \sim 4.5\%$。dCAPS 分子标记鉴定表明高直链淀粉材料的 Wx 基因型一般为 Wx^a 型。通过序列比对，发现相对于日本晴，$SSIIIa$ 基因在 3 个高抗性淀粉材料（立新粳、南特号、郴晚 3 号）有 3 处共同突变，其中第三外显子 +2362 位为错义突变；$SBEIIb$ 在 2 个高抗性淀粉品种（立新粳与南特号）第四外显子 +96 位检测到共同的错义突变。这些错义突变可能是导致水稻抗性淀粉含量增加的原因，这为下一步精确定向编辑目标基因，创制淀粉品质性状优异新种质奠定了基础。

赵隽劼等（2022）通过对江西省东乡野生稻种质资源的野外调查，结合东乡野生稻原生境保护区实地监测结果，分析了东乡野生稻种质资源保护现状及其存在的主要问题，提出了进一步保护和利用的对策，为更好保护东乡野生稻种质资源和研究利用提供借鉴。

潘大建等（2022）对 1978 年以来广东在野生稻种质资源保护和利用方面取得的显著成效进行了全面总结：在广州建立了国家野生稻种质资源圃和广东省水稻种质资源库，目前保存野生稻资源 5 188 份、种子入库保存 4 000 余份，涵盖 20 个野生稻种；在广州和茂名各建立了 1 个普通野生稻原生境保护区；形成了种茎入圃、种子入库保存及原生境保护相结合的野生稻资源保护体系。利用广东野生稻资源直接或间接育成 156 个品种通过国家、省级品种审定，其中 18 个通过国家品种审定。针对广东野生稻种质资源保护与育种利用工作存在的主要问题，建议加大野生稻保护与鉴评投入，加强野生稻原生境保护区规划建设和管理，加强野生稻资源优异种质创新、育种新材料创制和相关应用基础研究，促进野生稻资源保护和育种利用取得更大成效。

为了发掘贵州旱稻抗稻瘟病种质资源并提高抗源的利用价值，何海永等（2022）以种质库和近年田间收集的旱稻为研究材料，通过室内人工接种鉴定，结合自然病圃鉴定，对供试材料的稻瘟病抗性进行综合评价。人工接种鉴定结果表明，综合抗性表现为中抗及以上的抗源有 38 份，占鉴定材料的 14.3%。进一步开展自然病圃鉴定，筛选出 GUR011（旱高糯）、GUR033（旱香糯）等 13 份对稻瘟病抗性表现为中抗及以上的材料，其中收集材料占 53.85%。综合筛选出结实率高（GUR011、GUR258）、大穗大粒（GUR105、GUR194）、分蘖力强（GUR194、GUR259）和单株产量达 30g 以上（GUR033、GUR171）的旱稻抗病种质 8 份供育种利用。

黑龙江省拥有大面积的苏打盐碱地，为挖掘黑龙江省耐盐碱水稻种质资源，为耐盐碱水稻品种培育提供中间材料并优化筛选方法，曹良子等（2022）以 118 份高世代水稻种质资源和 6 份黑龙江省主栽水稻品种为材料，在黑龙江省肇源县盐碱地新开垦的水稻田中进行耐盐碱筛选试验，分别调查水稻分蘖数和收获粒数。结果表明，通过综合比较筛选出 9 份耐盐碱水稻新种质资源，其在营养生长期发育旺盛，并在生殖生长期具有较强耐盐碱性。说明在鉴定以及筛选耐盐碱水稻种质资源时，可以将水稻营养生长期的分蘖能力作为鉴定筛选指标，能够提高耐盐碱水稻筛选效率以及精准度。

为了筛选出适宜江汉平原种植的再生稻核心种质，吴建伟等（2022）以 234 份早抽穗水稻种质资源为材料，进行 2 年大田试验，对 10 个农艺性状进行整理分析。结果表明，结合主因子得分和隶属函数权重，对水稻种质的综合性状进行客观评价并赋予得分值，综合得分排名前 10 的种质资源为金南特 43B、SR113∷GERVEX553-C1、SI-WAN14∷IRGC63019-1、NANTEHAO∷IRGC59797-1、BLUEBELLE、柳沙 1 号、RIKUTOKEMOCHI、5216B、临果和丽江新团黑谷。聚类分析结果显示，234 份水稻种质资源可聚类成三大类。234 份水稻种质资源表型变异丰富，利用主成分分析、综合评价和聚类分析获得第 Ⅰ 类群更适合在江汉平原种植的水稻种质资源，可作为初步筛选出的适合江汉平原种植的再生稻种质资源。

为提高冀东稻区水稻抗稻瘟病育种水平，邹拓等（2022）对 157 份粳稻资源通过田间诱发感病鉴定其稻瘟病抗性，并利用 12 个抗病基因标记进行基因型鉴定。结果表明，157 份粳稻资源中表现为抗、中抗、中感、感及高感材料分别为 2、70、64、9、12 份，其中，材料 ZY1 和 ZY2 表现为抗。Piz 和 $Pid3$ 这两个抗病基因出现频率最高，而 $Pigm$、Pia、$Pita$、Pik 和 $Pi5$ 在本地区对稻瘟病的抗性上起到主效作用，且聚合越多抗性基因，抗病性越强。结合种质资源农艺及产量性状，发现 ZY2、ZY13、ZY15 和 ZY21 适合作为抗稻瘟病育种的亲本。

伏荣桃等（2022）2016—2020 年采用田间人工注射接种稻曲病菌的方法，评价引自国际水稻研究所的 212 份水稻材料的稻曲病抗性。通过连续 5 年接种稻曲病菌试验结果表明，有 15 份水稻材料对稻曲病表现为中抗以上抗性，大部分材料表现感病性，其中 KHAODAM∷IRGC 23385-1、IR77298-14-1-2∷IRGC117374-1、DUMAI∷IRGC25852-1、WARABEHATO-MOCHI∷IRGC14779-1、EDOGAWA∷IRGC74468-1、IR 65482-17-511-5-7∷IRGC117284-1、QUILA64117∷IRGC117024-1 和 VAS-SENANAN∷IRGC56812-1 等 8 份材料接种稻曲病后未发病，对稻曲病表现稳定高抗。

筛选出 8 份对稻曲病表现为高抗的水稻材料，为抗稻曲病水稻品种选育提供了优秀抗源材料。整体上，籼稻类型种质抗稻曲病水平高于粳稻类型，早熟品种抗性＞中熟品种抗性＞晚熟品种抗性。

梁程等（2022）以两份自然重组的新株型种质 08yi 和 RIL60 以及由同一自交系选育出来的常规种质 08yc 和 RILc 为材料，进行不同生长时期的株型构成因子和产量性状的比较分析，同时对 4 份种质进行理想株型基因 *IPA1* 测序和糯性鉴定。与常规种质相比，二者发生的有利变异包括功能叶叶角减小、功能叶叶长更合理、株型紧凑、单株有效穗数增加 1～2 穗，结实率分别提高了 7.37％和 5.09％；此外，新种质 08yi 叶绿素含量显著提高，RIL60 的茎秆变粗，二者在逆境下的穗部性状表现更好，产量降幅更小，抗逆力增强。*IPA1* 基因测序结果显示与少蘖粳 *ipa1* 相比，两新种质并未突变。糯性鉴定结果表明 RIL60 存在糯性变异。两个新种质的一些农艺性状发生了明确的有利变异，具有较理想的株型结构，可作为优异种质用于理想株型育种和株型研究。RIL60 作为理想株型糯稻，由于具有非糯水稻的经济产量，具有巨大应用价值。

滕祥勇等（2022）选用 238 份吉林省、黑龙江省水稻品种及自创高世代品系为供试材料，以萌发率、发芽率、发芽势为鉴定指标，初筛出 59 份耐低温低氧材料；对初筛出的材料进行室内精准鉴定，以 12℃低温处理 15 d 后发芽率、发芽指数和活力指数为主鉴定指标，筛选出 19 份较耐冷材料，其中有 8 份材料表现强耐低温；以低氧胁迫下胚芽鞘长度为主鉴定指标，参考发芽率、苗高、缺氧反应指数，筛选出较耐低氧材料 15 份；低温低氧混合胁迫处理后有 39 份材料出苗成苗率较高；室内覆土试验显示，在催芽和干籽条件下成苗率均高于 60％的有 19 份材料；田间自然鉴定，有 21 份材料表现出较高的出苗成苗率且出苗速度相对较快。综合混合胁迫、覆土试验和田间鉴定结果，筛选出 16 份较耐低温低氧材料：L-2、L-30、L-39、L-5、L-8、W-106、W-14、W-39、W-43、W-65、W-82、W-86、Z-32、Z-33、Z-59 和 Z-7。

水稻黑条矮缩病（RBSDVD，rice black-streaked dwarf virus disease）是以灰飞虱为主要传毒介体，由水稻黑条矮缩病毒（RBSDV，rice black-streaked dwarf virus）引起的一种水稻病毒性病害。介体灰飞虱一经染毒，终身带毒，但不能通过虫卵传毒。近十几年水稻黑条矮缩病在中国南方稻区广为流行，造成水稻严重减产。目前主要通过使用农药来防治其传毒介体灰飞虱，但由于灰飞虱种群数量大，导致其防治效果不佳，而且存在污染环境的隐患，故培育和利用抗水稻黑条矮缩病的水稻品种是综合防治水稻黑条矮缩病的基础。刘晴和徐建龙（2022）对水稻黑条矮缩病的分布及危害、抗病种质资源、抗性鉴定方法、抗病基因/QTL 的定位、抗病分子机理及育种进行综述，为开展水稻黑条矮缩病抗性遗传研究和品种选育提供参考。

为评价水稻资源耐盐能力，筛选耐盐品种，林泉祥等（2022）对来自中国农业科学院种质资源库的 60 个水稻品种（系）进行芽期耐盐试验。用盐浓度分别为 0、0.3％、0.5％和 0.7％的 NaCl 进行胁迫后，通过测定其发芽率、根长、芽长、芽鲜重、干重以及侧根数目，并采用主成分、隶属函数和聚类分析等方法综合评价各品系的耐盐水平。

获得的耐盐品种主要有 Bate Aus、Bhat Mukhu 和水原 295，盐敏感的品种有 IRAT109、TAE GUNA、农林 108 和水原 303。结果可为后续盐胁迫相关基因定位和品种选育奠定基础。

孙建昌等（2022）对 60 份宁夏自育、福建新引、东北引进的水稻种质的遗传多样性进行了比较分析。结果表明：福建新引种质的遗传多样性指数明显小于宁夏自育种质和东北引进种质；宁夏自育种质与福建新引种质的遗传距离大，亲缘关系较远；宁夏自育种质与东北引进种质的遗传一致度高，亲缘关系更近。聚类分析表明，宁夏自育种质与东北引进种质相似性较高，融合度较高；福建新引种质与宁夏自育种质、东北引进种质之间的融合度均较低，集聚于相对独立的小类。福建新引种质与宁夏自育种质、东北引进种质的遗传差异性较大，亲缘关系较远，可进一步重点利用。

唐海浪等（2022）采用水培试验，设置 2 mg/L 低钾胁迫和 40 mg/L 正常供钾 2 个水平，以根长、株高、地上部鲜重和地上部干重作为筛选指标，对 84 份云南地方稻种资源进行了苗期的耐低钾筛选和评价。结果表明：在不同 K^+ 浓度处理下，这些地方稻品种的根长、株高、地上部鲜重和地上部干重这 4 个性状指标差异显著。根据它们各性状的相对耐性指数及其综合指数，分为耐低钾型、较耐低钾型、较不耐低钾型和不耐低钾型；最终筛选出优异的耐低钾型品种 11 份，占供试材料的 13.10%。

陈越等（2022）以 133 份云南同名地方稻种资源为材料，聚类分析和遗传多样性分析结果表明：133 份云南同名地方稻种资源 13 个表型性状在 11 组内均存在不同程度变异，变异系数为 3.74%～82.96%。133 份同名地方稻种资源被聚为八大类群。48 个 SSR 标记共检测到 395 个多态性位点，各标记扩增出的等位基因数为 2～16 个；检测到的等位基因数为 154～263 个。48 个 SSR 标记的主要等位基因频率、基因多样性指数及多态信息含量（PIC）差异较大，主要等位基因频率为 0.161 7～0.797 0，平均为 0.333 2，基因多样性指数为 0.356 2～0.905 4，平均为 0.770 4，PIC 为 0.338 8～0.897 7，平均为 0.741 9。11 组同名地方稻种资源的 SSR 分子标记遗传相似系数差异明显，为 0.454 5～0.904 0，在遗传相似系数 0.140 0 处可将 133 份资源分为七大类群。

蔡海滨等（2022）以收集的 21 个江苏省不同地区的杂草稻群体、6 个栽培稻品种和 2 个杂草稻对照群体为材料，通过在海南同质园种植，测定 18 个表型性状，分析其性状的多样性，并进行相关性分析、主成分分析、聚类分析和综合评价研究。结果表明：杂草稻的齐穗期和齐花期均明显早于栽培稻，杂草稻的实粒数和总粒数均较优于栽培稻，杂草稻资源群体表型性状变异系数为 2.99%～196.29%，多样性指数为 0.27～2.06，多样性指数最高的是结实率，其次为实粒数、剑叶长/宽和总粒数。主成分分析将 18 个表型性状集中在累计贡献率为 70.57% 的 6 个主成分，其中正相关影响最大的性状是杂草稻的始穗期、始花期、齐穗期、齐花期、总粒数、实粒数等性状。聚类分析将 23 个杂草稻群体在欧式距离为 5 时分为 5 大类。18 个指标综合评价 D 值＞0.68 的有 3 个群体，其中，来自南通如皋 WJ-NJ1 的 D 值最高（0.715），其次是来自常州金坛 WJ-CZ1（0.698）和盐城市辖区 WJ-YC2（0.682）。本研究为杂草稻种质资源在未来的辅助育种以及栽培稻品种改良等方面提供了重要的理论依据。

焦颖瑞等（2022）通过对125个水稻亲本和品种材料开展耐高温试验，研究了高温胁迫条件下水稻结实率的变化特征，构建了"长江上游自然高温与人工模拟高温鉴定相结合、高温结实率稳定性与高温绝对结实率相结合"的开花期耐热性评价方法，将耐热性分为1、3、5、7、9级共5个级别，分别表示强耐热、耐热、较耐热、不耐热和极不耐热。试验结果显示：应用该评价方法可以有效鉴定出既具有较高耐热性又具有较高结实率表型的优质水稻亲本和品种；在西南高温地区筛选的品种和亲本材料具有较高的耐热性，如富优1号、泸优727、Ⅱ优602等品种材料，R21、SCR12、泸恢602等恢复系材料，陵1B、内香6B、内香3B等保持系材料。

杨海龙等（2022）对100份早籼稻种质资源的14个主要表型性状的多样性水平进行分析。结果表明：14个表型性状的变异系数在0.96%～41.07%；14个表型性状的遗传多样性指数在5.50～5.61；基于主成分二维排序分析筛选到单穗重大、每穗瘪谷数少、长宽比小、倒二叶长度和生育期适中、穗长长且单株有效穗多的种质资源，根据二维排序结果，早籼稻材料4128、4209、4225和4278是在二维排序重叠种质，可以作为育种亲本或中间材料。主成分分析和综合评价表明，100份早籼稻种质资源中材料4021综合性状排名第1，筛选到每穗实粒数、每穗瘪谷数、结实率、单株有效穗、谷粒长和谷粒宽这6个表型性状可以作为早籼稻资源综合评价的关键指标；同时基于离差平方和法进行层次聚类，将100份早籼稻材料分为4类，各类表型性状差异明显。

Zhang等（2022）以7个AA基因组种的170份材料和160份陆稻为供体，3个表现优良的亚洲栽培稻为供体，培育了26 763份遗传材料，其中具有稳定的散穗、直立穗、密穗、稀穗、芒、匍匐生长、株高、壳色、种皮颜色、光壳、粒长、粒宽、粒重、抗旱性、陆生适应性、抗稻瘟病表型的渗入系材料6 372份，育成了全世界供体类型最丰富的种间、亚种间农艺性状渗入系文库。共鉴定出22个分别控制粒长和粒宽新的等位变异，基于多供体渗入系文库的优势，发现不同供体的同一座位可以控制相同的表型，也可以控制完全相反的表型，说明有些位点在不同种中的功能或是保守的，或是不同单倍型的功能存在分化。稻属AA基因组渗入系文库不仅有助于培育具有可持续高产潜能、多样化的品质需求、多抗、环境友好的水稻品种，而且为人类认识水稻重要农艺性状的遗传和分子机制奠定了坚实基础。

三、有利基因发掘与利用

全球气候变暖、极端高温天气频发加剧粮食安全问题。挖掘作物抗高温基因资源、阐明高温抗性调控机制、培育抗高温作物品种是当前亟待解决的课题。中国科学院分子植物科学卓越创新中心林鸿宣团队与上海交通大学林尤舜团队合作揭示水稻高温抗性的新机制，挖掘出由 TT3.1 和 TT3.2 组成的抗高温遗传模块 TT3，同时首次发现第一个潜在高温感受器（TT3.1），其感知并传递高温信号给叶绿体蛋白TT3.2，保护叶绿体免受热伤害；来自非洲稻的 *TT3.1-TT3.2* 模块显著增强高温抗性，在高温胁迫下比对照增产 1 倍（Zhang et al.，2022）。林鸿宣团队又挖掘出水稻抗高温基因 *TT2*，首次揭示钙信号—蜡质代谢的抗高温新机制，在高温胁迫下 *TT2* 比对照增产 54.7%。*TT2* 和 *TT3* 成果为作物抗高温育种提供珍贵基因资源（Kan et al.，2022）。

Wang 等（2022）报道了硝酸盐转运蛋白基因 *OsNPF5.16*，该基因启动子序列具有自然变异，对水稻的生长和产量至关重要。启动子序列在籼粳品种间存在不同程度的差异，在株重较高、分蘖较多的籼稻品种中表达较高。*OsNPF5.16* 在根、分蘖基部和叶鞘中高表达，其蛋白定位于质膜上。在经 cRNA 注射的非洲爪蟾卵母细胞中，*OsNPF5.16* 在高硝酸盐浓度下的转运依赖于 ph 的过表达增加了水稻叶鞘的硝酸盐含量和总氮含量，以及生物量和分蘖芽长。提高 *OsNPF5.16* 的表达通过调节细胞分裂素水平增加水稻分蘖数和产量。而对 *OsNPF5.16* 表达的抑制作用则相反。该研究表明调控 *OsNPF5.16* 的表达对提高水稻籽粒产量具有潜在的作用。

刘进等（2022）以耐热等级和幼苗存活率为指标对不同类型水稻苗期耐热性进行鉴定评价，筛选和鉴定耐热种质资源及主效 QTL。结果表明：籼稻品种耐热性明显强于粳稻品种；共筛选出嘉育 253、中优早 8 号、秀水 09 等 20 份耐热种质资源。RIL 群体亲本中优早 8 号耐热性较强，植株基本无枯死，龙稻 5 号对高温胁迫较敏感，不同株系间苗期耐热性存在较大幅度变异；共检测到 12 个苗期耐热相关 QTL，分布于第 1、3、4、5 和 8 染色体上，耐热等级和存活率 QTL 存在明显的遗传重叠，主效 QTL 簇 *qHTS4* 和 *qHTS8* 表型贡献率较大。基于 QTL 初步定位结果，利用相对剩余杂合体 RHL-F_2 群体，在第 8 染色体 RM5808-RM556 标记区域鉴定了一个苗期耐热性主效 QTL *qHTS8*，该区域对苗期耐热性具有较强调控效应。研究结果可为水稻苗期耐热性生理生化机理与分子遗传机制的研究及育种利用奠定基础。

为了构建 14 个氮利用效率基因的分子标记辅助选择体系，Li 等（2022）基于水稻已经发布的 36 份具有参考基因组的栽培稻种质材料，提取了 14 个基因的基因组全长并进行了单倍型划分，然后针对优势单倍型携带的功能变异或特有变异开发了分子标记。利用开发的分子标记，研究人员分析了 41 份种质材料和 71 份审定的北方粳稻品种的等位基因，揭示了籼稻和粳稻氮利用效率差异的基因基础。该研究中评价的种质材料和开发的分子标记为后续粳稻遗传改良奠定了坚实基础。

Li 等（2022）报道了 *U. virens* 分泌细胞质效应子 UvCBP1，以促进水稻花的感染。从机制上讲，UvCBP1 与水稻支架蛋白 OsRACK1A 相互作用，并与还原的烟酰胺腺嘌呤二核苷酸磷酸氧化酶 OsRBOHB 竞争其相互作用，从而抑制活性氧（ROS）的产生。尽管对自然变异的分析表明，没有 OsRACK1A 变异可以避免被 UvCBP1 靶向，但 OsRACK1A 的表达水平与水稻种质中对 *U. virens* 的田间抗性相关。OsRACK1A 的过量生产恢复了 OsRACK1A-OsRBOHB 的结合，并促进 OsRBOHB 磷酸化以增强 ROS 的产生，赋予水稻花对 *U. virens* 的抗性，而不会造成产量损失。该研究揭示了一种由花特异性病原体的重要效应物介导的新的致病机制，并为平衡抗病性和作物产量提供了宝贵的遗传资源。

Wei 等（2022）通过在水稻中筛选候选的光合作用相关转录因子，鉴定了一个 DREB（脱水反应元件结合）家族成员 OsDREB1C，其中的表达是由光照和低氮状态诱导的。该研究发现 OsDREB1C 驱动功能多样的转录程序，决定光合能力、氮利用和开花时间。*OsDREB1C* 过表达水稻的田间试验显示，产量增加了 41.3%～68.3%，此外，缩短了生长期，提高了氮利用效率，促进了资源的有效分配，从而为实现急需的农业生产力提高提供了策略。

Yin 等（2022）发现粳稻的油菜素内酯（BR）敏感性总体上低于籼稻。对 BR 信号基因的广泛筛选导致了一组分布在整个主要 BR 信号通路中的具有不同多态性的基因鉴定。研究人员证明了引起氨基酸变化 P13L 的 BR 信号激酶 2（OsBSK2）中的 C38/T 变体在介导粳稻和籼稻的 BR 差异信号传导中发挥着核心作用。籼稻的 OsBSK2L13 通过影响 OsBSK2 的自身结合和蛋白质积累，在 BR 信号传导中比粳稻的 OsBSK2P13 发挥更大作用。最后，确定 OsBSK2 与粳稻相对于籼稻的许多不同性状有关，包括谷粒形状、分蘖数、冷适应和氮利用效率。该研究表明，*OsBSK2* 的自然变异在 BR 信号传导的分化中起着关键作用，BR 信号传导是粳稻和籼稻之间多种不同性状的基础。

通过全基因组关联研究（GWAS）、连锁不平衡（LD）衰变分析、RNA 测序和基因组编辑，Wang 等（2022）鉴定了一个高度耐药的品种及其第一个功能基因。通过对一个不同的国际水稻群体的广泛评估，鉴定出了一个高抗水稻黑条矮病毒病（RBSDVD）的品种 W44。共鉴定出 17 个数量性状位点（QTL），其中 *qRBSDV6-1* 的表型效应最大。它被精细定位到 6 号染色体上的 0.8～1.2 Mb 区域，具有 62 个注释基因。对 *qRBSDV6-1* 候选基因的分析显示，天冬氨酸蛋白酶 47（*OsAP47*）在易感品种 W122 和低抗性品种 W44 中高表达。*OsAP47* 过表达系表现出显著降低的抗性，而敲除突变体表现出显著减少的 SRBSDVD 和 RBSDVD 严重程度。此外，*OsAP47* 的抗性等位基因 Hap1 几乎是籼稻独有的，但在粳稻中很罕见。结果表明，通过编辑敲除 *OsAP47* 对于改善 RBSDVD 和 SRBSDVD 的抗性是有效的。该研究为培育抗性品种提供了遗传信息。

Sha 等（2022）通过分析 MBK 水稻数据库，揭示了籼稻中 7 个和粳稻中 4 个 *sd1* 单倍型，明确了除 *SD1-EQ* 外，*sd1-r* 是中国北方和日本东北地区广泛使用的优良等位基因，而 *sd1-j* 在中国东部和日本九州地区普遍使用。研究发现"东农"和"秀水"系列品种分别是粳稻骨干亲本秋光和测 21 的重要分支，二者分别携带 *sd1-r* 和 *sd1-j* 等位基因。进一步利用分子辅助选择，将 *sd1-d* 导入稻花香 2 号（DHX2），并获得了携带 *sd1-d* 的矮秆和半矮秆株系（1279 和 1280），预计将成为未来遗传研究和育种的重要中间材料；该工作将有助于引种、亲本选择、分子标记辅助选择育种，并为下一步挖掘粳稻骨干亲本中与 *sd1* 共同选择的有利基因提供材料基础。

籽粒大小、每穗粒数和粒重是决定水稻产量的关键农艺性状。然而协调控制这些性状的分子机制仍然很大程度上未知。Li 等（2022）鉴定了一个主效 QTL *SMG3*，同时控制水稻籽粒大小、每穗粒数和粒重，其编码一种 MYB 蛋白。来自印度水稻品种 M494 的 *SMG3* 等位基因可增加每穗粒数，但籽粒变小且千粒重下降。*SMG3* 在水稻各器官中组成型表达，SMG3 蛋白定位于细胞核。显微镜分析表明，*SMG3* 主要通过增加长度方向的细胞长度和细胞数量来形成长粒表型，从而通过促进细胞扩增和细胞增殖来增加粒重。*SMG3* 过表达产生更多谷粒，但会降低籽粒长度和粒重。该研究结果表明，*SMG3* 在水稻籽粒大小、每穗粒数和粒重的协同调控中发挥重要作用，为协同调控水稻籽粒外观品质、每穗粒数和粒重提供了新思路。

Xu 等（2022）以来源于辽宁、吉林和黑龙江 3 省的 200 个粳稻品种为实验材料，对碾磨和外观品质相关性状进行考察。材料的系谱分析和遗传多样性分析结果表明，来自吉林省的品种遗传多样性最高。稻米品质的评价结果表明，来自辽宁省的品种具有较好的碾磨品质，而来自黑龙江省的品种具有较好的外观品质。该研究同时用单位点和多位点的全基因组关联分析（GWAS）对碾磨和外观品质相关的基因位点进行计算，结果共检测到 99 个显著的 SNP 位点。其中，共 3 个 SNP 位点同时在混合线性模型（MLM）、mrMLM 和 FASTmrMLM 这 3 种计算模型中检测到，进一步利用连锁不平衡分析获得对应的 3 个候选区域（*qBRR-1*、*qBRR-9* 和 *qDEC-3*），便于后续候选基因分析。候选区域的遗传多样性分析结果表明，*qBRR-9* 很可能在东北粳稻的育种过程中受到了较强选择。该结果为水稻育种和品质改良提供了具有参考意义的信息。

第二节　国外水稻品种资源研究进展

一、栽培稻的起源与驯化

杂草稻是栽培水稻的近亲，破坏了世界范围内的水稻生产力。在美国南部，两种不同的菌株在历史上一直占主导地位，但 21 世纪引入的杂交水稻和抗除草剂水稻技术极大改变了杂草稻的选择格局。Wedger 等（2022）使用 48 份当代杂草稻材料的全基因组序列来研究作物—杂草杂交的基因组后果和抗除草剂筛选。研究发现，种群动态发生了变化，以至于大多数当代杂草现在都是作物—杂草杂交衍生物，它们的基因组随后进化成更像杂草祖先。单倍型分析揭示了栽培稻等位基因在抗性基因 *ALS* 上的广泛适应性渗入，但也揭示了在没有杂交起源迹象的材料中趋同分子进化的证据。该研究结果表明，美国杂草稻的进化进入了一个新时代。

Imaizumi 等（2022）通过评估种子休眠相关基因组区域的自然变异和遗传结构，探讨了杂交对适应性等位基因组合保守性的影响。基于与种子休眠相关的基因组区域的序列变异，尽管亲本杂草和栽培稻在整个基因组序列中的代表性相等，但杂交杂草稻菌株保持了在亲本杂草稻中观察到的该性状的大部分适应性组合。此外，杂交杂草稻株系比亲本杂草稻株系具有更强的休眠性，这一特性受环境的强烈影响。该研究表明，杂草稻（用于种子休眠的适应性等位基因组合）和栽培稻（非适应性组合）杂交，除了可以通过去除栽培稻的深度种子休眠等位基因产生由于基因组稳定性引起的表达深度种子休眠的杂草稻品系，还可以通过栽培稻的深度种子休眠等位基因的适应性渗入。因此，适应种群和非适应种群之间的杂交似乎加强了适应性状进化的轨迹。

Higgins 等（2022）利用强分化和 672 个本地水稻基因组来鉴定在越南水稻育种过程中假定选择的基因组区域和基因。该研究发现了由本地亚群之间的差异选择压力导致的等位基因频率（XP-CLR）和群体分化评分（FST）的显著扭曲模式，后来用 GWAS 先前在同一群体中鉴定的 QTL 对其进行了注释。该研究特别关注印度 5 亚群，因为它可能具有新颖性和差异进化，并注释了 52 个选定区域，占水稻基因组的 8.1％。对这些区域的 4 576 个基因进行了注释，并选择了 65 个候选基因作为有希望的育种靶点，其中一些基因含有非同义取代的等位基因。该研究结果突出了越南传统地方种族之间的基因组差异，这可能是一个非常多样化的国家适应多种环境条件和地区烹饪偏好的产物。研究者还验证了这种基因组扫描方法在识别具有新基因座和等位基因的潜在区域以培育新一代可持续和有韧性的水稻方面的适用性。

Ishikawa 等（2022）确定了种子落粒性基因 *OsSh1* 中 *qSH3* 的一个因果单核苷酸多态性，该基因在籼稻和粳稻亚种中是保守的，但在 aus 稻类群中缺失。通过收获实验，研究者进一步证明，单独落粒性对产量没有显著影响；相反，在受 *SPR3* 控制的闭合穗形成中观察到产量增加，并通过 *sh4* 和 *qSH3* 等位基因的整合，进一步增加非落粒性。穗型和种子落粒性的互补操作导致机械稳定的穗结构。该研究提出了一种用于水稻驯化早期阶段的逐步路线，其中选择可见的 *SPR3* 控制的闭合穗形态有助于 *sh4* 和 *qSH3* 的顺序招募，这共同导致落粒性的丢失。

二、遗传多样性与遗传结构

随着人类驯化后的迁徙，作物的种植面积从原来的地区扩展到了世界各地的各种环境条件。Fujino 等（2022）证明了亚洲栽培水稻起源地热带地区早稻适应的遗传变化。通过 ddRAD-Seq，从世界各地收集的表现出早抽穗期的水稻群体分为 6 个基因不同的簇，E1～E6。此外，在具有大效应的抽穗期基因 *Ghd7*、*OsPRR37* 和 *DTH8* 中鉴定的序列变异在抽穗期早的品种中显示出谱系特异性分布。这些基因中功能缺失等位基因的数量可能与早期抽穗期有关。提前抽穗期的突变可能会分裂成新的品种，并导致基因簇。该研究提出了一个早抽穗栽培稻品种早熟选择的模型。

抽穗期是影响水稻产量的重要性状，在水稻育种中有重要作用。Jadhav 等（2022）利用 57 个与抽穗期相关的 SSR 标记，研究了属于不同成熟度群体的 84 个水稻基因型（包括品种、野生稻渗入系和突变体）的分子多样性。利用 42 个多态性 SSR 共鉴定出 99 个等位基因，平均每个位点有 2.35 个等位位点。聚类分析将 84 种基因型分为 10 个主要类群，遗传相似性为 0.96。对种质资源的遗传结构分析揭示了 3 个层次的分层，主要划分在 *O. sativa* 品种和 *O. nivara* 渗入系之间，其次是 *O. sativa* 组中栽培品种和突变体之间的区别。在代表不同成熟度组的栽培品种组中检测到种内亚群。涉及这些不同基因型的育种计划有助于为不同成熟群体开发高产品种。

Sah 等（2022）利用 38 个已报道的分子标记对印度热带粳稻和印度籼稻杂交新培育的优良品系的遗传多样性进行了估计。研究中使用的标记包括分布在水稻基因组中的 24 个基于基因的和 14 个与产量相关的 QTL 相关的随机标记。进行基因型鉴定以确定优良品系之间的遗传相似性。38 个多态性标记共发现 75 个等位基因，多态性信息含量为 0.10~0.51，平均 0.35。基于聚类分析、结构分析将基因型分为三组，并且分布在 PCA 的整个四边形中，但氮响应系聚在一个四边形中。7 个标记（GS3 _ RGS1、GS3 _ RGS2、GS5 _ Indel1、Ghd 7 _ 05SNP、RM 12289、RM 23065 和 RM 25457）显示出 PIC 值≥0.50，表明它们在检测优质水稻之间的遗传关系方面是有效的。此外，为了将原始种群的多样性缩小到一小部分供父母选择，从 96 个品系中选出了 11 个优良品系。该研究收集的遗传信息将有助于在分子水平上研究其他水稻基因型的产量性状，并有助于选择不同的优良品系来制定强水稻杂交计划。

三、有利基因鉴定

陆生植物已进化出一套应对干旱胁迫的综合系统，包括转录调控的复杂的信号网络运作。Jung 等（2022）鉴定了 NAC（NAM、ATAF 和 CUC2）转录因子家族成员 *Os-NAC17* 在抗旱性中的作用。OsNAC17 定位于细胞核，其表达在干旱条件下被显著诱导。酵母中的反式激活试验表明，OsNAC17 是一种转录激活因子，在 C 末端区域具有激活域。与非转基因植物相比，过表达转基因植物 OsNAC17OX 表现出耐旱性，敲除植株 OsNAC17KO 表现出干旱敏感性表型。进一步研究表明，OsNAC17 正向调节几种木质素生物合成基因，并促进木质素在叶和根中的积累。该研究结果表明，*OsNAC17* 通过水稻中的木质素生物合成有助于抗旱性。

为了了解种子萌发的遗传基础，Yoshida 等（2022）进行了一项全基因组关联分析，考虑了不同温度条件下基因型与环境相互作用对日本晴品种发芽率的影响。研究发现 14-3-3 家族基因 *GF14h* 中的一个 4 bp InDel 在最适温度条件下主要改变了水稻的发芽率。GF14h 蛋白与 bZIP 型转录因子 OREB1 和 florigen-like 蛋白 MFT2 组成转录调控模块，通过调节脱落酸（ABA）响应基因来控制发芽率。GF14h 功能等位基因的缺失增强了 ABA 信号传导，降低了发芽率。这种等位基因存在于北方地区的水稻品种以及日本和中国的现代品种中，表明其有助于水稻的地理适应性。该研究证明了调控种子萌发对温度的响应所涉及的复杂分子系统，这使水稻能够在不同的地理位置生长。

花时是影响广纬度地区成功生产粮食的关键因素。水稻的驯化包括选择花时基因的自然等位基因，使水稻能够适应广阔的地理区域。Lee 等（2022）根据国际水稻基因库收集信息系统数据库中保存的单核苷酸多态性分析，描述了生物钟相关基因 *OsCCA1* 的天然等位基因在栽培水稻中的作用。具有粳型 *OsCCA1* 等位基因（*OsCCA1a* 单倍型）的水稻品种比具有籼型 *OsCCA1* 等位基因的水稻品种（*OsCCA1d* 单倍型）开花早。

在粳稻品种"东津"中，T-DNA 插入 *OsCCA1a* 导致在长日和短日条件下开花较晚，表明 OsCCA1 是一种开花诱导因子。逆转录定量 PCR 分析表明，OsCCA1a 功能的丧失诱导开花抑制因子 *OsPRR37* 和 *DTH8* 的表达，随后抑制了 *Ehd1-Hd3a-RFT1* 途径。结合亲和力分析表明，OsCCA1 能与 *OsPRR37* 和 *DTH8* 的启动子区结合。自然存在的 *OsCCA1* 等位基因在栽培水稻中进化上是保守的。代表籼稻和粳稻祖先的普通野生稻Ⅰ型（Or-Ⅰ）和 Or-Ⅲ 型材料分别含有籼稻型和粳稻型 *OsCCA1* 等位基因。该研究结果表明，*OsCCA1* 是一个可能的驯化位点，有助于栽培水稻的地理适应性和扩展。

参 考 文 献

蔡海滨，韩光煜，涂敏，等，2022. 杂草稻资源表型多样性分析及综合评价研究 [J]. 热带作物学报，43（11）：2275-2285.

曹良子，孙世臣，刘凯，等，2022. 黑龙江省耐盐碱水稻种质资源鉴定及筛选 [J]. 黑龙江农业科学（8）：10-13.

陈越，陈玲，钟巧芳，等，2022. 云南同名地方稻种资源主要表型性状及遗传变异的比较分析 [J]. 南方农业科学，53（7）：1796-1808.

伏荣桃，陈诚，王剑，等，2022. 抗稻曲病水稻种质资源筛选与评价 [J]. 南方农业学报，53（1）：78-87.

何海永，迟焕星，薛原，等，2022. 贵州旱稻种质资源稻瘟病抗性评价及抗源利用潜力分析 [J]. 种子，41（11）：100-107.

焦颖瑞，李玲依，杨仕会，等，2022. 长江上游水稻耐热性鉴定模型的构建与应用 [J]. 西南大学学报（自然科学版），44（11）：43-50.

李晓蓉，苏思荣，张银霞，等，2022. Pita、Pib 在宁夏及引进水稻种质资源中的分布及与穗颈瘟抗性的关系 [J]. 河南农业科学，51（10）：25-35.

梁程，向珣朝，张欧玲，等，2022. 两份新株型水稻品系的农艺性状与遗传特性分析 [J]. 中国水稻科学，36（2）：171-180.

林泉祥，宋远辉，花芹，等，2022. 水稻芽期耐盐性综合评价与筛选 [J]. 安徽农业大学学报，49（3）：381-387.

刘进，崔迪，余丽琴，等，2022. 水稻苗期耐热种质资源筛选及 QTL 定位 [J]. 中国水稻科学，36（3）：259-268.

刘晴，徐建龙，2022. 水稻黑条矮缩病抗性遗传研究进展 [J]. 植物遗传资源学报，23（2）：301-314.

潘大建，范芝兰，邹建运，2022. 广东野生稻种质资源保护与育种利用 [J]. 广东农业科学，49（9）：92-104.

孙建昌，陈丽，马静，2022. 新引福建水稻种质资源遗传多样性比较分析 [J]. 宁夏农林科技，63（1）：18-20，28.

孙明法，2022. 加强耐盐水稻研究 让盐碱地变成新粮仓 [J]. 大麦与谷类科学，39（3）：1-2，34.

唐海浪，程在全，罗琼，等，2022. 云南地方稻耐低钾种质资源的筛选和评价 [J]. 江西农业学报，34（1）：1-8.

滕祥勇，王金明，李鹏志，等，2022. 耐低温低氧水稻种质资源筛选 [J]. 种子，41（7）：58-64.

吴建伟，刘歆，朱容，等，2022. 江汉平原再生稻种质资源表型分析及综合评价 [J]. 江苏农业科学，50（18）：109-115.

杨海龙，王晖，雷锦超，等，2022. 浙江省早籼稻种质资源的表型多样性分析与评价 [J]. 浙江农业学报，34（8）：1571-1581.

原小年，徐姊玥，乔卫华，等，2022. 稻米淀粉品质性状的资源筛选和相关基因初步鉴定 [J]. 植物遗传资源学报，23（6）：1756-1765.

张志鹏，李菁，林参，等，2022. 104 个粳稻品种（系）的产量性状遗传多样性分析及优良种质资源筛选 [J]. 大麦与谷类科学，39（3）：22-34.

赵隽劼，费丹，陈萍，等，2022. 东乡野生稻种质资源保护现状、存在问题及对策 [J]. 中国稻米，28（4）：23-26.

邹拓，耿雷跃，张薇，等，2022. 粳稻种质资源稻瘟病抗性及抗性基因分析 [J]. 中国稻米，28（2）：45-50.

Chen W K, Chen L L, Zhang X, et al., 2022. Convergent selection of a WD40 protein that enhances grain yield in maize and rice [J]. Science, 375（6587）：1372.

Fujino K, Kawahara Y, Shirasawa K, 2022. Genetic diversity among the varieties exhibiting early heading date in rice [J]. Euphytica, 218：18.

Higgins J, Santos B, Khanh T, et al., 2022. Genomic regions and candidate genes selected during the breeding of rice in Vietnam [J]. Evol Appl, 15：1141-1161.

Imaizumi T, Kawahara Y, Auge G, 2022. Hybrid-derived weedy rice maintains adaptive combinations of alleles associated with seed dormancy [J]. Mol Ecol, 31：6556-6569.

Ishikawa R, Castilo C, Htun T, et al., 2022. A stepwise route to domesticate rice by controlling seed-shattering and panicle shape [J]. Proc Natl Acad Sci, 119（26）：e2121692119.

Jadhav S, Balakrishnan D, Shankar V, et al., 2022. Genetic diversity analysis and population structure in a rice germplasm collection of different maturity groups [J]. J Plant Biochem Biot, 31（3）：524-532.

Jung S, Kim T, Shim J, et al., 2022. Rice NAC17 transcription factor enhances drought tolerance by modulating lignin accumulation [J]. Plant Sci, 323：111404.

Kan Y, Mu X R, Zhang H, et al., 2022. TT2 controls rice thermotolerance through SCT1-dependent alteration of wax biosynthesis [J]. Nat Plants, 8：53-67.

Lee S, Kang K, Lim J, et al., 2022. Natural alleles of CIRCADIAN CLOCK ASSOCIATED1 contribute to rice cultivation by fine-tuning flowering time [J]. Plant Physiol, 190（1）：640-656.

Li G B, He J X, Wu J L, et al., 2022. Overproduction of OsRACK1A, an effector-targeted scaffold protein promoting OsRBOHB-mediated ROS production, confers rice floral resistance to false smut disease without yield penalty [J]. Mol Plant, 15：1790-1806.

Li P B, Li Z, Liu X, et al., 2022. Development and application of intragenic markers for 14 nitrogenuse efficiency genes in rice (*Oryza sativa* L.) [J]. Front Plant Sci, 13: 891860.

Li R S, Li Z, Ye J, et al., 2022. Identification of SMG3, a QTL coordinately controls grain size, grain number per panicle, and grain weight in rice [J]. Front in Plant Sci, 13: 880919.

Qiu Z W, Zhuang L N, Rao H Y, et al., 2022. Excavation at Hanjing site yields evidence of early rice cultivation in the Huai River more than 8000 years ago [J]. Sci China Earth SCI, 65 (5): 910-920.

Sah R, Behera S, Dash S, et al., 2022. Unravelling genetic architecture and development of core set from elite rice lines using yield-related candidate gene markers [J]. Physiol Mol Biol Plants, 28 (6): 1217-1232.

Sha H J, Liu H L, Zhao G X, et al., 2022. Elite sd1 alleles in japonica rice and their breeding applications in northeast China [J]. Crop J, 10: 224-233.

Shang L S, Li X X, He H Y, et al., 2022. A super pan-genomic landscape of rice [J]. Cell Res, 32: 878-896.

Wang J, Wan R J, Nie H P, et al., 2022. OsNPF5.16, a nitrate transporter gene with natural variation, is essential for rice growth and yield [J]. Crop J, 10: 397-406.

Wang Z Y, Zhou L, Lan Y, et al., 2022. An aspartic protease 47 causes quantitative recessive resistance to rice black-streaked dwarf virus disease and southern rice black-streaked dwarf virus disease [J]. New Phytol, 233: 2520-2533.

Wedger M, Burgos N, Olsen K, 2022. Genomic revolution of US weedy rice in response to 21st century agricultural technologies [J]. Commun Biol, 5: 885.

Wei S B, Li X, Lu Z F, et al., 2022. A transcriptional regulator that boosts grain yields and shortens the growth duration of rice [J]. Science, 377: 386.

Xu F, Tang J Y, Wang S X, et al., 2022. Antagonistic control of seed dormancy in rice by two bHLH transcription factors [J]. Nat Genet, 54: 1972-1982.

Xu X, Ye J, Yang Y, et al., 2022. Genetic diversity analysis and GWAS reveal the adaptive loci of milling and appearance quality of japonica rice (*Oryza sativa* L.) in Northeast China [J]. J Integra Agri, 21 (6): 1539-1550.

Ye J H, Zhang M C, Yuan X P, et al., 2022. Genomic insight into genetic changes and shaping of major inbred rice cultivars in China [J]. New Phytol, 236: 2311-2326.

Yin W C, Li L L, Yu Z K, et al., 2022. The divergence of brassinosteroid sensitivity between rice subspecies involves natural variation conferring altered internal auto-binding of OsBSK2 [J]. J Intergr Plant Biol, 64: 1614-1630.

Yoshida H, Hirano K, Yano K, et al., 2022. Genome-wide association study identifies a gene responsible for temperature-dependent rice germination [J]. Nat Commun, 13: 5665.

Zhang F, Xu H Z, Dong X R, et al., 2022. Long-read sequencing of 111 rice genomes reveals significantly larger pan-genomes [J]. Genome Res, 32 (5): 853-863.

Zhang H, Zhou J F, Kan Y, et al., 2022. A genetic module at one locus in rice protects chloroplasts to enhance thermotolerance [J]. Science, 376: 1293-1300.

Zhang Y, Zhou J W, Xu P, et al., 2022. A genetic resource for rice improvement: introgression library of agronomic traits for all AA genome *Oryza* species [J]. Front Plant Sci, 13: 856514.

第二章　水稻遗传育种研究动态

2022 年国内外水稻分子遗传学研究异彩纷呈，中国科学家有三项研究成果发表在世界顶级学术期刊 *Science* 上。中国科学院分子植物科学卓越创新中心林鸿宣院士团队和上海交通大学林尤舜教授团队合作的"一个基因座位上的遗传模块保护叶绿体增强水稻抗热性"，该研究发现了首个作物高温感受器 *TT3* 基因模块，揭示了植物响应高温的全新分子机制，为作物耐高温育种提供了珍贵的基因资源。中国农业科学院作物科学研究所周文彬研究员团队的"单个转录因子大幅提高水稻产量并缩短生育期"，该研究揭示了转录因子 OsDREB1C 在缩短生育期的同时，通过提高光合作用效率和氮素利用效率实现大幅增产，为培育绿色高产早熟水稻新品种提供了宝贵基因资源。中国农业大学李建生教授、杨小红教授团队与华中农业大学严建兵教授团队合作的"WD40 蛋白趋同选择提高水稻和玉米产量"，该研究发现水稻 *OsKRN2* 基因和玉米 *KRN2* 基因在驯化和改良过程中受到趋同选择，通过保守的分子途径大幅提高产量，解析了生物趋同进化的规律，并为作物高产育种提供了重要遗传资源。国内外科学家在其他国际主流高影响力学术期刊上也发表了众多重要研究成果。中国科学院遗传与发育生物学研究所李家洋院士团队在 *Nature Biotechnology* 上发表了关于"靶向编辑基因调控元件，打破穗粒数相互制约，突破水稻产量瓶颈"的论文；储成才研究员团队和高彩霞研究员团队合作在 *Nature Genetics* 上发表了关于"两个 bHLH 转录因子通过拮抗作用调控水稻种子休眠"的论文。中国农业科学院深圳农业基因组研究所、中国农业大学、南京农业大学、中国水稻研究所等多家单位的钱前院士、阮珏研究员、熊国胜教授、朱作峰教授、商连光研究员等多个团队合作，在 *Cell Research* 发表了关于"稻属超级泛基因组"的论文。这些研究涉及水稻生长发育的各个方面，鉴定和克隆了一批控制水稻产量、耐生物/非生物胁迫、元素吸收、生殖发育等重要农艺性状的基因，并解析了其分子调控机制。

第一节　国内水稻遗传育种研究进展

一、水稻产量性状分子遗传研究进展

中国农业科学院作物科学研究所周文彬研究员团队在 *Science* 上发表了题为"A transcriptional regulator that boosts grain yields and shortens the growth duration of rice"的研究论文（Wei et al.，2022）。该研究鉴定到一个重要转录因子 OsDREB1C，其可以同时提高水稻的光合作用和氮素利用效率，显著提高作物产量；并且能够使水稻提前抽

穗，实现早熟高产。在不施用氮肥条件下，*OsDREB1C* 过表达植株产量能够达到甚至高于野生型植株施用氮肥条件下的产量水平，实现"减氮高产"。在日本晴中过表达 *OsDREB1C*，可以使产量提高 41.3%～68.3%，抽穗期提前 13～19 d；在主栽品种秀水 134 中过表达该基因，产量也能提高 30.1%～41.6%，抽穗期提前至少 2 d。该研究成果为培育产量更高、氮肥利用更高效的早熟新品种提供了重要基因资源。

中国农业大学李建生教授和杨小红教授团队联合华中农业大学严建兵教授团队在 *Science* 上发表了题为 "Convergent selection of a WD40 protein that enhances grain yield in maize and rice" 的文章（Chen et al.，2022）。该研究鉴定到一个玉米粒数基因 *KRN2*，其上游非编码区在玉米驯化改良过程中受到了明显的选择，该基因在水稻中的直系同源基因 *OsKRN2* 也同样经历了选择。研究发现，*KRN2/OsKRN2* 编码一个 WD40 蛋白，其与功能未知蛋白 DUF1644 互作，通过一条保守的分子途径调控玉米与水稻粒数。基因敲除 *KRN2* 和 *OsKRN2*，可以提高 10% 的玉米产量和 8% 的水稻产量。研究团队进一步在基因组水平上检测到了 490 对经历了趋同选择的同源基因对，这些基因在淀粉及蔗糖代谢和辅因子生物合成等途径中显著富集，该研究成果揭示了玉米 *KRN2* 与水稻 *OsKRN2* 趋同进化从而增加玉米与水稻产量的机制，为作物高产育种提供了宝贵的遗传资源。

中国科学院遗传与发育生物学研究所李家洋院士团队在 *Nature Biotechnology* 上发表了题为 "Targeting a gene regulatory element enhances rice grain yield by decoupling panicle number and size" 的论文（Song et al.，2022）。该研究发现，理想株型基因 *IPA1* 功能获得型等位基因能够使穗部增大，无效分蘖减少，显著提高产量；但它在减少无效分蘖的同时也降低了水稻分蘖能力，限制了产量潜力。为了解决这一问题，研究团队采用平铺删除的方法，对 *IPA1* 顺式调控区进行了系统性多靶点 CRISPR/Cas9 编辑，创制出大量 *IPA1* 顺式调控区平铺删除的基因编辑材料，从中发掘出了一个可以同时提高分蘖数和穗粒数的突变材料 *IPA1-Pro10*，并同时鉴定到该材料对应的 54 bp 关键顺式作用元件。后续研究发现，驯化关键转录因子 An-1 能与这 54 bp 顺式作用元件中的一个 GCGCGTGT 基序特异结合，调控 *IPA1* 在幼穗的表达水平，进而调控穗部表型。该研究阐明了 *IPA1* 顺式调控区调控穗部表型的分子机制，为打破一因多效基因导致的不同性状制约关系提供了一种可行方法。

中国水稻研究所张健研究员团队与胡培松院士团队在 *Molecular Plant* 发表了题为 "The OsNAC23-Tre6P-SnRK1a feed-forward loop regulates sugar homeostasis and grain yield in rice" 的论文（Li Z Y et al.，2022）。该研究揭示了"植物胰岛素"6-磷酸-海藻糖 Tre6P 维持水稻碳源分配和籽粒产量的分子机制。该研究鉴定了一个调控 6-磷酸-海藻糖积累的转录因子 OsNAC23，其可以结合 *OsTPP1* 的启动子区域，抑制 *OsTPP1* 的转录，提高 6-磷酸-海藻糖的积累。OsNAC23 过表达植株的源器官中 6-磷酸-海藻糖含量上升，促进了光合速率、碳源的源—库转运、穗和种子等库器官发育，单株产量得以大幅提升。进一步研究发现，*OsNAC23* 与激酶 SnRK1a 相互拮抗，SnRK1a 通过磷酸化 OsNAC23 抑制后者蛋白降解，而 OsNAC23 反过来可以抑制 *SnRK1a* 的转录。这三者形成一条正向调节回路来维持水稻碳源分配和籽粒产量。该研究解析了 OsNAC23-Tre6P-SnRK1a 调节回路在水稻碳源分配和产量形成中的重要作用，为水稻高产育种提供了新思路。

华中农业大学谢卡斌教授团队在 *Plant Biotechnology Journal* 期刊上发表了题为 "Fine-tuning OsCPK18/OsCPK4 activity via genome editing of phosphorylation motif improves rice yield and immunity" 的论文，揭示了钙调蛋白激酶 OsCPK18 和 OsCPK4 调控水稻生长和抗病平衡的分子机制（Li H et al.，2022）。研究发现，*CPK* 家族成员 *OsCPK18* 和 *OsCPK4* 具有双重功能：抑制水稻抗病性，但正调控水稻产量相关性状。进一步研究发现，OsMPK5 能够分别磷酸化 OsCPK18 上第 505 位的苏氨酸和位于 OsCPK4 上第 512 位的丝氨酸；通过 CRISPR/Cas9 技术编辑这两个高氨基酸位点，可以解除 OsMPK5 对 OsCPK18 和 OsCPK4 的磷酸化，有效提高水稻的产量和抗病性，该研究为实现水稻抗病高产协同发展提供了新思路。

二、水稻非生物胁迫响应分子遗传研究进展

中国科学院分子植物科学卓越创新中心林鸿宣研究团队和上海交通大学林尤舜研究团队合作在 *Science* 上发表题为 "A genetic module at one locus in rice protects chloroplasts to enhance thermotolerance" 的论文（Zhang et al.，2022）。该研究在非洲栽培稻鉴定到一个耐高温 QTL *TT3*。研究发现 *TT3* 位点中存在两个相互拮抗的基因 *TT3.1* 和 *TT3.2*。来自非洲栽培稻的 *TT3* 位点、*TT3.1* 过量表达、*TT3.2* 敲除均能大幅增加高温胁迫下的水稻产量；而且正常田间条件下，它们对产量性状没有负面影响。进一步研究发现，TT3.1 在高温诱导下蛋白定位改变，从细胞表面转移至多囊泡体中，招募并泛素化细胞质中的 TT3.2 叶绿体前体蛋白，后者通过多囊泡体—液泡途径降解，从而导致进入叶绿体的 TT3.2 蛋白减少，减轻在热胁迫下 TT3.2 积累所造成的叶绿体损伤，实现高温胁迫下的叶绿体保护，从而实现对高温的耐受。该研究成果发现了第一个潜在的作物高温感受器，是植物耐热分子机制解析重要进展。同时，该 QTL 在高温胁迫下可以大幅提高水稻产量，而在正常条件下对产量无负面影响，为作物抗高温育种提供了珍贵的基因资源，具有重要应用前景。

林鸿宣院士团队另一项水稻耐热研究成果 "TT2 controls rice thermotolerance through SCT1-dependent alteration of wax biosynthesis" 发表在 *Nature Plants*（Kan et al.，2022）。该研究鉴定到另一个耐热 QTL *TT2*，编码一个 G 蛋白 γ 亚基。在热胁迫下，携带耐热性等位基因的近等基因系苗期成活率显著提高，成熟期的单株产量也显著提高。研究发现，TT2 主要影响蜡质代谢通路，其中包括一个蜡质合成正向调控转录因子 OsWR2。该研究还发现了两个水稻的 CAMTA 家族成员：SCT1 和 SCT2；SCT1 带有钙依赖的钙调素结合位点，可以直接结合 OsWR2 的启动子，通过影响 OsWR2 的表

达负向调控水稻的耐热性。该研究首次系统地将 G 蛋白调控、钙信号传导及解码、蜡质代谢通路联系起来，形成从上游信号产生到下游生理生化响应的调控通路，也为耐热育种提供了宝贵的基因资源。

江西省农业科学院万建林研究员团队在 *Plant Biotechnology Journal* 上发表了题为 "Natural variation of *HTH5* from wild rice, *Oryza rufipogon* Griff., is involved in conferring high-temperature tolerance at the heading stage" 的文章，报道了水稻重要功能基因 *HTH5* 调控水稻耐高温性的分子机制（Cao et al.，2022）。该研究鉴定到一个耐高温 QTL *HTH5*，其正向调控水稻抽穗扬花期耐热性。*HTH5* 基因通过提高热诱导的吡哆醛磷酸含量来减少高温下活性氧的积累，从而提高水稻花粉的耐热性，达到提高结实率的目的。该研究为水稻耐高温育种的分子改良提供了基因资源。

中国科学院遗传与发育生物学研究所李家洋院士团队在 *Cell Discovery* 上发表了题为 "Chilling-induced phosphorylation of IPA1 by OsSAPK6 activates chilling tolerance responses in rice" 的论文（Jia et al.，2022）。该研究发现，*OsSAPK6* 是水稻冷敏感的关键基因之一，过表达该基因可以提高水稻苗期的抗冷性。*OsSAPK6* 能够对理想株型基因 IPA1 蛋白的 S201 和 S213 位点进行磷酸化修饰，稳定 IPA1 蛋白。其中，IPA1 的 S213 位点的磷酸化对于水稻耐冷具有关键作用。冷胁迫后 OsSAPK6 能够磷酸化 IPA1 蛋白，从而使得 IPA1 蛋白积累并激活下游低温应答关键基因 *OsCBF3* 的表达，增强水稻冷胁迫抗性。该研究成果为创制耐冷水稻品种提供了新的遗传资源。

中国科学院东北地理与农业生态研究所卜庆云研究员团队在 *The Plant Cell* 上发表了题为 "WRKY53 negatively regulates rice cold tolerance at the booting stage by fine-tuning anther gibberellin levels" 的论文，揭示了水稻转录因子 OsWRKY53 通过负调控花药 GA 含量调控水稻孕穗期耐冷性（Tang et al.，2022）。研究发现，OsWRKY53 能够直接结合并抑制 GA 生物合成基因的表达。GA 信号途径负调控因子 OsSLR1 可以与调控绒毡层发育的转录因子 OsUDT1/OsTDR 互作，并抑制后者的转录活性；而 GA 可以解除 OsSLR1 对 OsUDT1/OsTDR 的抑制，提高绒毡层发育相关基因的表达，正调控水稻育性。该研究为解决水稻孕穗期冷害问题提供了新的思路和方法。

浙江大学宋士勇教授团队在 *Molecular Plant* 上发表了题为 "The OsFTIP6-OsHB22-OsMYBR57 module regulates drought response in rice" 的文章（Yang L J et al.，2022）。该研究筛选到一个干旱敏感的突变体，图位克隆显示是由转录因子 OsMYBR57 突变导致。OsMYBR57 可以直接调控干旱响应的关键基因 *OsbZIP23*、*OsbZIP66* 和 *OsbZIP72*。进一步筛选到了 *OsMYBR57* 的互作蛋白 OsHB22，以及 *OsHB22* 的互作蛋白 OsFTIP6。研究发现，在干旱胁迫时，OsFTIP6 与 OsHB22 互作并促进 OsHB22 从细胞质到细胞核的移动；随后 OsHB22 与 OsMYBR57 协同调控多个 *OsbZIP* 基因的表达，而 *OsbZIP* 激活包括 *OsLEA3* 和 *Rab21* 在内的多个抗旱基因的表达，提高水稻抗旱能力。该研究为解析水稻干旱应答机制提供帮助。

中国科学院华南植物园张明永研究员团队在 *Plant Physiology* 上发表了题为

"miR2105 - mediated OsbZIP86 directly activates OsNCED3 to enhance drought"的文章（Gao et al.，2022）。该研究发现干旱时水稻 miR2105 通过靶向切割 OsbZIP86 mRNA 来调控 OsbZIP86 转录本水平，影响水稻耐旱能力。过表达 OsbZIP86 或干涉 miR2105 可提高水稻的耐旱性，OsbZIP86 和 miR2105 在干旱胁迫条件下分别促进和抑制 ABA 合成关键限速酶基因 OsNCED3 转录，从而通过调节水稻体内 ABA 的生物合成来提高水稻耐旱性。此外，SnRK2 蛋白激酶能在干旱条件下促进 OsbZIP86 的磷酸化并激活 OsbZIP86 活性，从而增强其对 OsNCED3 的转录激活作用。该研究表明，miR2105 和 OsbZIP86 在缺水条件下能够提高水稻抗旱性，而在正常生长条件下对水稻农艺性状无显著影响，在水稻耐旱育种中具有重要应用前景。

中国农业大学李自超教授团队在 Nature Communications 上发表了题为"Natural variation of DROT1 confers drought adaptation in upland rice"的论文（Sun et al.，2022）。该研究克隆到一个水稻抗旱基因 DROT1，该基因的表达受到干旱诱导，可以提高纤维素结晶度，并通过调控细胞壁结构来提高水稻抗旱性。进一步研究发现，ERF 基因家族转录因子 ERF3 可以直接抑制 DROT1 表达，而另一成员 ERF71 可以直接激活 DROT1 表达。单倍型分析发现，旱稻特异单倍型 Hap3 启动子的一个关键 SNP 由 C 变为 T，增强了 DROT1 在旱稻中的表达量。本研究为揭示水稻抗旱性的分子机制提供了重要基础。

中国科学院分子植物科学卓越创新中心林鸿宣院士团队在 Molecular Plants 上发表了题为"An α/β hydrolase family member negatively regulates salt tolerance but promotes flowering through three distinct functions in rice"的文章（Xiang et al.，2022）。该研究从非洲稻资源中克隆到一个控制水稻耐盐性状的关键 QTL STH1，其编码一个具有 α/β 折叠结构域的水解酶。研究发现，盐处理可以抑制 STH1 的表达，STH1 与多条盐胁迫响应应答途径有关，参与植株体内脂肪酸代谢，影响盐胁迫下质膜组分的完整性和流动性。此外，STH1 也扮演抽穗期关键基因 Hd1 转录共激活因子的角色，能够调节成花素基因 Hd3a 的表达，影响水稻抽穗期和产量。STH1 非洲稻等位基因不仅能够延迟水稻抽穗，还可以提高水稻在正常田间环境和盐胁迫条件下的产量。该研究揭示了水稻耐盐性和抽穗期协同调控的新机制，为作物遗传改良及分子设计育种提供了新的基因资源和理论基础。

中国农业科学院生物技术研究所黄荣峰研究员团队在 Plant Physiology 上发表了题为"SALT AND ABA RESPONSE ERF1 improves seed germination and salt tolerance by repressing ABA signaling in rice"的论文（Li Y X et al.，2022）。该研究揭示了 AP2 家族转录因子 OsSAE1 调控水稻种子萌发和耐盐性的分子机制。研究发现，OsSAE1 能够直接结合到 ABA 信号途径的关键组分 OsABI5 的启动子上来抑制其表达，通过 ABA 信号途径正向调控水稻种子萌发和耐盐性。该研究为培育水稻耐盐品种提供了理论基础和有价值的基因。

三、水稻生物胁迫响应分子遗传研究进展

中国农业科学院植物保护研究所宁约瑟研究员和作物科学研究所夏兰琴研究员团队合作在 *Cell Reports* 上发表了题为 "A VQ-motif-containing protein fine-tunes rice immunity and growth by a hierarchical regulatory mechanism" 的论文，报道了 VQ 蛋白 OsVQ25 通过 OsPUB73-OsVQ25-OsWRKY53 层级调节机制平衡水稻广谱抗病性和生长的分子机制（Hao et al.，2022）。研究发现，OsVQ25 是 OsPUB73 泛素化的底物，OsPUB73 通过 26S 蛋白酶体途径促进 OsVQ25 的降解，从而正向调控水稻对稻瘟病和白叶枯病的抗性。同时，OsVQ25 也可以与 OsWRKY53 相互作用，通过抑制后者的转录活性，平衡水稻抗病性与生长发育。敲除 *OsVQ25* 能够增强水稻对两种病原菌的广谱抗性，但不影响水稻其他主要农艺性状，说明 *OsVQ25* 有望成为水稻抗病性改良的优异基因。该研究为培育广谱抗病水稻品种提供了重要理论基础和候选基因。

福建省农业科学院谢华安院士团队在 *Molecular Plant* 上发表了题为 "SH3P2, a SH3 domain-containing protein that interacts with both Pib and AvrPib, suppresses effector-triggered，Pib-mediated immunity in rice" 的论文，报道了含有 SH3 结构域的蛋白质 SH3P2 通过与 Pib 和稻瘟病 AvrPib 互作调控水稻免疫（Xie et al.，2022）。该研究发现 SH3P2 与 Pib 共定位在水稻细胞网格蛋白包被囊泡处，SH3P2 能够与 Pib 的 CC 结构域直接结合，抑制 Pib-CC 结构域的自缔合，从而负调节 Pib-AvrPib 识别介导的抗性。该研究提出了植物免疫受体 NLR 的 "safer" 模型，揭示了 NLR 在正常生长条件下和病原菌侵入条件下的调控策略。

中国水稻研究所寇艳君研究员团队在 *Molecular Plant* 上发表了题为 "Warm temperature compromises JA-regulated basal resistance to enhance *Magnaporthe oryzae* infection in rice" 的文章，报道了温度影响稻瘟病发生的机制（Qiu et al.，2022）。该研究发现，22℃ 条件下，茉莉酸合成及信号途径不能被有效激活，可能导致水稻基础抗性降低，稻瘟病菌侵染增强。而在 28℃ 条件下，稻瘟病菌诱导茉莉酸的合成并激活茉莉酸信号途径，提高了水稻对稻瘟病的基础抗性水平，抑制稻瘟病发生。进一步研究发现，施用茉莉酸甲酯可以提高温暖环境下水稻的稻瘟病抗性。该研究结果深入揭示了温度调节植物抗病原真菌的机制，为科学应对未来气候变化有效防控稻瘟病的发生提供了理论依据。

华中农业大学王功伟教授团队在 *Plant Biotechnology Journal* 上发表了题为 "eQTLs play critical roles in regulating gene expression and identifying key regulators in rice" 的论文（Liu C et al.，2022）。该研究分析了 287 份栽培稻材料抽穗期剑叶的转录组数据，鉴定到一个关键转录因子 bHLH026，能够激活下游二萜类抗毒素合成相关基因的表达，影响水稻二萜类抗毒素的代谢水平和抗病性。过表达 *bHLH026* 能够促进水稻二萜类抗毒素合成途径中关键基因的表达，增加水稻二萜类抗毒素中间产物和终产物的含量，增强水稻白叶枯病抗性。该研究为水稻抗病研究提供了新思路。

四、水稻根系发育分子遗传研究进展

中国科学院遗传与发育生物学研究所张劲松研究员团队在 *The Plant Cell* 上发表了题为 "Rice EIL1 interacts with OsIAAs to regulate auxin biosynthesis mediated by the tryptophan aminotransferase MHZ10/OsTAR2 during root ethylene responses" 的文章（Zhou et al.，2022）。该研究鉴定到一个根特异的乙烯不敏感水稻突变体 *mhz10*，图位克隆显示 *MHZ10* 基因编码色氨酸氨基转移酶 OsTAR2，在乙烯诱导的根部生长素合成中发挥关键作用。当环境乙烯浓度较高时，乙烯信号转导使 OsEIL1 蛋白积累，先引发少量生长素的积累；少量的生长素通过 SCFOsTAR1/AFB2 复合体介导抑制因子 OsIAA21/31 降解，释放 OsEIL1 和 OsEIL1-OsIAA1/9 复合体活性，最终促进 MHZ10/OsTAR2 表达，使根部生长素大量合成，从而抑制水稻根生长。该研究揭示了乙烯与生长素途径互作调控水稻根乙烯反应的新机制。

五、水稻株型分子遗传研究进展

中国农业科学院作物科学研究所万建民院士团队在 *The Plant Cell* 上发表了题为 "Dwarf and High Tillering1 represses rice tillering through mediating the splicing of D14 pre-mRNA" 的文章（Liu T et al.，2022）。该研究鉴定到一个矮秆多分蘖的突变体 *dht1*，图位克隆显示 *DHT1* 基因编码一个单子叶植物特有的核不均一性核糖核蛋白，该蛋白参与大量基因 mRNA 前体的内含子剪接。*DHT1* 突变导致独脚金内酯受体基因 D14 前体 mRNA 转录和剪接受阻，减少 D14 蛋白，阻碍了独脚金内酯的信号传递，导致独脚金内酯信号通路的抑制因子 D53 蛋白积累，最终促进了分蘖。该研究为解析水稻分蘖的遗传基础提供了帮助，为水稻株型改良提供了新的思路。

湖北大学袁文雅教授团队在 *The Plant Journal* 上发表了题为 "OsSPL14 acts upstream of OsPIN1b and PILS6b to modulate axillary bud outgrowth by fine-tuning auxin transport in rice" 的论文（Li Y et al.，2022）。该研究发现，*OsSPL14* 基因通过抑制水稻分蘖芽的伸长，负调控水稻的分蘖数。后续实验发现，*OsSPL14* 可结合在生长素运输基因 *OsPIN1b* 和 *PILS6b* 的启动子区域的 GTAC 顺式作用元件上，激活二者的表达，通过影响水稻地上部分的生长素极性运输，调节水稻分蘖芽的生长。该研究结果有助于解析产量相关基因 *OsSPL4* 复杂的调控网络，为培育水稻理想株型品种奠定理论和应用基础。

华南农业大学刘耀光院士团队在 *Plant Communications* 上发表了题为 "Rice OsUBR7 modulates plant height by regulating histone H2B monoubiquitination and cell proliferation" 的文章（Zheng et al.，2022）。该研究鉴定到一个半矮秆突变体 *osubr7*，图位克隆显示 *OsUBR7* 编码一个 E3 泛素连接酶，能单泛素化组蛋白 H2B。研究发现，Os-

UBR7 特异性结合染色质区域的组蛋白 H2B，并在其 K148 处单泛素化修饰，此过程由 OsUBC18 充当 OsUBR7 的特异性 E2 泛素结合酶。然而在突变体中，*OsUBR7* 功能丧失导致靶位点的 H2Bub1 水平降低，降低靶基因的表达水平，导致节间变短，株高降低。该研究为植物 H2Bub1 修饰机制的研究提供了新思路。

扬州大学熊飞教授团队在 *Plant Physiology* 上发表了题为 "The sucrose transport regulator *OsDOF11* mediates cytokinin degradation during rice development" 的论文（Wu Y F et al.，2022）。该研究发现，蔗糖转运调控因子 *OsDOF11* 突变体源器官中细胞分裂素含量增加，细胞长度较小，进而表现出半矮化表型。进一步研究发现，OsDOF11 可以与水稻细胞分裂素氧化酶/脱氢酶基因 *OsCKX4* 的启动子结合，通过调节 *OsCKX4* 表达，进而调控植株源组织细胞分裂素含量。该研究又通过外施细胞分裂素和细胞分裂素相关基因过表达发现，细胞分裂素能反过来诱导 *OsDOF11* 的转录表达。该研究揭示了蔗糖转运调节因子 *OsDOF11* 通过 *OsCKX4* 介导细胞分裂素建立了一个反馈调节网络，共同维持水稻生长发育，为水稻株高发育和蔗糖转运调控研究提供了重要参考。

中国农业科学院作物科学研究所童红宁研究员团队在 *The Plant Cell* 上发表了题为 "Rice DWARF AND LOW-TILLERING and the homeodomain protein OSH15 interact to regulate internode elongation via orchestrating brassinosteroid signaling and metabolism" 的论文，报道了 GRAS 类蛋白 DLT 与同源框蛋白 OSH15 形成蛋白复合物，靶向调节 OsBRI1，并通过差异表达协调油菜素内酯含量和信号来控制水稻不同茎节差异伸长的分子机制（Niu et al.，2022）。该研究发现，DLT 与 OSH15 在不同组织存在协同、上位及加性等多种遗传效应，同时调控大量基因表达，并且调控数量和幅度均具有组织依赖性关系。OSH15 可以与 DLT 形成复合体，同时 DLT 以剂量依赖方式促进 OSH15 对 OsBRI1 的直接激活效应。该研究揭示了油菜素内酯在协调不同茎节伸长过程中的重要作用。

西南大学何光华教授团队在 *The Plant Cell* 上发表了题为 "The APC/CTAD1-WIDE LEAF 1-NARROW LEAF 1 pathway controls leaf width in rice" 的论文（You et al.，2022）。该研究鉴定到一个水稻隐性宽叶突变体 *wl1*，图位克隆显示其是由 C2H2 锌指转录因子 *DST* 突变导致的。研究发现，WL1 蛋白能与 APC/C 泛素 E3 连接酶的共激活子 TAD1 互作，并且作为底物被 APC/CTAD1 复合体通过 26S 蛋白酶体途径降解。同时，WL1 还能与水稻 TPR 类转录共抑制子结合，进一步招募组蛋白去乙酰化酶 HDAC 去抑制窄叶基因 *NAL1* 的表达，从而调控叶片的宽度。该研究揭示了 APC/CTAD1-WL1-NAL1 通路调控水稻叶宽的新机制，完善了水稻叶片发育调控网络。

六、水稻生殖发育分子遗传研究进展

香港浸会大学/香港中文大学王冠群教授、张建华教授与湖南农业大学等单位合作在 *Cell Research* 上发表了题为 "Mutation in rice enables fully mechanized hybrid breeding"

的论文，报道了第一个水稻温敏雌性不育基因 $tfS1$（Li H et al.，2022a）。该研究鉴定了一个自然突变的水稻温敏雌性不育材料 $mtfS1$，图位克隆显示其是由 AGO7 点突变引起的。AGO7 与 miR390 结合形成 RNA 诱导的沉默复合物（RISC），参与 tasR-ARFs 的产生，这些 siRNA 可以抑制 ARF 的表达。在常规和高温条件下，$mtfS1$ 突变体 RISC 和 miR390/miR390* 双链形成受损，tasR-ARFs 水平降低，表现为雌性不育；低温条件下，$tfS1$ 基因功能部分恢复，表现为部分可育。该研究解析了水稻雌性不育的遗传基础，为杂交育种提供了一种新的解决方案。

中国科学院遗传与发育生物学研究所李云海团队与海南大学等单位合作在 *Nature Communications* 上发表了题为 "A natural allele of *OsMS1* responds to temperature changes and confers thermosensitive genic male sterility" 的论文（Wu L Y et al.，2022）。该研究发现，籼稻温敏不育系 Tian1S 在高温下表现出雄性不育，但在低温下表现出正常育性，与日长无关。遗传分析表明，温敏雄性不育表型由细胞核单个隐性基因 $OsMS1^{wenmin1}$ 控制。温度能够调控野生型 OsMS1 和 $OsMS1^{wenmin1}$ 的丰度，$OsMS1^{wenmin1}$ 比 OsMS1 对温度变化更敏感。在低温条件下，OsMS1 和 $OsMS1^{wenmin1}$ 与转录因子 TDR 相互作用以激活下游基因的表达，从而产生可育花粉。在高温条件下，OsMS1 蛋白的丰度下降，但仍有足够的 OsMS1 蛋白与 TDR 相互作用以激活下游基因的表达，从而产生可育花粉。相反，高温大大降低了 $OsMS1^{wenmin1}$ 蛋白水平，没有足够的 $OsMS1^{wenmin1}$ 蛋白与 TDR 相互作用，导致下游基因表达急剧下降并形成不育花粉。该研究为进一步阐明温度调控水稻育性转换的分子机制和指导两系杂交稻育种提供了帮助。

四川农业大学李双成教授和李平教授团队在 *Plant Physiology* 上发表了题为 "SWOLLEN TAPETUM AND STERILITY 1 is required for tapetum degeneration and pollen wall formation in rice" 的论文（Yuan et al.，2022）。该研究鉴定到两个等位的无粉型雄性不育突变体 sts1-1 和 sts1-2。这些突变体的绒毡层降解严重延迟，小孢子发育受阻，无法形成正常的花粉壁，并随后降解消失。图位克隆显示，STS1 编码一个具有脂肪酶活性的未知蛋白，突变体中许多与花粉育性相关的脂质组分明显下调。研究显示，STS1 能够与花粉发育关键蛋白 OsPKS2 和 OsACOS12 直接互作。这些结果证实了 STS1 通过影响绒毡层和花粉壁发育调控雄性生殖的关键作用，为植物雄性生殖发育及花药脂质代谢的调控机制提供了新见解。

西南大学水稻研究所何光华教授团队在 *Plant Physiology* 上发表了题为 "*Oryza sativa* PECTIN DEFECTIVE TAPETUM1 affects anther development through a pectin-mediated signaling pathway in rice" 的论文（Yin et al.，2022）。该研究发现，果胶合成相关的半乳糖醛酸基转移酶 ospdt1 突变体的绒毡层细胞程序性死亡提前，花粉粒完全败育。进一步研发显示，ospdt1 突变体中，果胶合成缺陷影响了 OsiWAK1 蛋白在细胞内与果胶的整合与运输，进而影响其功能，导致绒毡层的细胞程序性死亡提前。该研究为果胶在植物体内的生物学功能提供了新见解，为探究水稻花药发育调控机制提供了帮助。

中国科学院遗传与发育生物学研究所程祝宽研究员团队在 *Nature Communications*

上发表了题为 "Nitrogen nutrition contributes to plant fertility by affecting meiosis initiation" 的论文（Yang H et al.，2022）。该研究通过图位克隆鉴定到一个新的减数分裂起始调控基因 *ETFβ*，其编码一个线粒体定位的电子转运黄素蛋白 β 亚基，参与支链氨基酸的代谢。研究发现，低氮导致 *ETFβ* 无法起始减数分裂，使雌配子和雄配子不育。在氮素营养充足条件下，*ETFβ* 可以完成减数分裂，恢复其雌雄育性。*ETFβ* 通过参与支链氨基酸的代谢，促进体内氮素再利用，为花器官的营养需求提供保障。这一研究为解析植物如何在贫瘠的土壤环境中维持必要的育性提供了理论支撑。

七、水稻元素吸收转运分子遗传研究进展

南京农业大学徐国华教授团队在 *Plant Physiology* 上发表了题为 "The rice transcription factor Nhd1 regulates root growth and nitrogen uptake by activating nitrogen transporters" 的论文，阐明了转录因子 Nhd1 在调控根系生长和氮素吸收及分配中的功能（Li K N et al.，2022）。该研究发现，Nhd1 可以直接激活高亲和铵转运体 *OsAMT1；3* 和双亲和硝转运体 *OsNRT2.4* 的表达，促进铵的吸收和硝的分配，影响水稻根系对氮素的吸收利用。在田间低氮供应条件下，*Nhd1* 突变可以提高水稻总的氮素吸收效率，由于开花时间推迟，延迟了生育期，成熟时 *nhd1* 突变体的氮素积累量增加，从而提高了氮素吸收效率。该研究揭示了 Nhd1 作为中心调控因子，具有协同调控水稻生育期、根系对氮素的响应、氮素吸收效率和氮素生理利用效率的功能，为氮素吸收利用高效品种选育提供了理论依据。

中国水稻研究所胡培松院士团队在 *Journal of Genetics and Genomics* 上发表了题为 "Alanine aminotransferase（OsAlaAT1）modulates nitrogen utilization, grain yield and quality in rice" 的论文（Fang et al.，2022）。该研究发现，编码水稻丙氨酸转氨酶（OsAlaAT1）的基因 *LNUE1* 对于调节水稻的氮素利用率、产量和稻米品质具有关键作用。研究鉴定到一个低氮素利用率的水稻突变体 *lnue1*。图位克隆显示，*LNUE1* 编码丙氨酸转氨酶 OsAlaAT1，该基因突变导致丙氨酸转氨酶活性显著下降，氮吸收相关基因表达上调，而与氮长距离运输相关基因表达下调，可能导致突变体从土壤吸收的氮素无法运输至种子而大量积累在茎秆中。突变体幼苗和胚乳中大量积累丙酮酸，但调控丙酮酸向淀粉转化相关的基因表达下调，导致胚乳淀粉合成不足而出现严重垩白。此外，过表达 *LNUE1* 可以提高氮素利用率和单株产量。该研究对于提高水稻氮肥利用率、实现产量和品质协同改良具有重要意义。

南京农业大学徐国华教授团队在 *Plant Physiology* 上发表了题为 "The rice phosphate transporter OsPHT1；7 plays a dual role in phosphorus redistribution and anther development" 的论文，报道了水稻磷转运体 OsPHT1；7 在磷素再分配和花药磷积累中的功能（Dai et al.，2022）。研究发现，*OsPHT1；7* 在根部不表达，而是在老叶的维管束鞘和韧皮部薄壁细胞、以及节中两种维管束的韧皮部表达，该转运体在老叶维管束鞘和老

叶韧皮部薄壁细胞中的磷素再分配过程中扮演着"阀门"的角色。另一方面，*OsPHT1；7* 在单核小孢子期至三核花粉期表达量显著高于其他所有磷转运体基因，其对花药磷积累的重要贡献。*OsPHT1；7* 的突变不仅影响株高和穗长等农艺性状，还显著抑制花药中的磷积累，导致结实率和产量下降 80% 以上。该研究为解析作物体内磷素周转的分子生理机制提供了新的线索。

南京农业大学章文华教授团队在 *Plant Physiology* 上发表了题为 "The transcription factor OsMYBc and an E3 ligase regulate expression of a K$^+$ transporter during salt stress" 的论文（Xiao et al.，2022）。该研究发现，OsMYBc 通过与 K$^+$ 转运蛋白 OsHKT1；1 启动子区的 MYB 核心元件结合上调其启动子活性，正向调控水稻耐盐性。研究还发现，RING 型 E3 连接酶 OsMSRFP 是 OsMYBc 的互作蛋白，它可以泛素化 OsMYBc 并介导其降解，从而减弱 OsMYBc 对 OsHKT1；1 的转录调控作用。敲除 *OsMSRFP* 基因可以提高水稻的耐盐性，而过表达 *OsMSRFP* 基因会降低水稻的耐盐性。该研究揭示了 OsMSRFP 与 OsMYBc 协同调控 OsHKT1；1 的转录和水稻的耐盐性，为提高水稻耐盐性提供了理论基础。

广西大学夏继星教授团队在 *The Plant Cell* 上发表了题为 "Three *OsMYB36* members redundantly regulate Casparian Strip formation at the root endodermis" 的论文，揭示了水稻内皮层凯氏带形成的分子机制及其在矿质元素吸收中的作用机制（Wang Z G et al.，2022）。该研究发现水稻内皮层凯氏带的形成受 *OsMYB36a*、*OsMYB36b* 和 *OsMYB36c* 三个 MYB 转录因子的共同调控。当同时突变这三个基因后，水稻内皮层凯氏带完全缺失，植株生长受到严重抑制。与野生型相比，三突材料地上部分积累更多的 Ca，而 Mn、Fe、Zn、Cu 和 Cd 积累变低。转录组分析发现，*OsMYB36a/b/c* 调控了 1 093 个下游基因，包括关键的凯氏带形成基因 *OsCASP1* 和其他与内皮层凯氏带形成相关的基因。该研究为探索植物营养元素的吸收机制提供了重要理论依据。

八、水稻分子遗传学其他方面研究进展

中国科学院遗传与发育生物学研究所的储成才团队和高彩霞团队在 *Nature Genetics* 上发表了题为 "Antagonistic control of rice seed dormancy by two bHLH transcription factors" 的论文（Xu F et al.，2022）。该研究从强休眠水稻品种 Kasalath 中克隆到一个控制水稻种子休眠的关键基因 *SD6*，其对种子休眠起负调控作用。进一步研究发现，SD6 能够与转录因子 ICE2 互作，后者正调控水稻种子休眠性。SD6 和 ICE2 通过拮抗作用调控另一个转录因子 OsbHLH048，间接调控 ABA 的关键合成调控基因 *NCED2*，实现 ABA 含量的及时高效调控，切换种子的休眠与萌发。SD6-ICE2 分子模块具备感知周边环境温度调控种子休眠性的特征：常温下，*SD6* 基因维持高水平表达，而 *ICE2* 基因表达则受到抑制，从而促进种子萌发；在低温条件下，*SD6* 基因表达则受到明显抑制，*ICE2* 基因表达量上调，从而使种子维持在休眠状态。通过基因编辑对 *SD6* 在小麦中的

同源基因 *TaSD6* 进行改良，也可以大幅提高小麦穗发芽抗性，表明 *SD6* 在水稻和小麦中控制种子休眠性的功能是保守的。这一发现揭示了种子休眠调控新机制，为解决农业生产中穗发育问题提供了宝贵遗传资源。

中国农业科学院深圳农业基因组研究所、中国农业大学、南京农业大学、中国水稻研究所的钱前院士、阮珏研究员、熊国胜教授、朱作峰教授、商连光研究员等多个团队合作，在 *Cell Research* 上发表了题为 "A super pan-genomic landscape of rice" 的论文（Shang et al.，2022）。该研究采用长读长纳米孔（Nanopore）测序和 Illumina 短读长重测序以及自主开发的 WTDBG 软件，从头组装了 251 份高质量水稻基因组序列。研究团队应用这套泛基因组图谱，结合 NLRs 注释信息，构建了水稻泛 NLRome，深入研究了泛 NLRs 家族基因的共线性。此外，利用这套泛基因组图谱，快速确定了 2 个产量相关性状的候选基因，并通过实验验证了候选基因的功能。还利用这套泛基因组解析了非洲栽培稻和亚洲栽培稻重要农艺性状驯化和环境适应的遗传基础，为大片段结构变异驱动作物平行驯化提供了重要的分子证据。此外，研究人员还构建了数据库 RiceSuper-PIRdb，为这套泛基因组数据利用提供了方便。该研究构建了目前植物中群体规模最大的、基因组充分注释的、稻属中最为系统的超级泛基因组，这将有助于深入解析水稻功能基因的挖掘和水稻种质资源的利用，推动水稻品质改良与优化。

华南农业大学庄楚雄研究员和周海研究员团队在 *Molecular Plant* 上发表了题为 "Methylesterification of cell-wall pectin controls the diurnal flower opening times in rice" 的论文（Wang M M et al.，2022）。该研究通过转录组筛选到一个控制每日开花时间的基因 *DFOT1*。该基因随着开花时间的临近，表达量逐渐上升，但在开花时又马上下降。在粳稻中敲除 *DFOT1* 可以将开花时间从 11：00 提前到 8：30。研究发现，DFOT1 可以与多个果胶甲基酯酶基因家族成员相互作用，促进它们的活性，降低水稻开花前浆片细胞壁中果胶的甲基酯化程度，使细胞壁变硬，从而限制了浆片细胞的吸水膨胀，进而延缓开花时间。此外，*DFOT1* 的 5′-UTR 区域在籼粳之间存在一个明显的分化。该研究首次在分子层面揭示了水稻调控每日开花时间的遗传机理，为提高籼粳杂交制种产量提供了新途径。*DFOT1* 与周浩教授和吴先军教授团队鉴定到的 *EMF1* 为同一基因。

四川农业大学周浩教授和吴先军教授团队在 *Plant Biotechnology Journal* 上发表了题为 "*EARLY MORNING FLOWERING 1*（EMF1）regulates the floret opening time by mediating lodicule cell wall formation in rice" 的文章（Xu P Z et al.，2022）。该研究筛选出了一个早花突变体 *emf1*，能够使每日的开花时间提早约 2.5h。该突变体浆片细胞壁中的纤维素和果胶等成分含量显著降低，浆片细胞壁结构疏松，吸水速率显著提高，从而促使颖花开放时间提前。图位克隆显示，*EMF1* 编码一个 DUF642 蛋白，能够与果胶甲基酯酶和葡聚糖酶互作，影响浆片细胞壁中果胶和纤维素的合成，从而影响水稻的开花时间。品种资源测序发现，热带粳稻 *EMF1* 第二外显子存在一个 C 到 T 的变异，形成了一种新的单倍型，其开花时间明显早于粳稻中的主要单倍型。该研究有助于解析水稻每日开花时间调控分子机制，为水稻不育系开花习性改良和杂交水稻制种产量提高提供了理论指导和基因资源。*EMF1* 与庄楚雄研究员和周海研究员团队鉴定到的 *DFOT1* 为同一基因。

华中农业大学何予卿教授团队在 *The Plant Cell* 上发表了题为 "Natural variation in *WHITE-CORE RATE 1* regulates redox homeostasis in rice endosperm to affect grain quality" 的文章（Wu B et al.，2022）。该研究克隆到一个控制水稻心白率的基因 *WCR1*，其 *WCR1BL* 等位基因在降低心白率的同时，还能增加产量和米饭食味值。研究发现，*WCR1* 启动子上一个 A/G 变异引起了 *OsDOF* 转录因子结合位点核心序列的改变，影响了转录因子对 *WCR1* 的结合。WCR1 可以调控金属硫蛋白 MT2b 的转录，并抑制 26S 蛋白酶体对 MT2b 蛋白的降解，促进胚乳细胞清除活性氧，最终增加贮藏物质的积累和降低心白率。该研究有助于深入解析稻米品质的分子机制，为稻米品质改良提供宝贵的基因资源。

海南大学罗杰教授团队在 *Molecular Plant* 上发表了题为 "Natural variations of *OsAUX5*，a target gene of OsWRKY78，control the neutral essential amino acid content in rice grains" 的文章（Shi et al.，2023）。该研究通过 GWAS 鉴定到一个控制籽粒多种必需氨基酸积累的关键基因 *OsAUX5*。该基因编码一个氨基酸转运蛋白，参与根中中性氨基酸的吸收以及叶片向种子中氨基酸的运输过程，是转录因子 OsWRKY78 的靶基因。多数粳稻品种的 *OsAUX5* 启动子区域包含有一个 18 bp 的 InDel 插入，导致其上游调控因子 OsWRKY78 对 *OsAUX5* 的激活能力变弱；将籼稻品种的 *OsAUX5* 等位基因引入粳稻品种中可以显著增加粳稻籽粒中的必需氨基酸含量。该研究为水稻营养品质改良提供了重要基因资源。

河北师范大学张胜伟教授团队在 *Current Biology* 上发表了题为 "The receptor kinase OsWAK11 monitors cell wall pectin changes to fine-tune brassinosteroid signaling and regulate cell elongation in rice" 的论文（Yue et al.，2022）。该研究发现，细胞壁连类受体激酶 OsWAK11 可以直接与油菜素内酯受体 OsBRI1 结合，抑制 OsBRI1 与 OsSERK1/OsBAK1 的相互作用，并抑制 OsBRI1 对 OsSERK1/OsBAK1 的磷酸化，阻碍了油菜素内酯信号传递。OsWAK11 的胞外域倾向于结合甲酯化形式的果胶，黑暗条件下，细胞壁中果胶的甲酯化程度升高，引起 OsWAK11 自我磷酸化水平改变并被 26S 蛋白酶体降解，从而解除了对油菜素内酯信号的抑制，进而促进黑暗下植物细胞伸长生长。该研究解析了细胞壁重塑如何与细胞内激素信号协同调控植物生长的分子机制。

华南农业大学金晶教授团队在 *Plant Physiology* 期刊上发表了题为 "Small EPIDERMAL PATTERNING FACTOR-LIKE2 peptides regulate awn development in rice" 的论文（Xiong et al.，2022）。该研究发现，多个 OsEPF/EPFL 家族小肽成员缺失会影响芒的发育。其中，*OsEPFL2* 突变会导致无芒或者极短芒，该基因的表达可能影响细胞分裂素、生长素和赤霉素的含量，进而调控芒的发育。另外，*OsEPFL2* 还通过促进细胞的分裂影响水稻粒长。研究还表明，*OsEPFL2* 在水稻驯化过程中受到了选择。该研究丰富了当前对小肽激素参与植物生长发育的认识。

南京农业大学万建民院士团队在 *PNAS* 上发表了题为 "Auxin regulates source-sink carbohydrate partitioning and reproductive organ development in rice" 的论文（Zhao et al.，2022）。该研究发现，水稻生长素氧化双加氧酶突变体 *dao* 在抽穗开花时期不能将有活性的生长素氧化成无活性的 OxIAA，破坏了体内 IAA 的动态平衡，出现颖壳不能正常张开、花药不能正常开裂、籽粒不能正常灌浆和单性结实的表型。研究还发现，突变体中生长素转录因子 *OsARF18* 表达上调，而 *OsARF2* 表达下调，导致蔗糖从叶片积累而无法被运输到花器官。*OsARF2* 通过结合糖响应元件调节 *OsSUT1* 的表达，而 *OsARF18* 则通过结合生长素反应元件或糖响应元件抑制 *OsARF2* 和 *OsSUT1* 的表达，从而调控蔗糖从源到库的运输。该研究揭示了水稻蔗糖从源到库的运输机制。

中国水稻研究所钱前院士团队在 *Science China Life Sciences* 上发表了题为 "LSL1 controls cell death and grain production by stabilizing chloroplast in rice" 的论文（Ren et al.，2022）。该研究鉴定到一个类病斑突变体 *lsl1*，突变体中活性氧过度积累，导致 ROS 稳态关键酶活性严重失调，DNA 异常降解和细胞死亡，叶绿体发育异常，光合作用受损，籽粒大小和品质均显著降低。研究发现，LSL1 可能通过叶绿体发育相关蛋白 PAP10 与 PsaD 互作来共同维持叶绿体和细胞正常发育，进而决定水稻产量和品质。

中国科学院植物研究所宋献军研究员团队在 *PNAS* 上发表了题为 "A multiomic study uncovers a bZIP23-PER1A-mediated detoxification pathway to enhance seed vigor in rice" 的文章（Wang Z et al.，2022）。该研究比较了两个种子活力差异巨大的水稻品种种子老化过程中的转录组和代谢组的改变，通过构建共表达调控网络筛选到与种子活力有关的转录因子 bZIP23 和 bZIP42。研究发现，bZIP23 和 bZIP42 能够直接结合到 *PER1A* 的启动子区，激活其转录表达，继而发挥调控种子活力的生物学功能；生理学数据表明，*bZIP23* 和 *PER1A* 在清除体内的活性氧过程中发挥重要的作用。这项研究进一步加深我们对水稻种子活力分子调控机理的了解。

山东农业大学卢从明教授团队在 *Molecular Plant* 上发表了题为 "Autophagy targets Hd1 for vacuolar degradation to regulate rice flowering" 的论文（Hu et al.，2022）。该研究鉴定到一个延迟抽穗的突变体，图位克隆表明这是由于自噬体的关键基因 *OsATG5* 缺失所导致的，自噬的其他关键基因 *OsATG7* 和 *OsATG8* 的缺失也导致类似的晚花表型。进一步研究表明，OsATG8 能够通过相互作用基序 AIM1 识别细胞核定位的 Hd1，将 Hd1 蛋白运输到液泡中完成降解。据此研究者提出模型：夜间自噬通过调节 Hd1 蛋白稳态水平，激活成花素基因表达，促进水稻开花；而当自噬功能丧失时，Hd1 蛋白显著积累，抑制成花素基因表达，延迟水稻开花。该研究揭示了一条新的水稻开花调控途径。

九、育种材料创制与新品种选育

（一）水稻育种新材料创制

开展水稻种质资源的收集、筛选和评价，创制一批优良新种质及中间材料，能够为水稻育种提供丰富的资源性材料。浙江省选育并审定通过了华中2A、嘉1S、嘉74A、嘉锡A、宁84A、双4831A、秀114A、秀水香1号A、甬粳17A、甬粳54A、甬粳68A、甬粳88A、浙大粳1A和浙粳8A等14个粳型不育系，这些粳型不育系开花习性好、配合力好，异交结实率较高；华浙3A、浙大高直1A和中香20A等3个籼型不育系，表现出开花习性好、配合力较强的特性。福建省选育并审定通过了辰S、福元A、福紫糯3S、古S、红17S、华元3S、集S、金杭A、闽晶S、明8S、明德S、墨S、浦乡A、稔S、荣华S、榕泰1A、思源A、宛S、祥源A、湘A、运邦63S和针桂S等22个籼型不育系，这些不育系具有开花习性好、柱头外露高、品质优良、配合力好等特点。江西省选育并审定通过了昌乡1555A、唯S和元香A等3个籼型不育系，不育性较稳定、可恢复性较好、配合力较强。湖北省选育并审定通过了香粳11A粳型不育系，229A、2413S、E927A、茶香A、楚18S、楚68S、冈特A、华634S、琴02S、琴04S、铁S和籨9311S等12个籼型不育系。海南省选育并审定通过了徽晶S、琅50S和擎9S等3个籼型不育系。

（二）水稻新品种选育

2022年全国水稻科研单位和种业企业等共选育2 015个水稻新品种通过国家和省级审定，比2021年减少214个，减幅10.6%。通过国家审定品种438个（表2-1），比2021年减少239个，其中杂交稻品种393个、常规稻品种45个。通过国家审定的杂交稻品种中，籼型三系杂交稻品种175个、占44.5%，籼型两系杂交稻品种193个、占49.1%，杂交粳稻品种23个、占6.1%，籼粳交三系杂交稻品种1个、占0.3%；常规稻品种中，常规粳稻32个、占71.1%，常规籼稻13个、占28.9%。分稻区育成品种结构看，东北稻区以常规粳稻品种为主，内蒙古、辽宁、吉林和黑龙江4省（自治区）合计审定通过329个水稻品种，比2021年增加47个，其中常规粳稻品种326个，辽宁育成3个杂交粳稻品种。华北地区审定通过水稻品种30个，比2021年减少5个。其中，山东审定通过了10个水稻品种，比2021年减少5个；河南审定通过了12个品种，比2021年增加1个；天津审定通过了4个品种，比2021年减少2个；河北审定通过了4个品种，比2021年增加2个。西北地区审定通过水稻品种16个，比2021年增加8个，其中陕西审定通过2个品种，比2021年增加1个；新疆审定通过14个水稻品种，比2021年增加9个。西南地区审定品种仍以籼型三系杂交稻为主，重庆、四川、贵州和云南4省（直辖市）共计审定通过237个水稻品种，比2021年增加5个，其中籼型三系杂交稻品种179个、占75.5%，籼型两系杂交稻品种25个、占10.5%；云南审定通过7个常规粳稻品种，贵州审定通过1个常规粳稻品种和2个杂交粳稻品种。长江中下游稻区审定品种数量有所减少，上海、江苏、浙江、安徽、江西、湖北和湖南7省（直辖市）合计审定通过水稻品种518个，比2021年减少85个，其中两系杂交水稻2022年合计审定186个、占35.9%，籼型三系杂交稻82个、占15.8%，常规粳稻127个、占24.5%，籼粳交三系杂交水稻品种审定14个。华南地区审定品种有所增加，福建、广东、广西和海南 4 省（自治区）合计审定通过 447 个水稻新品种，比 2021 年增加 55 个，其中籼型三系杂交稻品种 254 个、占 56.8%，籼型两系杂交稻品种 90 个、占 22.4%，籼型不育系 25 个、占 5.6%。从选育单位来看，华南地区审定通过的品种中，43.8% 的品种由科研单位育成，56.15% 的品种由种业公司育成，科研单位育成品种数量占比有所增加。

表 2-1　2022 年国家及主要产稻省份审定品种情况

审定级别	总数	类型										选育单位	
		常规稻		两系杂交		三系杂交		籼粳交		不育系		科研单位	种业公司
		籼型	粳型	籼型	粳型	籼型	粳型	三系杂交稻	籼型	粳型	籼粳交		
国家	438	13	32	193	3	175	21	1				123	315
天津	4		4									3	1
河北	4		4									4	0
内蒙古	16		16									5	11
辽宁	41		38		1		2					17	24
吉林	50		50									29	21
黑龙江	222		222									111	111
上海	10		6				4					6	4
江苏	76	2	54	12		5	3					39	37
浙江 *	51	3	8	6		5		12	3	14		34	17
安徽	171	21	52	74		21	3					46	125
福建 *	114	3		30		59			22			75	39
江西 *	49	14	1	11		20			3			12	37
山东	10		10									7	3
河南	12		7	3		2						8	4
湖北 *	85	17	6	33		13	1	1	12	1	1	35	50
湖南	76	7		50		18	1					14	62
广东	125	35		18		72						57	68
广西	197	32		39		119		7				59	138
海南 *	11	1		3		4			3			5	6
重庆	27	2	1	2		22						15	12
四川	128	3	1	10		114						84	44
贵州	42	2	1	5		32	2					19	23
云南	40	14	7	8		11						32	8
陕西	2	1				1						1	1
新疆	14	1	13									8	6
总计	2 015	171	533	497	4	693	36	22	43	15	1	848	1 167

注：＊部分省份审定品种中含不育系。

十、超级稻品种认定与示范推广

（一）新认定超级稻品种

2022年，为规范超级稻品种认定，加强超级稻示范推广，根据《超级稻品种确认办法》（农办科〔2008〕38号），经各地推荐和专家评审，新确认北粳1705、嘉禾优5号、嘉优中科13-1、隆两优5438、中浙优H7、粤禾优1002、万太优美占等7个品种为2022年度超级稻品种，取消因推广面积未达要求的Y优1号、Q优6号、楚粳27、新两优6380、陆两优819、桂两优2号、五丰优T025、沈农9816、徽两优6号等9个品种的超级稻冠名资格。截至2022年，由农业农村部冠名的超级稻示范推广品种共计133个。其中，籼型三系杂交稻49个、占36.8%，籼型两系杂交稻42个、占31.6%，粳型常规稻25个、占18.8%，籼型常规稻9个、占6.8%，籼粳杂交稻8个、占6.0%。

（二）超级稻高产示范与推广

2022年，在农业农村部水稻绿色高质高效创建等科技项目示范带动下，我国水稻绿色高质高效技术集成与示范力度继续加大，高产攻关也在多个方面取得新的突破，再创多项世界纪录。湖南省衡南县"柒两优785"双季早稻单产达686.9 kg/亩（注：15亩＝1 hm²。全书同），创造该基地早稻高产纪录；四川省德昌县的"卓两优1126"造百亩攻关示范田实测平均亩产量为1 132.2 kg，创造了四川省水稻单季亩产最高纪录，在云南多点小面积示范亩产突破1 200 kg；湖北省孝感市"甬优4949"再生稻高产示范片，头季稻实测亩产819.8 kg，再生季亩产456.8 kg，两季亩产达到1 276.6 kg，再创历史高位；湖南省常德市"冠两优华占"再生稻高产示范片，头季稻实测亩产792.8 kg，再生季亩产376.5 kg，两季亩产达到1 169.3 kg，创造湖南省"中稻＋再生稻"农户大面积种植的高产新纪录。海南省三亚市崖州区坝头南繁公共试验基地，晚稻平均亩产671.6 kg，加上早稻平均亩产910 kg，两季亩产1 581.6 kg，同一地块连续两年实现袁隆平院士生前提出的"杂交水稻双季亩产1 500 kg"的攻关目标。

近年来，我国超级稻冠名品种稳定在130个左右，年均推广面积超过1.3亿亩，占全国水稻种植面积的30%左右，各地先后涌现出多个单季亩产超1 000 kg的超级稻新品种，超级稻双季亩产超过1 500 kg攻关取得突破，有力带动了全国水稻单产水平不断提高，提高了农民种植收益，为资源环境紧约束条件下增加稻谷产量发挥了重要作用。下一步，将继续从稳定粮食产能的高度出发，以绿色可持续发展为导向，推广一批品种、配套一批技术、促进一方增收，推进超级稻示范推广工作。

第二节　国外水稻遗传育种研究进展

一、水稻生长发育相关分子遗传研究进展

日本名古屋大学的 Yoshiaki Inukai 团队在 *PNAS* 上发表了题为 "WUSCHEL-related homeobox family genes in rice control lateral root primordium size" 的论文（Kawai et al.，2022）。该研究发现水稻中的两个 WUSCHEL 相关的 *WOX* 基因在控制侧根原基大小方面有着相反的作用。水稻有两种侧根：短而细的 S 型侧根，长而粗且能继续分枝的 L 型侧根，L 型侧根原基比 S 型侧根原基更大。*QHB/OsWOX5* 基因突变后植株无法形成 S 型侧根，在根尖切除后能够产生更多的 L 型侧根。过表达 *OsWOX10* 基因能够增加侧根直径；而 *OsWOX10* 突变会在轻度干旱条件下降低 L 型侧根直径。进一步发现 *OsWOX10* 是 QHB/OsWOX5 的潜在靶基因，QHB/OsWOX5 能够抑制 *OsWOX10* 的表达。结果说明，*QHB/OsWOX5* 通过抑制 OsWOX10 的表达，抑制侧根直径增加。该研究解析了根系在不同环境下可塑性的分子机制。

葡萄牙泽维尔大学 Katja E. Jaeger 团队在 *PNAS* 上发表的题为 "Evening complex integrates photoperiod signals to control flowering in rice" 的文章，揭示了 Evening complex（夜间复合体）对水稻抽穗期的控制作用（Andrade et al.，2022）。研究发现，Evening complex 能够直接结合抽穗期抑制因子 *PRR37* 和 *Ghd7*，下调它们的表达。Evening complex 基因 *LUX* 和 *ELF3* 的突变体会导致水稻无法抽穗。研究还表明，光通过光敏色素 phyB 能够引起 ELF3-1 快速和持久的翻译后修饰。该研究表明，Evening complex 在水稻中的作用机制与拟南芥中有所不同，为深入了解水稻抽穗期调控机制提供了新的思路。

新加坡国立大学 Yu Hao 团队在 *Developmental Cell* 上发表了题为 "RNA N6-methyladenosine modification promotes auxin biosynthesis required for male meiosis in rice" 的论文，揭示了 m6A 甲基转移酶 OsFIP37 特异性促进花粉母细胞中生长素合成从而调控水稻雄性减数分裂的新机制（Cheng et al.，2022）。该研究发现，在水稻花粉母细胞减数分裂开始时，OsFIP37 介导生长素合成基因 *OsYUCCA3* 的 m6A 修饰，提升其转录本丰度和生长素合成，进而确保减数分裂正常进行。同时，RNA 结合蛋白 OsFAP1 特异性招募 OsFIP37 到 OsYUCCA3 转录本，对减数分裂开始时 OsFIP37 催化 *OsYUCCA3* 转录本的 m6A 甲基化起到关键调控作用。*OsFIP37*、*OsFAP1* 和 *OsYUCCA3* 的功能缺失突变体在小孢子发育过程中都呈现类似的减数分裂缺陷和雄性不育，而 *OsYUCCA3* 的过量表达可以部分挽救这些突变体的减数分裂和雄性不育缺陷。这些发现阐明了 RNA 修饰在植物雄性减数分裂调控中的重要作用。

英国诺丁汉大学 Zinnia H. Gonzalez-Carranza 团队在 *Plant Biotechnology Journal* 上

发表了题为 "The rice *EP3* and *OsFBK1* E3 ligases alter plant architecture and flower development，and affect transcript accumulation of microRNA pathway genes and their targets" 的论文（Borna et al.，2022）。该研究发现，拟南芥 *HWS* 基因在水稻中的两个同源基因 *EP3* 和 *OsFBK1*，在不同发育阶段通过相互作用控制多个水稻重要农艺性状，包括器官大小、花器官数量和大小、花形态、花粉活力、籽粒大小和重量等。*EP3* 和 *OsFBK1* 能够影响 miRNA 途径的 *OsDDL* 和 *OsSE* 基因，以及 *CRD1/OsHST*、*OsDCL* 和 *OsWAF1* 基因的转录水平。其中，EP3 调控 *OsPri−MIR164*、*OsNAM1* 和 *OsNAC1* 的转录表达，而 OsFBK1 能够修饰 *OsNAC1* 的转录本。这些发现表明，*EP3* 和 *OsFBK1* 在水稻中具有与拟南芥 *HWS* 基因相似的功能，协同调控水稻发育。

日本东北大学 Junko Kyozuka 团队和南京农业大学合作在 *Plant Physiology* 上发表了题为 "ABERRANT PANICLE ORGANIZATION2 controls multiple steps in panicle formation through common direct−target genes" 的论文，揭示了 APO2 转录因子在水稻从营养生长到生殖生长的转换时期和水稻幼穗发育时期的分子调控作用（Miao et al.，2022）。该研究发现，*APO2* 不仅参与调控花序分生组织的大小和枝梗分生组织的命运维持，还抑制水稻幼穗苞叶的发育，并且通过直接控制 *OsSPL7*、*OsSPL14*、*NL1/OsGATA15*、*OSH6* 等下游基因的表达，影响多个穗发育过程。这项研究不仅拓宽了对植物分生组织发育机制的理解，也为水稻穗型的改良提供了一个新思路。

印度国家植物基因组研究所的 Manoj Majee 团队在 *New Phytologist* 上发表了题为 "Methionine sulfoxide reductase B5 plays a key role in preserving seed vigor and longevity in rice（*Oryza sativa*）" 的文章，揭示了甲硫氨酸硫氧化物还原酶基因 *OsMSRB5* 在维持种子活力和寿命方面的重要性（Hazra et al.，2022）。该研究发现，种子老化过程中，种子活力降低与甲硫氨酸硫氧化物还原酶活性的降低和甲硫氨酸硫氧化物积累有关。随着种子老化，*OsMSRB5* 的表达量逐渐增加，其蛋白主要定位于胚；它通过调节活性氧稳态，保护种子活力和长寿。OsMSRB5 能够修饰种子中的抗坏血酸过氧化物酶和蛋白质 l−异天冬酰基甲基转移酶，影响它们的功能。该研究揭示了 *OsMSRB5* 在维持水稻种子活力和长寿方面的重要性。

日本福岛大学 Makoto Matsuoka 团队在 *Nature Communications* 上发表了题为 "Genome−wide association study identifies a gene responsible for temperature−dependent rice germination" 的文章（Yoshida et al.，2022）。该研究通过全基因组关联研究发现，14−3−3 家族基因 *GF14h* 能够有效解释不同水稻品种之间温度依赖性发芽的差异。研究发现，GF14h 蛋白可与 OREB1 和 MFT2 互作，调节 ABA 信号，调控种子发芽；而功能缺失型 GF14hHap.1 不能与 OREB1 和 MFT2 互作。OREB1 蛋白 S385 的磷酸化可部分介导 GF14h 与 OREB1 互作和核定位过程。此外，品种资源分析表明，*GF14h* 和 *qLTG3* 不同单倍型组合有助于水稻品种地区适应性。该研究揭示了温度依赖性水稻种子萌发的分子机制。

二、水稻生物/非生物胁迫响应分子遗传研究进展

日本近畿大学的 Tsutomu Kawasaki 团队在 *New Phytol* 上发表了题为 "The rice OsERF101 transcription factor regulates the NLR Xa1-mediated immunity induced by perception of TAL effectors" 的论文，报道了 *Xa1* 基因介导水稻免疫的分子机制（Yoshihisa et al.，2022）。研究人员鉴定到 Xa1 的一个互作蛋白：AP2/ERF 型转录因子 OsERF101/OsRAP2.6。*Xa1* 基因编码一个在 N 端具有 BED 结构域的 NLR。研究发现，Xa1 能在细胞核中通过 BED 结构域与病原体 TAL 效应物和 *OsERF101* 相互作用。无论是过表达还是敲除 *OsERF101* 都会导致 *Xa1* 依赖性的白叶枯病抗性增强，但是 *OsERF101* 过表达和敲除突变体中，转录过程受到影响的基因并不相同。这些结果对于深入了解水稻与病原体之间的互作机制具有重要意义。

日本近畿大学 Tsutomu Kawasaki 团队在 *Nature Communications* 上发表了题为 "Cooperative regulation of PBI1 and MAPKs controls WRKY45 transcription factor in rice immunity" 的论文（Ichimaru et al.，2022）。该研究鉴定到一个晶体结构呈四螺旋束结构的蛋白 PBI1，该蛋白可以与免疫正向调控因子 U-box 型泛素连接酶 PUB44 互作。PBI1 还可以与水稻免疫主要转录激活因子 WRKY45 相互作用，并负向调节其活性。当感知到病原菌的几丁质时，PBI1 通过 PUB44 依赖的方式被降解，导致 WRKY45 的激活，提高水稻免疫能力；而几丁质诱导的 MAPK 激活这一过程也是必须的。该研究揭示了几丁质诱导的 WRKY45 的激活、MAPK 介导的磷酸化和 PUB44 介导的 PBI1 降解之间的协作调节水稻病原体免疫过程，为探究水稻抗病的分子机制提供了新方向。

韩国首尔国立大学 Ju-Kon Kim 团队在 *Plant Biotechnology Journal* 上发表了题为 "Transcriptional activation of rice CINNAMOYL-CoA REDUCTASE 10 by OsNAC5，contributes to drought tolerance by modulating lignin accumulation in roots" 的文章（Bang et al.，2022）。该研究发现肉桂酰辅酶 A 还原酶基因 *OsCCR10* 受转录因子 OsNAC5 的直接激活，通过调控木质素积累介导水稻抗旱性。*OsCCR10* 的转录水平会受到干旱、高盐和脱落酸等非生物胁迫的诱导，并且在根的所有发育阶段均有表达。进一步研究表明，*OsCCR10* 参与 H 型和 G 型木质素的生物合成。*OsCCR10* 过表达植株在营养生长期表现出更好的抗旱性、更高的光合效率、更低的水分流失速率以及更高的根部木质素含量。在干旱条件下，过表达 *OsCCR10* 可显著提高稻谷产量。该研究结果对于揭示水稻抗旱性的分子机制具有帮助。

三、水稻分子遗传学其他方面研究进展

美国加州大学 Julia Bailey-Serres 团队在 *Developmental Cell* 上发表了题为 "Gene regulatory networks shape developmental plasticity of root cell types under water extremes in rice"的论文（Reynoso et al.，2022）。该研究通过多种环境条件下的转座酶可及染色质测序（ATAC-seq）等实验，揭示了不同水分环境下的水稻根系基因活性图谱。结果显示，缺水或完全淹没显著改变了染色质的可及性，继而改变了核糖体结合mRNA丰度。进一步研究发现，根系细胞周期活动对极端水分条件响应明显，完全淹没条件下增殖细胞中的循环基因抑制了mRNA翻译过程。水分变化还会对根系细胞翻译组特征产生重要影响，其中包括参与生长素信号、生物钟和地面组织中小RNA调控的基因，以及和木栓质生物合成、铁转运蛋白和内胚层/外胚层细胞氮同化相关的基因翻译水平的富集。该研究揭示了水稻根系细胞在不同水分环境下的基因活性图谱，并明确了与根系缺水响应和木质部发育可塑性相关的转录因子，对未来全球气候变化下的植物根系遗传改良提供了有价值的信息。

日本神户大学Takashige Ishii团队在 *PNAS* 上发表了题为"A stepwise route to domesticate rice by controlling seed shattering and panicle shape"的论文（Ishikawa et al.，2022）。前人研究显示，*sh4* 对于水稻驯化过程中落粒性改良具有重要作用。该团队研究表明，水稻驯化过程仅具有 *sh4* 突变并不足以使稻米不脱粒，野生稻需要同时具有 *sh4* 和 *qSH3* 突变才能获得不脱粒的特性。该研究还发现，将 *sh4* 和 *qSH3* 突变与控制穗型的 *SPR3* 结合起来，可以提高野生稻产量。该团队提出了稻米驯化的逐步路径，即选择 *SPR3* 控制的紧密穗型是驯化的重要因素，然后逐步选择 *sh4* 和 *qSH3* 突变以实现不脱粒。表2-2为控制水稻重要农艺性状的部分基因。

表2-2 控制水稻重要农艺性状的部分基因

基因	基因产物	功能描述	参考文献
APO2	转录因子	多个穗发育过程	Miao et al.，2022
bHLH026	bHLH 转录因子	二萜类抗毒素合成	Liu C et al.，2022
bZIP23	bZIP 转录因子	种子活力	Wang W Q et al.，2022
bZIP42	bZIP 转录因子	种子活力	Wang W Q et al.，2022
CRL1	WOX 转录因子	冠根形态建成	Geng et al.，2023
Dao	生长素氧化双加氧酶	颖花发育	Zhao et al.，2022
DFOT1/EMF1	DUF642 蛋白	每日开花时间	Wang M M et al.，2022；Xu P Z et al.，2022
DHT1	核不均一性核糖核蛋白	分蘖	Liu T Z et al.，2022
DROT1	类 COBRA 蛋白	耐旱	Sun et al.，2022
EP3	拟南芥 *HWS* 同源基因	花器官发育、籽粒大小等多个性状	Borna et al.，2022
ETFβ	电子转运黄素蛋白 β 亚基	雌雄育性、减数分裂起始调控基因	Yang H et al.，2022
GF14h	14-3-3 家族基因	种子温度依赖性发芽	Yoshida et al.，2022
HTH5	磷酸吡哆醛稳态蛋白	耐热	Cao et al.，2022
LSL1	功能未知	类病斑	Ren et al.，2022

（续表）

基因	基因产物	功能描述	参考文献
MHZ10	色氨酸氨基转移酶	根发育与乙烯应答	Zhou et al.，2022
Nhd1	MYB 转录因子	氮素吸收利用	Li K N et al.，2022
OsAlaAT1	丙氨酸转氨酶	氮素利用率、稻米产量和品质	Fang et al.，2022
OsATG5	自噬蛋白	抽穗期	Hu et al.，2022
OsAUX5	氨基酸转运蛋白	多种必需氨基酸积累	Shi et al.，2023
OsbZIP86	bZIP 转录因子	耐旱	Gao et al.，2022
OsCCR10	肉桂酰辅酶 A 还原酶	木质素积累	Bang et al.，2022
OsCPK18/OsCPK4	钙依赖性蛋白激酶	产量、抗病	Li H et al.，2022
OsDOF11	蔗糖转运调节因子	株高	Wu Y F et al.，2022
OsDREB1C	DREB 转录因子	光合效率、氮素利用率、产量、抽穗期	Wei et al.，2022
OsEPFL2	OsEPF/EPFL 家族小肽	芒的发育	Xiong et al.，2022
OsERF101	ERF 转录因子	白叶枯病抗性	Yoshihisa et al.，2022
OsFBK1	拟南芥 HWS 同源基因	花器官发育、籽粒大小等多个性状	Borna et al.，2022
OsFIP37	m6A 甲基转移酶	雄性不育	Cheng et al.，2022
OsKRN2	WD40 蛋白	产量	Chen et al.，2022
OsMS1	PHD 结构域蛋白	温敏雄性不育	Wu L Y et al.，2022
OsMSRB5	甲硫氨酸硫氧化物还原酶	种子活力和寿命	Hazra et al.，2022
OsMSRFP	RING 型 E3 连接酶	耐盐	Xiao et al.，2022
OsMYB36a	MYB 转录因子	多种营养元素吸收	Wang Z G et al.，2022
OsMYB36b	MYB 转录因子	多种营养元素吸收	Wang Z G et al.，2022
OsMYB36c	MYB 转录因子	多种营养元素吸收	Wang Z G et al.，2022
OsMYBc	MYB 转录因子	耐盐	Xiao et al.，2022
OsMYBR57	MYB 转录因子	耐旱	Yang L J et al.，2022
OsNAC23	NAC 转录因子	6-磷酸-海藻糖含量、产量	Li Z Y et al.，2022
OsPDT1	半乳糖醛酸基转移酶	雄性不育	Yin et al.，2022
OsPHT1；7	磷转运体	磷素再分配和花药磷积累	Dai et al.，2022
OsPIN1b	PIN 蛋白	分蘖	Li Y et al.，2022
OsRAC3	小 GTP 结合蛋白	冠根发育	Liu et al.，2023
OsRopGEF10	小 GTP 结合蛋白	冠根发育	Liu et al.，2023
OsSAE1	AP2 转录因子	种子萌发和耐盐性	Li Y X et al.，2022b
OsSAPK6	丝氨酸/苏氨酸蛋白激酶	耐冷	Jia et al.，2022
OsUBR7	E3 泛素连接酶	株高	Zheng et al.，2022
OsVQ25	VQ 蛋白	稻瘟病和白叶枯病抗性	Hao et al.，2022

（续表）

基因	基因产物	功能描述	参考文献
OsWOX10	WOX 转录因子	侧根发育	Kawai et al.，2022
PBI1	功能未知	几丁质诱导的免疫过程	Ichimaru et al.，2022
PILS6b	PIN 蛋白	分蘖	Li Y et al.，2022
QHB/OsWOX5	WOX 转录因子	侧根发育	Kawai et al.，2022
SD6	bHLH 转录因子	种子休眠、穗发芽	Xu F et al.，2022
SH3P2	SH3 蛋白质	稻瘟病抗性	Xie et al.，2022
STH1	α/β 折叠结构域水解酶	耐盐	Xiang et al.，2022
STS1	脂肪酶活性的未知蛋白	雄性不育	Yuan et al.，2022
tfS1	ARGONAUTE7	温敏雌性不育	Li H Y et al.，2022
TT2	G 蛋白 γ 亚基	耐热	Kan et al.，2022
TT3.1	C3HC4 型指蛋白	耐热	Zhang et al.，2022
TT3.2	叶绿体前体蛋白	耐热	Zhang et al.，2022
WCR1	F-box 蛋白	心白率	Wu B et al.，2022
WL1	C2H2 锌指转录因子	宽叶	You et al.，2022
WRKY53	WRKY 转录因子	孕穗期耐冷性	Tang et al.，2022

参 考 文 献

Andrade L，Lu Y，Cordeiro A，et al.，2022. The evening complex integrates photoperiod signals to control flowering in rice [J]. Proc Natl Acad Sci USA，119：e2122582119.

Bang S W，Choi S，Jin X，et al.，2022. Transcriptional activation of rice CINNAMOYL-CoA RE-DUCTASE 10 by OsNAC5，contributes to drought tolerance by modulating lignin accumulation in roots [J]. Plant Biotechnol J，20：736-747.

Borna R S，Murchie E H，Pyke K A，et al.，2022. The rice *EP3* and *OsFBK1* E3 ligases alter plant architecture and flower development，and affect transcript accumulation of microRNA pathway genes and their targets [J]. Plant Biotechnol J，20：297-309.

Cao Z B，Tang H W，Cai Y H，et al.，2022. Natural variation of HTH5 from wild rice，*Oryza rufi-pogon* Griff.，is involved in conferring high-temperature tolerance at the heading stage [J]. Plant Bio-technol J，20：1591-1605.

Chen W K. Chen L，Zhang X，et al.，2022. Convergent selection of a WD40 protein that enhances grain yield in maize and rice [J]. Science，375：eabg7985.

Cheng P，Bao S J，Li C X，et al.，2022. RNA N（6）-methyladenosine modification promotes auxin biosynthesis required for male meiosis in rice [J]. Dev Cell，57：246-259.

Dai C R，Dai X L，Qu H Y，et al.，2022. The rice phosphate transporter OsPHT1；7 plays a dual role in phosphorus redistribution and anther development [J]. Plant Physiol，188：2272-2288.

Fang L B，Ma L Y，Zhao S L，et al.，2022. *Alanine aminotransferase*（*OsAlaAT1*）modulates nitrogen utilization，grain yield，and quality in rice［J］．J Genet Genomics，49：510-513.

Gao W W，Li M K，Yang S G，et al.，2022. *miR2105* and the kinase OsSAPK10 co-regulate *OsbZ-IP86* to mediate drought-induced ABA biosynthesis in rice［J］．Plant Physiol，189：889-905.

Hao Z Y，Tian J E，Fang H，et al.，2022. A VQ-motif-containing protein fine-tunes rice immunity and growth by a hierarchical regulatory mechanism［J］．Cell Rep，40：111235.

Hazra A，Varshney V，Verma P，et al.，2022. Methionine sulfoxide reductase B5 plays a key role in preserving seed vigor and longevity in rice（*Oryza sativa*）［J］．New Phytol，236：1042-1060.

Hu Z，Yang Z P，Zhang Y，et al.，2022. Autophagy targets Hd1 for vacuolar degradation to regulate rice flowering［J］．Mol Plant，15：1137-1156.

Ichimaru K，Yamaguchi K，Harada K，et al.，2022. Cooperative regulation of PBI1 and MAPKs controls WRKY45 transcription factor in rice immunity［J］．Nat Commun，13：2397.

Ishikawa R，Castillo C C，Htun T M，et al.，2022. A stepwise route to domesticate rice by controlling seed shattering and panicle shape［J］．Proc Natl Acad Sci USA，119：e2121692119.

Jia M R，Meng X B，Song X G，et al.，2022. Chilling-induced phosphorylation of IPA1 by OsSAPK6 activates chilling tolerance responses in rice［J］．Cell Discov，8：71.

Kan Y，Mu X R，Zhang H，et al.，2022. *TT2* controls rice thermotolerance through SCT1-dependent alteration of wax biosynthesis［J］．Nat Plants，8：53-67.

Kawai T，Shibata K，Akahoshi R，et al.，2022. WUSCHEL-related homeobox family genes in rice control lateral root primordium size［J］．Proc Natl Acad Sci USA，119：e2101846119.

Li H X，You C J，Yoshikawa M，et al.，2022. A spontaneous thermo-sensitive female sterility mutation in rice enables fully mechanized hybrid breeding［J］．Cell Res，32：931-945.

Li H，Zhang Y，Wu C Y，et al.，2022. Fine-tuning OsCPK18/OsCPK4 activity via genome editing of phosphorylation motif improves rice yield and immunity［J］．Plant Biotechnol J，20：2258-2271.

Li K N，Zhang S N，Tang S，et al.，2022. The rice transcription factor Nhd1 regulates root growth and nitrogen uptake by activating nitrogen transporters［J］．Plant Physiol，189：1608-1624.

Li Y，He Y Z，Liu Z X，et al.，2022. OsSPL14 acts upstream of *OsPIN1b* and *PILS6b* to modulate axillary bud outgrowth by fine-tuning auxin transport in rice［J］．Plant J，111：1167-1182.

Li Y X，Zhou J H，Li Z，et al.，2022. SALT AND ABA RESPONSE ERF1 improves seed germination and salt tolerance by repressing ABA signaling in rice［J］．Plant Physiol，189：1110-1127.

Li Z Y，Wei X J，Tong X H，et al.，2022. The OsNAC23-Tre6P-SnRK1a feed-forward loop regulates sugar homeostasis and grain yield in rice［J］．Mol Plant，15：706-722.

Liu C，Zhu X Y，Zhang J，et al.，2022. eQTLs play critical roles in regulating gene expression and identifying key regulators in rice［J］．Plant Biotechnol J，20：2357-2371.

Liu T Z，Zhang X，Zhang H，et al.，2022. *Dwarf and High Tillering1* represses rice tillering through mediating the splicing of D14 pre-mRNA［J］．Plant Cell，34：3301-3318.

Miao Y L，Xun Q，Taji T，et al.，2022. *ABERRANT PANICLE ORGANIZATION2* controls multiple steps in panicle formation through common direct-target genes［J］．Plant Physiol，189：2210-2226.

Niu M，Wang H R，Yin W C，et al.，2022. Rice DWARF AND LOW-TILLERING and the homeodomain protein OSH15 interact to regulate internode elongation via orchestrating brassinosteroid signaling and metabolism [J]. Plant Cell，34：3754-3772.

Qiu J H，Xie J H，Chen Y，et al.，2022. Warm temperature compromises JA-regulated basal resistance to enhance *Magnaporthe oryzae* infection in rice [J]. Mol Plant，15：723-739.

Ren D Y，Xie W，Xu Q K，et al.，2022. LSL1 controls cell death and grain production by stabilizing chloroplast in rice [J]. Sci China Life Sci，65：2148-2161.

Reynoso M A，Borowsky A T，Pauluzzi G C，et al.，2022. Gene regulatory networks shape developmental plasticity of root cell types under water extremes in rice [J]. Dev Cell，57：1177-1192.

Shang L G，Li X X，He H Y，et al.，2022. A super pan-genomic landscape of rice [J]. Cell Res，32：878-896.

Sun X M，Xiong H Y，Jiang C H，et al.，2022. Natural variation of *DROT1* confers drought adaptation in upland rice [J]. Nat Commun，13：4265.

Tang J Q，Tian X P，Mei E Y，et al.，2022. *WRKY53* negatively regulates rice cold tolerance at the booting stage by fine-tuning anther gibberellin levels [J]. Plant Cell，34：4495-4515.

Wang M M，Zhu X P，Peng G Q，et al.，2022. Methylesterification of cell-wall pectin controls the diurnal flower-opening times in rice [J]. Mol Plant，15：956-972.

Wang W Q，Xu D Y，Sui Y P，et al.，2022b. A multiomic study uncovers a bZIP23-PER1A-mediated detoxification pathway to enhance seed vigor in rice [J]. Proc Natl Acad Sci USA，119：e2026355119.

Wang Z G，Zhang B L，Chen Z W，et al.，2022c. Three *OsMYB36* members redundantly regulate Casparian strip formation at the root endodermis [J]. Plant Cell，34：2948-2968.

Wei S B，Li X，Lu Z F，et al.，2022. A transcriptional regulator that boosts grain yields and shortens the growth duration of rice [J]. Science，377：eabi8455.

Wu B，Yun P，Zhou H，et al.，2022. Natural variation in *WHITE-CORE RATE 1* regulates redox homeostasis in rice endosperm to affect grain quality [J]. Plant Cell，34：1912-1932.

Wu L Y，Jing X H，Zhang B L，et al.，2022. A natural allele of *OsMS1* responds to temperature changes and confers thermosensitive genic male sterility [J]. Nat Commun，13：2055.

Wu Y F，Wang L L，Ansah E O，et al.，2022. The sucrose transport regulator OsDOF11 mediates cytokinin degradation during rice development [J]. Plant Physiol，189：1083-1094.

Xiang Y H，Yu J J，Liao B，et al.，2022. An α/β hydrolase family member negatively regulates salt tolerance but promotes flowering through three distinct functions in rice [J]. Mol Plant，15：1908-1930.

Xiao L Y，Shi Y Y，Wang R，et al.，2022. The transcription factor OsMYBc and an E3 ligase regulate expression of a K^+ transporter during salt stress [J]. Plant Physiol，190：843-859.

Xie Y J，Wang Y P，Yu X Z，et al.，2022. SH3P2，an SH3 domain-containing protein that interacts with both Pib and AvrPib，suppresses effector-triggered，Pib-mediated immunity in rice [J]. Mol Plant，15：1931-1946.

Xiong L L，Huang Y Y，Liu Z P，et al.，2022. Small EPIDERMAL PATTERNING FACTOR-LIKE2 peptides regulate awn development in rice [J]. Plant Physiol，190：516-531.

Xu F，Tang J Y，Wang S X，et al.，2022. Antagonistic control of seed dormancy in rice by two bHLH transcription factors [J]. Nat Genet，54：1972-1982.

Xu P Z，Wu T K，Ali A，et al.，2022. *EARLY MORNING FLOWERING1* （*EMF1*） regulates the floret opening time by mediating lodicule cell wall formation in rice [J]. Plant Biotechnol J，20：1441-1443.

Yang H，Li Y F，Cao Y W，et al.，2022. Nitrogen nutrition contributes to plant fertility by affecting meiosis initiation [J]. Nat Commun，13：485.

Yang L J，Chen Y，Xu L，et al.，2022. The OsFTIP6 - OsHB22 - OsMYBR57 module regulates drought response in rice [J]. Mol Plant，15：1227-1242.

Yin W Z，Yang H X，Wang Y T，et al.，2022. *Oryza sativa PECTIN DEFECTIVE TAPETUM1* affects anther development through a pectin-mediated signaling pathway in rice [J]. Plant Physiol，189：1570-1586.

Yoshida H，Hirano K，Yano K，et al.，2022. Genome-wide association study identifies a gene responsible for temperature-dependent rice germination [J]. Nat Commun，13：5665.

Yoshihisa A，Yoshimura S，Shimizu M，et al.，2022. The rice OsERF101 transcription factor regulates the NLR Xa1 - mediated immunity induced by perception of TAL effectors [J]. New Phytol，236：1441-1454.

You J，Xiao W W，Zhou Y，et al.，2022. The APC/CTAD1 - WIDE LEAF 1 - NARROW LEAF 1 pathway controls leaf width in rice [J]. Plant Cell 34：4313-4328.

Yuan G Q，Zou T，He Z Y，et al.，2022. *SWOLLEN TAPETUM AND STERILITY 1* is required for tapetum degeneration and pollen wall formation in rice [J]. Plant Physiol，190：352-370.

Yue Z L，Liu N，Deng Z P，et al.，2022. The receptor kinase OsWAK11 monitors cell wall pectin changes to fine-tune brassinosteroid signaling and regulate cell elongation in rice [J]. Curr Biol，32：2454-2466.

Zhang H，Zhou J F，Kan Y，et al.，2022. A genetic module at one locus in rice protects chloroplasts to enhance thermotolerance [J]. Science 376：1293-1300.

Zhao Z G，Wang C L，Yu X W，et al.，2022. Auxin regulates source-sink carbohydrate partitioning and reproductive organ development in rice [J]. Proc Natl Acad Sci USA，119：e2121671119.

Zheng Y Y，Zhang S S，Luo Y Q，et al.，2022. Rice *OsUBR7* modulates plant height by regulating histone H2B monoubiquitination and cell proliferation [J]. Plant Commun，3：100412.

Zhou Y，Ma B，Tao J J，et al.，2022. Rice EIL1 interacts with OsIAAs to regulate auxin biosynthesis mediated by the tryptophan aminotransferase MHZ10/OsTAR2 during root ethylene responses [J]. Plant Cell，34：4366-4387.

第三章　水稻栽培技术研究动态

2022 年，我国水稻栽培技术研究在高产栽培理论创新、优质栽培技术研发、高产高效栽培技术研发与推广等方面做了大量工作，并取得了丰硕成果。一些代表性科研成果已应用于生产实践，推动我国水稻产业绿色高质量发展。多项科研成果荣获省部级科技成果奖励。如南京农业大学丁艳锋教授领衔研发的"稻麦周年丰产绿色高效栽培技术的集成和应用"获 2022 年江苏省科学技术奖一等奖，该技术合理安排稻麦周年的生育阶段，重构了江淮不同生态区稻麦两熟丰产接茬模式，在种植体系上集成了稻—麦两熟丰产高效绿色栽培技术体系 5 套。贵州省水稻研究所李敏研究员领衔研发的"西南寡照区杂交籼稻高产高效关键技术创新与应用"获 2022 年贵州省科学技术进步奖二等奖，该技术揭示了寡照区杂交籼稻高产氮高效协同的碳氮代谢生理机制，创新了按生育进程有序实施的肥水耦合调控技术，创建了精准、简化、高效的机械化生产技术，集成了相应栽培技术体系，创造了一批水稻高产高效典型。宁夏农林科学院殷延勃研究员团队研发的"水稻旱直播农机农艺关键技术创新与应用"获 2022 年宁夏回族自治区科技进步奖二等奖，该技术在宁夏地区经过多年的示范推广，能够充分解决生产中存在的大播量、高密度、病害和倒伏等问题，有助于实现水稻生产提质节本增效的目标。此外，湖南农业大学陈光辉教授团队研发的"双季稻'早专晚优'提质增效全程机械化技术集成应用"、华中农业大学彭少兵教授团队研发的"再生稻丰产高效栽培技术集成与应用"、南京农业大学丁艳锋教授团队研发的"优质食味水稻保优丰产高效关键技术集成与推广"获 2019—2021 年度全国农牧渔业丰收奖农业技术推广成果奖一等奖，华南农业大学王在满教授团队研发的"水稻机械化直播技术合作创新与推广应用"获全国农牧渔业丰收奖农业技术推广合作奖。

在水稻高产栽培理论研究方面，再生稻高产高效栽培、稻田温室气体排放与减排、水稻绿色丰产栽培等方面研究取得了积极进展，进一步丰富和发展了水稻栽培技术理论体系；在水稻机械化生产技术方面，杂交稻单本密植大苗机插栽培技术、水稻有序机抛高产高效栽培技术等一批新技术、新体系逐步推广。此外，针对生产中存在的过量施用氮肥、水肥利用效率低、气象灾害预防与补救等问题，科研工作者在深施肥、肥料运筹、灌溉模式、防灾减灾等方面也开展了相关研究。通过上述研究，不断提升国内水稻栽培理论研究与技术创新水平。

第一节 国内水稻栽培技术研究进展

一、水稻高产高效栽培理论

（一）再生稻高产高效栽培

再生稻一般是在水稻生长温光资源两季不足、一季有余的地区，利用部分水稻品种的再生特性，在上茬水稻收获后，通过栽培管理措施，促使水稻茎节上休眠腋芽萌发，生长发育成一季短生育期水稻。近年来，再生稻已在我国南方多个省（直辖市）种植，科研工作者陆续开展了大量有关再生稻高产高效栽培的工作。苏素苗等（2022）研究发现，催芽肥和促苗肥的合理施用是保障再生稻高产优质的重要途径，催芽肥和促苗肥各 $60~kg/hm^2$ 为适宜的施肥量，施用催芽肥可促进收获后的水稻再生芽萌发，促苗肥可以有效提高再生芽生长和再生分蘖形成，二者配合施用显著增加了倒 2 节和倒 3 节的有效穗数和每穗粒数，提高再生稻米产量、加工和外观品质。段秀建等（2022）研究了不同施肥方式对再生稻产量和氮肥利用效率的影响，发现与传统施肥模式相比，不同缓控释肥处理提高了再生稻产量。缓控释肥施用提高了中稻—再生稻两季氮肥偏生产力、氮肥农学效率和氮肥吸收利用率，以缓释掺混肥—基一蘖处理增幅最大。长江上游杂交籼稻广 8 优粤禾丝苗在中稻—再生稻种植模式中，采用缓释掺混肥并配合一基一蘖施肥方式更有利于提高中稻—再生稻群体产量和氮肥利用效率。丁紫娟等（2022）研究了一次性根区施控释尿素对再生稻生长及产量的影响，发现一次性根区分层 5 cm 和 10 cm 施控释尿素，可显著提高根区土壤的 NH_4^+-N 含量，较常规施氮处理产量提高 10%。控释尿素的一次性根区施用可通过根区集中施氮维持氮素的持久释放，能够满足再生稻全生育期的养分需求，是一种值得推广的轻简化施肥模式。Yuan 等（2022）在湖北省 12 个地点开展了多地点田间调查，比较头季稻与再生稻品质的差异，发现再生稻的稻米品质，特别是外观品质要明显优于头季稻。Zhang L 等（2022）比较了双季稻与水稻—再生稻这两种生产模式下水稻产量、品质、甲烷（CH_4）排放和总有机碳（TOC）损失率，发现与双季稻相比，水稻—再生稻模式虽然降低了总产，但可以显著提高再生季的稻米品质，减少 CH_4 排放总量以及 TOC 损失率。由于水稻经机械收获后的根茬会遭受粉碎性损伤，导致再生稻籽粒产量和加工品质下降，制约了再生稻机械化技术的进一步推广应用。为解决这一问题，华中农业大学彭少兵教授团队提出了跳行种植这一方式，即在主作物中留下未移栽的轨道区域，为收获机械提供交通路径。在机插再生稻大田试验中，跳行种植较对照降低了 33.3% 的种植密度，但其产量与对照相比并无显著差异，这主要是因为在两种交通线路旁边的行中边界效应对产量的影响，此外跳行种植整精米率较对照提高 2.5%～7.0%（Zheng et al.，2022）。在水稻机械化再生稻种植系统中，跳行种植可以有效改善再生稻稻米品质，同时边界效应保持了其较高的产量。

（二）稻田温室气体排放与减排

自 2020 年我国在第 75 届联合国大会上正式提出 2030 年实现碳达峰、2060 年实现碳中和的目标以来，我国在碳减排领域的举措展示出前所未有的大国行动力。我国农业生产过程排放了大量温室气体 CH_4 和 N_2O，为了积极响应双碳政策，稻作工作者也开展了大量有关温室气体排放与减排的研究工作。在不同水稻播栽方式下，温室气体排放量存在差异。夏天龙等（2022）研究发现，虽然人工插秧的产量较抛秧高 8%，但其温室气体排放量明显较高；抛秧处理的温室气体排放强度比人工插秧减少了 45.6%，综合考虑碳减排和作物稳产，认为抛秧是最优的播栽方式。不同的种植模式对农田 CH_4 和 N_2O 的排放都会产生一定影响，且主要集中在水稻季。李成伟等（2022）在传统稻麦、稻油向再生稻转变过程中发现，稻油轮作模式能显著减少稻季 CH_4 的排放量，同时冬季作物油菜的种植也降低了稻季 N_2O 的排放量。从整季作物产量看，再生稻处理产量最高但其温室气体排放强度也最高，稻油轮作和稻麦轮作产量差异不显著，但稻油轮作的温室气体排放强度最低，故认为在充分利用冬闲田的条件下，稻油轮作模式不仅保证水稻产量提升，还有利于减缓全球温室气体排放，是一种值得推荐的轮作模式。

不同氮肥运筹对农田 CH_4 和 N_2O 的排放有着不同影响。郑梅群等（2022）研究发现，与农户习惯施肥相比，有机肥替代 20% 化肥和二次追肥处理的水稻年均产量分别增加了 17.0% 和 10.7%，温室气体排放强度分别降低了 6.8% 和 13.7%。有机肥替代 20% 化肥处理的增产效果优于二次追肥处理，二次追肥处理的减排效果优于有机肥替代 20% 化肥处理。从综合产量和温室气体减排来看，二次追肥和有机肥替代 20% 化肥均可在保证水稻产量的情况下，减少单位水稻产量的温室气体排放强度，实现增产减排。Li S Y 等（2022b）研究了不同氮肥运筹对稻田 CH_4 的影响，认为在生育中后期适当增加穗肥用量，可以刺激水稻根系生长、根分泌和氧分泌，增加根际土壤中的 CH_4 氧化，显著减缓稻田中的 CH_4 排放。Wang H Y 等（2022）研究了空气开放式增温（FATI）对双季稻产量以及 CH_4 和 N_2O 排放的影响，发现 FATI 不影响双季稻产量和 CH_4 排放，但会刺激 N_2O 排放，因此会与未来的气候变暖产生潜在的正反馈作用。Ding 等（2022）研究发现，不同水稻品种间温室气体排放差异取决于其根际的溶解有机质特性，进而通过根际有机质影响土壤微生物丰度，最终影响 CH_4 和 N_2O 排放。Jiang 等（2022）比较了不同轮作类型对周年 CH_4 排放的影响，发现与水稻—油菜轮作体系相比，水稻—小麦与旱稻—油菜显著降低了 CH_4 排放。指出通过改变轮作体系，可以调节土壤性质，进而改变土壤产甲烷菌和消甲烷菌群落，最终达到减少 CH_4 排放的目标。

（三）水稻产量、品质与资源利用协同提升

作物既要丰产，又要品质优良，同时还要资源高效利用，这就必须深入系统地研究

三者之间的协同规律与机理，在作物绿色优质丰产高效协同规律与广适性调控栽培技术上取得突破（张洪程等，2022）。稻作工作者在水稻优质丰产高效协同提升技术方面做了大量研究。姜恒鑫等（2022）研究发现，与常规施肥相比，等比例的侧深施肥显著提高水稻产量，增加经济效益，同时改善了稻米的加工品质和营养品质，但没有改善稻米食味品质。减少15%施氮量并采用侧深施肥处理产量与常规施肥相比无显著差异，但提高了氮肥利用效率以及稻米的加工品质、外观品质和食味品质，是一种优质稳产高效的施肥方式。Chen等（2022）研究了盐碱地水稻产量和籽粒品质对氮肥运筹和种植密度的响应，结果表明，增施氮肥显著提高了籽粒加工品质和营养品质，降低了外观品质和蒸煮食味品质；较高的移栽密度有利于籽粒营养品质提升，但显著降低了加工品质、外观品质和蒸煮食味品质；总体而言，300 kg/hm^2 的施氮量和334 000株/hm^2 的种植密度相结合，可在盐碱地区获得较高的水稻产量和较好的稻米品质。Yang等（2022）研究了花后增温对双季稻稻米品质的影响，发现花后增温降低了早、晚季稻米的外观与加工品质，但改善了其口感和营养品质。Hu等（2022）对近20年来开放式CO_2增加（FACE）对稻米品质形成影响的研究作了Meta分析，发现FACE可以增加稻米垩白米率与垩白度，导致品质变劣，但蒸煮食味品质却随着空气中CO_2浓度提升而有所改善；增加氮肥投入则会改善因CO_2浓度提升而导致的稻米品质变劣。Chong等（2022）研究了增密减氮对杂交水稻产量、资源利用效率以及稻米品质的综合影响，发现增密减氮可以通过增加单位面积穗数来增加水稻产量与氮肥利用效率，并且可以减少稻米中的蛋白质含量，提高稻米品质。蚯蚓堆肥是一种新型有机肥料，目前在生产中也有一定应用面积。Ruan等（2022）研究发现，与单施无机肥相比，施用蚯蚓堆肥可以增加香稻的整精米率和直链淀粉含量，降低粗蛋白含量、垩白米率及垩白度，提高香稻品质。

二、水稻机械化生产技术

（一）杂交稻单本密植大苗机插栽培技术

近年来，随着农业机械化程度的不断提高和生产规模的不断扩大，水稻机插栽培在我国得到了较快发展。但采用传统机插秧栽培方法种植杂交稻存在用种量大、秧龄期短、秧苗素质差、双季稻品种不配套等问题，而且这些问题已经成为制约机插杂交稻发展的重要瓶颈。针对这些问题，湖南农业大学邹应斌教授团队研发了杂交稻单本密植大苗机插栽培技术。与传统技术相比，该技术用种量减少50%以上，秧龄期延长10～15 d，秧苗粗壮及耐机械植伤，加之分层无盘旱育秧（水肥一体简易场地无盘育秧）方法简便易行，省工、节本、增产效果显著。其主要操作要点为：种子精选（在精选商品杂交稻种子的基础上，应用光电比色机再次进行精选，去除发霉变色的种子、稻米及杂物等，精选高活力的种子），种子包衣（应用商品水稻种衣剂，或采用种子引发剂、杀菌剂、杀虫剂及成膜剂等配制的种衣剂进行种子包衣处理，提高发芽种子成苗率），精准播种（应用印刷播种方法，早稻精准定位播种 2 粒，中、晚稻定位播种 1～2 粒），分层育秧（在秧床上铺放无纺布，将水肥与根系分离为基质根系层、水肥岩棉层），机械插秧（插秧前 2 d 平整稻田，秧龄为出苗后 15～30 d 或秧苗 4～6 叶期移栽，每公顷大田的机插密度：早稻 2.4 万穴以上，晚稻 2.0 万～2.2 万穴，一季稻 1.6 万穴以上）。该技术被列为 2022 年农业农村部主推技术。

（二）水稻有序机抛高产高效栽培技术

当前，我国水稻生产面临农村劳动力短缺、劳动力结构发生变化和农业生产成本高导致效益偏低等诸多问题和挑战，传统的人工插秧模式已经不能满足当前生产需求。为保证我国粮食安全生产，传统的人工插秧种植模式必须向机械化和轻简化转型。中联重科自主研发的水稻有序机抛技术，突破了固有移栽技术，克服了秧苗缓苗期长、返青慢、分蘖晚、分蘖结位高等难题。该技术具有良好的适应性，一次抛掷 13 行，工作宽幅 2.7～3.9 m，抛秧行距 21～32 cm 无级调节，株距有 8 档，可以满足当前生产上所有水稻模式的不同密度生产。有序机抛高产栽培是一种绿色栽培模式，抛秧成行成列，通风透光性好，抗病虫害能力强，可以少打农药，立苗返青快，抛秧后 2～3 d 就可以以水控苗，减少除草剂使用次数。机抛能增产增效 3 000～3 750 元/hm^2，是一种节能增效的种植模式。该技术被列为 2022 年农业农村部主推技术。

三、水稻肥水管理技术

（一）水稻氮肥高效利用技术

多年来，以高氮肥投入为主要手段的栽培管理方式已经成为提升我国水稻生产力的重要途径。但是，过高的氮肥投入不仅造成了严重的资源浪费，同时还给生态环境带来巨大压力，影响可持续发展。因此，如何提高氮肥利用效率成为当前水稻栽培学研究的热点、难点。秸秆还田能提高微生物活性及数量，而微生物量的增加可以加强土壤对铵态氮的固定，减少硝态氮积累，降低氮肥损失；同时，秸秆腐解后的养分释放能提高土壤氮、磷、钾含量，促进作物养分吸收，有助于增产增效。彭志芸等（2022）研究发现，麦（油）—稻轮作模式下，第一年秸秆还田较不还田成熟期稻株氮素积累量提高 7.13%（8.50%），产量增加 0.94%（1.43%），第二年增至 15.17%（17.12%）、6.60%（7.42%）。Yu Z X 等（2022）研究发现，稻麦轮作田在全秸秆还田条件下，与只施用常规尿素相比，缓释肥与常规尿素配施能使水稻产量提高 4%～25%，氮肥利用效率提高 27%～96%。

合理的种植密度及配套的氮肥管理是实现水稻高产氮高效利用的关键。尹彩侠等（2022）研究发现，与传统施氮和移栽密度相比，在施氮减量 20% 和移栽密度提高 33%

的条件下，水稻产量提高了 7.8%，氮肥吸收利用率提高了 16.4%；这主要得益于水稻整个生育期干物质积累量和氮素积累量，以及齐穗后积累比例。李敏等（2022）研究发现，单一减氮显著降低水稻根系生长量和氮素积累量，造成显著减产；增密减氮能有效提高水稻根系生长量和氮素积累量，减少产量损失；控水增密减氮栽培能显著提高水稻中后期根系生理活性和氮素积累量，促进氮素由营养器官向穗部转运，提高氮肥利用率，实现减氮高产。

侧深施肥技术是利用水稻插秧施肥一体机作业，在秧苗一侧 3～5 cm 处开宽 2～3 cm、深 2～5 cm 的沟，将颗粒肥料条施入沟内，施肥后机具自动覆土。白洁瑞等（2022）研究发现，侧深施肥减氮 10.6% 能够稳定或增加水稻有效穗数，保障产量，同时能够提高氮肥利用率；侧深施肥减氮免施分蘖肥模式与测土配方撒施模式水稻平均产量基本一致，侧深施肥减氮模式较测土配方撒施模式增产 5.2%，侧深施肥减氮模式和侧深施肥减氮免施分蘖肥模式水稻氮肥表观回收利用率分别比测土配方撒施模式提高 9.4 和 3.4 个百分点。伍杂日曲等（2022）研究表明，与人工撒施常规尿素相比，采用机械侧深施基肥能保证水稻整个生育期对氮素的需求，显著提高机插水稻的氮素利用率；缓释肥减量 20% 侧深施可保持土壤肥力和产量不减，达到减氮稳产目的。

（二）水稻节水灌溉技术

随着城镇化、工业化快速发展，加之气候变化以及环境污染加重，灌溉水资源越来越匮乏，严重制约我国水稻产业发展。近年来，在节水优先方针的指引下，我国稻作科研工作者创建了多种符合我国国情的现代农业节水技术。如干湿交替灌溉技术、间歇湿润灌溉技术、覆盖旱种技术等。其中，干湿交替灌溉技术是我国应用面积最大的节水灌溉技术。Zhang W Y 等（2022a）研究表明，花后适当干旱可以通过重新分配细胞分裂素促进水稻氮素的源库转运，协同提高籽粒产量和氮肥利用率。与常淹灌溉相比，轻度干湿交替灌溉通过提高千粒重和结实率，使主季稻产量提高 6.0%～6.5%，而通过增加穗数使再生稻产量提高 13.3%～14.6%。Cao 等（2022）研究发现，干湿交替灌溉为水稻和土壤微生物生长创造了良好的根际氧环境，可以对水稻—微生物系统中的有机氮分配进行调控，促进水稻生长发育。Wang Y Z 等（2022）研究发现，干湿交替灌溉与施用沸石相结合，可以在增加水稻产量的同时，减少土壤中氮素的损失，实现肥水高效利用。陈云等（2022）研究发现，结实期干湿交替灌溉处理可以提高不同水稻品种的结实率与千粒重，从而提高产量；干湿交替灌溉复水后根际和非根际土壤中硝态氮含量高，脲酶和蔗糖酶活性强，有利于改善水稻灌浆期根系形态（根质量、根长、根表面积、根体积、根系通气组织面积）和维持较高的根系活力，促进水稻灌浆结实，这是结实期干湿交替灌溉提高水稻产量的重要原因。Li S Y 等（2022a）也发现，穗分化期轻度干湿交替灌溉与低氮配施（减氮 50%）可维持水稻根系生长，获得与农民习惯相当的籽粒产量和较高的氮肥利用效率。与常淹灌溉相比，轻度干湿交替灌溉显著提高了根际土壤脲酶活性、氧气含量和氨氧化菌的丰度，促进了水稻根系形态和活性，显著增加每穗粒数来提高籽粒产量，并能抵消低氮的负效应。唐树鹏等（2022）总结了近年来干湿交替灌溉的相关文献，指出虽然干湿交替灌溉技术对水稻产量、氮肥利用效率和稻米品质的调控效应存在争议，但是适度的干湿交替灌溉有利于水稻产量和氮肥利用效率提高及稻米品质改善。

四、水稻抗灾栽培技术

（一）高温

随着工业化的发展，全球温室效应加剧，地表温度逐渐上升，未来气候将持续变暖。特别是近年来极端高温天气频发，水稻生产过程遭遇高温天气的概率逐渐增大，严重影响水稻产量和质量。周苗等（2022）研究表明，高温胁迫会降低灌浆速率，缩短灌浆时间，影响穗部充实，导致结实率和产量降低。张文怡等（2022）研究发现，高温胁迫下水稻花药和花粉膨大，花粉活力和柱头花粉萌发率降低，有效光能利用率降低；在高温胁迫下，热钝感品种较热敏感品种具有较好的花粉活性和散落特性以及光合特性，认为这可能是水稻耐高温的关键因素。沈泓等（2022）研究发现，灌浆前期高温对淀粉理化特性的影响最大，进而导致稻米的加工品质、外观品质和蒸煮食味品质变劣，灌浆后期高温提升了黏度特性。油菜素内酯主要通过增强水稻根系活力、冠层性状和幼穗性状来介导减数分裂期高温胁迫下适度干旱，缓解颖花退化（Zhang W Y et al.，2022b）。中国水稻研究所一项针对灌浆期高温对水稻产量和品质影响的研究指出，高温下外源喷施2，4-表油菜素内酯能够显著提高水稻产量、糙米率和整精米率，显著降低垩白粒率、垩白度和蛋白质含量（陈燕华等，2022）。刘晓龙等（2022）研究表明，高温胁迫导致水稻籽粒活性氧过量积累是导致产量下降的重要因素，孕穗期喷施ABA可进一步激发高温胁迫下ABA信号通路，提高抗氧化防御能力，清除籽粒中过量的籽粒活性氧，减轻籽粒活性氧对穗部器官的损伤，提高结实率和千粒重，最终达到增产的目的。同时，ABA信号通路的增强进一步调控了产量形成相关基因的表达，上调穗重和淀粉合成相关基因的表达，提高千粒重，增加产量。臧倩等（2022）研究发现，温度升高通过抑制淀粉合成，加速了形成淀粉原料的积累，导致籽粒中蔗糖含量升高，淀粉品质变劣。从气候变暖应对措施来看，有机肥处理优于常规化肥处理，有机肥施用能提高蔗糖、淀粉合成和分解相关酶的活性，进而调控淀粉含量，改善高温胁迫对淀粉品质的不利影响。高温是限制水稻萌发和植株生长的主要因素。Yu Y F等（2022）研究表明，高温条件下100 μmol/L褪黑素浸种处理有效提高了水稻种子的发芽势、发芽指数和活力指数，增加了茎和根的长度，提高了抗氧化酶的活性，并显著降低了丙二醛含量。Tong等（2022）研究发现，籽粒灌浆期高温与土壤的适度干旱存在一定的相互拮抗作用，适度干旱可以通过提高高温胁迫下粳稻弱势籽粒中蔗糖—淀粉途径关键酶的活性，促进籽粒中淀粉合成，减轻高温对籽粒质量的损害。

（二）干旱

干旱是全球范围频繁发生的气候灾害之一，严重影响社会经济可持续发展。干旱作为影响粮食作物生产的重要环境因子，其风险研究日益受到学者关注。根长、根重和地上部干物重在萌发期受干旱胁迫影响最大，而根长和根干重与苗期干旱存活比例呈正相关，强耐旱品种在后期保持较高的净光合速率和抗氧化酶活性（Wei et al.，2022）。在干旱胁迫下，100 μmol/L 浓度的褪黑素浸种处理有效促进了种子的发芽率，提高了水稻种子地上部和根系的生物量（Li Y F et al.，2022）。Wang X P 等（2022）研究发现，拔节—孕穗期干旱胁迫下各器官干物质积累量显著降低，降低每穗粒数和千粒重；严重干旱抑制干物质转运，大量干物质滞留在营养器官中；灌浆速率随着干旱胁迫程度的增加而显著降低，强势粒的活跃灌浆时间缩短，强势粒和弱势粒灌浆速率的显著降低引起千粒重降低。时红等（2022）研究表明，分蘖期经过干旱锻炼处理后持续干旱处理水稻产量比在分蘖期不经过干旱锻炼处理但是后期经过干旱处理后的水稻产量高 10.92%；经过干旱适应性锻炼的水稻植株，后期再进行干旱处理时，超氧化物歧化酶、过氧化物酶、过氧化氢酶活性和总抗氧化力均有不同程度升高，丙二醛含量和 H_2O_2 含量不同程度降低，以保护自身免受伤害；分蘖期进行干旱适应性锻炼处理在一定程度上能够增强水稻对后期水分胁迫的适应能力。

第二节　国外水稻栽培技术研究进展

在水稻机械化生产技术方面，欧美、日韩等发达国家及地区水稻生产已实现全程机械化。美国、意大利和澳大利亚等国家以机械化直播为主，日本、韩国等国家则以机械化插秧为主。近年来，随着计算机和生物技术的应用，欧美日等国家和地区在智慧农业发展中取得了长足进步，水稻生产逐步走向了计算机集成自适应生产。Li D P 等（2022）总结了日本水稻规模化种植中的智慧农业与生产实践，并以智慧水稻生产模式"NoshoNavi1000"为例进行了案例分析，"NoshoNavi1000"通过实时数据收集、全面和专业的数据挖掘、具体和实际的反馈，为提高大规模农场的水稻产量、生产效率和盈利能力作出贡献。

国外在控制稻田温室气体减排方面也做了大量工作。Perry 等（2022）研究发现，与常淹灌溉相比，中期排水减少了季节性 CH_4 排放 38%～66%。季节性 CH_4 排放随着排水强度增加而降低，排水期土壤重量含水率每降低 1%，季节性 CH_4 排放降低 2.5%，中期排水降低了全球增温潜势和单位产量的全球增温潜势，降低量与季节性 CH_4 排放大致相当；且排水没有显著影响籽粒产量。一项来自韩国的研究表明，在土壤中添加硅酸盐肥料可以显著降低稻田 CH_4 排放，其中粳稻降低了 21.1%，而籼稻则降低了 25.7%，CH_4 排放的降低主要是由于硅酸盐肥料抑制了产甲烷菌的繁殖，同时促进了甲烷氧化菌的增殖（Das et al.，2022）。Sriphirom 等（2022）研究指出，与没有生物炭的土壤相比，施用生物炭可以减少温室气体排放9％～21％。

为了提高资源利用效率，增强稻田环境可持续发展能力，稻作科研工作者们探索了提高土地生产能力的管理措施，改进水分管理措施和发展节水栽培技术，探索水稻营养管理理论，形成了平衡施肥、诊断施肥、实时实地氮肥管理、精确定量施肥、计算机决策施肥等理论和技术，实现高产稳产和提高肥料利用效率；建立了气候变化对水稻生产影响的预测模型，分析明确未来气候对水稻种植制度的影响。

参 考 文 献

白洁瑞，沈家禾，沈鑫，等，2022.不同侧深施肥模式对水稻产量及氮肥利用率的影响[J].中国土壤与肥料（10）：190-194.

陈燕华，王军可，王亚梁，等，2022.灌浆期高温下外源喷施2，4-表油菜素内酯对浙禾香2号产量及品质的影响[J].中国稻米，28（3）：66-69.

陈云，刘昆，李婷婷，等，2022.结实期干湿交替灌溉对水稻根系、产量和土壤的影响[J].中国水稻科学，36（3）：269-277.

丁紫娟，李锦涛，胡仁，等，2022.一次性根区施控释尿素对再生稻生长及产量的影响[J].中国土壤与肥料（2）：106-115.

段秀建，张巫军，姚雄，等，2022.缓控释肥组配对早熟籼稻作为中稻—再生稻栽培模式产量和氮肥利用率的影响[J].南方农业学报，53（1）：38-46.

姜恒鑫，黄恒，汪源，等，2022.减量侧深施肥对里下河地区单季粳稻产量和品质的影响[J].中国稻米，28（4）：84-89.

李成伟，刘章勇，龚松玲，等，2022.稻作模式改变对稻田CH_4和N_2O排放的影响[J].生态环境学报，31（5）：961-968.

李敏，罗德强，蒋明金，等，2022.不同减氮栽培模式对杂交籼稻氮素吸收利用及产量的影响[J].植物营养与肥料学报，28（4）：598-610.

刘晓龙，季平，杨洪涛，等，2022.脱落酸对水稻抽穗开花期高温胁迫的诱抗效应[J].植物学报，57（5）：596-610.

彭志芸，吕旭，伍杂日曲，等，2022.麦（油）—稻轮作下秸秆还田与氮肥运筹对土壤氮素供应及直播稻产量的影响[J].浙江大学学报（农业与生命科学版），48（1）：45-56.

沈泓，姚栋萍，吴俊，等，2022.灌浆期不同时段高温对稻米淀粉理化特性的影响[J].中国水稻科学，36（4）：377-387.

时红，熊强强，才硕，等，2022.水分胁迫对干旱锻炼后水稻抗旱涝能力的影响及其生理机制（英文）[J].水利水电技术（中英文），53（6）：44-55.

苏素苗，戴志刚，王敏羽，等，2022.氮肥运筹方式及催芽氮肥用量对再生稻产量及品质的影响[J].植物营养与肥料学报，28（12）：2172-2184.

唐树鹏，刘洋，简超群，等，2022.干湿交替灌溉对水稻产量、水氮利用效率和稻米品质影响的研究进展[J].华中农业大学学报，41（4）：184-192.

伍杂日曲，郭长春，李飞杰，等，2022.减氮和机械侧深施肥对机插杂交稻产量及氮素吸收利用

的影响 [J]．核农学报，36（5）：1034-1041．

夏天龙，时红，时元智，等，2022．不同播栽方式对稻田 CH_4、N_2O 排放及产量的影响 [J]．江苏农业科学，50（21）：208-215．

尹彩侠，刘志全，孔丽丽，等，2022．减氮增密提高寒地水稻产量与氮素吸收利用 [J]．农业资源与环境学报，39（6）：1124-1132．

臧倩，王光华，张明静，等，2022．有机无机肥料及抽穗期气温升高对水稻籽粒淀粉合成相关酶活性及淀粉品质形成的影响 [J]．核农学报，36（10）：2072-2083．

张洪程，胡雅杰，戴其根，等，2022．中国大田作物栽培学前沿与创新方向探讨 [J]．中国农业科学，55（22）：4373-4382．

张文怡，白涛，何东，等，2022．抽穗期高温胁迫对水稻花药花粉和光合特性的影响 [J]．湖南农业大学学报（自然科学版），48（4）：379-385．

郑梅群，刘娟，姜培坤，等，2022．氮肥运筹对稻田 CH_4 和 N_2O 排放的影响 [J]．环境科学，43（4）：2171-2181．

周苗，景秀，蔡嘉鑫，等，2022．灌浆前期高温干旱复合胁迫对优质食味粳稻产量与穗后物质生产特征的影响 [J]．南方农业学报，53（12）：3357-3368．

Cao X C，Zhang J H，Yu Y J，et al．，2022．Alternate wetting-drying enhances soil nitrogen availability by altering organic nitrogen partitioning in rice-microbe system [J]．Geoderma，424：115993．

Chen Y L，Liu Y，Dong S Q，et al．，2022．Response of rice yield and grain quality to combined nitrogen application rate and planting density in saline area [J]．Agriculture，12（11）：1788．

Chong H T，Jiang Z Y，Shang L Y，et al．，2022．Dense planting with reduced nitrogen input improves grain yield，protein quality，and resource use efficiency in hybrid rice [J]．Journal of plant growth regulation，42：960-972．

Das S，Jena S N，Bhuiyan M S I，et al．，2022．Mechanism of slag-based silicate fertilizer suppressing methane emissions from paddies [J]．Journal of cleaner production，373：133799．

Ding H N，Hu Q Y，Cai M L，et al．，2022．Effect of dissolved organic matter（DOM）on greenhouse gas emissions in rice varieties [J]．Agriculture Ecosystems & Environment，330：107870．

Hu S W，Tong K C，Chen W，et al．，2022．Response of rice grain quality to elevated atmospheric CO_2 concentration：A meta-analysis of 20-year FACE studies [J]．Field Crops Research，284：108562．

Jiang M D，Xu P，Wu L，et al．，2022．Methane emission，methanogenic and methanotrophic communities during rice-growing seasons differ in diversified rice rotation systems [J]．Science of the Total Environment，842：156781．

Li D P，Nanseki T，Chomei Y，et al．，2022．A Review of smart agriculture and production practices in japanese large-scale rice farming [J]．Journal of the Science of Food and Agriculture，103（4）：1609-1620．

Li S Y，Chen Y，Li T T，et al．，2022a．Alternate wetting and moderate soil drying irrigation counteracts the negative effects of lower nitrogen levels on rice yield [J]．Plant and Soil，481：367-384．

Li S Y，Chen Y，Yu F，et al．，2022b．Reducing methane emission by promoting its oxidation in rhizosphere through nitrogen-induced root growth in paddy fields [J]．Plant and Soil，474：541-560．

Li Y F，Zhang L Q，Yu Y F，et al．，2022．Melatonin-induced resilience strategies against the damaging impacts of drought stress in rice [J]. Agronomy, 12 (4): 813.

Perry H, Carrijo D, Linquist B, 2022. Single midseason drainage events decrease global warming potential without sacrificing grain yield in flooded rice systems [J]. Field Crops Research, 276: 108312.

Ruan S Y, Qi J Y, Wu F D, et al., 2022. Response of yield, grain quality, and volatile organic compounds of aromatic rice to vermicompost application [J]. Journal of Cereal Science, 109: 103620.

Sriphirom P, Towprayoon S, Yagi K, et al., 2022. Changes in methane production and oxidation in rice paddy soils induced by biochar addition [J]. Applied soil ecology, 179: 104585.

Tong H, Duan H, Wang S J, et al., 2022. Moderate drought alleviates the damage to grain quality at high temperatures by improving the starch synthesis of inferior grains in japonica rice [J]. Journal of Integrative Agriculture, 21: 3094-3101.

Wang H Y, Yang T T, Chen J, et al., 2022. Effects of free-air temperature increase on grain yield and greenhouse gas emissions in a double rice cropping system [J]. Field Crops Research, 281: 108489.

Wang X P, Fu J X, Min Z S, et al., 2022. Response of rice with overlapping growth stages to water stress by assimilates accumulation and transport and starch synthesis of superior and inferior grains [J]. International Journal of Molecular Sciences, 23 (19): 11157.

Wang Y Z, Chen J, Chi D C. 2022. Zeolite reduces N leaching and runoff loss while increasing rice yields under alternate wetting and drying irrigation regime [J]. Agricultural water management, 277: 108130.

Wei X S, Cang B F, Yu K, et al., 2022. Physiological characterization of drought responses and screening of rice varieties under dry cultivation [J]. Agronomy, 12 (11): 2849.

Yang T T, Xiong R Y, Tan X M, et al., 2022. The impacts of post-anthesis warming on grain yield and quality of double-cropping high-quality indica rice in Jiangxi Province, China [J]. European Journal of Agronomy, 139: 126551.

Yu Y F, Deng L Y, Zhou L, et al., 2022. Exogenous melatonin activates antioxidant systems to increase the ability of rice seeds to germinate under high temperature conditions [J]. Plants, 11 (7): 886.

Yu Z X, Shen Z Y, Xu L, et al., 2022. Effect of combined application of slow-release and conventional urea on yield and nitrogen use efficiency of rice and wheat under full straw return [J]. Agronomy, 12 (5): 998.

Yuan S, Yang C, Yu X, et al., 2022. On-farm comparison in grain quality between main and ratoon crops of ratoon rice in Hubei Province, Central China [J]. Journal of the Science of Food and Agriculture, 102 (15): 7259-7267.

Zhang L, Tang Q Y, Li L L, et al., 2022. Ratoon rice with direct seeding improves soil carbon sequestration in rice fields and increases grain quality [J]. Journal of Environmental Management, 317: 115374.

Zhang Q, Liu X C, Yu G L, et al., 2022. Alternate wetting and moderate soil drying could increase grain yields in both main and ratoon rice crops [J]. Crop Science, 62 (6): 2413-2427.

Zhang W Y, Huang H H, Zhou Y J, et al., 2022b. Brassinosteroids mediate moderate soil-drying to alleviate spikelet degeneration under high temperature during meiosis of rice［J］. Plant Cell & Environ-ment，46（4）：1340-1362.

Zhang W Y，Zhou Y J，Li C Q，et al.，2022a. Post-anthesis moderate soil-drying facilitates source-to-sink remobilization of nitrogen via redistributing cytokinins in rice［J］. Field Crops Research，288：108692.

Zheng C，Wang Y C，Yuan S，et al.，2022. Effects of skip-row planting on grain yield and quality of mechanized ratoon rice［J］. Field Crops Research，285：108584.

第四章　水稻植保技术研究动态

2022年，全国农作物病虫害总体发生偏轻，南方稻区受持续高温等因素影响，稻飞虱、稻纵卷叶螟、稻瘟病等重大病虫害发生轻于常年。为客观反映农作物病虫害防控成效和贡献率，全国农业技术推广服务中心在全国范围组织开展了三大粮食作物（水稻、小麦和玉米）重大病虫害防控植保贡献率评价工作，其中水稻为19.46%，略低于平均水平20.31%。国内水稻植保技术研究在病虫害发生规律与预测预报技术、化学防治替代技术、水稻与病虫害互作关系、水稻重要病虫害的抗药性及机理以及水稻病虫害分子生物学研究等方面均取得显著进展。华中农业大学李建洪教授团队报道了一种基于抑制害虫抗药性关键基因表达而实现害虫高效治理策略的纳米助剂MON@CeO2，为靶向害虫抗药性的治理策略提供了新视角及技术手段，为我国水稻等作物杀虫剂减量使用和绿色高质量安全生产提供了一种新的途径。福建农林大学魏太云研究员团队阐明了水稻病毒调控介体昆虫线粒体自噬与凋亡反应的平衡、促进其持久侵染的机制，诠释了介体昆虫免疫反应对病毒侵染的积极响应，为病毒与介体昆虫的共进化关系研究提供了新思路。

第一节　国内水稻植保技术研究进展

一、水稻主要病虫害防控关键技术

（一）病虫害发生规律与预测预报技术

李小艳等（2022）总结我国西南稻区的稻曲病发生规律，提出综合防治策略，认为稻曲病的发生主要受水稻生育期、气候、栽培条件、施肥量和菌源数量等影响。应俊杰等（2022）采用不同阶段防治措施调查对水稻白叶枯病的防治效果，确定种子处理加带药移栽可以有效减轻白叶枯病的显症时间，同时结合预测预报可以挽回部分产量，但大田后期是主要防控阶段。叶观保等（2022）通过多年的白叶枯病发生和流行积累研究，提出了白叶枯病害的监测和绿色防控技术规程，为白叶枯病的监测和防治提供了规范化、标准化依据。

车琳等（2022）分析了11年来五大水稻产区主要害虫的发生与防控情况，发现二化螟在东北、西南和华北稻区整体发生较重，而"两迁"害虫在华中、华南和西南稻区发生较重。Yang S Y等（2022）分析了近39年亚洲季风对褐飞虱迁移的影响，揭示了褐飞虱北迁过程与大气运动的复杂关系。

梁勇等（2022）建立了目标检测算法 YOLOv5，在监测设备和诱捕器上应用该方法对稻纵卷叶螟和二化螟成虫的识别精确率和召回率分别为 91.67％和 98.30％，93.39％和 98.48％。林相泽等（2022）提出一种结合图像消冗和 CenterNet 的稻飞虱识别方法，平均精度为 88.1％。罗举等（2022）建立了褐飞虱快速定性鉴定技术 RAA-LFD，用于褐飞虱及其近似种的快速区分。张哲宇等（2022）建立了基于机器视觉的稻纵卷叶螟性诱智能监测系统，对稻纵卷叶螟成虫检测的精确率和召回率分别达到 97.6％和 98.6％。Sun G J 等（2022a）开发了一种基于探照灯诱捕器和机器视觉的迁徙性害虫智能监测系统 YOLO-MPNet，对稻纵卷叶螟、白背飞虱和褐飞虱的识别精确度分别为 94.14％、85.80％和 88.79％。

（二）化学防治替代技术

1. 病害的非化学防治技术

天然产物香茅醛对稻瘟病菌有很强的抑制作用，Zhou A A 等（2022）进一步阐明其对稻瘟病菌的作用机制。结果表明，香茅醛可以影响稻瘟病菌中几丁质的合成并破坏其细胞壁，从而抑制菌丝体生长，有效保护水稻免受稻瘟病侵害。褪黑激素是一种低成本的天然小吲哚分子，具有多种生物学功能。Du 等（2022b）发现二氧化硅纳米颗粒保护水稻免受生物和非生物胁迫，结合适当的根处理方法，不会造成负面影响，甚至对根系发育有促进作用。Wang B 等（2022a）发现两种新的倍半萜衍生物（石斛素 B 和双硼酸 C），具有内生真菌黑孢子虫 GGY-3 的抗真菌活性。Li L W 等（2022）分析枯草芽孢杆菌 KLBMPGC81 防治稻瘟病菌的机制，发现通过其改变稻瘟病菌的细胞壁完整性信号通路和多个细胞生物学过程来抑制附着胞介导的植物感染。Xue 等（2022）鉴定一株伯克霍尔德菌 BV6 菌株，并分析其对稻瘟病真菌的生物防治潜力。

2. 虫害的非化学防治技术

魏琪等（2022）比较了苏云金芽孢杆菌 *Bacillus thuringiensis*、短稳杆菌 *Empedobacter brevis*、球孢白僵菌 *Beauveria bassiana*、金龟子绿僵菌 *Metarhizium anisopliae* CQMa421 和甘蓝夜蛾核型多角体病毒对二化螟 *Chilo suppressalis*、稻纵卷叶螟 *Cnaphalocrocis medinalis* 和褐飞虱 *Nilaparvata lugens* 的致死毒力和表型。康奎等（2022）发现，金龟子绿僵菌 *Metarhizium anisopliae* 对褐飞虱有较高的致死毒力，绿僵菌影响卵黄原蛋白基因的表达，消耗海藻糖含量，进而降低褐飞虱的产卵量。

汪晓龙等（2022）通过 H 型嗅觉仪，研究了二化螟为害诱导的 15 种水稻挥发物对褐飞虱寄主选择行为的影响，发现二化螟为害诱导稻株释放引诱或排斥褐飞虱的化合物，进而改变褐飞虱的寄主选择偏好性。

Du H T 等（2022）发现，将不同水稻挥发物与性诱剂组合，能够提高性诱剂对稻纵卷叶螟成虫的诱集效果。

Feng Z 等（2022）报道了一种用于褐飞虱的求偶振动信号记录、监测和回放系统，利用该系统筛选了一系列褐飞虱种内求偶干扰信号，其中处于应答活跃期的雄虫对掺入 225HZ 的人工干扰信号的雌声的应答比例从 95.6％降至 33.3％，且应答延迟时间从 5.3 s 增加到 9.1 s。

（三）化学防治技术

1. 农药新品种、新剂型研究

何认娣（2022）选用 5 种新农药与常用农药井冈霉素进行田间药剂筛选试验，结果表明苯醚甲环唑·嘧菌酯悬浮剂和苯醚甲环唑·丙环唑乳油对纹枯病防治效果比井冈霉素更好。吕连庆等（2022）通过田间试验表明，水稻活棵期施用新型高效药剂 8％噻呋酰胺·嘧菌酯漂浮大粒剂 1 次，即可推迟水稻纹枯病的始见病期，减轻水稻纹枯病发生程度，对纹枯病具有较好防治效果。徐文等（2022）选取生产上常用的 8 种杀菌剂进行稻瘟病田间药效试验，结果表明 30％肟菌·戊唑醇悬浮剂和 10％嘧菌酯微囊悬浮剂的防治效果最好。Song J H 等（2022）分析了两种醌外抑制杀菌剂（嘧菌酯和吡唑醚菌酯）对稻曲病菌的基线敏感性和防治效果。数据表明，嘧菌酯、吡唑醚菌酯和多菌灵或甾醇去甲基化抑制剂杀菌剂之间未发现交叉耐药性。与对照相比，每种杀菌剂的平均预防效果显著更高。

Zeng Q H 等（2022c）以害虫抗药性相关基因为靶标，创新性地制备了一种抑制害虫抗药性基因表达水平的纳米助剂 MON@CeO2，该助剂具有类 SOD 酶活性，显著抑制褐飞虱体内的 ROS 水平，从而抑制抗药性基因 P450（*NlCYP6ER1*、*NlCYP6CW1* 和 *NlCYP4CE1*）的表达。MON@CeO2 和杀虫剂联合使用后，降低褐飞虱抗药性种群 P450 基因表达量，进而显著提高杀虫剂活性。

Xi C 等（2022）发现，使用三氟苯嘧啶种衣剂处理水稻种子能够提高水稻中草酸、类黄酮、总酚和胼胝质含量，抑制褐飞虱取食，田间应用的持效时间达 130 d 以上。

2. 施药新技术

王伟民等（2022）调查了植保无人机减量用药对水稻纹枯病的防治效果，结果表明，常规剂量减少 10％～20％能保证纹枯病防治效果，对比施用常规农药剂量没有显著差异，为未来推广无人机减量用药提供依据。王庆胜（2022）调查了利用无人机变量喷药技术对水稻稻瘟病的防治效果，该研究明确了 9％吡唑醚菌酯微囊悬浮剂不同施药时期防治稻瘟病的最佳施用量，为基于图像识别的无人机变量施药技术提供了数据基础。

陈宽兵等（2022）发现，采用静电喷雾装置的植保机，在 15 L 水量和常规农药用量的情况下施药，对白背飞虱及穗颈瘟防治效果较好，其中 15 L 静电喷雾的防效与 20 L 常规植保机的防效相当。张强等（2022）利用大疆公司 T20 型植保无人机喷施球孢白僵菌制剂，确定了防治水稻二化螟的无人机最佳飞行高度为 1.5 m，飞行速度为 5.0 m/s，田间防治效果可达 75％以上。

二、水稻病虫害的应用基础研究

（一）水稻与病虫害互作关系

1. 水稻稻瘟病抗病性机制研究

植物中的病原模式分子触发免疫（PTI）和效应子触发免疫（ETI）使它们能够通过激活协调免疫反应的防御代谢物的产生来对病原体作出反应。免疫受体如何促进防御代谢物的产生并与广谱抗性协调仍然未知。Zhai 等（2022）确定去泛素酶 PICI1 为水稻中 PTI 和 ETI 的免疫中枢。PICI1 催化蛋氨酸合成酶去泛素并使其稳定，主要通过植物激素乙烯的生物合成来激活蛋氨酸介导的免疫。研究揭示 NLR 调控着与效应子的"军备竞赛"，使用一种取决于关键防御代谢途径的竞争模式，以使 PTI 与 ETI 同步并确保广谱抗性。为了更好挖掘水稻超大 G 蛋白（XLG）在未来育种中的潜力，Zhao Y 等（2022）分析了 OsXLG1、OsXLG2 和 OsXLG3 在抗病中的功能，结果表明水稻超大 G 蛋白在控制抗病性和产量相关性状中起关键作用。

泛素化对于真核生物的许多细胞进程至关重要，包括 26S 蛋白酶体依赖性蛋白质降解、细胞周期进程、转录调控和信号转导。Wang R 等（2022）综述了感病蛋白泛素化调节水稻广谱抗性。Wang R Y 等（2022）生成了一个完整的泛素 E3 连接酶编码开放阅读框（UbE3-ORFeome）文库，其中包含水稻基因组中 98.94% 的 E3 连接酶基因。水稻 E3-ORFeome 是植物中第一个完整的 E3 连接酶库，是快速鉴定泛素化蛋白同源 E3 连接酶和建立植物功能性 E3 底物相互作用的蛋白质组学资源。除此之外，该团队还揭示 APIP5 作为转录因子和 RNA 结合蛋白互作，调节水稻细胞死亡和免疫力（Zhang F et al.，2022）。全球气温变化深刻影响着植物病害的发生。众所周知，稻瘟病在相对温暖的天气里很容易流行。Qiu J H 等（2022b）揭示暖温损害 JA 调节的基础抗性，以增强水稻中的稻瘟病感染。此外，Qiu J H 等（2022a）揭示环境湿度对稻瘟病菌毒力和水稻抗性的双重影响。Hao 等（2022）鉴定一个含有 VQ 基序的蛋白质，该蛋白质通过分层调节机制精准调节水稻免疫力和生长。

挖掘抗病基因对于提高水稻品种抗性具有重要作用。Liu X 等（2022b）揭示水稻纤维素合酶类似蛋白 OsCSLD4 协调植物生长和防御之间的平衡。Zhao H H 等（2022）进一步研究发现，OsCSLD4 通过介导脱落酸生物合成调节渗透胁迫耐受性，在水稻对盐胁迫的响应中起重要作用。Ninkuu 等（2022）发现 Hrip1 介导水稻细胞壁强化和植物抗毒素诱导，赋予对稻瘟病菌的免疫力。Zheng Y M 等（2022）揭示一种短链醇脱氢酶/还原酶家族蛋白 SDR7-6 调节水稻中光依赖性细胞死亡和防御反应。Xu 等（2022）揭示组蛋白去乙酰化酶抑制剂通过抑制防御相关基因的表达来增强水稻免疫力。Li Y 等（2022a）敲除一个半胱氨酸蛋白酶基因 *OCP* 增强了水稻抗稻瘟病能力，*OCP* 通过与 *OsRACK1A* 或 *OsSNAP32* 相互作用并影响许多抗性相关基因的表达谱，负调节水稻的抗稻瘟病性。此外，OCP可能是抗稻瘟病的节点，通过抑制JA和ET信号通路的激活以及促进生长素信号通路。内质网（ER）稳态对于植物在环境胁迫下管理反应至关重要。植物免疫激活需要ER，但ER稳态如何与植物免疫激活相关联在很大程度上尚未可知。Meng F等（2022）鉴定一个水稻蛋白OsHLP1调节内质网稳态并与转录因子协调以启动稻瘟病抗性。Niu等（2022）发现酪蛋白激酶Ⅱ对OsTGA5的磷酸化损害了其对水稻防御相关基因转录的抑制。

具有R基因的水稻品种影响稻瘟病菌的遗传结构，稻瘟病菌无毒（AVR）基因突变可能导致水稻品种中相应R基因的功能失活。Tian等（2022）对过去50年中117个主栽水稻品种和35个稻瘟病菌田间分离株中水稻抗性基因和稻瘟病菌无毒基因进行关联分析。R基因 Pigm、Pi9、Pi2、Piz-t、Pi-ta、Pik、Pi1、Pikp和Pikm分别在5、0、1、4、18、0、2、1和0个品种中鉴定。这些R基因都没有与其应用时间相关的显著变化。在鉴定的4个AVR基因中，AVR-Pik扩增频率最高（97.14%），其次是AVR-Pita（51.43%）和AVR-Pi9（48.57%），AVR-Piz-t的频率最低（28.57%）。这些发现表明，在未来的水稻抗瘟病育种计划中可以考虑稻瘟病菌的复杂遗传基础和一些有效的稻瘟病R基因。Pib是水稻中第一个克隆的稻瘟病R基因，编码核苷酸结合的富含亮氨酸的重复蛋白（NLR），介导对携带无毒基因AvrPib的稻瘟病菌分离株的抗性。Xie等（2022）鉴定SH3P2是一种含有SH3结构域的蛋白质，与Pib和AvrPib相互作用，抑制水稻中效应子AvrPib触发的Pib介导的免疫力。Ma L等（2022）通过全基因组关联分析（GWAS）鉴定编码NLR蛋白的水稻穗瘟病抗性基因Pb3，Pb3的T-DNA插入突变体和CRISPR植株表现出显著降低的穗瘟抗性。

许多水稻microRNA已被确定为调节农艺性状和免疫的微调因子。Zhang L L等（2022）研究发现，Osa-miR535靶向SQUAMOSA启动子结合蛋白14（OsSPL14）以调节稻瘟病抗性。水稻ARGONAUTE2（OsAGO2）是水稻RNA诱导的沉默复合物（RISC）的核心成分，其被稻瘟病菌侵染后抑制。Sheng等（2023）研究发现OsAGO2是操纵水稻对稻瘟病菌防御反应的关键免疫因子。OsAGO2与24-nt miR1875结合，并与HEXOKINASE1（OsHXK1）的启动子区域结合，引起DNA甲基化并导致基因沉默。OsHXK1是抗稻瘟病的正向调节因子。OsAGO2本身受到OsPRMT5的调节，OsPRMT5感知稻瘟病菌感染并通过OsAGO2精氨酸甲基化减弱OsAGO2介导的基因沉默。Li Y等（2022a）阻断Osa-miR1871可增强水稻对稻瘟病的抗性及产量。Feng Q等（2022）发现microRNA Osa-miR160a赋予对水稻真菌和细菌病原体的广谱抗性。

多家研究团队陆续开展多抗品种或抗性机制研究。稻瘟病和白叶枯病是对水稻产量产生破坏性影响的两种主要病害，开发抗性品种是最经济有效的策略。Zhou Y B等（2022）通过CRISPR/Cas9设计获得对稻瘟病和白叶枯病具有增强抵抗力的水稻品种。Chen S等（2022）对BPH和稻瘟病侵染后的易感和抗性水稻品种进行了转录组和代谢组分析，鉴定参与褐飞虱和稻瘟病真菌双重抗性的水稻基因和代谢物。

稻曲病近年来发病严重，稻曲病抗性基因的挖掘迫在眉睫。Li G B等（2022）发现一种效应子靶向支架蛋白 OsRACK1A 的过量表达，促进 OsRBOHB 介导的 ROS 产生，赋予水稻对稻曲病抗性的同时不降低产量。Yang J Y 等（2022）通过遗传、生化和抗病测定等方法揭示激酶 SnRK1A 介导的胞质 ATP 酶磷酸化正向调节水稻先天免疫，该途径被稻曲病菌效应子 SCRE1 抑制。Chen X Y 等（2022b）鉴定了一个稻曲病分泌性枯草蛋白酶 UvPr1a，该效应子可以通过降解 skp1 的 G2 等位基因的抑制因子干扰水稻免疫力。Zheng X H 等（2022）在稻曲病菌鉴定到一系列分泌型磷酸酶，可以稳定免疫负调节因子 OsMPK6 并抑制植物免疫力。Chen X Y 等（2022a）从水稻稻曲病菌中鉴定出一个分泌蛋白 UvSec117，它可以靶向水稻组蛋白去乙酰化酶 OsHDA701 并负调节水稻对病原体的广谱抗性。Chen X Y 等（2022c）通过寄主诱导的真菌特异性基因沉默方法可以赋予稻曲病有效抗性。

2. 水稻抗虫性及害虫致害机制

Zha 等（2022）研究发现，感虫水稻 TN1 和抗虫水稻 YHY15 间有 157 个和 675 个差异表达的 lncRNA 和 mRNA，这些 RNA 途径参与精氨酸和脯氨酸代谢以及谷胱甘肽代谢和碳代谢等通路。

Deng 等（2022）研究了褐飞虱和稻纵卷叶螟诱导的水稻防御反应，其中稻纵卷叶螟促进茉莉酸积累和 OsAOS、OsCOI1 转录物的表达，而褐飞虱促进水杨酸和 OsPAL1 转录物积累，干扰 OsAOS 和 OsCOI1 显著提高水稻对稻纵卷叶螟和褐飞虱的抗性。

Yang L 等（2022）研究了水稻 tps46 在植物防御中的作用。研究发现，Eβf 是 tps46 活性的主要产物，饲喂 0.8 g/kg Eβf 能够破坏二化螟幼虫的激素平衡，导致二化螟 2 龄和 3 龄幼虫的死亡率提高 21.0 倍和 6.4 倍，对 3 龄期持续期由 5.7 d 增加至 8.0 d，对 4～5 龄幼虫无显著差异。

Duan 等（2022）分析了褐飞虱气味结合蛋白 NlugOBP8 的体内外功能，发现重组蛋白 NlugOBP8 对 13 种水稻植株挥发物具有较强的结合亲和力，并能与其中的 9 种物质形成稳定的复合物。

Shen W Z 等（2022）发现，敲除 OsPEPRs 基因后降低水稻对褐飞虱的抗性，而外施多肽 OsPep3 后提高水稻的抗虫性，揭示 OsPep3 可能通过茉莉酸生物合成、脂质代谢和苯丙素代谢等途径参与 p3 诱导的水稻抗虫性。

Fu J M 等（2022）通过对唾液蛋白组的分析，从灰飞虱和褐飞虱中筛选出 8 个保守的唾液蛋白，干扰其中的钙调控蛋白导致稻飞虱刺吸韧皮部受阻，进而抑制其取食量、存活率和繁殖力。进一步分析发现，钙调素在褐飞虱唾液腺中高表达，在取食过程中分泌进入稻株，抑制胼胝质沉积和 H_2O_2 积累，促进了稻飞虱对水稻韧皮部持续取食。

Gong G 等（2022）发现，褐飞虱为害水稻后，降低稻株体内次级代谢产物麦黄酮的代谢水平，NlSP7 可能作为效应子参与水稻麦黄酮代谢。Xiao 等（2022）首次将纳米孔技术应用于水稻抗虫基因所编码蛋白的鉴定，并重点对 Bph32 蛋白的结构及其功能性肽段进行了分析。

Liao 等（2022）克隆了一个定位于叶绿体的水稻 13-LOX 基因 OsRCI-1，其转录水平受褐飞虱取食诱导，而过量表达 *OsRCI-1* 能够提高茉莉酸、茉莉酸—异亮氨酸、胰蛋白酶抑制剂和三种挥发性化合物（2-庚酮、2-庚醇和 α-萜烯）的含量，抑制褐飞虱的生长和繁殖，提高褐飞虱卵寄生蜂（*Anagrus nilaparvatae*）的选择性。

Wu D 等（2022）发现，水稻 EXO70 家族的 OsEXO70H3 蛋白不仅与抗褐飞虱 BPH6 蛋白相互作用，而且与 S-腺苷甲硫氨酸合成酶类似蛋白（SAMSL）作用，进而增加 SAMSL 向细胞外的释放，增强木质素沉积，提高水稻对褐飞虱的抗性。Ma F 等（2022）发现水稻 *OsEBF2* 和 *OsEIL1* 能够发生互作，抑制乙烯反应因子基因的表达，降低水稻中乙烯的含量，从而正向调控水稻对褐飞虱的抗性。Tan 等（2022）通过 QTL 定位从一份抗褐飞虱水稻品种中鉴定出两个位于 4 号染色体上的抗性基因 *BPH41* 和 *BPH42*。Li J 等（2022）研究了外源施加脱落酸和茉莉酸后水稻响应褐飞虱取食的分子特征。Jun 等（2022）在抗、感褐飞虱水稻品种中鉴定出 45 个差异表达的 micRNA 以及 144 个响应褐飞虱取食的 micRNA。

（二）水稻重要病虫害的抗药性及机理

1. 抗药性监测

Song 等（2022a）揭示多菌灵对稻瘟病菌生长和致病力方面的激素效应。浓度为 $0.003\sim0.100~\mu g/mL$ 的多菌灵对分离株 Guy11 和 H08-1a 的菌丝生长具有刺激作用，而浓度为 $0.003\sim0.030~\mu g/mL$ 的多菌灵刺激了分离株 P131 的生长。将用不同浓度多菌灵处理的 PDA 上生长的菌丝体菌落在 28℃黑暗中孵育 7 d 作为预处理。将预处理菌丝体接种新的无杀菌剂 PDA，随后仍观察到菌丝体生长刺激，3 株分离株的最大刺激幅度为 9.15%。国外专家 Higashimura 等（2022）发现新型杀菌剂喹啉的靶位点是稻瘟病菌 Ⅱ 类二氢乳清酸脱氢酶。Li T 等（2022e）发现稻瘟病菌中线粒体编码的细胞色素 b（Cytb）的 G143A/S 位点突变赋予了对醌外部抑制剂的抗性。Song J 等（2022）分析了江苏省水稻稻曲病病原菌对多菌灵抗药性的分布、分子机制及适应度稳定性。

吴帅等（2022）基于玻璃瓶药膜法研发了针对吡虫啉、啶虫脒、醚菊酯、毒死蜱和异丙威对褐飞虱 3 龄若虫的抗性快速检测试剂盒。蔡玉彪等（2022）采用稻苗浸渍法测定了河南 5 个地区灰飞虱田间种群对 12 种杀虫剂的抗性水平。汪锐等（2022）研究了灰飞虱生殖抑制剂（井冈霉素）和刺激剂（多菌灵和三唑磷）的组合对稻飞虱成虫生长、生殖等指标的影响。Huang R 等（2022）报道了 2011—2021 年我国华中地区不同地理种群白背飞虱对 7 种杀虫剂的抗药性情况，发现白背飞虱对烯啶虫胺、噻虫嗪、呋虫胺、噻虫胺、毒死蜱、醚菊酯和异丙威均表现出敏感至中水平抗性。

Song X Y 等（2022）发现，2017—2021 年我国 55 个褐飞虱地理种群对吡蚜酮处于中等至高水平抗性，而吡蚜酮抗性筛选品系对新烟碱类杀虫剂呋虫胺、烯啶虫胺和氟啶虫胺腈存在交互抗性。

Meng H 等（2022）发现，2010—2021 年我国 46 个田间二化螟种群对三唑磷表现出中等至高水平抗性，对毒死蜱表现为低至中等水平抗性，对阿维菌素表现为敏感至中等水平抗性。

2. 抗药性机制

曾庆会等（2022）克隆了一个白背飞虱 ABC 转运蛋白基因 *ABCD1*，发现 *SfAB-CD1* 表达量受噻嗪酮和噻虫嗪诱导，但 *SfABCD1* 表达量随噻虫嗪浓度升高而降低。

Zhang J J 等（2022）发现，对烯啶虫胺和氟啶虫胺腈表现抗性的褐飞虱种群，其气味结合蛋白 *NlOBP3* 的表达水平显著高于敏感种群，且 NlOBP3 与烯啶虫胺和氟啶虫胺腈特异性结合，干扰 *NlOBP3* 并显著提高褐飞虱的死亡率。

Gong C W 等（2022）通过染色质开放性测序及酵母单杂技术揭示核受体超螺旋体与 *CYPSF01* 的启动子结合，干扰该受体后，抑制 *CYPSF01* 表达，提高白背飞虱对三氟苯嘧啶的敏感性。

Zhang S R 等（2022）通过室内杀虫剂连续 16 代筛选，获得了抗三氟苯嘧啶的灰飞虱品系（抗性倍数为 45.1 倍），该品系灰飞虱对呋虫胺、噻虫胺和氟啶虫胺腈存在低水平的交互抗性，其 *CYP314A1*、*CYP6AX*、*CYP304A1*、*CYP301A1*、*CYP4*，*CYP426A1*、*CYP353D1v2*、*CYP303A1*、*CYP6CS2v1* 与抗性形成相关。与之类似，Wen 等（2022）通过室内杀虫剂连续 21 代筛选，获得了抗三氟苯嘧啶的灰飞虱品系（抗性倍数为 26.29 倍），但并未发现该品系对吡虫啉、烯啶虫胺、噻虫嗪、呋虫胺、氟啶虫酰胺、吡蚜酮和毒死蜱存在交互抗性，发现 *CYP303A1*、*CYP4CE2* 和 *CYP419A1v2* 与抗性形成相关。

Xia 等（2022）研究表明，亚致死计量噻虫胺对白背飞虱的生存、繁殖和预期寿命均产生不利影响，显著诱导 P450 酶活性和基因表达，揭示 *CYP4CE3* 和 *CYP6FJ3* 参与白背飞虱对噻虫胺的抗性形成。

Li Z 等（2022）发现褐飞虱 ATP 转运蛋白 *NlABCG3* 在烯啶虫胺和噻虫胺抗性的褐飞虱品系中显著高表达，而将目标基因沉默后又可降低褐飞虱对这两种杀虫剂的敏感性，进一步通过双荧光素报告基因测试明确了 miRNA novel_268 与 *NlABCG3* 编码区结合并抑制后者的表达水平。

Lu K 等（2022）分析了对毒死蜱表现抗、敏特性的褐飞虱中 29 个 *CarEs* 基因的表达模式，鉴定出 *CarE3*、*CarE17* 和 *CarE19* 参与褐飞虱对毒死蜱的敏感性。

Gong Y H 等（2022）通过研究发现，褐飞虱连续暴露于 LC_{20} 的烯啶虫胺，提高自身的繁殖力、适合度以及杀虫剂抗药性，揭示褐飞虱卵黄原蛋白基因和 *CYP6ER1* 基因的表达量参与繁殖力和抗药性增强。

Lu Y 等（2022）报道，二化螟取食香根草后显著抑制了其体内 *CsCYP6SN3* 和 *Cs-CYP306A1* 的表达量。

（三）水稻病虫害分子生物学研究进展

1. 水稻病害

基于 NCBI pubmed 数据库中的数据，2022 年国内发表关于稻瘟病菌研究的论文约

260 篇左右，与 2021 年基本一致。由于论文数量较多，本章节内容重点综述稻瘟病菌研究领域的重大进展。

富含丝氨酸/精氨酸（SR）的蛋白是众所周知的人类、模式动物和植物的剪接因子，Shi W 等（2022）揭示稻瘟病真菌 SR 蛋白以独特的机制调节交替剪接。Bao J 等（2022）构建了一个稻瘟病菌的泛基因组数据库，该数据库由 156 株菌株组成（117 株从水稻中分离出来，39 株从其他宿主中分离出来）。泛基因组共包含 24 100 个基因（70-15 参考基因组中缺少的 12 005 个新基因），包括 16911 个（～70％）核心基因（群体频率≥95％）和 1 378 个（～5％）菌株特异性基因（群体频率≤5％）。值得注意的是已克隆的无毒蛋白和常规分泌蛋白（带有信号肽）富集在高频区域并与转座元件（TEs）显著相关，而非常规分泌蛋白（不含信号肽）富集在低频区域，与 TE 没有显著相关性。Zhang L H 等（2022）进行蛋白激酶 MoCK2 的转录组分析，揭示其影响乙酰辅酶 A 代谢和 CK2 相互作用线粒体蛋白进入稻瘟病菌线粒体。

COP9 信号体（CSN）是真核生物中高度保守的蛋白质复合物，影响各种发育和信号传导过程。Shen Z F 等（2022）分析了 MoCsn6 生物学功能，表明 MoCsn6 参与真菌发育、自噬和致病力。Huang C 等（2022）揭示氨基酸渗透酶 MoGap1 调节稻瘟病菌的 TOR 活性和自噬。Wu M H 等（2022）通过全基因组分析 AGC 家族激酶发现 MoFpk1 是稻瘟病菌高渗胁迫、发育、脂质代谢和自噬所必需的。Wang J 等（2022）揭示植物同源域蛋白 CLP1 调节稻瘟病菌的真菌发育、毒力和自噬稳态。Sun L X 等（2022）研究表明，转运复合体-0（ESCRT-0）对稻瘟病菌的真菌发育、致病性、自噬和 ER-phagy 至关重要。Lv 等（2022）解析了 Paxillin MoPax1 在稻瘟病真菌介导的植物感染期间通过 MAP 激酶激活蛋白（MAP）激酶信号通路和自噬调控侵染的机制。

为了有效运输分泌蛋白，包括在病害进展中很重要的分泌蛋白，细胞质外壳蛋白复合物Ⅱ（COPⅡ）在该过程中表现出重要功能，Qian 等（2022）报道了 MoErv29 促进质外效应子分泌，参与稻瘟病菌的毒力侵染。氧化甾醇结合蛋白相关蛋白（ORP）是一类保守的脂质转移蛋白，与真核生物的多个细胞过程密切相关。Chen M M 等（2022）研究发现，真菌氧化甾醇结合蛋白相关蛋白促进病原体毒力并激活植物免疫力。质外抗坏血酸氧化酶（AOs）通过调节质外体氧化还原状态，在活性氧（ROS）介导的先天宿主免疫中起到关键作用。Hu J X 等（2022）阐明了植物和稻瘟病真菌抗坏血酸氧化酶协同宿主质外体的氧化还原状态以调节水稻免疫力。Liu X Y 等（2022a）研究发现，MoIug4 是一种新型分泌效应蛋白，通过抵消宿主 OsAHL1 调控的乙烯基因转录来促进稻瘟病侵染。

Lin 等（2022）研究发现，PRC2 附属亚基和 Sin3 组蛋白去乙酰化酶复合物调控稻瘟病菌中 H3K27me3 的正常分布和转录沉默。Gong Z W 等（2022）研究表明，两种稻瘟病菌特异性（MAS）蛋白 MoMas3 和 MoMas5 是抑制宿主先天免疫和促进活体营养生长所必需的。Ren 等（2022）揭示 MTA1 介导的 RNA m⁶A 修饰调节自噬，是稻瘟病真菌感染所必需的。Cai 等（2022）的研究表明，去泛素酶 Ubp3 调节核糖体自噬和催

化 Smol 去泛素化调控稻瘟病菌感染。Zhao J 等（2022）分析了磷脂酸磷酸酶 MoPah1
参与稻瘟病菌脂质代谢、发育和发病的分子机制。Chen D 等（2022）发现内吞蛋白
Pal1 调节附着胞的形成，是稻瘟病菌毒力所必需的。

Wang Y 等（2022）发布了水稻稻曲病菌菌株 JS60-2 的无缝核基因组和线粒体基因
组序列信息。Song J 等（2022c）分析了水杨基异羟肟酸对稻曲病菌的毒性及其对稻曲
病菌嘧菌酯和吡唑醚菌酯敏感性的影响。Fu R 等（2022）分析了西南水稻稻曲病菌的
多样性，结果表明，大多数菌株不能按其地理来源进行聚类，表明中国西南地区稻曲病
菌丰富的遗传多样性和复杂多样的遗传背景。Zhang X 等（2022）揭示参与山梨孢菌素
生物合成的 UvSorA 和 UvSorB 参与稻曲病菌的真菌发育、应激反应和植物毒性。Qiu S
等（2022）阐述了稻曲病菌核效应子蛋白 SCRE4 通过抑制正向免疫调节因子 OsARF17
的表达来抑制水稻免疫力。Cao 等（2022）阐释衔接蛋白 UvSte50 通过 MAPK 信号通路
控制稻曲病菌的真菌致病性。Meng S 等（2022）揭示组蛋白甲基转移酶 UvKmt2 介导
的 H3K4 三甲基化是稻曲病菌致病性和应激反应所必需的。

2. 水稻虫害

王渭霞等（2022）选择处于不同发育时期的褐飞虱雌成虫和雄成虫，分析了雄虫特
异基因 *NlEF7* 的组织表达特性。

吴小保等（2022）发现，不同浓度 $CaCl_2$ 溶液浸种处理后，褐飞虱 3 龄若虫取食水
稻，显著提高叶鞘中苯丙氨酸解氨酶（Phenylalanine ammonia lyase）、过氧化物酶（Per-
oxidase）、多酚氧化酶（Polyphenol oxidase）和 β-1，3-葡聚糖酶（β-1，3 glucanase）
活性。

王艳辉等（2022）利用 CO_2 光照培养箱模拟自然条件下的大气 CO_2 浓度（400 $\mu L/$
L）和升高的 CO_2 浓度（800 $\mu L/L$），发现 CO_2 浓度升高不仅可以提高水稻营养品质，
还能改变水稻抗虫物质含量，进而影响褐飞虱的生长、发育和繁殖。

王斯亮等（2022）克隆褐飞虱 41 个神经肽基因（含 1 个可变剪接本）和 44 个受体
基因，干扰 *NlCCAP*、*NlETH*、*NlOKA* 和 *NlPK*、*NlA36* 和 *NlA46*，降低褐飞虱存
活率。

孙红波等（2022）分析了 2018—2020 年采集于云南昆明、河南开封、河南范县稻
区以及温室的灰飞虱菌群组成，初步阐明了灰飞虱的菌群组成并鉴定了常见核心菌及 3
个中国稻区的优势共生菌。

鲁艳辉等（2022）利用线粒体细胞色素氧化酶亚基Ⅰ基因（*CO* Ⅰ）和细胞色素 b
基因（*Cytb*）的遗传学方法分析了浙江省 8 个不同抗性水平二化螟地理种群的遗传多样
性及种群遗传结构。

杨明等（2022）发现广西野生稻"Y11"高抗白背飞虱，并表现出较强的排趋性和
抗生性；发现水稻 2 号、6 号和 11 号染色体上检测的 3 个抗性位点，并通过标记辅助选
择获得了 *qWBPH2* 的近等基因系。

Fan 等（2022）在褐飞虱中鉴定出 22 种预测的脂肪酰-CoA 还原酶（fatty acyl-CoA

reductase，FAR）蛋白。Li T P 等（2022）通过建立具有不同内共生菌感染状态的白背飞虱，发现不同内共生菌感染在不同程度上降低了细菌多样性，改变白背飞虱细菌群落结构，进而使白背飞虱繁殖力下降并影响代谢反应。Yang Y 等（2022）发现三个内源性 microRNAs（PC-3p-2522_840、PC-3p-446_6601 和 PC-5p-3096_674），证明了这三个 microRNA 分别与细胞色素 P450 基因 *CYP6FL1*、谷胱甘肽 S 转移酶基因 *GSTD2* 和 UDP-糖基转移酶基因 *UGT386F1* 以及 ABC 转运蛋白基因 *ABCA3* 互作，发现这些基因在灰飞虱对三氟苯嘧啶的抗性机制中发挥重要作用。Tong 等（2022）利用第三代测序技术和 RNA 测序技术进行了灰飞虱对水稻条纹病毒（RSV）的 AS 类型可变剪接响应的研究，发现 c-Jun N-末端激酶（JNK）基因之一 *JNK2* 通过外显子跳跃，导致三种转录异构体，其中至少有两种转录异构体促进了病毒在灰飞虱体内的积累。

Sun Y J 等（2022）利用 sgRNAs/Cas9 技术在 G0 代中敲除二化螟的脂肪酰-CoA 还原酶基因 *FAR*，结果显著提高二化螟的死亡率，且 *dsFAR* 转基因水稻对二化螟表现出了高水平的抗性。

Bao H 等（2022）使用全基因组高通量 RNA 测序来检测二化螟滞育期间的基因表达模式，基于过表达分析、短时间序列表达挖掘和基因集富集等分析，明确滞育解除后的代谢、环境信息传递和内分泌信号等生物学过程和通路变化。

Yang Y J 等（2022）对中国、泰国和越南的 6 个地理来源的稻纵卷叶螟进行采样，通过检测肠道细菌 16S 核糖体 RNA 基因，发现地理位置在形成稻纵卷叶螟肠道细菌群中起着至关重要的作用。Li C 等（2022）发现稻纵卷叶螟肠道细菌具有 14 种碳水化合物的完整代谢途径、11 种氨基酸和 2 种维生素的完整合成途径。Chen P 等（2022）在 Y 型管嗅觉仪试验中，发现（*E*）-2-己烯醛和 3-己醇（一种普遍存在的嗅觉活性挥发物 OAVCs）以及（*Z*）-3-己烯乙酸酯和（*E*）-2-己烯-1-醇（水稻特有 OAVCs）吸引更多的稻纵卷叶螟雌成虫。水稻害虫其他重要功能基因的研究如表 4-1 所示。

表 4-1　水稻害虫功能基因鉴定

基因名	功能	参考文献
褐飞虱		
TRPL	卵巢	Zhang Y et al.，2022b
Zfh1	翅型发育	Zhang J L et al.，2022
NlPLE25	转座酶	Lyu et al.，2022
SPARC	发育、脂肪体	Wang W X et al.，2022
NlBRM	卵巢发育、生殖	Wei et al.，2022
Rpts 家族	生殖	Cheng et al.，2022
CN 家族	生长发育	Wang Z C et al.，2022
NlFoxO	生理活动	Wang B et al.，2022b
ITIH4	发育、生殖	Zha et al.，2022
NlSMase1-4	卵巢发育	Shi X X et al.，2022

（续表）

基因名	功能	参考文献
NlugCSP10	嗅觉系统	Waris et al.，2022
SLC26A10	生殖	Zhang H H et al.，2022
NCS2	生殖系统发育	Zhang Y et al.，2022
TPS1 家族	发育、甲壳素合成	Zhou M et al.，2022
Nllet1	胚胎发育	Lu J B et al.，2022
NlOrco	识别寄主	Sun H H et al.，2022
NlHSC70-3	抑制植株活性氧等	Yang H et al.，2022
CPR	保水功能	Luo et al.，2022
Notch	感觉圈、刚毛、翅脉的发育	Hu D B et al.，2022
NlGro、*NlGro1-L*	卵巢发育、产卵	Gao et al.，2022
E74	发育、变态和生殖	Zhang Y et al.，2022
Nlserpin2	病原防御	邬伟等，2022b
NlCSP4	免疫防御、生长发育	邬伟等，2022a
NlPOD1	病原防御	李慕雨等，2022
Nl15	存活率、成虫蜜露量、体重、防御	王福鑫等，2022
NlATG13	存活、中肠细胞自噬	吴建旻等，2022
NlBRM	卵巢发育、繁殖	Wei et al.，2022
白背飞虱		
SfTre1、*SfTre2*	发育	Wang Z et al.，2022a
SfIPPI	卵巢发育、产卵	Gong M F et al.，2022
SfUAP	蜕皮	Wang Z et al.，2022b
SFMLP	取食、存活	Liu Y D et al.，2022
SfATG3、*SfATG9*	病毒传播	Liu D et al.，2022
SfDpp	若虫发育、翅型发育	Long G Y et al.，2022
SfHMGR	卵巢发育、产卵量	周操等，2022
Dicer2	蜕皮、翅膀扩张	Zeng Q H et al.，2022
灰飞虱		
JNK	体内病毒积累	Tong et al.，2022
LsGrpE	存活、胰岛素通路有关	Huo et al.，2022
二化螟		
FAR	发育、表体发育	Sun Y J et al.，2022
CsABCC2	Cry1C 抗性有关	Wang H et al.，2022
CsCHS1、*CsCHS*	蜕皮、化蛹	Zeng B et al.，2022a
InR	蜕皮、化蛹	Wu S et al.，2022
Cyp302a1、*Cyp315a1*	序列特征	张志凌等，2022
稻纵卷叶螟		
CmTweedle1、*CmCPG1*	耐热性、表皮发育	Guo et al.，2022

第二节 国外水稻植保技术研究进展

一、水稻病虫害防控技术

（一）非化学农药防治技术

Patel 等（2022）描述了水稻叶片内生细菌 *Microbacterium testaceum* OsEnb-ALM-D18 的遗传和功能特征。OsEnb-ALM-D18 挥发物的化学分析显示 9-十八碳烯酸、十六烷酸、4-甲基-2-戊醇和 2，5-二氢噻吩的丰度。定殖于水稻幼苗内后，OsEnb-ALM-D18 改变地上部和根表型，激活防御。在叶面喷施 OsEnb-ALM-D18 后，在易感水稻品种 Pusa Basmati-1 上观察到稻瘟病严重程度降低 80.0％以上。Wang M 等（2022c）发现宿主通过靶向致病性和发育基因诱导稻瘟病基因沉默可以控制稻瘟病。此外，用源自靶基因的 smallRNA 处理稻瘟病菌可抑制真菌生长。这些研究表明，RNA 沉默信号可以从宿主转移到入侵真菌，并且 HIGS 有可能产生抗稻瘟病菌的水稻。Deb 等（2022）发现内生绿僵菌可保护水稻植株免受立枯丝核菌引起的水稻纹枯病侵染，增强水稻生长。Vishakha 等（2022）提出一种对抗白叶枯病（BLB）水稻病害的生态友好策略，利用核黄素对水稻黄单胞菌的光动力抗菌和抗生物膜活性来防治水稻白叶枯病。Elsharkawy 等（2022）发现不同假单胞菌分离物均可以诱导水稻对纹枯病的系统性抗性。

（二）化学农药防治技术及抗药性

Khan M A 等（2022）分析了大量新的天然产物在体外对稻瘟病菌的抑制活性，对一些有效的天然化合物进行了计算机分子对接分析，最终找出了有效的生物杀菌剂 camptothecin、GKK1032A2 和 chaetoviridin-A。

二、水稻病虫害的分子生物学机制

（一）水稻病害

与国内相比，国外专家团队在基因功能分析方面的研究工作较少，主要涉及真菌效应蛋白、进化和 DNA 损伤方面。Molinari 和 Talbot 等（2022）发表了稻瘟病菌生长和操作的基本指南。De la Concepcion 等（2022）揭示稻瘟病菌一个锌指折叠效应子与宿主 Exo70 蛋白中的疏水口袋结合，以调节水稻中的免疫识别。稻瘟病菌 ZiF 效应子结合保守的 Exo70 界面来操纵植物胞吐作用，并且这些效应子也受到植物免疫受体的诱捕，该研究为改造抗病性提供了新的机会。Thierry 等（2022）揭示稻瘟病菌通过生态位分离、性别丧失和交配后遗传不相容来维持稻瘟病菌的不同谱系。Huang J 等（2022）研究发现，CRISPR-Cas12a 诱导的 DNA 双链断裂在稻瘟病菌中被不同突变谱的多种途径修复。Takeda 等（2022）研究发现，水稻质外体 CBM1 相互作用蛋白通过结合真菌蛋白的保守碳水化合物结合模块来对抗原始病原体入侵。

（二）水稻虫害

Shimizu 等（2022）研究发现，一对遗传相关的 NLR 免疫受体显示出截然不同的进化模式。植物防御激素茉莉酸（JA）促进对稻瘟病菌的抗病，但潜在机制仍不清楚。Ma J 等（2022）观察到 JA 生物合成（OsAOS2 和 OsOPR7）、JA 信号传导（OsJAZ8、OsJAZ9、OsJAZ11 和 OsJAZ13）、JA 依赖性植保素合成（OsNOMT）和 JA 调节的防御相关基因（如 *OsBBTI2* 和 *OsPR1a*）的转录本在真菌感染后以与抗性幅度相关的模式积累。JA 缺陷突变体 *cpm2* 和 *hebiba* 与其野生型背景相比更容易感染稻瘟病菌。Xi Y 等（2022）研究表明，水稻的 RGA5 NLR 的活性需要将其 HMA 结构域与效应子结合，而不是 HMA 结构域自身相互作用。

Asif 等（2022）在白背飞虱为害后的水稻上施用外源激素（赤霉素酸和茉莉酸甲酯），发现防御相关基因的表达量、内源激素含量、H_2O_2 和细胞死亡率发生显著变化，进而影响植株对害虫的抗性。

Gupta 等（2022）研究了在农药和营养胁迫下褐飞虱全生命阶段的甲基化模式。Ahmad 等（2022）从水稻基因组数据库中鉴定出 40 个同源域亮氨酸拉链 *OsHDZIP*（The Homeodomain-Leucine Zipper Genes）基因，并明确了 *OsHDZIP* 参与调控植株生长以及响应环境刺激的相关功能。Khetnon 等（2022）研究了水稻对褐飞虱的物理和化学防御能力，发现昆虫与植物互作中，植物产生毛状体的刺毛密度与褐飞虱感染程度呈负相关。水稻的挥发性有机化合物，如 β-倍半酚参与对褐飞虱的防御。Khan 等（2022）鉴定了水稻 OsWRKY 和 OsNAC 转录因子参与白背飞虱胁迫过程中的作用，并预测了它们在水稻抗虫性中的潜在作用。

Shah 等（2022）发现，微生物农药德夸菌素 Decoyinine 增强秧苗对防御白背飞虱的抗性，同时显著改变白背飞虱的繁殖力和种群生命表参数，降低水稻中 H_2O_2、可溶性糖和丙二醛含量。Shakeel 等（2022）发现敲除稻纵卷叶螟 *Cmgnna* 基因后，试虫的单雌虫产卵量分别减少了 26.00% 和 35.26%，孵化率分别降低了 23.53% 和 45.26%。

参 考 文 献

蔡玉彪，窦涛，高富涛，等，2022. 河南省灰飞虱田间种群对 12 种杀虫剂的抗性现状分析 [J]. 农药学学报，24（3）：483-491.

车琳，蒋沁宏，王也，等，2022. 我国水稻五大产区虫害发生及防控情况差异的比较分析 [J]. 植物保护，48（3）：233-241.

陈宽兵，李艳朋，刘鸿恒 .2022. 静电喷雾装置在水稻病虫草害防治上的应用 [J]. 农业科技通讯
（6）：83-86.

何认娣，2022. 防治水稻纹枯病药剂筛选试验 [J]. 现代农村科技（3）：62-63.

康奎，蔡尤俊，龚俊，等，2022. 金龟子绿僵菌对褐飞虱繁殖力的影响 [J]. 中国生物防治学报，
38（1）：180-187.

李慕雨，王彦丹，王正亮，等，2022. 褐飞虱过氧化物酶基因 NlPOD1 的克隆、鉴定及功能分析
[J]. 昆虫学报，65（8）：958-966.

李小艳，罗涛，杨芳，等，2022. 西南地区稻曲病的发生规律及综合防治策略 [J]. 南方农业，16
（18）：11-13，23.

梁勇，邱荣洲，李志鹏，等，2022. 基于 YOLO v5 和多源数据集的水稻主要害虫识别方法 [J].
农业机械学报，53（7）：250-258.

林相泽，徐啸，彭吉祥，2022. 基于图像消冗与 CenterNet 的稻飞虱识别分类方法 [J]. 农业机械
学报，53（9）：270-276，294.

鲁艳辉，郭嘉雯，田俊策，等，2022. 基于 $CO I$ 和 $Cytb$ 基因的浙江不同抗性水平二化螟种群的遗
传结构分析 [J]. 浙江农业学报，34（11）：2462-2470.

吕连庆，顾小刚，廖荣才，2022.8% 噻呋酰胺·嘧菌酯漂浮大粒剂（农艾抛）防治水稻纹枯病的
效果研究 [J]. 上海农业科技，393（3）：113-114，128.

罗举，唐健，王爱英，等，2022. 基于重组酶介导扩增—侧流层析试纸条的褐飞虱快速鉴定方法
[J]. 中国水稻科学，36（1）：96-104.

孙红波，姜军，陈丽莹，等，2022. 灰飞虱核心共生菌的鉴定 [J]. 微生物学报，62（1）：
160-175.

汪锐，张鲜，戈林泉，等，2022. 不同药剂混合处理对灰飞虱生殖的影响 [J]. 应用昆虫学报，59
（5）：1135-1142.

汪晓龙，苏双丽，胡晓云，等，2023. 褐飞虱对二化螟为害诱导水稻挥发物的行为反应 [J]. 中国
生物防治学报，39（4）：970-977.

王福鑫，王渭霞，魏琪，等，2022. 褐飞虱 Nl15 基因的克隆及功能分析 [J]. 昆虫学报，65（5）：
558-567.

王庆胜，2022. 利用无人机变量喷药技术防治水稻稻瘟病研究 [J]. 现代化农业（5）：20-22.

王斯亮，罗序梅，张传溪，2022. 褐飞虱神经肽及其受体基因的功能筛查 [J]. 浙江大学学报（农
业与生命科学版），48（6）：766-775.

王伟民，张琳，李秋红，等，2022. 植保无人机减量用药防治水稻纹枯病效果评价 [J]. 上海农业
科技（6）：120-122.

王渭霞，何佳春，魏琪，等，2022. 褐飞虱组织解剖及 NlEF7 基因的雄虫组织特异性表达研究
[J]. 应用昆虫学报，59（5）：1009-1019.

王艳辉，王晓辉，刘晓微，等，2022. 大气 CO_2 浓度升高条件下水稻营养成分和抗虫物质的变化
及其对褐飞虱生长发育与繁殖的影响 [J]. 植物保护学报，49（3）：767-774.

魏琪，朱旭晖，何佳春，等，2022.5 种微生物杀虫剂对 3 种水稻主要害虫的室内毒力比较及致死
表型观察 [J]. 植物保护，48（4）：165-174.

邬伟，程依情，王正亮，等，2022a. 褐飞虱 clip 丝氨酸蛋白酶基因 *NlCSP4* 的克隆及功能分析［J］. 中国生物防治学报，38（5）：1202-1212.

邬伟，徐慧丽，王正亮，等，2022b. 褐飞虱丝氨酸蛋白酶抑制剂基因 *Nlserpin2* 的克隆及其功能分析［J］. 中国农业科学，55（12）：2338-2346.

吴建良，矫启启，俞飞飞，等，2022. 褐飞虱自噬相关基因 *NlATG13* 的表达与功能分析［J］. 昆虫学报，65（8）：967-976.

吴帅，石宇，廖逊，等，2022. 三氟苯嘧啶和啶虫脒对褐飞虱的协同作用［J］. 江西农业大学学报，44（1）：55-61.

吴小保，邓倩倩，宋佳，等，2022. 不同浓度氯化钙浸种处理对水稻防御酶活性和抗褐飞虱的影响［J］. 昆虫学报，65（1）：84-93.

徐文，王昆，田家顺，2022. 不同药剂防治水稻稻瘟病田间药效试验［J］. 湖南农业科学（8）：49-51.

杨明，李丹婷，范德佳，等，2022. 广西野生稻 Y11 抗白背飞虱 QTL 定位［J］. 作物学报，48（11）：2715-2723.

叶观保，陈学桥，陈观浩，2022. 水稻白叶枯病监测与绿色防控技术规程［J］. 农业科技通讯（12）：188-190.

应俊杰，余山红，项加青，等，2022. 不同阶段防治措施对水稻白叶枯病的影响［J］. 浙江农业科学，63（12）：2954-2956.

曾庆会，周操，杨熙彬，等，2022. 白背飞虱 SfABCD1 对杀虫剂胁迫的响应表达［J］. 昆虫学报，65（1）：21-30.

张强，朱晓敏，赫思聪，等，2023. 植保无人机喷施球孢白僵菌制剂防治水稻二化螟飞行参数筛选［J］. 中国生物防治学报，39（4）：789-796.

张哲宇，孙果镪，杨保军，等，2022. 基于机器视觉和深度学习的稻纵卷叶螟性诱智能监测系统［J］. 昆虫学报，65（8）：1045-1055.

张志凌，王凯，张茹，等，2022. 二化螟 Halloween 家族基因 *Cyp302a1* 和 *Cyp315a1* 的克隆与时空表达谱分析［J］. 南京农业大学学报，45（2）：287-296.

周操，杨熙彬，龚明富，等，2022. SfHMGR 在白背飞虱生殖调控中的功能分析［J］. 昆虫学报，65（1）：10-20.

Abou El-Ela A S，Ntiri E S，Munawar A，et al.，2022. Silver and copper-oxide nanoparticles prepared with GA（3）induced defense in rice plants and caused mortalities to the brown planthopper, *Nilaparvata lugens*（Stål）［J］. NanoImpact，28：100428.

Ahmad S，Chen Y，Shah A Z，et al.，2022. The homeodomain-leucine zipper genes family regulates the jinggangmycin mediated immune response of *Oryza sativa* to *Nilaparvata lugens*，and *Laodelphax striatellus*［J］. Bioengineering Basel，9（8）：398.

Asif S，Jang Y H，Kim E G，et al.，2022. The role of exogenous gibberellic acid and methyl jasmonate against white-backed planthopper（*Sogatella furcifera*）stress in rice（*Oryza sativa* L.）［J］. Int J Mol Sci，23（23）：14737.

Bao H，Zhu H，Yu P，et al.，2022. Time-series transcriptomic analysis reveals the molecular profiles of diapause termination induced by long photoperiods and high temperature in *Chilo suppressalis*［J］.

Int J Mol Sci，23（20）：12322.

Bao J，Wang Z，Chen M，et al.，2022. Pan-genomics reveals a new variation pattern of secreted proteins in *Pyricularia oryzae* [J]. J Fungi，8（12）：1238.

Cai X，Xiang S K，He W H，et al，2022. Deubiquitinase Ubp3 regulates ribophagy and deubiquitinates Smo1 for appressorium-mediated infection by *Magnaporthe oryzae* [J]. Mol Plant Pathol，23（6）：832-844.

Cao H，Gong H，Song T，et al，2022. The adaptor protein UvSte50 governs fungal pathogenicity of *Ustilaginoidea virens* via the MAPK signaling pathway [J]. J Fungi，8（9）：954.

Chen D，Hu H，He W H，et al，2022. Endocytic protein Pal1 regulates appressorium formation and is required for full virulence of *Magnaporthe oryzae* [J]. Mol Plant Pathol，23（1）：133-147.

Chen M M，Yang S R，Wang J，et al.，2022. Fungal oxysterol-binding protein-related proteins promote pathogen virulence and activate plant immunity [J]. J Exp Bot，73（7）：2125-2141.

Chen P，Dai C，Liu H，et al.，2022. Identification of key headspace volatile compounds signaling preference for rice over corn in adult females of the rice leaf folder *Cnaphalocrocis medinalis* [J]. Journal of Agricultural and Food Chemistry，70（32）：9826-9833.

Chen S，Sun B，Shi Z Y，et al.，2022. Identification of the rice genes and metabolites involved in dual resistance against brown planthopper and rice blast fungus [J]. Plant Cell Environ，45（6）：1914-1929.

Chen X Y，Duan Y H，Qiao F G，et al.，2022a. A secreted fungal effector suppresses rice immunity through host histone hypoacetylation [J]. New Phytol，235（5）：1977-1994.

Chen X Y，Li X B，Duan Y H，et al.，2022b. A secreted fungal subtilase interferes with rice immunity via degradation of SUPPRESSOR OF G2 ALLELE OF skp1 [J]. Plant Physiol，190（2）：1474-1489.

Chen X Y，Pei Z X，Liu H，et al.，2022c. Host-induced gene silencing of fungal-specific genes of *Ustilaginoidea virens* confers effective resistance to rice false smut [J]. Plant Biotechnol J，20（2）：253-255.

Cheng X，Wang W，Zhang L，et al.，2022. ATPase subunits of the 26S proteasome are important for oocyte maturation in the brown planthopper [J]. Insect Molecular Biology，31（3）：317-333.

De la Concepcion J C，Fujisaki K，Bentham A R，et al.，2022. A blast fungus zinc-finger fold effector binds to a hydrophobic pocket in host Exo70 proteins to modulate immune recognition in rice [J]. Proc Natl Acad Sci USA，119（43）：e2210559119.

Deb L，Dutta P，Tombisana Devi R K，et al.，2022. Endophytic Beauveria bassiana can protect the rice plant from sheath blight of rice caused by *Rhizoctonia solani* and enhance plant growth parameters [J]. Arch Microbiol，204（9）：587.

Deng Q Q，Ye M，Wu X B，et al.，2022. Damage of brown planthopper（BPH）*Nilaparvata lugens* and rice leaf folder（LF）*Cnaphalocrocis medinalis* in parent plants lead to distinct resistance in ratoon rice [J]. Plant Signaling & Behavior，17（1）：2096790.

Du H T，Li Y，Zhu J，et al.，2022. Host-plant volatiles enhance the attraction of *Cnaphalocrocis medinalis*（Lepidoptera：Crambidae）to sex pheromone [J]. Chemoecology，32（3）：129-138.

Du J F，Liu B Y，Zhao T F，et al.，2022. Silica nanoparticles protect rice against biotic and abiotic stresses [J]. J Nanobiotechnology，20 (1)：197.

Duan S G，Lv C L，Liu J H，et al.，2022. NlugOBP8 in *Nilaparvata lugens* involved in the perception of two terpenoid compounds from rice plant [J]. Journal of Agricultural and Food Chemistry，70：51.

Elsharkawy M M，Sakran R M，Ahmad A A，et al.，2022. Induction of systemic resistance against sheath blight in rice by different *Pseudomonas* isolates [J]. Life，12 (3)：349.

Fan X，Zhang W，2022. Genome-wide identification of FAR gene family and functional analysis of Nl-FAR10 during embryogenesis in the brown planthopper *Nilaparvata lugens* [J]. International Journal of Biological Macromolecules，223：798-811.

Feng Q，Wang H，Yang X M，et al.，2022. Osa-miR160a confers broad-spectrum resistance to fungal and bacterial pathogens in rice [J]. New Phytol，236 (6)：2216-2232.

Feng Z，Wei Q，Ye Z，et al.，2022. Vibrational courtship disruption of *Nilaparvata lugens* using artificial disruptive signals [J]. Front Plant Sci，13：897475.

Fu J M，Shi Y，Wang L H，et al.，2022. Planthopper-secreted salivary calmodulin acts as an effector for defense responses in rice [J]. Front Plant Sci，13：841378.

Fu R，Chen C，Wang J，et al.，2022. Diversity analysis of the rice false smut pathogen *Ustilaginoidea virens* in southwest China [J]. J Fungi，8 (11)：1204.

Gao H，Jiang X，Zheng S，et al.，2022. Role of groucho and groucho1-like in regulating metamorphosis and ovary development in *Nilaparvata lugens* (Stål) [J]. Int J Mol Sci，23 (3)：1197.

Gong C W，Ruan Y W，Zhang Y W，et al.，2022. Resistance of *Sogatella furcifera* to triflumezopyrim mediated with the overexpression of CYPSF01 which was regulated by nuclear receptor USP [J]. Ecotoxicology and Environmental Safety，238：113575.

Gong G，Yuan L Y，Li Y F，et al.，2022. Salivary protein 7 of the brown planthopper functions as an effector for mediating tricin metabolism in rice plants [J]. Sci Rep，12 (1)：3205.

Gong M F，Yang X B，Long G Y，et al.，2022. Juvenile hormone synthesis pathway gene SfIPPI regulates *Sogatella furcifera* reproduction [J]. Insects，13 (2)：174.

Gong Y H，Cheng S Y，Desneux N，et al.，2022. Transgenerational hormesis effects of nitenpyram on fitness and insecticide tolerance/resistance of *Nilaparvata lugens* [J]. Journal of Pest Science，96：161-180.

Gong Z W，Ning N，Li Z Q，et al.，2022. Two *Magnaporthe* appressoria-specific (MAS) proteins，MoMas3 and MoMas5，are required for suppressing host innate immunity and promoting biotrophic growth in rice cells [J]. Mol Plant Pathol，23 (9)：1290-1302.

Guo P L，Guo Z Q，Liu X D，2022. Cuticular protein genes involve heat acclimation of insect larvae under global warming [J]. Insect Mol Biol，31 (4)：519-532.

Gupta A，Nair S，2022. Heritable epigenomic modifications influence stress resilience and rapid adaptations in the brown olanthopper (*Nilaparvata lugens*) [J]. Int J Mol Sci，23 (15)：8728.

Hao Z Y，Tian J F，Fang H，et al.，2022. A VQ-motif-containing protein fine-tunes rice immunity and growth by a hierarchical regulatory mechanism [J]. Cell Rep，40 (7)：111235.

Higashimura N，Hamada A，Ohara T，et al.，2022. The target site of the novel fungicide quinofumelin，*Pyricularia oryzae* class Ⅱ dihydroorotate dehydrogenase [J]. J Pestic Sci，47（4）：190-196.

Hu D B，Xiao S，Wang Y，et al.，2022. Notch is an alternative splicing gene in brown planthopper，*Nilaparvata lugens* [J]. Archives of Insect Biochemistry and Physiology，110（3）：e21894.

Hu J X，Liu M X，Zhang A，et al.，2022. Co-evolved plant and blast fungus ascorbate oxidases orchestrate the redox state of host apoplast to modulate rice immunity [J]. Mol Plant，15（8）：1347-1366.

Huang C，Li L，Wang L，et al.，2022. The amino acid permease MoGap1 regulates TOR activity and autophagy in *Magnaporthe oryzae* [J]. Int J Mol Sci，23（21）：13663.

Huang J，Rowe D，Subedi P，et al.，2022. CRISPR-Cas12a induced DNA double-strand breaks are repaired by multiple pathways with different mutation profiles in *Magnaporthe oryzae* [J]. Nat Commun，13（1）：7168.

Huang R，Meng H，Wan H，et al.，2022. Field Evolution of Insecticide Resistance against *Sogatella furcifera*（Horváth）in Central China，2011-2021 [J]. Agronomy Basel，12（10）：2588.

Huo Y，Song Z，Wang H，et al.，2022. GrpE is involved in mitochondrial function and is an effective target for RNAi-mediated pest and arbovirus control [J]. Insect Molecular Biology，31（3）：377-390.

Khan I，Jan R，Asaf S，et al.，2022. Genome and transcriptome-wide analysis of OsWRKY and OsNAC gene families in *Oryza sativa* and their response to white-backed planthopper infestation [J]. Int J Mol Sci，23（23）：15396.

Khan M A，Al Mamun Khan M A，Mahfuz A，et al.，2022. Highly potent natural fungicides identified in silico against the cereal killer fungus *Magnaporthe oryzae* [J]. Sci Rep，12（1）：20232.

Khetnon P，Busarakam K，Sukhaket W，et al.，2022. Mechanisms of trichomes and terpene compounds in indigenous and commercial thai rice varieties against brown planthopper [J]. Insects，13（5）：427.

Li C，Han G，Sun J，et al.，2022. The gut microbiota composition of Cnaphalocrocis medinalis and their predicted contribution to Larval nutrition [J]. Front Microbiol，13：909863.

Li G B，He J X，Wu J L，et al.，2022. Overproduction of OsRACK1A，an effector-targeted scaffold protein promoting OsRBOHB-mediated ROS production，confers rice floral resistance to false smut disease without yield penalty [J]. Mol Plant，15（11）：1790-1806.

Li J，Chen L，Ding X，et al.，2022. Transcriptome analysis reveals crosstalk between the abscisic acid and jasmonic acid signaling pathways in rice-mediated defense against *Nilaparvata lugens* [J]. Int J Mol Sci，23（11）：6319.

Li L W，Li Y R，Lu K L，et al.，2022. *Bacillus subtilis* KLBMPGC81 suppresses appressorium-mediated plant infection by altering the cell wall integrity signaling pathway and multiple cell biological processes in *Magnaporthe oryzae* [J]. Front Cell Infect Microbiol，12：983757.

Li T，Xu J，Gao H，et al.，2022. The G143A/S substitution of mitochondrially encoded cytochrome b（Cytb）in *Magnaporthe oryzae* confers resistance to quinone outside inhibitors [J]. Pest Manag Sci，78（11）：4850-4858.

Li T P，Zhou C Y，Wang M K，et al.，2022. Endosymbionts reduce microbiome diversity and modify host metabolism and fecundity in the planthopper *Sogatella furcifera* [J]. Msystems，7 (2)：e0151621.

Li Y，Li T T，He X R，et al.，2022a. Blocking Osa-miR1871 enhances rice resistance against *Magnaporthe oryzae* and yield [J]. Plant Biotechnol J，20 (4)：646-659.

Li Y，Liu P，Mei L，et al.，2022b. Knockout of a papain-like cysteine protease gene OCP enhances blast resistance in rice [J]. Front Plant Sci，13：1065253.

Li Z，Mao K，Jin R，et al.，2022. miRNA novel_268 targeting NlABCG3 is involved in nitenpyram and clothianidin resistance in *Nilaparvata lugens* [J]. International Journal of Biological Macromolecules，217：615-623.

Liao Z H，Wang L，Li C Z，et al.，2022. The lipoxygenase gene OsRCI-1 is involved in the biosynthesis of herbivore-induced JAs and regulates plant defense and growth in rice [J]. Plant Cell and Environment，45 (9)：2827-2840.

Lin C，Wu Z，Shi H，et al.，2022. The additional PRC2 subunit and Sin3 histone deacetylase complex are required for the normal distribution of H3K27me3 occupancy and transcriptional silencing in *Magnaporthe oryzae* [J]. New Phytol，236 (2)：576-589.

Liu D，Li Z，Hou M，2022. Silencing the autophagy-related genes ATG3 and ATG9 promotes SRBSDV propagation and transmission in *Sogatella furcifera* [J]. Insects，13 (4)：394.

Liu L J，Chen J L，Sun L，et al.，2022. Screening of brown planthopper resistant miRNAs in rice and their roles in regulation of brown planthopper fecundity [J]. Rice Science，29 (6)：559-568.

Liu X，Yin Z，Wang Y，et al.，2022b. Rice cellulose synthase-like protein OsCSLD4 coordinates the trade-off between plant growth and defense [J]. Front Plant Sci，13：980424.

Liu X Y，Gao Y X，Guo Z Q，et al.，2022a. MoIug4 is a novel secreted effector promoting rice blast by counteracting host OsAHL1-regulated ethylene gene transcription [J]. New Phytol，235 (3)：1163-1178.

Liu Y D，Yi J Y，Jia H K，et al.，2022c. *Sogatella furcifera* saliva mucin-like protein is required for feeding and induces rice defences [J]. Int J Mol Sci，23 (15)：8239.

Long G Y，Yang J P，Jin D C，et al.，2022. Silencing of Decapentaplegic (Dpp) gene inhibited the wing expansion in the white-backed planthopper，*Sogatella furcifera* (Horváth) (Hemiptera：Delphacidae) [J]. Archives of Insect Biochemistry and Physiology，110 (1)：221879.

Lu J B，Wang S N，Ren P P，et al.，2022. RNAi-mediated silencing of an egg-specific gene Nllet1 results in hatch failure in the brown planthopper [J]. Pest Management Science，79 (1)：415-427.

Lu K，Li Y，Xiao T，et al.，2022. The metabolic resistance of *Nilaparvata lugens* to chlorpyrifos is mainly driven by the carboxylesterase CarE17 [J]. Ecotoxicology and Environmental Safety，241：113738.

Lu Y，Bai Q，Li Q，et al.，2022c. Two P450 genes，CYP6SN3 and CYP306A1，involved in the growth and development of *Chilo suppressalis* and the lethal effect caused by vetiver grass [J]. International Journal of Biological Macromolecules，223：860-869.

Luo Y，Qiu L，Liu Y，et al.，2022. Functional analysis of two sugar transporters of the brown planthopper (*Nilaparvata lugens*) and their effects on regulating trehalose metabolism [J]. Journal of Environmental Entomology, 44 (4): 935-945.

Lv W Y, Xiao Y, Xu Z, et al., 2022. The paxillin MoPax1 activates Mitogen-Activated Protein (MAP) Kinase signaling pathways and autophagy through MAP Kinase activator MoMka1 during appressorium-mediated plant infection by the rice blast fungus *Magnaporthe oryzae* [J]. mBio, 13 (6): e0221822.

Lyu J, Qin S U, Liu J, et al., 2022. Functional characterization of piggyBac-like elements from *Nilaparvata lugens* (Stål) (Hemiptera: Delphacidae) [J]. Journal of Zhejiang University-Science B, 23 (6): 515-527.

Ma F, Li Z, Wang S, et al., 2022. The F-box protein OsEBF2 confers the resistance to the brown planthopper (*Nilparvata lugens* Stål) [J]. Plant science: An international journal of experimental plant biology, 327: 111547-111547.

Ma J, Morel J B, Riemann M, et al., 2022. Jasmonic acid contributes to rice resistance against *Magnaporthe oryzae* [J]. BMC Plant Biol, 22 (1): 601.

Ma L, Yu Y, Li C, et al., 2022. Genome-wide association study identifies a rice panicle blast resistance gene *Pb3* encoding NLR protein [J]. Int J Mol Sci, 23 (22): 14032.

Meng F, Zhao Q, Zhao X, et al., 2022. A rice protein modulates endoplasmic reticulum homeostasis and coordinates with a transcription factor to initiate blast disease resistance [J]. Cell Rep, 39 (11): 110941.

Meng H, Huang R, Wan H., et al., 2022. Insecticide resistance monitoring in field populations of *Chilo suppressalis* Walker (Lepidoptera: Crambidae) from central China [J]. Frontiers in Physiology, 13: 1029319.

Meng S, Shi H, Lin C, et al., 2022. UvKmt2-mediated H3K4 trimethylation is required for pathogenicity and stress response in *Ustilaginoidea virens* [J]. J Fungi, 8 (6): 553.

Molinari C, Talbot N J, 2022. A basic guide to the growth and manipulation of the blast fungus, *Magnaporthe oryzae* [J]. Curr Protoc, 2 (8): e523..

Ninkuu V, Yan J, Zhang L, et al., 2022. Hrip1 mediates rice cell wall fortification and phytoalexins elicitation to confer immunity against *Magnaporthe oryzae* [J]. Front Plant Sci, 13: 980821.

Niu Y Q, Huang X G, He Z X, et al., 2022. Phosphorylation of OsTGA5 by casein kinase II compromises its suppression of defense-related gene transcription in rice [J]. Plant Cell, 34 (9): 3425-3442.

Patel A, Sahu K P, Mehta S, et al., 2022. Rice leaf endophytic *Microbacterium testaceum*: Antifungal actinobacterium confers immunocompetence against rice blast disease [J]. Front Microbiol, 13: 1035602.

Qian B, Su X T, Ye Z Y, et al., 2022. MoErv29 promotes apoplastic effector secretion contributing to virulence of the rice blast fungus *Magnaporthe oryzae* [J]. New Phytol, 233 (3): 1289-1302.

Qiu J H, Liu Z Q, Xie J H, et al., 2022a. Dual impact of ambient humidity on the virulence of *Magnaporthe oryzae* and basal resistance in rice [J]. Plant Cell Environ, 45 (12): 3399-3411.

Qiu J H, Xie J H, Chen Y, et al., 2022b. Warm temperature compromises JA-regulated basal resistance to enhance *Magnaporthe oryzae* infection in rice [J]. Mol Plant，15（4）：723-739.

Qiu S，Fang A，Zheng X，et al.，2022. *Ustilaginoidea virens* nuclear effector SCRE4 suppresses rice immunity via inhibiting expression of a positive immune regulator OsARF17 [J]. Int J Mol Sci，23（18）：10527.

Ren Z Y，Tang B Z，Xing J J，et al.，2022. MTA1-mediated RNA m（6）A modification regulates autophagy and is required for infection of the rice blast fungus [J]. New Phytol，235（1）：247-262.

Shah A Z，Ma C，Zhang Y，et al.，2022. Decoyinine induced resistance in rice against small brown planthopper *Laodelphax striatellus* [J]. Insects，13（1）：104.

Shakeel M，Du J，Li S W，et al.，2022. Glucosamine-6-phosphate N-acetyltransferase gene silencing by parental RNA interference in rice leaf folder，*Cnaphalocrocis medinalis*（Lepidoptera：Pyralidae）[J]. Sci Rep，12（1）：2141.

Shen W Z，Zhang X，Liu J E，et al.，2022. Plant elicitor peptide signalling confers rice resistance to piercing-sucking insect herbivores and pathogens [J]. Plant Biotechnol J，20（5）：991-1005.

Shen Z F，Li L，Wang J Y，et al.，2022. A subunit of the COP9 signalosome，MoCsn6，is involved in fungal development，pathogenicity，and autophagy in rice blast fungus [J]. Microbiol Spectr，10（6）：e0202022.

Sheng C，Li X，Xia S G，et al.，2023. An OsPRMT5-OsAGO2/miR1875-OsHXK1 module regulates rice immunity to blast disease [J]. J Integr Plant Biol，65（4）：1077-1095.

Shi W，Yang J，Chen D，et al.，2022. The rice blast fungus SR protein 1 regulates alternative splicing with unique mechanisms [J]. PLoS Pathog，18（12）：e1011036.

Shi X X，Zhang H，Quais M K，et al.，2022. Knockdown of sphingomyelinase（NlSMase）causes ovarian malformation of brown planthopper，*Nilaparvata lugens*（Ståll）[J]. Insect Mol Biol，31（4）：391-402.

Shimizu M，Hirabuchi A，Sugihara Y，et al.，2022. A genetically linked pair of NLR immune receptors shows contrasting patterns of evolution [J]. Proc Natl Acad Sci USA，119（27）：e2116896119.

Song J H，Zhang S J，Wang Y，et al.，2022. Baseline sensitivity and control efficacy of two quinone outside inhibitor fungicides，azoxystrobin and pyraclostrobin，against *Ustilaginoidea virens* [J]. Plant Dis，106（11）：2967-2973.

Song J，Han C，Zhang S，et al.，2022a. Hormetic effects of carbendazim on mycelial growth and aggressiveness of *Magnaporthe oryzae* [J]. J Fungi（Basel），8（10）：1008.

Song J，Wang Z，Wang Y，et al.，2022b. Prevalence of carbendazin resistance in field populations of the rice false smut pathogen *Ustilaginoidea virens* from Jiangsu，China，molecular mechanisms，and fitness stability [J]. J Fungi，8（12）：1311.

Song J，Wang Z，Zhang S，et al.，2022c. The toxicity of salicylhydroxamic acid and its effect on the sensitivity of *Ustilaginoidea virens* to azoxystrobin and pyraclostrobin [J]. J Fungi，8（11）：1231.

Song X Y，Peng Y X，Wang L X，et al.，2022. Monitoring，cross-resistance，inheritance，and fitness costs of brown planthoppers，*Nilaparvata lugens*，resistance to pymetrozine in China [J]. Pest Manag Sci，78（10）：3980-3987.

Sun G J，Liu S H，Luo H L，et al.，2022. Intelligent monitoring system of migratory pests based on searchlight trap and machine vision [J]. Front Plant Sci, 13: 897739.

Sun H H, Nomura Y, Du Y Z, et al., 2022. Characterization of two kdr mutations at predicted pyrethroid receptor site 2 in the sodium channels of *Aedes aegypti* and *Nilaparvata lugens* [J]. Insect Biochemistry and Molecular Biology, 148.

Sun L X, Qian H, Liu M Y, et al., 2022. Endosomal sorting complexes required for transport-0 (ESCRT-0) are essential for fungal development, pathogenicity, autophagy and ER-phagy in *Magnaporthe oryzae* [J]. Environ Microbiol, 24 (3): 1076-1092.

Sun Y J, Gong Y W, He Q Z, et al., 2022. FAR knockout significantly inhibits *Chilo suppressalis* survival and transgene expression of double-stranded FAR in rice exhibits strong pest resistance [J]. Plant Biotechnol J, 20 (12): 2272-2283.

Takeda T, Takahashi M, Shimizu M, et al., 2022. Rice apoplastic CBM1-interacting protein counters blast pathogen invasion by binding conserved carbohydrate binding module 1 motif of fungal proteins [J]. PLoS Pathog, 18 (9): e1010792.

Tan H Q, Palyam S, Gouda J, et al., 2022. Identification of two QTLs, *BPH41* and *BPH42*, and their respective gene candidates for brown planthopper resistance in rice [J]. Sci Rep, 12 (1): 18538.

Thierry M, Charriat F, Milazzo J, et al., 2022. Maintenance of divergent lineages of the Rice Blast Fungus *Pyricularia oryzae* through niche separation, loss of sex and post-mating genetic incompatibilities [J]. PLoS Pathog, 18 (7): e1010687.

Tian D, Deng Y, Yang X, et al., 2022. Association analysis of rice resistance genes and blast fungal avirulence genes for effective breeding resistance cultivars [J]. Front Microbiol, 13: 1007492.

Tong L, Chen X, Wang W, et al., 2022. Alternative splicing landscape of small brown planthopper and different response of JNK2 isoforms to rice stripe virus infection [J]. Journal of Virology, 96 (2): e01715-21.

Vishakha K, Das S, Ganguli A, 2022. Photodynamic antibacterial and antibiofilm activity of riboflavin against *Xanthomonas oryzae* pv *oryzae*: An ecofriendly strategy to combat bacterial leaf blight (BLB) rice disease [J]. Arch Microbiol, 204 (9): 566.

Wang B, Li H, Chen T Y, et al., 2022a. Two new sesquiterpene derivatives, dendocarbin B and bisaborosaol C with antifungal activity from the endophytic fungus *Nigrospora chinensis* GGY-3 [J]. Nat Prod Res: 1-9.

Wang B, Ma Y, Tang B, et al., 2022b. Optimization of mass rearing of *Anagrus nilaparvatae* Pang et Wang on natural hosts [J]. Journal of Environmental Entomology, 44 (3): 713-721.

Wang H, Zhang C, Chen G, et al., 2022. Downregulation of the CsABCC2 gene is associated with Cry1C resistance in the striped stem borer *Chilo suppressalis* [J]. Pestic Biochem Physiol, 184: 105119.

Wang J, Huang Z, Huang P, et al., 2022. The plant homeodomain protein Clp1 regulates fungal development, virulence, and autophagy homeostasis in *Magnaporthe oryzae* [J]. Microbiol Spectr, 10 (5): e0102122.

Wang M, Dean R A, 2022. Host induced gene silencing of *Magnaporthe oryzae* by targeting pathogenicity and development genes to control rice blast disease [J]. Front Plant Sci, 13: 959641.

Wang R, Xu X, Wang G L, et al., 2022. Ubiquitination of susceptibility proteins modulates rice broad-spectrum resistance [J]. Trends Plant Sci, 27 (4): 322-324.

Wang R Y, You X M, Zhang C Y, et al., 2022. An ORFeome of rice E3 ubiquitin ligases for global analysis of the ubiquitination interactome [J]. Genome Biol, 23 (1): 154.

Wang W X, Zhu T H, Wan P J, et al., 2022. SPARC plays an important role in the oviposition and nymphal development in *Nilaparvata lugens* Stål [J]. Bmc Genomics, 23 (1): 682.

Wang Y, Yang L, Yang Q, et al., 2022. Gap-free nuclear and mitochondrial genomes of *Ustilaginoidea virens* JS60-2, a fungal pathogen causing rice false smut [J]. Mol Plant Microbe Interact, 35 (12): 1120-1123.

Wang Z C, Peng L Y, Cheng X, et al., 2022. A CYP380C10 gene is required for waterproofing and water retention in the insect integument [J]. Journal of Insect Physiology, 138.

Wang Z, Long G Y, Jin D C, et al., 2022a. Knockdown of two trehalase genes by RNA interference is lethal to the white-backed planthopper *Sogatella furcifera* (Horváth) (Hemiptera: Delphacidae) [J]. Biomolecules, 12 (11): 1699.

Wang Z, Long G Y, Zhou C, et al., 2022b. Molecular characterization of UDP-N-acetylglucosamine pyrophosphorylase and its role in the growth and development of the white-backed planthopper *Sogatella furcifera* (Hemiptera: Delphacidae) [J]. Genes, 13 (8): 1340.

Waris M I, Younas A, Ullah R M K, et al., 2022. Molecular and in vitro biochemical assessment of chemosensory protein 10 from brown planthopper *Nilaparvata lugens* at acidic pH [J]. Journal of Integrative Agriculture, 21 (3): 781-796.

Wei Q, Zhu X H, Wan P J, et al., 2022. Knockdown of the chromatin remodeling ATPase gene Brahma impairs the reproductive potential of the brown planthopper, *Nilaparvata lugens* [J]. Pestic Biochem Physiol, 184: 105106.

Wen S F, Liu C, Wang X T, et al., 2022. Resistance selection of triflumezopyrim in *Laodelphax striatellus* (Fallén): Resistance risk, cross-resistance and metabolic mechanism [J]. Frontiers in Physiology, 13: 1048208.

Wu D, Guo J P, Zhang Q, et al., 2022. Necessity of rice resistance to planthoppers for OsEXO70H3 regulating SAMSL excretion and lignin deposition in cell walls [J]. New Phytologist, 234 (3): 1031-1046.

Wu M H, Yu Q, Tao T Y, et al., 2022. Genome-wide analysis of AGC kinases reveals that MoFpk1 is required for development, lipid metabolism, and autophagy in hyperosmotic stress of the rice blast fungus *Magnaporthe oryzae* [J]. mBio, 13 (6): e0227922.

Wu S, Tang Y, Su S, et al., 2022. RNA interference knockdown of insulin receptor inhibits ovarian development in *Chilo suppressalis* [J]. Molecular Biology Reports, 49 (12): 11765-11773.

Xi C, Ahmad S, Yu J, et al., 2022. Seed Coating with Triflumezopyrim Induces the Rice Plant's Defense and Inhibits the Brown Planthopper's Feeding Behavior [J]. Agronomy, 12 (5): 1202.

Xi Y, Chalvon V, Padilla A, et al., 2022. The activity of the RGA5 sensor NLR from rice requires binding of its integrated HMA domain to effectors but not HMA domain self-interaction [J]. Mol

Plant Pathol，23（9）：1320-1330.

Xia F，Luo D，He M，et al.，2022. The development，reproduction and P450 enzyme of the white-backed planthopper，*Sogatella furcifera*（Hemiptera：Delphacidae）under the sublethal concentrations of clothianidin［J］. Ecotoxicology and Environmental Safety，246：114188.

Xiao Y C，Ren J S，Wang Y J，et al.，2022. De novo profiling of insect-resistant proteins of rice via nanopore peptide differentiation［J］. Biosensors & Bioelectronics，212：114415.

Xie Y J，Wang Y P，Yu X Z，et al.，2022. SH3P2，an SH3 domain-containing protein that interacts with both Pib and AvrPib，suppresses effector-triggered，Pib-mediated immunity in rice［J］. Mol Plant，15（12）：1931-1946.

Xu Y，Miao Y X，Cai B T，et al.，2022. A histone deacetylase inhibitor enhances rice immunity by de-repressing the expression of defense-related genes［J］. Front Plant Sci，13：1041095.

Xue L，Yang C，Wang J H，et al.，2022. Biocontrol potential of *Burkholderia* sp. BV6 against the rice blast fungus *Magnaporthe oryzae*［J］. J Appl Microbiol，133（2）：883-897.

Yang H，Zhang X，Li H，et al.，2022. Heat shock 70 kDa protein cognate 3 of brown planthopper is required for survival and suppresses immune response in plants［J］. Insects，13（3）：299.

Yang J Y，Zhang N，Wang J Y，et al.，2022. SnRK1A-mediated phosphorylation of a cytosolic AT-Pase positively regulates rice innate immunity and is inhibited by *Ustilaginoidea virens* effector SCRE1［J］. New Phytol，236（4）：1422-1440.

Yang L，Yao X M，Liu B S，et al.，2022. Caterpillar-induced rice volatile（E）-beta-farnesene impairs the development and survival of *Chilo suppressalis* Larvae by disrupting insect hormone balance［J］. Frontiers in Physiology，13：904482.

Yang S J，Bao Y X，Zheng X F，et al.，2022. Effect of the Asian monsoon on the northward migration of the brown planthopper to northern South China［J］. Ecosphere，13（10）：e4217.

Yang Y J，Liu X G，Guo J W，et al.，2022. Gut bacterial communities and their assembly processing in *Cnaphalocrocis medinalis* from different geographic sources［J］. Front Microbiol，13：1035644-1035644.

Yang Y，Wang A，Zhang Y，et al.，2022. Activating pathway of three metabolic detoxification phases via down-regulated endogenous microRNAs，modulates triflumezopyrim tolerance in the small brown planthopper，*Laodelphax striatellus*（Fallén）［J］. International Journal of Biological Macromolecules，222：2439-2451.

Zeng B，Chen F R，Sun H，et al.，2022. Molecular and functional analysis of chitin synthase genes in *Chilo suppressalis*（Lepidoptera：Crambidae）［J］. Insect Science，doi：10. 1111/1744-7917.

Zeng Q H，Long G Y，Yang X B，et al.，2022. SfDicer2 RNA interference inhibits molting and wing expansion in *Sogatella furcifera*［J］. Insects，13（8）：677.

Zeng Q H，Yu C，Chang X L，et al.，2022c. CeO$_2$ nanohybrid as a synergist for insecticide resistance management［J］. Chemical Engineering Journal，446.

Zha W，Li S，Xu H，et al.，2022. Genome-wide identification of long non-coding（lncRNA）in *Nilaparvata lugens*'s adaptability to resistant rice［J］. PeerJ，10：e13587-e13587.

Zhai K R，Liang D，Li H L，et al.，2022. NLRs guard metabolism to coordinate pattern- and effector-triggered immunity [J]. Nature, 601 (7892): 245-251.

Zhang F, Fang H, Wang M. , et al. , 2022. APIP5 functions as a transcription factor and an RNA-binding protein to modulate cell death and immunity in rice [J]. Nucleic Acids Res, 50 (9): 5064-5079.

Zhang H H, Yang B J, Wu Y, et al. , 2022. Characterization of neutral lipases revealed the tissue-specific triacylglycerol hydrolytic activity in *Nilaparvata lugens* [J]. Insect Sci, doi: 10.1111/1744-7917.

Zhang J J, Mao K K, Ren Z J, et al. , 2022. Odorant binding protein 3 is associated with nitenpyram and sulfoxaflor resistance in *Nilaparvata lugens* [J]. International Journal of Biological Macromolecules, 209: 1352-1358.

Zhang J L, Chen S J, Liu X Y, et al. , 2022. The transcription factor Zfh1 acts as a wing-morph switch in planthoppers [J]. Nat Commun, 13 (1): 5670.

Zhang L L, Huang Y Y, Zheng Y P, et al. , 2022. Osa-miR535 targets SQUAMOSA promoter binding protein-like 4 to regulate blast disease resistance in rice [J]. Plant J, 110 (1): 166-178.

Zhang L H, Shan C L, Zhang Y F, et al. , 2022. Transcriptome analysis of protein kinase MoCK2, which affects acetyl-CoA metabolism and import of CK2-interacting mitochondrial proteins into mitochondria in the rice blast fungus *Magnaporthe oryzae* [J]. Microbiol Spectr, 10 (6): e0304222.

Zhang S R, Gu F C, Du Y, et al. , 2022. Risk assessment and resistance inheritance of triflumezopyrim resistance in *Laodelphax striatellus* [J]. Pest Manag Sci, 78 (7): 2851-2859.

Zhang X, Xu D, Hou X, et al. , 2022. UvSorA and UvSorB involved in sorbicillinoid biosynthesis contribute to fungal development, stress response and phytotoxicity in *Ustilaginoidea virens* [J]. Int J Mol Sci, 23 (19): 11056.

Zhang Y, Yang B, Yu N, et al. , 2022a. Insecticide resistance associated overexpression of two sigma GST genes assists *Nilaparvata lugens* to remedy oxidative stress from feeding on resistant rice variety [J]. Pestic Biochem Physiol, 188: 105230.

Zhang Y, Zhang Y J, Guo D, et al. , 2022b. Function of transient receptor potential-like channel in insect egg laying [J]. Frontiers in Molecular Neuroscience, 15: 823563.

Zhang Y, Zheng S, Li Y, et al. , 2022c. The function of *Nilaparvata lugens* (Hemiptera: Delphacidae) E74 and its interaction with beta Ftz-F1 [J]. Journal of Insect Science, 22 (3): 15.

Zhao H, Li Z X, Wang Y Y, et al. , 2022. Cellulose synthase-like protein OsCSLD4 plays an important role in the response of rice to salt stress by mediating abscisic acid biosynthesis to regulate osmotic stress tolerance [J]. Plant Biotechnol J, 20 (3): 468-484.

Zhao J, Sun P, Sun Q, et al. , 2022b. The MoPah1 phosphatidate phosphatase is involved in lipid metabolism, development, and pathogenesis in *Magnaporthe oryzae* [J]. Mol Plant Pathol, 23 (5): 720-732.

Zhao Y, Shi Y Y, Jiang G H, et al. , 2022c. Rice extra-large G proteins play pivotal roles in controlling disease resistance and yield-related traits [J]. New Phytol, 234 (2): 607-617.

Zheng X H, Fang A F, Qiu S S, et al. , 2022. *Ustilaginoidea virens* secretes a family of phosphatases that stabilize the negative immune regulator OsMPK6 and suppress plant immunity [J]. Plant Cell,

34 (8): 3088-3109.

Zheng Y M, Zhu Y S, Mao X H, et al., 2022b. SDR7-6, a short-chain alcohol dehydrogenase/reductase family protein, regulates light-dependent cell death and defence responses in rice [J]. Mol Plant Pathol, 23 (1): 78-91.

Zhou M, Shen Q D, Wang S S, et al., 2022. Regulatory function of the trehalose-6-phosphate synthase gene TPS3 on chitin metabolism in brown planthopper, *Nilaparvata lugens* [J]. Insect Molecular Biology, 31 (2): 241-250.

Zhou A A, Li R Y, Mo F X, et al., 2022. Natural product citronellal can significantly disturb chitin synthesis and cell wall integrity in *Magnaporthe oryzae* [J]. J Fungi, 8 (12): 1310.

Zhou Y B, Xu S C, Jiang N, et al., 2022. Engineering of rice varieties with enhanced resistances to both blast and bacterial blight diseases via CRISPR/Cas9 [J]. Plant Biotechnol J, 20 (5): 876-885.

第五章　水稻基因组编辑技术研究动态

CRISPR/Cas 作为一种新兴的基因组编辑技术，以其简单、高效和通用性等特点被广泛应用于多个物种的研究和品种改良。2022 年，水稻基因组编辑领域研究拓宽了基因编辑工具应用范围，在大片段删除、插入和替换上取得了很大进步，系统优化了引导编辑系统。同时，基于基因组编辑技术，提高水稻产量，改善稻米品质，创造抗胁迫、抗穗发芽，创制生物固氮的水稻材料以及高通量基因编辑技术助力水稻功能基因组学研究等均取得较大进展。

第一节　基因组编辑技术在水稻中的研究进展

一、拓宽基因编辑工具应用范围

CRISPR/Cas 系统因其简便高效的特点，被广泛应用于基础生命科学研究、遗传疾病治疗及作物育种领域。但 CRISPR/Cas9 在基因编辑应用中存在一个重要限制，即需要识别与目标 DNA 特定的 PAMs 序列相匹配。CRISPR/Cas 系统在基因组上的精准编辑范围常受限于 PAMs 序列。因此，开发识别不同 PAM 的 CRISPR 工具箱对于基因编辑应用至关重要。研究人员通过开发各种新的 Cas 蛋白突变体和不同物种 Cas 蛋白来增加新的基因编辑工具，以扩大基因组编辑范围。

（一）通过 Cas9 核酸酶和 PAM 拓宽基因编辑的范围

SaCas9 识别的 PAM 是 NNGRRT，受到 4 个碱基的限制，在基因组中分布较少。有研究人员将 SaCas9 识别的 PAM 改造成了 NNNRRT，但是依然受到 3 个碱基的限制。复旦大学王永明教授团队鉴定出 12 个具有编辑活性的 SaCas9 直系同源物，它们识别五种类型的 PAM 序列：NNGRRT、NNGRRR、NNGRC、NNGA 和 NNGR（R＝A 或 G），其中 SchCas9 识别 NNGG PAM，只受到 2 个碱基的限制，是目前编辑范围最大的小型 CRISPR 工具，平均每 4 个碱基就有一个编辑位点，与之前的小型 Cas9 相比，编辑范围扩大了一倍（Wang S et al.，2022b）。基于以上研究，该团队进一步比对了 SaCas9 直系同源物的 PAM 互作区域，发现识别 NNGG PAM 的 Cas9 存在 3 个保守的氨基酸，如果将其中两个氨基酸替换到 SaCas9 上面，就能使 SaCas9 识别 NNGG PAM，该研究发现 Cas9 识别简单 PAM 的规律，扩宽了基因编辑范围。为进一步扩大基因编辑范围，该团队借助基因编辑和 GFP 表达偶联技术，筛选利用天然 Cas9 核酸酶进行基因组编辑，开发出Ⅱ类 C 型 Nsp2Cas9 及其嵌合体核酸酶，识别 N4C PAM，大幅扩展了基因组靶向编辑范围（Wang W S et al.，2022）。

华南农业大学刘耀光院士团队根据水稻密码子偏好性重新优化了 TadA8e、DBD 的核苷酸序列，并将其分别与广靶向的 SpCas9n 变体（SpCas9n-NG、SpGn 和 SpRYn）融合，构建了三个高效的植物腺嘌呤单碱基编辑器 PhieABEs（hyABE8e-NG、hyABE8e-SpG 和 hyABE8e-SpRY）（Tan et al.，2022）。PhieABEs 系统（特别是 hyABE8e-SpRY）在水稻中经测试发现具有高效、几乎无 PAM 限制的靶点识别能力、编辑窗口广、无靶序列偏好性、自靶向和脱靶效率低等优点，为植物功能基因组研究和作物遗传改良提供了实用工具。ZFNs 和 TALENs 是 CRISPR-Cas 系统之前流行的 SSNs。ZFN 和 TALEN 都是二聚体，每个单体由 DNA 结合结构域和 FokI 核酸酶结构域组成。受 ZFN 和 TALEN 配置的启发，Cheng 等（2022）在水稻细胞中开发和测试了 PAM-less 的 SpRY Cas9 变体和 PAM-relaxed 的 Mb2Cas12a 系统，利用二聚体 FokI 策略开发 FokI-dMb2Cas12a 系统和一个单链的 FokI-FokI-dMbCas12a 系统，该研究扩大二聚体 FokI-dCas 系统的靶向范围，扩展了基于 FokI 的 CRISPR-Cas 系统基因组编辑工具。

（二）拓展碱基编辑器编辑范围

CRISPR 技术衍生的单碱基编辑技术（base editor，BE）能够高效实现基因组中靶序列编辑活性窗口内单碱基的转换，目前广泛使用的腺嘌呤碱基编辑器（ABE）和胞嘧啶碱基编辑器（CBE）。由于在人类单点突变导致的遗传疾病中，约 1/4 的致病突变需要通过腺嘌呤碱基的颠换来进行修复，因此 ABE 的开发具有重要应用潜力。ABE 可实现 A-G（或 T-C）的转换，原则上可解决 47% 的基因致病突变导致的人类疾病。然而在哺乳动物中并无作用于单链 DNA 的腺嘌呤脱氨酶，为克服这一障碍，Caso 和 Davies 等（2022）通过定向进化的方法对大肠杆菌的 tRNA 腺苷脱氨酶（TadA）进行筛选，获得了一个编辑效率较高的突变体——TadA*；进化的 TadA 结构域与 Cas9 蛋白融合以创建腺嘌呤碱基编辑器。华东师范大学李大力团队和刘明耀团队对 TadA 最新变种 TadA-8e 进行改造开发了依赖于 TadA 的新型 CBE 编辑器，该编辑器在具有较小分子量的同时，可明显提高 C 到 G 的编辑特异性，但仍保留与 BE4max 相似的编辑效率，极大拓展了 TadA 的编辑范围（Chen L et al.，2022）。

中山大学李剑峰课题组报道了由多种包含人源胞嘧啶脱氨酶变体 AID10 的 CBE 和 CBE-ABE 双碱基编辑器所组成的植物碱基编辑工具箱，研究人员首先将 AID10 胞嘧啶脱氨酶置于常规 nCas9（nSpCas9，PAM 为 NGG）的 N 端、C 端或两端，获得 3 种编辑活性窗口位置和窗口宽度不同的 CBE（Xiong et al.，2022）。通过用 nSpCas9-NG（PAM 为 NG）、nSaCas9（PAM 为 NNGRRT）或 nSaCas9-KKH（PAM 为 NNNRRT）替代 AID10-nSpCas9-UGI 中的 nSpCas9，增加了宽活性窗口 CBE 的靶序列选择范围，进一步满足对基因组中不同靶序列的编辑需求。同时还引入 ABE8e 腺嘌呤脱氨酶，开发了 ABE8e-nCas9-AID10-UGI 和 AID10-ABE8e-nCas9-UGI 等多种 CBE-

ABE 双碱基编辑器，拓展了碱基编辑工具在植物基因功能研究中的用途。上海交通大学陆钰明课题组与南方科技大学前沿生物技术研究院朱健康院士团队合作开发出一种新型 CGBE 碱基编辑器可以在水稻中高效实现 C 到 G 编辑，该研究通过对载体元件进行优化，得到了可以在水稻中实现高效 C 到 G 编辑的 OsCGBE03 碱基编辑器，随后用 CGBE 系统对水稻 4 个内源基因进行了精准编辑，Hi-Tom 检测发现在 222 株水稻中以高频率实现了 C-G/T 编辑（30.2%），在 C6 位置 C-G 的比例从 3.6% 大幅增加到 45.9%（Tian et al.，2022）。华南农业大学刘耀光院士团队（2022）构建了新的植物 C-to-G 碱基编辑器（CGBE）和 A-to-Y 碱基编辑器（T/C），利用 CGBEs 在 T₀ 水稻中实现了 C-to-G 转化，单等位基因编辑效率高达 27.3%，主要副产物是插入/缺失突变。并探索了 A-to-Y 碱基编辑器在水稻中的可能性，为改进和丰富植物中的基础编辑工具提供了重要参考。

拓宽基因编辑工具应用范围是当前研究热点之一，新型的基因编辑工具和改进的基因编辑技术已经逐渐被开发出来，以实现更精确、更安全和更高效的基因编辑。随着技术发展和应用场景的不断拓展，基因编辑技术将在生物医学和农业等领域中发挥越来越重要的作用。

二、大片段删除、插入和替换

农作物品种改良本质是优异等位基因的聚合，但由于基因连锁效应，在育种实践中导入优异等位基因往往需要经过多年多代连续杂交和回交转育。一般而言，农作物品种间的差异只是等位基因间少数几个碱基或一个片段的差异，用现有编辑工具只能实现定点碱基替换或小片段插入，对于一些等位基因间片段差异较大的基因，则需要对大片段进行定点删除、替换或插入，最近国内外许多研究团队都致力于实现精准的大片段删除、插入和替换。

（一）dCas9-SSAP

美国斯坦福大学丛乐课题组以 CRISPR 技术面临的双链断裂以及长序列修复难题为出发点，开发了一种新型的基因编辑工具 dCas9-SSAP，该工具将一种微生物 DNA 精确重组酶单链退火蛋白（SSAP）与不切割 DNA 的 dCas9 系统结合。这一工具在人类细胞中在不引入任何 DNA 断裂的情况下，实现长序列的精准编辑，成功进行了上千个碱基的无脱靶基因插入，并展现了在干细胞中的应用（Wang C K et al.，2022）。

（二）靶向长重复序列

CRISPR/Cas9 介导的敲入（CRISPR/Cas9-mediated knock-in，KI）在基因治疗、基因功能研究和转基因育种中有着广泛应用。基因治疗需要精确的 KI 来纠正基因突变，转基因育种计划则与基因治疗不同，整合只要不中断正常的基因功能和导致任何负面的多效性效应即可。为了降低育种成本和缩短育种周期，特别是在将多个外源基因转移到单个个体中时，需要高的 KI 效率。Xing 等（2022）开发了一种新的策略，他们以鱼为载体，通过靶向长重复序列（long repeated sequences，LRSs）使转基因整合到基因组的许多位点，首次成功产生了携带马谡鲑鱼 *elovl2* 基因和拉比鱼 *δ4 fad* 和 *δ6 fad* 基因的转基因鱼，并在初始世代中分别在 LRS1 和 LRS3 的多个位点获得了 *elovl2* 和 *δ6 fad* 基因的稳定靶 KI。研究中 LRS1、LRS2 和 LRS3 位点的目标 KI 效率较低，未来可通过选择更好的 LRS 和优化 sgRNAs 进行优化与完善。

（三）UKiS

Yasunori Aizawa 研究团队建立了一个通用敲入系统（Universal Knock-in System or UKiS）的基因替代平台，成功使假二倍体细胞系 HCT116 的 *TP53* 基因的最长内含子完全缺失，并使用小鼠和斑马鱼同染色体的内含子进行替代（Ohno et al.，2022）。另外在小鼠和斑马鱼实现了有效且准确的反转录元件 Alu 的特异性去除。还在人类诱导多能干细胞中使用 UKiS 进行 TP53 内含子缺失，而不丧失其干细胞性。此外，UKiS 使所有内含子从 3 个大约 100 kb 或更长的人类基因座上双等位基因移除，以证明转录活性对内含子的要求在基因之间有所不同。UKiS 是设计基因组非编码区的良好平台。

（四）长链单链寡核苷酸供体

在经典的 CRISPR/Cas9 基因编辑技术中，需要使用高浓度的双链 DNA（dsDNA）和 Cas9 靶序列来增强 CRISPR 介导的插入效率，但这可能对原代细胞产生较强的毒性。与之相对，单链 DNA（ssDNA）对细胞的毒性较小，即使在相对较高的浓度下也是如此。

加拿大 Matthew Eroglu 研究团队基于 CRISPR/Cas9 技术，以长链单链寡核苷酸供体（long single-stranded oligonucleotide donors）作为修复模板，在秀丽新杆线虫基因组中高效产生缺失、替换和 150 bp 以内插入。单链寡核苷酸供体相比于双链 DNA 供体，效率得到明显提升（Eroglu et al.，2022）。

（五）双 PE 策略

PE 是一种高度精确的基因组编辑技术，可以准确地介导小 DNA 插入、缺失和所有 12 个碱基之间的转换，但它仍然面临插入大片段的挑战。为了克服这个问题，Anzalone 和 Gao（2022）在哺乳动物细胞中开发了一种新的双 PE 策略。twinPE 策略的原理是使用 nCas9-MMLV 融合蛋白和一对 pegRNAs，在内源位点对大片段序列进行可编程替换或切除。

目前，已经在哺乳动物细胞中开发了基于 twinPE 策略优化的多个系统，包括 PRIME-Del、Bi-PE、GRAND 和 PEDAR，实现了 1 万个碱基的精确缺失和 250 个碱基对的精确插入（Choi et al.，2022；Jiang T et al.，2022；Tao et al.，2022；Wang J H et al.，2022）。GRAND虽然目前通过twinPE策略获得的片段插入长度受限于不同系统的优化，但是更长的靶片段可以被准确插入。

三、引导编辑的优化

从CRISPR/Cas系统发展而来的引导编辑系统打开了更为精准的基因编辑之门。引导编辑能实现所有12种类型碱基转换以及所需的片段插入或缺失，无需双链断裂和供体DNA模板。在短时间内，引导编辑已经快速在各种植物中验证了功能，并用于植物基因组功能分析以及精准育种。

Li J等（2022）发现植物PEmax（PPEmax）系统比原来的PPE2在水稻4个位点上平均提高了2.8倍的编辑效率。Jiang Y Y等（2022）测试了PPE在水稻原生质体中20个位点的编辑效率，发现PPEmax系统与原来的PPE2/3系统相比，编辑效率更高。在植物中，Zong等（2022）采用了ePPE策略，通过从工程MMLV中去除核糖核酸酶H结构域（Rnase H），并在nCas9和工程MMLV之间插入一个病毒核壳蛋白（NC）来进一步提高MMLV的活性。pegRNA的结构设计导致pegRNA的3′延伸部分可能暴露在细胞中，更容易被外核酸酶降解（Nelson et al.，2022）。为了解决这个问题，Nelson等（2022）在pegRNA的3′末端分别加入了两个结构化的RNA基序，一个是evopreQ1（天然存在的最小型RNA基序之一），另一个是mpknot（MMLV逆转录酶的内源性模板，或有助于富集MMLV-nCas9融合蛋白），以防止其降解。与哺乳动物细胞中的原始pegRNA相比，工程化的pegRNA提高了3～4倍的PE效率。目前，evo-preQ1已被广泛用于植物中，以保持pegRNA结构的稳定性。在水稻和玉米中，evo-preQ1显著提高了PE效率（Li J et al.，2022；Zong et al.，2022；Zou et al.，2022）。为进一步提高PE效率，一个基于潮霉素Y46*和OsALSS627I抗性的植物共编辑系统通过使用潮霉素和抗除草剂的双重筛选来进行富集（Li H Y et al.，2022）。与原来的PPE3相比，共编辑系统将目标基因的编辑效率提高了约50倍。

传统的PE利用nCas9，即SpCas9的变种，它可以识别具有NGG编辑PAM序列的基因组位点，其中N是任何核苷酸碱基（Yu et al.，2022）。PPE-SpG系统在NG PAM序列中保持了广泛的靶向范围，在水稻原生质体中的效率在0.4%～7.5%（Zong et al.，2022）。此外，还可以进一步改进PPE系统的组件，探索更多适用的nCas9变体可以帮助扩大编辑范围，超越目前PAM的限制。

第二节　基因组编辑技术在水稻育种中的应用

一、利用基因编辑技术提高水稻产量

Chen W K等（2022）发现*KRN2/OsKRN2*能够编码一种WD40蛋白，它与功能

未知蛋白 DUF1644 互作，通过一条保守途径调控玉米穗行数与水稻二次枝梗数，最终影响每棒或每穗粒数以及产量。在水稻中，利用 CRISPR/Cas9 技术敲除 *OsKRN2* 基因能够使水稻产量提高约 8%，而在其他农艺性状上没有显著变化，这说明 *OsKRN2* 基因在提高水稻产量方面具有潜在应用价值。Rong 等（2022）利用 CRISPR/Cas9 技术创制了水稻 *OsCKX* 基因家族的突变体，其中包括 9 个基因的单突变体（*OsCKX6* 和 *Os-CKX10* 除外）、*OsCKX1* 和 *OsCKX2* 的双突变体、*OsCKX4* 和 *OsCKX9* 的双突变体以及 *OsCKX6*、*OsCKX7* 和 *OsCKX10* 的三重突变体。其中，*OsCKX1*、*OsCKX2* 与 *Os-CKX4*、*OsCKX9* 在调控分蘖和穗型的功能上相反，*osckx1 osckx2* 双突变体表现为分蘖数减少、穗增大、结实率下降及千粒重增加，而 *osckx4 osckx9* 双突变体的分蘖数增加、根系和穗变小、结实率以及千粒重降低。OsGS2/GRF4 编码一个生长调节因子，能够与 GIF1 相互作用正向调节水稻的籽粒大小，同时 OsGS2 受到上游 miR396 的转录后抑制。研究人员利用 CRISPR/Cas9 基因组编辑技术对 *OsGS2/GRF4* 中 miR396 的结合位点进行编辑，鉴定到了一种名为 *GS2E* 的突变体。该突变体在 miR396 靶序列内携带 6 bp 缺失和 1 bp 替换，没有造成 *GS2* 基因的移码突变，却破坏了上游 miR396 介导的抑制作用。该功能增强型 *GS2E* 突变体表现出多种优良性状，包括籽粒大小和长宽比的明显增加以及产量的提高，其中 *GS2E* 植株的千粒重和单株产量分别较对照提高了 23.5% 和 10.4%（Wang W S et al.，2022）。

同时提高产量和品质仍然是水稻新品种培育的一个主要挑战。Huang 等（2022）为了研究 DEP1 的 C 端变异对晶粒尺寸和形状的影响，利用 CRISPR/Cas9 技术在 WYJ7 背景中产生了一系列 *DEP1* 基因的截短突变，突变体显著增加了穗粒数、籽粒品质和产量。该结果表明，通过基因编辑技术编辑 DEP1 的 C 末端可以实现产量和品质之间的平衡。

二、利用基因编辑技术改善水稻品质

随着人们生活水平提高，对稻米品质的要求也从吃得饱向吃得好转变，好的稻米品质受到消费者和育种家的青睐。Wang L 等（2022）通过 BSA-seq 及连锁分析鉴定到一个控制粒长的基因 *qGL3.5*，敲除该基因能增加约 2.2 mm 的籽粒长度，改善粒形的同时也显著增加了产量。*Wx* 基因编码颗粒淀粉合成酶，而直链淀粉含量是影响稻米蒸煮与食味品质的关键。Fu 等（2022）利用 CRISPR/Cas9 系统在 5 个不同水稻背景中对 *Wx* 基因进行编辑，*Wx* 突变体显著降低了直链淀粉含量和淀粉黏度，但不影响主要农艺性状。在 *Wx* 等位基因中，Wx^a 与 Wx^b 仅在第一个内含子的 5′剪接位点上有 GT/TT 的多态性差异。Liu X D 等（2022）对携带不同 *Wx* 等位基因的水稻品系的第一个内含子进行定点编辑，与野生型相比，携带 Wx^b 等位基因的突变体株系直链淀粉含量显著提高，从 13.0% 提高到 24.0% 左右。Yang J 等（2022）对 *Wx* 基因的 5′-UTR 进行编辑，得到直链淀粉含量降低、胶稠度增加的株系，直链淀粉含量分别降低到 17.2%、

16.8％和17.8％，达到一级米质的要求，显著改善了食味品质。

水稻籽粒蛋白质含量（GPC）与蒸煮食味品质呈显著负相关，对相关基因进行编辑可提高食味值。Chen Z等（2022）针对9个谷蛋白基因设计了3个sgRNA，5～7个谷蛋白基因同时发生突变，产生了9个与野生型相比谷蛋白含量降低的纯合编辑株系。与野生型相比，这些低谷蛋白株系表现出相似的农艺性状，包括产量构成因素和黏度特性。扬州大学严长杰团队编辑了谷蛋白合成中的8个高表达基因（*OsGluA1*、*OsGluA2*、*OsGluA3*、*OsGluB2*、*OsGluB6*、*OsGluB7*、*OsGluC*和*OsGluD*），有效将籽粒蛋白含量降低到中等水平（7％左右），且对生长发育无负面影响（Yang Y H et al.，2022）。

中国水稻研究所胡培松团队利用CRISPR/Cas9基因编辑技术在粳稻品种宁粳1号（NJ1）和籼稻品种黄华占（HHZ）中创制了*BADH2*新等位基因。与野生型相比，4个*BADH2*新等位基因株系产生中等程度的香气，2-AP含量显著增加，且直链淀粉含量和糊化温度与野生型相比无显著差异。此外，将该新等位基因株系应用于杂交育种，得到了香味改良的杂交稻（Hui et al.，2022）。Tang等（2022）对水稻中镉（Cd）、锰（Mn）吸收的转运蛋白OsNRAMP5进行敲除，降低了Cd的摄取，同时也促进了Cd从根部到分枝的易位，改善了籽粒安全品质。

三、利用基因编辑技术提高水稻对胁迫的抗性

（一）利用基因编辑技术提高水稻对非生物胁迫的抗性

Zhang等（2022）报道了一个功能未知的WRKY转录因子*OsWRKY63*。利用基因编辑手段敲除该基因可以提高水稻的耐冷性。Xu H等（2022）通过敲除控制生长素外排的*OsPIN9*基因，也增强了水稻的耐冷性。进一步研究发现产生该性状的原因在于水稻对ROS平衡控制的能力提高。

耐旱水稻种质创制长期以来深受研究者关注，他们从改变气孔导度、密度、株型等方式入手，提高了水稻的耐旱性。Zhao等（2022）发现敲除干旱胁迫反应的负调控基因*OsJMJ710*，可以提高水稻对干旱胁迫的耐性。Gu等（2022）通过敲除*OsFTL4*基因，降低了气孔导度和水分损失，提高了水稻对干旱胁迫的抗性。Karavolias等（2022）利用CRISPR/Cas9编辑*EPFL10*，获得了气孔密度适度下降的*epfl10*突变体，而气孔导度或碳同化没有相关下降。与野生型相比，*epfl10*保持了野生型的气孔导度、碳同化、温度调节和产量等生理能力，同时也保持了更多的水分。转录因子*Ghd2*在正常条件下可以提高水稻产量潜力，在干旱胁迫下会加速叶片衰老。该转录因子可以上调RCA的表达，使得植株对干旱胁迫更敏感。Fan等（2022）将*Ghd2*基因敲除后，提高了水稻的耐旱性。此外，NAC家族转录因子在干旱胁迫中也起重要作用。Wu等（2022）敲除了水稻*OsNAC016*基因后获得了叶片直立、节间缩短表型的植株。该突变体具有更加耐旱的特点。Wang B等（2022）利用该技术敲除*OsNAC092*也获得了水稻

耐旱的能力。具体表现为在干旱胁迫下表现出更强的清除 ROS 的能力。Li Y X 等（2022）将 *OsSPL10* 基因敲除，通过使气孔快速关闭，防止水分损失，从而提高水稻的抗旱性。进一步研究表明，*OsSPL10* 通过调控 *OsNAC2* 的表达而影响该性状的变化。值得注意的是，Priatama 等（2022）利用基因编辑技术敲除 *IPA1* 基因首先使水稻的耐旱性提高，但是发现其会影响水稻产量。接着他们通过将 *ipa1* 与半矮秆突变体组合，巧妙地解决了这个问题，在不影响灌浆速率的情况下提供了最佳的水分供应和抗旱性，取得了较好结果。

Han 等（2022）以水稻优良三系恢复系 R192 为受体，利用 CRISPR/Cas9 技术对水稻耐盐性主效基因 *OsRR22* 进行编辑，获得了耐盐的恢复系材料。Zhou 等（2022）通过敲除 *OsQHB* 使水稻 ROS 清除酶活性提高，活性氧（ROS）和丙二醛（MDA）积累降低，提高了水稻对盐胁迫抗性。Liu Q 等（2022）通过编辑 *OsPP65* 也获得了对渗透胁迫和盐胁迫耐性提高的 *ospp65* 突变体。

Lyu 等（2022）利用 CRISPR/Cas9 靶标三个多胺摄取转运蛋白基因 *OsPUT1/2/3*，大幅提高了水稻对百草枯的抗性，同时没有明显产量损失。Chen R 等（2022）通过敲除 *OsLAT5*，使二氢吡啶除草剂转运进叶绿体过程受阻，提高了水稻对二氢吡啶除草剂的抗性。

（二）利用基因编辑技术提高水稻对生物胁迫的抗性

除了非生物胁迫外，以病虫害为主的生物胁迫也会对水稻产生不可忽视的影响。Távora 等（2022）敲除了 *OsDjA2* 和 *OsERF104* 基因，提高了水稻对稻瘟病的抗性。光敏色素调控的光信号在植物生长发育和逆境反应中发挥重要作用，其中红光受体光敏色素 B（PhyB）通过负调控 BZR1-NAC028-CAD8B 信号进而影响水稻对纹枯病的抗性。Li H 等（2022）利用基因编辑手段编辑磷酸化基序，微调 *OsCPK18/OsCPK4* 基因最后几个氨基酸。抑制了 OsMPK5 介导的磷酸化，但保留了依赖钙的激酶活性。实现增加水稻对稻瘟病菌的抗性，同时不对产量产生明显影响。

四、利用基因编辑手段控制水稻开花时间

植物一天内的开花时间影响植物的生殖隔离、杂交育种和温度稳定性等。在水稻中，颖壳的打开需要其基部浆片的膨胀，*DFOT1* 基因在水稻花的浆片中特异表达，并且其表达水平在早晨较低，在将要开花时较高，在开花后又下降。*DFOT1* 编码一个功能未知蛋白。在广东种植时，水稻常用品种中花 11 通常 11：00 左右开花，但是利用基因编辑手段获得的 DFOT1 移码突变体 *dfot1-2* 和 *dfot1-3* 则在 8：30 左右就开花了。进一步研究发现，DFOT1 蛋白可以和多个果胶甲酯酶互作并且提高其甲基转移酶活性，降低果胶的甲酯化，使浆片细胞壁更紧凑，从而抑制水稻在 11：00 之前开花（Wang M M et al.，2022）。

五、通过基因编辑手段创制抗穗发芽水稻材料

穗发芽会导致稻米产量降低和品质下降。SD6 基因编码一个 bHLH 家族转录因子，在种子发育过程中表达量逐渐降低。SD6 在抗穗发芽品种中关键的单碱基突变使该品种具有抗穗发芽能力。在新鲜收获的 Kasalath 背景下 SD6 敲除突变体 sd6-1 和 sd6-3 的成熟穗中，吸胀 7 d 种子发芽率低至 3％，与中花 11 号 85％以上的种子发芽率形成鲜明对比，用基因编辑技术创制的 SD6 在小麦中的同源基因的缺失突变体同样表现出明显的抗穗发芽能力，说明该基因可能具有广泛应用价值。SD6 和另一个 bHLH 转录因子 ICE2 在调控穗发芽上具有拮抗作用，二者是通过调控种子发育和成熟过程的脱落酸积累来调控种子休眠和穗萌发的（Xu F et al.，2022）。

六、通过基因编辑手段创制生物固氮的水稻材料

目前植物主要通过固氮酶的表达和类似豆类的根瘤共生两种方式提高固氮效率，这两种方式在水稻中尚未实现。最近一项研究利用了水稻产生的化合物能够刺激土壤中固氮细菌生物膜的形成，进而促进植物根系细菌定植，最终提高水稻氮利用率。Blumwald 团队通过基因编辑技术靶向水稻中的芹菜素分解基因 CYP75B3 和 CYP75B4，以达到增加植物芹菜素含量和芹菜素根系分泌物的目的，这些物质能够刺激土壤中固氮细菌生物膜的形成，促进了固氮细菌的富集，实现了在有限土壤含氮量的情况下水稻产量的增加，以及降低了过度使用氮肥对环境造成的危害（Yan et al.，2022）。

七、高通量基因编辑技术助力水稻功能基因组学研究

近年来 CRISPR/Cas9 介导的基因编辑技术在植物中广泛应用，给植物研究和作物育种带来了革命性变化。大规模、高通量的基因组编辑技术应运而生，利用 CRISPR 文库进行高通量的遗传筛选成为可能。

目前有混合型和阵列式两种 CRISPR 文库构建策略。华中农业大学谢卡斌团队设计了一种 PCR 片段长度作为 Cas9/gRNA 载体标签的策略（FLASH 标签），将 12 个含有不同 FLASH 标签的 CRISPR/Cas 载体与 96 孔板结合，建立了快速构建 Cas9/gRNA 质粒文库的方法（Chen K Y et al.，2022）。并基于此方法靶向敲除 1 072 个水稻类受体激酶基因，构建了一个针对水稻类受体激酶家族 1 072 个成员的阵列化 CRISPR 文库。对部分材料的基因型鉴定结果表明，目标基因的编辑效率在 90％以上，在脱靶编辑、无 T-DNA 整合的基因编辑事件中鉴定出 9 个抗稻瘟病相关基因。基于以上结果，提出了构建全基因组规模的阵列式 CRISPR 文库的协作方案，为阵列化 CRISPR 文库构建引入了有效流程，为水稻功能基因组学研究提供了全基因组水稻 RLK 突变体资源。

参 考 文 献

Anzalone A V, Gao X D, 2022. Programmable deletion, replacement, integration and inversion of large DNA sequences with twin prime editing [J]. Nat Biotechnol, 40: 731-740.

Caso F, Davies B, 2022. Base editing and prime editing in laboratory animals [J]. Lab Anim, 56: 35-49.

Chen K Y, Ke R N, Du M M, et al., 2022e. A FLASH pipeline for arrayed CRISPR library construction and the gene function discovery of rice receptor-like kinases [J]. Mol Plant, 15: 243-257.

Chen L, Zhu B Y, Ru G M, et al., 2022. Re-engineering the adenine deaminase TadA-8e for efficient and specific CRISPR-based cytosine base editing [J]. Nat Biotechnol, 41: 663-672.

Chen R, Zhao D, Yu D, et al., 2022d. Disruption of *OsLAT5* is sufficient to endow rice tolerance to dihydropyridine herbicides at commercial application concentrations [J]. bioRxiv.

Chen W K, Chen L, Zhang X, et al., 2022. Convergent selection of a WD40 protein that enhances grain yield in maize and rice [J]. Science, 375: 1372.

Chen Z, Du H, Tao Y, et al., 2022. Efficient breeding of low glutelin content rice germplasm by simultaneous editing multiple glutelin genes via CRISPR/Cas9 [J]. Plant Sci, 324: 111449.

Cheng Y, Sretenovic S, Zhang Y, et al., 2022. Expanding the targeting scope of FokI-dCas nuclease systems with SpRY and Mb2Cas12a [J]. Biotechnol J, 17: e2100571.

Choi J, Chen W, Suiter C C, et al., 2022. Precise genomic deletions using paired prime editing [J]. Nat Biotechnol, 40: 218-226.

Eroglu M, Yu B, Derry B, 2022. Efficient CRISPR/Cas9 mediated large insertions using long single-stranded oligonucleotide donors in *C elegans* [J]. bioRxiv.

Fan X W, Liu J H, Zhang Z Y, et al., 2022. A long transcript mutant of the rubisco activase gene *RCA* upregulated by the transcription factor *Ghd2* enhances drought tolerance in rice [J]. Plant J, 110: 673-687.

Fu Y H, Luo T T, Hua Y H, et al., 2022. Assessment of the characteristics of *Waxy* rice mutants generated by CRISPR/Cas9. Front Plant Sci, 13: 881964.

Gu H W, Zhang K M, Chen J, et al., 2022. *OsFTL4*, an FT-like Gene, regulates flowering time and drought tolerance in rice (*Oryza sativa* L.) [J]. Rice, 15: 47.

Han X L, Chen Z J, Li P D, et al., 2022. Development of novel rice germplasm for salt-tolerance at seedling stage using CRISPR-Cas9 [J]. Sustainability, 14: 2621.

Huang H X, Ye Y F, Song W Z, et al., 2022. Modulating the C-terminus of DEP1 synergistically enhances grain quality and yield in rice [J]. J Genet Genomics, 49: 506-509.

Hui S Z, Li H J, Mawia A M, et al., 2022. Production of aromatic three-line hybrid rice using novel alleles of *BADH2* [J]. Plant Biotechnol J, 20: 59-74.

Jiang T, Zhang X O, Weng Z, et al., 2022a. Deletion and replacement of long genomic sequences using prime editing [J]. Nat Biotechnol, 40: 227-234.

Jiang Y Y, Chai Y P, Qiao D X, et al., 2022. Optimized prime editing efficiently generates glyphosate-resistant rice plants carrying homozygous TAP-IVS mutation in *EPSPS* [J]. Mol Plant, 15: 1646-1649.

Karavolias N G, Patel-Tupper D, Seong K, et al., 2023. Paralog editing tunes rice stomatal density to maintain photosynthesis and improve drought tolerance [J]. kiad183.

Li H, Zhang Y, Wu C Y, et al., 2022. Fine-tuning OsCPK18/OsCPK4 activity via genome editing of phosphorylation motif improves rice yield and immunity [J]. Plant Biotechnol J, 20: 2258-2271.

Li H Y, Zhu Z W, Li S Y, et al., 2022. Multiplex precision gene editing by a surrogate prime editor in rice [J]. Mol Plant, 15: 1077-1080.

Li J, Chen L, Liang J, et al., 2022. Development of a highly efficient prime editor 2 system in plants [J]. Genome Biol, 23: 161.

Li Y X, Han S C, Sun X M, et al., 2022. Variations in *OsSPL10* confer drought tolerance by directly regulating *OsNAC2* expression and ROS production in rice [J]. J Integr Plant Biol, 65: 918-933.

Liu Q, Ding J R, Huang W J, et al., 2022b. *OsPP65* negatively regulates osmotic and salt stress responses through regulating phytohormone and raffinose family oligosaccharide metabolic pathways in rice [J]. Rice, 15: 34.

Liu X D, Ding Q, Wang W S, et al., 2022. Targeted deletion of the first intron of the Wx^b allele via CRISPR/Cas9 significantly increases grain amylose content in rice [J]. Rice, 15: 1.

Lyu Y S, Cao L M, Huang W Q, et al., 2022. Disruption of three polyamine uptake transporter genes in rice by CRISPR/Cas9 gene editing confers tolerance to herbicide paraquat [J]. aBIOTECH, 3: 140-145.

Nelson J W, Randolph P B, Shen S P, et al., 2022. Engineered pegRNAs improve prime editing efficiency [J]. Nat Biotechnol, 40: 402-410.

Ohno T, Akase T, Kono S, et al., 2022. Biallelic and gene-wide genomic substitution for endogenous intron and retroelement mutagenesis in human cells [J]. Nat Commun, 13: 4219.

Priatama R A, Heo J, Kim S H, et al., 2022. Narrow *ipa1* metaxylems enhance drought tolerance and optimize water use for grain filling in dwarf rice [J]. Front Plant Sci, 13: 894545.

Rong C Y, Liu Y X, Chang Z Y, et al., 2022. Cytokinin oxidase/dehydrogenase family genes exhibit functional divergence and overlap in rice growth and development, especially in control of tillering [J]. J Exp Bot, 73: 3552-3568.

Tan J T, Zeng D C, Zhao Y C, et al., 2022. PhieABEs: a PAM-less/free high-efficiency adenine base editor toolbox with wide target scope in plants [J]. Plant Biotechnol J, 20: 934-943.

Tang L, Dong J Y, Qu M M, et al., 2022. Knockout of *OsNRAMP5* enhances rice tolerance to cadmium toxicity in response to varying external cadmium concentrations via distinct mechanisms [J]. Sci Total Environ, 832: 155006.

Tao R, Wang Y H, Jiao Y G, et al., 2022. Bi-PE: bi-directional priming improves CRISPR/Cas9 prime editing in mammalian cells [J]. Nucleic Acids Res, 50: 6423-6434.

Tian Y F, Shen R D, Li Z R, et al., 2022. Efficient C-to-G editing in rice using an optimized base editor [J]. Plant Biotechnol J, 20: 1238-1240.

Távora F T, Meunier A C, Vernet A, et al., 2022. CRISPR/Cas9-Targeted knockout of rice susceptibility genes *OsDjA2* and *OsERF104* reveals alternative sources of resistance to Pyricularia oryzae [J]. Rice Sci，29：535-544.

Wang B，Wang Y，Yu W，et al.，2022. Knocking out the transcription factor *OsNAC092* promoted rice drought tolerance [J]. Biology，11：1830.

Wang C K，Qu Y H，Cheng J K W，et al.，2022. dCas9-based gene editing for cleavage-free genomic knock-in of long sequences [J]. Nat Cell Biol，24：268-278.

Wang J L，He Z，Wang G Q，et al.，2022. Efficient targeted insertion of large DNA fragments without DNA donors [J]. Nat Methods，19：331-340.

Wang L，Liu Y，Zhao H Y，et al.，2022. Identification of *qGL3.5*，a novel locus controlling grain length in rice through bulked segregant analysis and fine mapping [J]. Front Plant Sci，13：921029.

Wang M M，Zhu X P，Peng G Q，et al. 2022h. Methylesterification of cell-wall pectin controls the diurnal flower-opening times in rice [J]. Mol Plant，15：956-972.

Wang S，Tao C，Mao H L，et al.，2022. Identification of SaCas9 orthologs containing a conserved serine residue that determines simple NNGG PAM recognition [J]. PLoS Biol，20：e3001897.

Wang W S，Wang W P，Pan Y L，et al.，2022. A new gain-of-function *OsGS2/GRF4* allele generated by CRISPR/Cas9 genome editing increases rice grain size and yield [J]. Crop J，10：1207-1212.

Wu Q，Liu Y F，Xie Z Z，et al.，2022. *OsNAC016* regulates plant architecture and drought tolerance by interacting with the kinases GSK2 and SAPK8 [J]. Plant Physiol，189：1296-1313.

Xing D，Li S J，Shang M，et al.，2022. A new strategy for increasing knock-in efficiency：multiple elongase and desaturase transgenes knock-in by targeting long repeated sequences [J]. ACS Synth Biol，11：4210-4219.

Xiong X Y，Li Z X，Liang J P，et al.，2022. A cytosine base editor toolkit with varying activity windows and target scopes for versatile gene manipulation in plants [J]. Nucleic Acids Res，50：3565-3580.

Xu F，Tang J Y，Wang S X，et al.，2022b. Antagonistic control of seed dormancy in rice by two bHLH transcription factors [J]. Nat Genet，54：1972-1982.

Xu H，Yang X，Zhang Y，et al.，2022a. CRISPR/Cas9-mediated mutation in auxin efflux carrier *OsPIN9* confers chilling tolerance by modulating ROS homoestasis in rice [J]. Front Plant Sci，13：967031.

Yan D，Tajima H，Cline L C，et al.，2022. Genetic modification of flavone biosynthesis in rice enhances biofilm formation of soil diazotrophic bacteria and biological nitrogen fixation [J]. Plant Biotechnol J，20：2135-2148.

Yang J，Guo X，Wang X，et al.，2022. Development of soft rice lines by regulating amylose content via editing the 5'UTR of the *Wx* gene [J]. Int J Mol Sci，23：10517.

Yang Y H，Shen Z Y，Li Y G，et al.，2022. Rapid improvement of rice eating and cooking quality through gene editing toward glutelin as target [J]. J Integr Plant Biol，64：1860-1865.

Yu S Y，Birkenshaw A，Thomson T，et al.，2022. Increasing the targeting scope of CRISPR base editing system beyond NGG [J]. CRISPR J，5：187-202.

Zhang M X，Zhao R R，Huang K，et al.，2022. The OsWRKY63-OsWRKY76-OsDREB1B module regulates chilling tolerance in rice［J］．Plant J，112：383-398.

Zhao W J，Wang X Y，Zhang Q，et al.，2022. H3K36 demethylase JMJ710 negatively regulates drought tolerance by suppressing MYB48-1 expression in rice［J］．Plant Physiol，189：1050-1064.

Zhou J，Qiao J，Wang J，et al.，2022. *OsQHB* improves salt tolerance by scavenging reactive oxygen species in rice［J］．Front Plant Sci，13.

Zong Y，Liu Y J，Xue C X，et al.，2022. An engineered prime editor with enhanced editing efficiency in plants［J］．Nat Biotechnol，40：1394-1402.

Zou J P，Meng X B，Liu Q，et al.，2022. Improving the efficiency of prime editing with epegRNAs and high-temperature treatment in rice［J］．Sci China Life Sci，65：328-2331.

第六章 稻米品质与质量安全研究动态

粮食品质和质量安全受到政府主管部门、国内外专家学者以及消费者的广泛关注，稻米品质和质量安全日益成为国内外学者研究的焦点。2022年，国内外稻米品质与质量安全研究取得积极进展。在国内稻米品质研究方面，继续围绕稻米品质的理化基础、不同地区的稻米品质差异、生态环境和农艺措施对品质的影响等方面开展研究工作；在国内稻米质量安全研究方面，重点围绕水稻重金属积累的遗传调控研究、水稻重金属胁迫耐受机理研究、水稻重金属污染控制技术研究以及稻米中重金属污染状况及风险评价等方面。国外稻米品质与质量安全研究同样也主要集中在稻米品质的理化基础、营养功能、稻米品质与生态环境的关系、水稻对重金属转运的调控机理研究、水稻重金属胁迫耐受机理研究、减少稻米重金属吸收及相关修复技术研究以及稻米重金属污染风险评估研究等方面。

第一节 国内稻米品质研究进展

一、稻米品质的理化基础

直链淀粉和蛋白质含量是影响稻米品质的重要因素，不同直链淀粉和蛋白质含量的粳稻品种稻米品质差异较大。刘秋员等（2022）分析比较了高直链淀粉高蛋白质含量（HA-HP）、高直链淀粉低蛋白质含量（HA-LP）、低直链淀粉高蛋白质含量（LA-HP）、低直链淀粉低蛋白质含量（LA-LP）4个类型粳稻品种的加工品质、外观品质、蒸煮食味品质、RVA谱特征值等品质指标的差异。结果表明，糙米率、精米率在不同直链淀粉和蛋白质含量类型粳稻品种之间没有显著差异；整精米率LA-LP类型显著低于另外3种类型，而另外3种类型之间无显著差异。LA类型的垩白粒率、垩白度均要显著高于HA类型；LA类型的最终黏度、消减值、回复值均显著低于HA类型，HP类型的糊化温度显著高于LP类型。随着直链淀粉或蛋白质含量降低，米饭含水量、水分横向弛豫时间、深层结合水横向弛豫时间、弱结合水横向弛豫时间均呈增加趋势，均以LA-LP类型最高，HA-HP类型最低，且2个类型之间的差异均达到显著水平；HA-HP类型的米饭硬度最高，黏度最小，食味值最低，LA-LP类型的硬度最小，黏度最高，食味值最高；黏度、食味值在LA-HP类型和HA-LP类型之间差异不显著。加工品质以及外观品质以高直链淀粉和高蛋白质含量的品种类型较好，而食味品质则以低直链淀粉和低蛋白质含量的品种类型较优。因此，在优质食味水稻育种或品种改良过程中，应重视双低型（低直链淀粉和低蛋白质）品种的选择，并且最终黏度、消减值、回复值以及深层结合水横向弛豫时间可以作为重要选择指标。史玉良等（2022）分析比较了江苏地区具有显著品质差异的 4 个软米品种、2 个糯稻品种和 2 个常规粳稻品种的理化品质和淀粉结构。结果表明，香软玉和武香粳 113 较另两个软米品种中的直链淀粉含量更低，籽粒胚乳透明度更差；4 个软米品种胚乳淀粉粒内部存在明显孔隙，并且稻米胚乳越不透明孔隙越明显；较低直链淀粉含量的软米食味表现更佳，这可能与低直链淀粉含量稻米具有更低的冷胶黏度、较大的崩解值和较小的消减值有关；淀粉精细结构测定表明，与常规粳稻米相比，软米的直链淀粉组分占比较低，而支链淀粉短链组分占比较高。胚乳淀粉粒结构差异是不同食味米食味品质差异的物理基础。殷春渊等（2022）采用生物显微镜观测技术，对不同灌浆时段的籽粒胚乳进行切片解剖观察。结果表明，不同灌浆时期籽粒胚乳淀粉结构存在差异，灌浆初期淀粉粒以小颗粒为主，结构基本上呈圆球形或多边体形，大颗粒零星分布呈不规则多边体形或梭形；灌浆中期淀粉大颗粒逐渐增多，体积逐渐增大，大小颗粒有明显分层现象；灌浆后期淀粉颗粒大小基本趋于一致，无明显分层现象，大多呈多边体形或球形，颗粒以单粒或团状复粒形态存在；高食味值水稻籽粒淀粉颗粒间排列较紧密，淀粉粒多以复粒形态存在；低食味值水稻籽粒淀粉颗粒大小不均，颗粒间空隙较大，淀粉粒多以单粒形态存在。

除淀粉和蛋白质外，稻米中还富含其他营养成分，对稻米品质有一定影响。郭巧玲等（2022）研究了白米（蜀恢 527）、红米（红香糯）和黑米（黑香糯）3 种不同颜色稻米具有生理功能效应的活性成分。结果表明，3 个不同颜色水稻品种的总蛋白含量、总淀粉和抗性淀粉含量无显著差异；红米品种中的多酚含量最高（12.6 mg/g），其次是黑米（8.0 mg/g），白米最低（5.6 mg/g）；类黄酮含量的变化趋势与多酚一致；红米红香糯的氧化自由基吸收能力最高为 363 μmol Trolox/g，其次是黑米黑香糯为 219 μmol Trolox/g，最低的是白米蜀恢 527，仅为 107 μmol Trolox/g。张志斌等（2022）利用顶空固相微萃取技术结合气质联用的方法，对 4 份贵州特色香禾糯品系材料（扁龙图糯，大白黏，锈 N2 禾，融水大糯）与常规香稻大粒香的挥发性成分进行比较分析。结果显示，扁龙图糯、大白粘、锈 N2 禾、融水大糯与大粒香分别鉴定到 60、57、56、59 和 60 种挥发性成分，其中相对含量为 32.61%～43.81% 的烃类和 24.67%～47.92% 的醛类为主要挥发性物质。在影响水稻整体气味的关键香味物质分析中，香稻最典型的香味物质 2-乙酰-1-吡咯啉，仅在扁龙图糯和大粒香两份材料中鉴定到；醛类关键香味物质壬醛在锈 N2 禾中的含量远高于其他 4 份材料；有水果香气的庚醛、戊醛和己醇相对含量均为大白粘最高，且不同材料之间差异明显；具有木兰香气的香叶基丙酮在 4 份贵州特色香稻中相对含量差异并不明显，但均显著高于对照大粒香。

二、不同地区的稻米品质差异

朱大伟等（2022）以第三届全国优质稻品种食味品鉴会中来自 30 个省（市）的

122 份优质稻米样品为材料，按种植区域分为北方粳稻（38 份）、南方粳稻（15 份）和籼稻（69 份）3 个品种类型，研究中国优质稻品种品质和食味感官评分值的差异性。北方粳稻可以分为高和中 2 种食味类型。与中食味类型相比（$P < 0.05$），高食味类型稻米的长宽比较小（低 0.2），蛋白质含量较低（低 0.32 g/100g），峰值黏度较高（高 145 cP），消减值较低（低 134 cP），米饭硬度较低（低 16 g），黏度较高（高 70 g），弹性较大（高 0.04%）。南方粳稻可分为高、中和低 3 种食味类型。与低食味类型相比（$P < 0.05$），高食味类型稻米的垩白度稍高（高 0.65%），直链淀粉和蛋白质含量较低（分别约低 4.0 g/100g 和 0.92 g/100g），峰值黏度较高（高 314 cP），崩解值较高（高 259 cP），最终黏度较低（低 260 cP），消减值较低（低 574 cP），米饭黏度较高（高 261 g）。籼稻可分为高、中和低 3 种食味类型。与低食味类型相比（$P < 0.05$），高食味类型籼稻粒形细长、外观更优，蛋白质含量较低（低 0.45 g/100g），崩解值较高（高 115 cP），消减值较低（低 157 cP），米饭硬度较低（低 46 g），黏度较高（高 107 g）。中国优质稻品种中，北方粳稻高食味类型品种外观晶莹剔透（垩白度小于 1%），蛋白质含量低（6 g/100g 左右），米饭软硬适中，弹性高（0.6% 左右）；南方粳稻高食味类型品种外观较好，直链淀粉含量低（13 g/100g 左右），消减值低（-250 cP 左右），米饭黏度高（-1 200 g 左右）；籼稻高食味类型品种米粒细长（长宽比 4.0 左右），外观晶莹剔透，米饭硬度/黏度比值小（0.25 左右）。

赫兵等（2022）比较了吉林省不同区域水稻品质特性，发现不同区域的糙米率和精米率相差不大，整精米率、垩白粒率区域间差异较明显；蛋白质含量和直链淀粉含量的平均值分别是 8.680% 和 15.471%；除了弹性之外，硬度、黏度、平衡度都表现出明显的区域间差异；精米食味值由高到低分别是延边州、通化市、吉林市、四平市、长春市、松原市和白城市；米饭食味值由高到低分别是延边州、通化市、松原市、吉林市、四平市、长春市和白城市。

师江等（2022）比较了云南墨江（MJ）、湖南新化（HN）、贵州黎平（GZ）和陕西汉中（SX）4 个产地的紫米营养成分。结果显示，HN 紫米的淀粉含量最低（68.13%），脂肪（2.38%）和矿质元素 Fe、K、Mg、Mn、Na、P、Zn 含量最高，其中 Mn（80.37 mg/kg）、Na（10.75 mg/kg）元素显著高于其他产地；MJ 和 SX 紫米花青素（533.03 mg/kg，412.54 mg/kg）、多酚（340.55 mg/100g，387.91 mg/100g）含量显著高于其他产地，而 GZ 紫米花青素（156.55 mg/kg）和多酚（239.23 mg/100g）显著低于其他产地；SX 紫米氨基酸总量（74.37 g/kg）与必需氨基酸（26.09 g/kg）含量最高，与其他紫米差异不显著。紫米成分间相关性分析显示，花青素与多酚呈极显著正相关（0.625），二者分别与 Ca 呈显著负相关（-0.571，-0.549）。Asp、Gly 与 Fe、Ca 呈显著正相关，大部分元素间呈显著正相关。不同产地紫米成分含量存在差异，具有不同营养特征。

三、生态环境对品质的影响

温度、光照、土壤等不同生态环境因素对稻米品质产生较大影响。刘梦洁等（2022）对 6 个优质晚籼稻品种在江西北部上高、中部吉安、南部赣州 3 个不同生态区下品质变化进行研究。结果表明，随着纬度降低，外观品质、营养品质变优；直链淀粉含量下降，峰值黏度、崩解值以及糊化温度增加。冯云贵等（2022）研究了喀斯特山区不同生态条件（低温寡照的大寨村和高温高湿的滥坝村）对杂交水稻品质的影响。研究发现，糙米率、精米率、长宽比、垩白粒率、垩白度、蛋白质含量均为滥坝村显著高于大寨村，而粒长、粒宽、糊化温度、胶稠度、直链淀粉含量的表现则相反。

蒙秀菲等（2022）以常规稻大粒香、金麻粘，杂交稻宜香 62、源 5s/金麻粘为材料，研究水稻生长发育过程中温度对稻米品质的影响。结果表明，同一生长条件下，随着大田营养生长阶段温度升高、灌浆成熟期温度降低，稻米蛋白质含量显著增加、食味值显著降低、碾米品质及外观品质无明显规律，不同地点同期播种的灌浆成熟期温度越高，稻米外观品质越好。大田营养生长阶段温度与蛋白质含量呈极显著正相关，灌浆成熟期温度与食味值呈极显著正相关，食味值与蛋白质含量呈极显著负相关，说明大田营养生长阶段温度主要影响稻米蛋白质积累，灌浆成熟期温度主要影响食味优劣。邓艾兴等（2022）研究了田间开放式增温 1.5℃对高纬度粳稻加工品质、外观品质、营养品质和蒸煮品质的影响。结果表明，与不增温相比，增温显著降低了籽粒中直链淀粉含量，但对糙米率、精米率、整精米率和蛋白质含量影响不大；增温有增加水稻淀粉峰值黏度、热浆黏度和最终黏度，降低淀粉消减值的趋势，但对回生值无显著影响。表明基于高纬度稻区较低的背景温度，增温 1.5℃对稻米蒸煮品质具有一定促进作用。胡雅杰等（2022）以软米南粳 46 和苏香粳 100 为材料，研究结实期动态温度对软米粳稻品质的影响。结果表明，结实期高温和低温处理均降低精米率和整精米率，导致加工品质变劣；高温处理增加垩白粒率和垩白度，低温处理减少垩白粒率和垩白度，但品种间变化不一；随着结实期温度升高，稻米蛋白质含量增加，直链淀粉含量降低；高温和低温处理下稻米胶稠度均变短、米饭食味值下降。结实期温度过高或过低都不利于软米粳稻加工和食味品质改善。余恩唯等（2022）以软米粳稻扬农香 28 为材料，研究结实期动态高温和干旱对软米粳稻产量和稻米品质的影响。结果表明，与常温湿润相比，结实期动态高温、干旱和动态高温干旱 3 种处理均降低扬农香 28 的精米率、整精米率、直链淀粉含量和崩解值，提高了垩白粒率、垩白度、蛋白质含量、糊化温度和消减值，其中，精米率、整精米率、垩白粒率和垩白度的差异达显著水平。结实期高温和干旱均影响稻米品质，高温干旱复合处理较单一处理影响更大。沈泓等（2022）以耐热水稻品种黄华占和热敏感的 9311 近等位基因系为实验材料，利用人工气候箱设置高温［38℃（昼）/30℃（夜）］和对照［28℃（昼）/22℃（夜）］，研究灌浆前期（齐穗期后 1～15 d）和后期（齐穗期后 16 d 至成熟）高温对稻米加工品质、外观品质、淀粉组成、支链淀粉链长分布、粒度分布、胶稠度、黏度特性、糊化特性、结晶特性和颗粒形态的影响。研究发现，灌浆期高温使糙米率、精米率、整精米率显著下降，垩白粒率和垩白度显著升高，加工品质和外观品质变差；灌浆期高温使总淀粉含量、直链淀粉含量、短支链淀粉含量、大淀粉粒占比、直/支链淀粉比显著下降，而中等支链淀粉含量、小中淀粉粒占比、糊化温度和糊化焓显著上升，黏度特性显著改变，结晶类型不变、但结晶度显著改变，淀粉颗粒表面出现小孔，表面变得凹凸不平，导致淀粉颗粒更加碎片化和蒸煮食味品质变劣；灌浆期不同时段高温对稻米品质影响不同，灌浆前期高温对稻米淀粉的影响大于灌浆后期，耐热品种受影响小于热敏感品种；灌浆前期高温处理下供试材料具有较高的消减值和较低的崩解值，黏度特性变差；灌浆后期高温处理下供试材料具有较低的消减值和较高的崩解值，黏度特性变好。结果表明，灌浆前期高温对淀粉理化特性影响最大，导致稻米的加工品质、外观品质和蒸煮食味品质变劣，灌浆后期高温提升了黏度特性。

戚文乐等（2022）以籼粳杂交稻甬优 1538、杂交粳稻申优 26、杂交籼稻泰优 871 为供试材料，在大田试验条件下设置结实期不遮光和遮光 70％两个处理，研究遮光处理对稻米品质的影响。结果表明，结实期遮光导致不同类型晚稻品种的整精米率、峰值黏度、崩解值、直链淀粉含量显著降低，垩白粒率和垩白度（泰优 871 例外）、消减值和蛋白质含量显著增加，米饭质构特性变差（甬优 1538 例外）。李冲等（2022）以 B 优 268（弱光敏感型）、内 5 优 768（中间型）和宜香优 1108（弱光耐受型）3 个水稻品种为材料，分析比较正常光照和弱光处理对稻米品质的影响。结果表明，与正常光照相比，弱光处理下宜香优 1108 谷粒长、宽降低幅度显著大于 B 优 268，但长宽比降低幅度并未达到显著水平，水稻直链淀粉含量和胶稠度均显著降低，其中宜香优 1108 直链淀粉下降程度（24.5％）显著低于内 5 优 768（28.1％）和 B 优 268（30.6％），但其胶稠度降幅（14.7％）显著大于内 5 优 768（9.8％）和 B 优 268（8.1％）；弱光处理后，稻米 RVA 曲线特征值均发生了改变，宜香优 1108、内 5 优 768 和 B 优 268 峰值黏度、崩解值显著下降，但冷胶黏度、消减值均显著升高，而峰值时间和糊化温度并未形成显著性差异。

江胜国等（2022）基于 40 份稻田土壤样品、6 种微量营养元素有效态数据和 5 个稻米品质指标，采用地统计方法和克里格插值法分析了土壤有效 S、Mn、B、Cu、Mo 和 Ni 的空间变异特征，并结合相关性分析方法探讨了其对稻米品质的影响。结果表明，透明度与有效 S 显著正相关，整精米率与有效 Mo 显著负相关，胶稠度与有效 Cu 和 Mo 显著正相关，直链淀粉与有效 Mo 显著负相关，蛋白质与有效 B 显著正相关。研究认为，研究区土壤 6 种元素含量达到了中等及以上水平，空间格局规律性较强，具有强烈的空间自相关性，可通过对 S、Cu、B、Mo 中微量元素肥的合理配施进一步提升小站稻品质。

四、农艺措施对品质的影响

（一）灌溉方式

崔士友等（2022）以近期育成的 23 个新品种（系）为材料，其中以盐稻 12 号为对照，在中低盐分（2 g/kg）复垦滩涂地块，微咸水（矿化度 0.94～2.44 g/L）灌溉，比较滩涂实地盐胁迫下粳稻品质的表现。结果表明，滩涂中低度盐胁迫对糙米率、精米率、长宽比和食味值的影响不大，对整精米率有一定影响，影响最大的是稻米外观品质指标中的垩白粒率和垩白度，在耐盐品种选育与筛选中要加强对垩白度的选择。王智华等（2022）研究了微咸水灌溉对黄河三角洲地区稻米品质的影响。结果表明，微咸水灌溉带来的盐胁迫对垩白粒率具有显著影响，降低了稻米蛋白质和直链淀粉含量，提升了稻米食味值。

孟轶等（2022）以持续淹水灌溉为对照，节水灌溉为处理，筛选出了 34 篇文献，建立了包含 263 对观测值的数据库。利用 Meta 分析方法，针对不同试验类型、节水灌溉类型、种植制度、水稻类型、节水灌溉时期、土壤全氮、土壤质地、氮肥施用量及施用次数，探究了节水灌溉对水稻产量和品质的影响。从总效应来看，与持续淹水灌溉相比，节水灌溉对水稻产量和品质均无显著影响。从不同节水灌溉类型来看，与持续淹水灌溉相比，轻度节水灌溉显著提高了稻米糙米率（＋0.9％）、精米率（＋1.5％）和整精米率（＋2.3％），对水稻产量、垩白粒率、垩白度、长宽比、直链淀粉、胶稠度和蛋白质含量均无显著影响。但是，重度节水灌溉显著降低了水稻产量（－22.1％）、糙米率（－2.7％）、精米率（－2.7％）和整精米率（－3.6％），同时显著增加了稻米垩白粒率（＋28.0％）和垩白度（＋46.7％），对稻米长宽比、直链淀粉、胶稠度和蛋白质含量影响不显著。此外，从不同种植制度看，与持续淹水灌溉相比，在我国双季晚稻区进行节水灌溉显著降低了稻米蛋白质含量（－9.8％）；而在双季早稻区、中稻区和单季稻区进行节水灌溉对稻米蛋白质含量影响不显著。总体而言，与持续淹水灌溉相比，轻度节水灌溉显著提高了稻米加工品质，对水稻产量、外观品质、蒸煮食味品质和营养品质影响不显著；重度节水灌溉显著降低了水稻产量、加工品质和外观品质，对蒸煮食味品质和营养品质影响不显著。

（二）肥力

氮肥是水稻生产中最重要的肥料，是保障水稻产量的前提。氮肥运筹是影响水稻产量和品质的主要栽培技术措施之一，合理的氮肥配比能保证水稻更好进行各种生理代谢，在水稻产量和品质形成过程中起着决定性作用。倪日群和林华（2022）研究了不同氮肥施用量对泰两优 217 稻谷产量和品质的影响。结果表明，稻米垩白粒率和垩白度随着施氮量的增加而增加，精米率呈先上升后下降趋势，而出糙率则先小幅增加后趋于稳定；稻米蛋白质含量随着施氮量增加而逐渐上升，而直链淀粉含量随着施氮量增加总体呈缓慢下降趋势。王保君等（2022）通过大田试验，采用随机区组设计，设置对照（不施肥，N0）、常规施氮（270 kg/hm² 纯氮，N）、氮肥减量 15%（229.5 kg/hm² 纯氮，N-15%）和氮肥减量 30%（189 kg/hm² 纯氮，N-30%）4 个处理，研究氮肥减量对浙北优质稻籽粒蛋白质含量的影响。结果表明，同 N 处理相比，N-15% 和 N-30% 处理的产量与籽粒后期蛋白质及其组分含量差异不显著。杨标等（2022）研究了氮肥减施对粳稻稻米淀粉结构与食味品质的影响。结果表明，减氮处理能提高支链淀粉中 A 链、B1链的短支链比例，优化淀粉支链组成，改善淀粉颗粒性状，提高溶解度和膨胀度，降低淀粉糊化热焓值，显著提高稻米的蒸煮和食味品质。李祖军等（2022）研究不同肥料配比对贵州禾苟当 1 号产量及食味品质的影响。随着氮、磷、钾肥施用量增加，峰值黏度和崩解值均不同程度降低，稻米食味品质降低。随着磷肥施用量增加，籽粒香味挥发性主要物质相对含量逐渐上升。

有机肥料可以直接为水稻提供各种丰富的养分，并且有机肥腐熟程度随水稻生育进程而增高，在水稻生育后期能够充分满足水稻对养分的需求，进而达到提升稻米品质的作用。徐令旗（2022）以龙粳 31 为试验材料，设置零肥（N0）、常规施肥（NPK）、生物炭＋常规施肥（OF1）、海藻生物有机肥＋常规施肥（OF2）、基施旺生物有机肥＋常规施肥（OF3）、凹凸棒有机肥＋常规施肥（OF4）6 个处理，研究了不同有机肥对旱直播水稻品质的影响。结果表明，有机肥处理的稻米整精米率高于 NPK 和 N0；垩白度以 OF2 最高，但 OF1、OF3、OF4 垩白度低于 NPK；各处理的精米粒长、粒宽和长宽比无显著差异；与 NPK 相比，有机肥处理增加了稻米蛋白质含量，而直链淀粉含量却呈降低趋势；与 NPK 相比，有机肥施入初期可提高旱直播稻米光泽、味道、口感和食味评分值，但长期施用有机肥将导致旱直播稻米蒸煮食味品质变差。整体而言，长期施用有机肥能改善旱直播稻米的加工品质和外观品质，提高营养品质，但不利于蒸煮食味品质的形成，并且会降低直链淀粉含量。

镁作为植物生长发育的必需元素之一，是氮、磷和钾以外应用于作物较多的元素。张海鹏等（2022）研究了氮肥配施纳米镁对稻米品质的影响。结果表明，施用纳米镁处理的稻米整精米率和蛋白质含量分别提高了 3.51% 和 6.26%，垩白粒率、垩白度和直链淀粉含量分别降低了 2.45%、2.40% 和 4.30%，胶稠度变化不明显。与不施镁处理相比，施用纳米镁处理的稻米食味值、峰值黏度、热浆黏度和崩解值分别提高了 0.79%、1.35%、1.64% 和 0.48%，最终黏度降低了 0.66%，但均未达到显著差异。

硒是人体必需的微量元素之一，对人体健康具有不可替代的作用，同时也是植物生长的有益元素。硅是水稻良好生长所必需的元素，对水稻产量和品质也有重大作用。索常凯等（2022）研究了硅、硒复合喷施对旱稻硒吸收及品质的影响。结果表明，随着施硒量增加，旱稻各器官硒含量趋于上升，但未能达到国家稻米富硒标准；施硅后显著提高了旱稻各部位硒含量，并且达到国家稻米富硒标准 0.04～0.30 mg/kg 的范围，其中 Se_2-Si_{24} 处理硒含量达到 0.063 mg/kg，较 CK 籽粒硒含量提升了 9 倍；单施硅、硒均可提高稻米品质，但硅、硒配施施用效果优于单施，其中 Se_4-Si_{24} 处理稻米精米率、整精米率显著高于其他处理，分别较 CK 精米率和整精米率提升了 19.6% 和 24.8%。邱菁华等（2022）研究了间歇灌溉下不同生育时期喷施水溶性硅肥对品质的影响。结果表明，间歇灌溉下水稻增施硅肥有利于提高糙米率和蛋白质含量，改善稻米加工和营养品质，但施硅肥提高稻米直链淀粉含量不利于改善稻米食味品质。王玮等（2022）以宁粳 44 号为试验对象，设置 4 个不同浓度纳米硒喷施水平：375 g/hm^2（S1）、750 g/hm^2（S2）、1 125 g/hm^2（S3）、1 500 g/hm^2（S4），以喷清水为对照（CK），采用田间试验方法研究喷施纳米硒对品质的影响。结果表明，喷施纳米硒各个处理下，整精米率和籽粒含硒量均高于 CK，其中以 1 125 g/hm^2（S3）处理效果最佳，精米率较 CK 提高 4.72%，籽粒含硒量较 CK 提高 90%。石吕等（2022b）通过富硒土壤（土壤硒含量 1.0 mg/kg 左右）大田试验，在水稻灌浆期（花后 6 d 和 12 d）进行不同浓度（CK：0 g/hm^2、T1：20 g/hm^2、T2：40 g/hm^2、T3：60 g/hm^2、T4：80 g/hm^2、T5：100 g/hm^2、T6：120 g/hm^2）有机富硒液体肥（有机硒 $\geq$ 6.0 g/L）叶面喷施，分析稻米品质变化情况。结果表明，随着硒肥喷施浓度提高，不同组织部位硒含量均呈显著线性增加（$P<0.01$），相关系数达到 0.9 以上。喷硒使硒累积在茎鞘、叶片和穗轴＋枝梗中的比例有增加趋势，而精米、米糠和颖壳中的硒含量占比则有所降低。不同硒肥喷施浓度显著降低稻米垩白粒率（$P<0.05$），提高整精米率和垩白度（$P<0.05$），对糙米率、精米率和长宽比无明显影响；同时降低稻米蛋白质含量，使胶稠度变长，直链淀粉含量和碱消值则无显著变化。

锌是高等植物、动物以及人类所必需的微量元素之一。梅清清等（2022）探讨了潜在缺锌稻田中叶面喷施螯合态锌肥（氨基酸螯合锌、EDTA 螯合锌、黄腐酸螯合锌）和普通硫酸锌对稻米品质的影响。结果表明，与普通硫酸锌处理（0.3%）相比，喷施 0.3% 氨基酸螯合锌或 0.3% 黄腐酸锌精米锌含量分别增加 33.7% 和 29.3%，整精米率分别增加 7.8% 和 6.7%，蛋白质含量增加 29.1% 和 28.3%。螯合态锌肥对水稻籽粒锌含量和品质改善有显著影响。

抗倒酯是一种具有高效植物生长调节活性的环己烷衍生物，与其他植物生长调节剂相比，克服了由于土质、植株及施药时间等影响而使药效减弱或不稳定和毒性大等缺点。张小鹏等（2022）以优质稻品种丰锦和沈农 09001 为试验材料，在分蘖期、拔节初期、孕穗期叶面喷施不同浓度（0、90 mg/L、180 mg/L、360 mg/L 以及 1 200 L/hm²）的抗倒酯，研究抗倒酯对优质稻米品质的影响。结果表明，蛋白质含量随着施用浓度增加而增加，大米食味值呈下降趋势，糙米率、精米率显著下降，对其他米质性状无显著影响；施用时期越晚对水稻外观品质及营养品质影响越小，稻米品质越好。

秸秆还田能提高土壤肥力，为作物生长创造合适的土壤水分条件，维持土壤结构的稳定性，对作物具有稳粮增收效果。秦猛等（2022）研究秸秆膨化还田对水稻产量、品质及土壤养分的影响。结果表明，膨化还田增加了稻米的精米率、钙和铁含量，降低了垩白粒率、垩白度和蛋白质含量，提高了稻米食味。

生物炭作为一种新兴土壤改良剂，具有碳元素稳定、孔隙结构发达和比表面积大等特点。石昌等（2022a）以南粳5055为材料，进行了不同生物炭施用量（0、20、40、60、80 t/hm²）的盆栽试验，研究如皋沙壤土和如东草甸土条件下生物炭施用对稻米品质的影响。结果表明，随着生物炭施用量增加，糙米率、精米率以及整精米率逐渐上升，垩白粒率、垩白度逐渐下降，稻米蛋白质含量有所增加，胶稠度、直链淀粉含量和碱消值变化多不显著，其中胶稠度随生物炭施用量的增加有变长的趋势。

（三）播期

确定适宜播期是水稻种植的重要环节与内容，播期不同导致生育期内气候条件差异，进而对产量和品质造成影响。李阳等（2022）以广两优476（GLY476）和黄华占（HHZ）两水稻品种为材料，设置5个播期处理，即S1（5月10日）、S2（5月17日）、S3（5月24日）、S4（5月31日）、S5（6月7日），研究播期对稻米品质形成的影响。结果表明，两个品种在S4和S5处理下的整精米率均高于其他播期处理；随着播期延后，两个品种S5处理的垩白粒率和垩白度分别较各自的最高值下降14.1%～17.1%和4.6%～7.8%；营养品质变化趋势和外观品质一致，随着播期延后呈显著下降趋势，两个品种S5处理的平均直链淀粉含量较S1处理降低1.3%～1.5%，蛋白质含量降低2.0%。李博等（2022）以川优6203、宜香优2115和F优498等3个杂交籼稻品种为试验材料，在四川再生稻次适宜区隆昌市和犍为县设置播期试验，通过对稻米直链淀粉和蛋白质含量测定，以及米饭气味、外观、适口性、滋味、冷饭质地和综合评分等指标的分析，研究播期对再生稻次适宜区杂交籼稻食味品质的影响。结果表明，杂交籼稻食味品质受生态点、播期、品种及其互作共同调控；在再生稻次适宜区，播期对不同品种食味品质的影响在不同生态点有差异，2年直链淀粉含量、蛋白质含量和滋味，以及2018年适口性和综合评分均表现为隆昌生态点显著低于犍为生态点；与常规播期相比，适当推迟播期能使水稻灌浆结实期避开高温胁迫，提高直链淀粉含量、改善适口性和滋味，提高综合评分，使食味品质更为接近再生稻；在确保水稻产量基础上，隆昌生态点在第3播期（5月初）播种，犍为生态点在第2播期（3月20—25日）播种，可以使水稻灌浆结实期避开高温胁迫，改善杂交籼稻食味品质，优质食味品种宜香优2115、川优6203与适当推迟播期结合效果更好。雷伏贵等（2022）认为播种越早，产量越高，早播种的整精米率偏低，垩白度偏高；迟播种的整精米率低；适期播种的整精米率高，垩白度低，米质等级达部颁优质一等食用稻品质标准。

（四）种植方式

稻虾共作模式具有显著的经济效益和生态效益，推广应用面积快速增长。张明伟等（2022）以常规机插秧种植模式为对照，研究了稻虾共作模式对南粳9108、南粳5718和丰优香占3种不同类型水稻品质的影响。结果表明，与常规模式相比，各品种在稻虾共作模式下稻米外观品质与食味品质有所提高。

稻鱼综合种养模式是在水稻生长季节以稻田为基础，在稻田中放养鱼，通过稻鱼互惠互利而形成的复合种养生态农业模式。唐会会等（2022）为了探索稻鱼综合种养水稻品种的适应性和丰产性，对品种的产量、农艺性状及品质等进行综合分析。结果表明，产量在 7 500 kg/hm² 以上的品种有黔优 35、泰丰 A/QR35、495A/QR151、宜香 2115、千乡 955A/QR79、川优 6203、泰丰 A/QR79；稻米外观品质、加工品质和蒸煮食味品质较佳的有泰丰 A/QR79、盛韵香红、凯香 1 号，其次为川优 6203、T 香优 557、宜优 1611、千乡 955A/QR79、泰丰 A/QR35、495A/QR151。综合考虑产量及品质，以泰丰 A/QR35、泰丰 A/QR79、495A/QR151、千乡 955A/QR79 比较适宜在稻鱼综合种养中种植。

康楷等（2022）为了探究新型耕作方式，解决水稻传统耕作方式全层施肥肥料利用率低、全生产过程作业环节多、成本高的问题，2018 年在齐齐哈尔市泰来县农研所开展旱平垄作双侧双深施肥试验，采用当地主栽品种龙稻 21，随机区组试验设计，设计 13 cm、14 cm 两种穴距，常规处理（P）行距均为 30 cm × 30 cm，旱平垄作双侧双深施肥处理（L）行距均为宽窄行 13 cm × 37 cm，分别在分蘖期、齐穗期与成熟期选取有代表性的植株 4 穴考种，计算理论产量，测定营养品质与食味评分。两种耕作模式下，13 cm 穴距处理的产量均高于 14 cm 穴距处理，L1、L2、L5、L6 产量均极显著高于常规平作，垄作处理的产量平均较 P1 处理高 6.24%，较 P2 处理高 9.33%。在营养品质中，13 cm 穴距处理的蛋白质含量均低于 14 cm 穴距处理，蛋白质含量：垄作速效肥＞常规平作＞垄作缓释肥。直链淀粉含量均呈 13 cm 穴距处理小于 14 cm 穴距处理，但旱平垄作模式与常规搅浆平作均未达到显著水平。旱平垄作与常规搅浆平作的食味评分中，14 cm 穴距处理的食味评分值均小于 13 cm 穴距处理。食味评分表现为 L1＞L3＞L2＞L5＞L4＞P1＞L6＞P2。本试验条件下，旱平垄作模式中施用中化缓释肥处理的产量显著高于常规平作处理，全层缓释肥处理品质的改良效果优于其他处理。

以麦—稻、油—稻和菜—稻为主的多元化复种轮作模式在我国农业生产中占据主导地位；随着作物产量增加，秸秆总量不断增加。袁晓娟等（2022）以杂交籼稻宜香优 2115 和晶两优 534 为材料，研究麦—稻（T1）、油—稻（T2）、菜—稻（T3）复种轮作下前茬作物秸秆还田对不同机插杂交籼稻米质的影响。结果表明，3 种复种轮作模式下秸秆还田对品种垩白粒率、垩白度、崩解值、消减值等产量及米质指标均存在显著或极显著影响。相对 T1、T3 模式，T2 模式下垩白粒率分别降低 17.77%～26.03%、9.33%～35.26%，垩白度分别降低 26.07%～30.73%、11.55%～56.88%，崩解值分别提高 3.13%～7.52%、10.35%～11.23%，消减值分别降低 9.64%～9.84%、23.48%～24.74%。3 种复种轮作模式下，机插晶两优 534 的垩白粒率、垩白度分别显著降低 37.95%～77.43%、34.25%～80.80%；崩解值显著降低 15.31%～28.79%，消减值显著提高 48.30%～65.30%。但机插宜香优 2115 外观、口感、食味值分别比晶两优 534 提高 1.16%～11.64%、1.73%～9.40% 和 0.78%～4.74%。

第二节 国内稻米质量安全研究进展

水稻受产地环境污染、化肥农药不合理使用等影响，广泛存在重金属超标和农药残留等安全问题。2014年公布的《全国土壤污染状况调查公报》显示，土壤无机污染物超标点位数占全部超标点位的82.8%，主要是镉（Cd）、汞（Hg）、砷（As）、铜（Cu）、铅（Pb）、铬（Cr）、锌（Zn）、镍（Ni）8种重金属，其中Cd点位超标率达7%，居八大超标金属元素之首，并且Cd含量在全国范围内普遍增加。与其他谷类作物相比，水稻根系具有更高的Cd吸收能力，易导致稻米Cd含量超标，通过食物链传递威胁人类身体健康。近年来，对稻米重金属Cd污染的研究引起了国内外学者广泛关注。

一、水稻重金属积累的遗传调控研究

大量研究表明，不同水稻品种由于遗传差异，在对稻田重金属元素的吸收和分配上存在很大差异。此外，水稻不同器官对重金属元素的吸收蓄积能力也存在很大差异。曾民等（2022）采用大田试验，对2份低镉株系、2份高镉株系各器官中镉含量、总积累量、亚细胞镉分布及生育期各器官镉积累动态变化特征进行研究。结果表明，所有株系不同器官Cd含量高低顺序为根＞茎＞叶＞谷壳＞籽粒。高Cd株系（GJ11、GJ110）根、谷壳、籽粒Cd含量均显著高于低Cd株系，高Cd株系根部Cd质量分数分别为24.2 mg/kg、22.4 mg/kg，几乎是低Cd株系（GJ71、GJ91）的2倍。高Cd株系（GJ11、GJ110）根与籽粒的Cd含量比值分别是43.21和32.94，均低于低Cd株系（GJ71、GJ91）的67.5和471。所有株系分蘖期和灌浆期各器官Cd含量亚细胞分布表现为细胞壁＞可溶部分＞细胞器，细胞壁Cd含量占总量的39.47%～60.39%。研究表明，高Cd株系对镉的吸收及转运到籽粒的能力均高于低Cd株系。

基于品种间Cd含量的遗传差异，国内学者利用QTL、分子生物学等技术初步探讨了水稻Cd积累的遗传机制。董铮等（2022）以由8个亲本衍生的MAGIC群体为试验对象，对稻米镉含量开展全基因组关联分析（genome-wide association analysis, GWAS），发掘QTL位点，解析其遗传机制。结果表明，检测到了14个Cd积累相关的QTL位点，除了第8染色体之外，其他11条染色体上均有分布。其中6个位点与已报道基因一致，8个为新发现位点。这8个位点分布在第2、4、7、9和12染色体上，均可以在两个及以上环境中检测到，效应较为稳定，可用于下一步精细定位及功能研究。结合基因注释和基因表达分析结果，推测LOC_Os02g37160、LOC_Os02g49560、LOC_Os04g39010和LOC_Os06g46310为Cd含量相关位点候选基因，这些基因与重金属转运和积累等功能相关。另外，筛选到10个携带有利等位基因的优良株系，可用于低Cd积累水稻材料的创制。研究结果对于镉积累相关遗传研究和利用分子标记辅助选育低镉积累品种具有一定意义。

黄婧等（2022）通过离子组学技术系统分析中国栽培稻核心种质资源 209 个品种籽粒的离子谱，鉴定出一批铁、锌等高富集以及镉低积累的水稻品种，并选择籼稻（*indica*）品种花楸 03 和粳稻（*japonica*）品种 SKC 进行进一步研究。结果表明，尽管这两个品种对 Cd 积累相关的耐受性和吸收能力无显著差异，花楸 03 籽粒和地上部分的 Cd 积累相关积累量显著高于 SKC，而 Fe、Zn 等含量差异不显著。以花楸 03 和 SKC 为亲本构建了包含 137 个单株的双单倍体（doubled haploid，DH）群体，共检测到 8 个控制 Cd 在叶和籽粒中积累的 QTL，分别位于第 2、3、4、7、8、10 和 11 染色体上，能解释 10.6％～39.4％的表型变异。其中第 3 染色体上检测到的控制 Cd 向籽粒转运的 QTL *qGCd3* 定位在 RM6266-RM2334，LOD（limit of detection）值和贡献率分别为 3.81％ 和 39.4％，此处可能存在一个控制镉向籽粒转运的重要基因。

徐君等（2022）以水稻微核心种质为材料，基于籽粒镉积累关联基因的功能性 SNP 位点开发了 KASP 分子标记 LCd-38。选取安全利用类镉污染土壤为试验地，利用该标记对当地主栽水稻品种进行基因分型和镉低积累水稻品种筛选。结果表明，开发的分子标记 LCd-38 能够有效将不同水稻品种分为籽粒高 Cd 积累基因型（CC）和低 Cd 积累基因型（TT）。以水稻苗期叶片为材料，快速鉴定到试验区 5 个低 Cd 积累水稻品种和 5 个高 Cd 积累水稻品种，与成熟期实测籽粒 Cd 含量结果一致。综上所述，分子标记 LCd-38 可以高效准确地预测不同水稻品种的籽粒镉积累特性，应用于镉低积累水稻品种的早期筛选和分子标记辅助选择育种。

二、水稻重金属胁迫耐受机理研究

许多重金属都是植物必需的微量元素，对植物生长发育起着十分重要的作用。但是，当环境中重金属数量超过某一临界值时，就会对植物产生一定的毒害作用，如降低抗氧化酶活性、改变叶绿体和细胞膜的超微结构以及诱导产生氧化胁迫等，严重时可致植物死亡。植物在适应污染环境的同时，逐渐形成了一系列忍耐和抵抗重金属毒害的防御机制。

戎红等（2022）研究了苯并三唑（BTA）（2.5 mg/L、5.0 mg/L、10.0 mg/L）、镉（5 μmol/L）单一及其组合处理对水稻幼苗生长的毒性效应。结果显示，与对照组相比，随着浓度升高，BTA 显著降低叶片的叶绿素含量，抑制水稻幼苗生长，降低可溶性糖和淀粉含量，提高可溶性蛋白、游离氨基酸含量和硝酸还原酶（NR）活性，但抑制谷氨酰胺合成酶（GS）和谷氨酸合成酶（GOGAT）的活性。与单一 Cd 处理相比，BTA 与 Cd 复合处理加剧了叶绿素的降解代谢，并显著抑制水稻生长。同时，低浓度（2.5 mg/L 或 5.0 mg/L）BTA 与 Cd 复合降低淀粉和可溶性糖含量，而高浓度（10 mg/L）BTA 与 Cd 复合则提高淀粉和可溶性糖含量。此外，BTA 与 Cd 复合处理提高了游离氨基酸含量和 NR 活性，但降低了 GOGAT 活性，且 Cd 与不同浓度 BTA 的组合对 GS 活性具有高促低抑的特点。结果表明，BTA 在一定程度上抑制碳氮代谢，但与 Cd 复合后对碳氮代谢具有高促低抑的浓度效应。

三、水稻重金属污染控制技术研究

（一）低重金属积累品种的筛选

通过选择籽粒低重金属积累的水稻品种种植，从而在重金属轻中度污染的土壤上持续进行稻米安全生产已被公认为是最经济有效的途径。

徐立军等（2022）在大田试验环境下筛选籽粒镉低积累水稻品种。结果表明，供试水稻品种产量和籽粒 Cd 含量存在显著差异，综合考虑推荐种植的水稻品种为：甬优538、浙粳优 6153、浙粳 99、浙辐粳 83、秀水 121。供试水稻品种籽粒、秸秆的 Cd 含量变化范围分别为 0.13～0.95 mg/kg、1.39～3.84 mg/kg，籽粒 Cd 的变化幅度大于秸秆 Cd，且秸秆的 Cd 富集能力大于籽粒，说明与 Cd 吸收能力相比，Cd 转运能力对籽粒 Cd 积累的影响更大。通过对籽粒 Cd 含量聚类将 14 个水稻品种分为低镉含量组、中镉含量组、高镉含量组。低镉含量组各部位的 Cd 富集系数和 Cd 转运系数均低于其他两组，说明低镉含量组水稻品种同时具有较低的 Cd 吸收能力和 Cd 转运能力。随着生育时期推进，植株 Cd 含量不断提高。齐穗期—成熟期不同类型水稻品种植株 Cd 含量差异较大，说明齐穗期—成熟期是植株 Cd 快速积累和影响籽粒 Cd 积累的关键时期。

王会来等（2022）在丽水市莲都区轻中度镉污染农田开展水稻品种种植试验，筛选适于该地区镉轻度污染稻田安全生产的水稻品种。结果表明，在供试的 14 个水稻品种中，除甬优 9 号（糙米镉含量 0.222 mg/kg）外，其余水稻品种糙米 Cd 含量为 0.004～0.148 mg/kg，均低于《食品安全国家标准 食品中污染物限量》（GB 2762—2017），满足试验区轻度污染稻田安全生产需求。水稻品种甬优 362、甬优 1540、甬优 538 等适用于丽水市莲都区且籽粒 Cd 累积具有相对较低和稳定的特性，具有较高推广利用价值。

邵晓伟等（2022）以中嘉早 17、金早 51、中组 143、甬籼 15、嘉创 18、中早 39 和浙 1831 共 7 个水稻品种为试验材料，采用盆栽试验方法，比较分析在 2.70 mg/kg 和 5.77 mg/kg 的镉污染土壤中各水稻品种的镉低积累水平，以筛选出镉低积累品种。结果表明，不同水稻品种间 Cd 积累特性存在极显著差异，其中中嘉早 17、金早 51、浙1831 均具有一定的 Cd 低积累特性，表现为金早 51＞浙 1831＞中嘉早 17，而中组 143、甬籼 15 等品种耐 Cd 性较差，不具有 Cd 低积累特性。

（二）农艺措施

农艺措施一般是指通过肥料运筹、水分管理以及改变耕作制度等传统农艺措施来减少水稻重金属污染。

刘小琴（2022）通过大田试验在水稻抽穗期和灌浆初期进行叶面喷施硅（Si）肥、硒（Se）肥、黄腐酸钾和海中钙叶面阻控剂，探究 4 种叶面阻控剂对水稻各个部位镉含量的影响。结果表明，4 种叶面阻控剂均能有效降低水稻各部位的 Cd 含量，其中黄腐酸钾阻控水稻茎、叶 Cd 积累的效果最好；Se 肥阻控水稻籽粒 Cd 积累的效果最好；黄腐酸钾对水稻籽粒中 Cd 含量的影响主要是通过提高茎—叶转运系数，而 Se 肥则是降低叶片—籽粒转运系数，叶面喷施黄腐酸钾和硒肥对减少水稻镉积累量具有一定实践意义。

陈正华等（2022）研究了在水稻种植环节使用新型生物肥料"腐殖酸复合肥"、绿肥种植、生态种植 3 种技术对稻谷籽粒镉含量的影响。结果表明，在中度 Cd 污染农田中，施用生物肥料 35％腐殖酸复合肥可使稻谷籽粒 Cd 含量降低 46.68％；每公顷水稻施用紫云英 22 500 kg（底肥）和生石灰 600 kg（压青）可使稻谷籽粒 Cd 含量降低 56.20％；不施化学肥料和化学农药或少施化学肥料和化学农药的生态种植模式，可使稻谷籽粒 Cd 含量降低 50％左右。水稻种植环节的种植模式及施肥方式对水稻籽粒镉累积有显著影响。

张嘉伟等（2022）通过盆栽试验，研究了在淹水灌溉和湿润灌溉条件下蚓粪施用对土壤理化性质及水稻积累镉的影响。结果表明，湿润灌溉下土壤 pH 值高于淹水灌溉，蚓粪加速了淹水灌溉下土壤 Eh 值的下降；淹水灌溉下土壤 Fe^{2+} 含量显著高于湿润灌溉，蚓粪的施用进一步提高了土壤 Fe^{2+} 含量；与不施蚓粪相比，淹水灌溉下施用蚓粪显著降低了土壤 DTPA-Cd 含量，但总体上仍高于同期湿润灌溉。当灌溉方式相同时，糙米中 Cd 的含量随蚓粪施用量增加而下降；同等蚓粪施用量下，淹水灌溉较湿润灌溉更能有效降低 Cd 在糙米中的积累。

王元元等（2022）通过比较种植模式双季稻（RR）、春玉米—晚稻（MR）、早稻—秋玉米（RM）的生育期、产量及农产品镉含量等，探讨湖南镉污染稻田玉米对水稻季节性替代种植的可行性。结果表明，从生育季节来看，3 种模式的晚季作物均能在 10 月下旬成熟，均适合在湖南双季稻区应用。2015 年和 2016 年两季作物总产量分别以 RR 和 MR 模式较高，但差异均不显著。RM 与 MR 模式的水稻糙米 Cd 含量较 RR 模式有降低趋势，2016 年晚稻表现更明显，从 0.823 mg/kg 降至 0.621 mg/kg。水稻糙米 Cd 含量在 0.231～0.823 mg/kg，玉米籽粒 Cd 含量在 0.036～0.081 mg/kg。水稻 Cd 积累量远高于玉米，晚稻 Cd 积累量远高于早稻，3 种模式两季作物地上部总 Cd 积累量表现为 RR＞MR＞RM，且差异显著。可见，从生育季节、产量和籽粒镉含量等角度考虑，春玉米—晚稻与早稻—秋玉米种植模式替代双季稻模式是可行的，考虑到春玉米—晚稻种植模式地上部镉移除量较多，因此宜首选春玉米—晚稻模式。

陈奕暄等（2022）在浏阳市蕉溪镇某中度污染农田（pH 值为 5.73，Cd 总含量为 0.86 mg/kg）开展大田试验，分析亚麻—水稻水旱轮作模式对镉的累积能力以及对农田土壤镉污染的修复效率。结果表明，亚麻对 Cd 具有较强的富集能力，其叶片 Cd 含量最高，为 7.77 mg/kg，富集系数（BCF）达 9.83；果壳与籽粒的镉含量均在 3.00 mg/kg 以上，对应的 BCF 值分别为 4.18 和 3.86。一季亚麻的总生物量为 16 950.50 kg/hm²，可提取 Cd 74.28 g/hm²，修复效率为 3.84％。与前茬未种亚麻的对照相比，轮作模式下水稻各部位尤其是糙米对 Cd 的累积呈现明显下降的趋势。后茬水稻收获后，稻草离田，亚麻—水稻轮作模式每年可从土壤中提取 Cd 达 128.26 g/hm²，修复效率达到 6.63％。

石含之等（2022）选取中国南方地区典型地带性土壤（红壤），研究了不同剂量水稻根茬还田（质量分数分别为 0.24％、0.48％、0.72％）下土壤及水稻中镉质量分数的变化及其影响因素。结果表明，水稻根茬还田后，0.48％、0.72％处理中土壤有效态 Cd 质量分数较对照显著增加，增幅为 8.2％～88.2％；3 种剂量根茬还田，稻根 Cd 含量显著增加 2.0～4.0 倍；稻米中 Cd 含量随着根茬还田量的增加而呈现先降低后增加的趋势，根茬还田量为 0.24％时，稻米 Cd 含量较对照降低 30.6％；根茬还田量为 0.72％时，稻米含量 Cd 显著增加 54.2％（$P < 0.05$）。根茬还田量高于 0.48％会加剧稻米 Cd 污染风险。该研究揭示了水稻根茬还田对土壤及稻米中镉的影响因素，确定了根茬还田量的临界值，对实际生产中根茬还田处理具有指导意义。

蒋艳方等（2022）以 Y 两优 9918 和甬优 4149 为材料，采用随机区组设计开展大田试验，比较头季与再生季产量与镉积累分配特性。结果表明，两品种头季成熟期根、茎、叶、穗的 Cd 含量均显著低于再生季，再生季糙米 Cd 含量为 0.13～0.17 mg/kg，显著高于头季；再生季各器官 Cd 含量、Cd 积累量、日均 Cd 积累速率、Cd 转移系数与富集系数均大于头季，Y 两优 9918 与甬优 4149 再生季 Cd 总积累量分别是头季的 4.28 倍和 2.67 倍，再生季糙米 Cd 含量分别是头季的 1.63 倍和 1.42 倍；头季稻穗部 Cd 主要来自灌浆中期—成熟期，而再生季主要来自齐穗前，Cd 积累最快阶段存在品种间差异；两品种稻桩 Cd 积累量在再生季全生育期内表现累积趋势，但各生育阶段的表现存在品种间差异，Y 两优 9918 以灌浆中期为界先降后升，甬优 4149 表现先降后升再降趋势。结果表明，再生季镉超标风险大于头季，在镉污染稻作区应慎重发展再生稻，同时再生季降镉措施的应用应以齐穗前为重点。

（三）土壤修复

1. 物理/化学修复

污染土壤修复常用的物理方法有客土法、换土法、翻土法、电动力修复法等。其中，客土法、换土法、翻土法通过对污染地土壤采取加入净土、移除旧土和深埋污土等方式来减少土壤中的镉污染。化学修复是指向污染稻田投入改良剂或抑制剂，通过改变 pH 值、Eh 等理化性质，使稻田重金属发生氧化、还原、沉淀、吸附、抑制和拮抗等作用，降低有毒重金属的生物有效性。目前国内对重金属镉污染稻田土壤修复以化学修复法居多，常用技术主要如下。

（1）固定/钝化

通过施用石灰、草炭、粉煤灰、褐煤和海泡石等改良剂，可以有效降低土壤中重金属的有效性，降低有毒重金属在糙米中的累积。

肖敏等（2022）采用田间小区试验，研究了紫云英（CMV）与石灰（L）单施及两者配施（CMVL）对土壤镉有效性、水稻根表胶膜及镉吸收转运的影响。结果表明，L 与 CMVL 处理土壤 pH 值分别显著提高 2.11～2.43 和 1.68～2.48 个单位、二乙烯三胺五乙酸提取态（DTPA-Cd）含量分别显著降低 18.88％～40.53％ 和 20.74％～

36.85%，而 CMV 处理对其无显著影响。CMV 处理水稻成熟期根表胶膜 Cd 吸附量（DCB-Cd）显著提高 86.72%，根 Cd 吸收显著增加 124.27%，Cd 由叶向米的转运系数提高 5.58 倍，稻米 Cd 含量显著增加 58.54%。L 和 CMVL 处理成熟期 DCB-Cd 含量分别显著降低 34.86% 和 42.42%、Cd 由根表胶膜向根的转运系统分别显著提高 170.6% 和 158.8%、Cd 由根向茎的转运系数分别显著降低 75.87% 和 74.71%、Cd 由根向米的转运系数分别显著降低 74.38% 和 68.13%，稻米 Cd 含量分别显著降低 54.88% 和 51.83%。土壤 pH 值、DTPA-Cd 和 DCB-Cd 含量是影响稻米 Cd 含量的主要因素。在镉污染稻田施用紫云英时，建议配施石灰可达到显著降低稻米镉的效果。

上官宇先等（2022）通过田间试验揭示不同钝化剂处理（海泡石、秸秆生物炭、石灰、石灰＋腐殖酸、石灰＋海泡石、石灰＋偏硅酸钠＋硫酸镁）对土壤镉及水稻吸收镉的影响。结果表明，单施石灰使稻田土壤 pH 值提升 3.7%；石灰＋海泡石（施用质量比为 2∶15）能使水稻籽粒 Cd 含量降低 72.8%，水稻秸秆 Cd 含量降低 28.0%；石灰＋腐殖酸（施用质量比为 2∶1）能使水稻对 Cd 的转移系数降低 28.0%。对水稻籽粒和秸秆 Cd 含量的相关性分析可知，水稻籽粒 Cd 含量与秸秆 Cd 含量呈线性正相关关系，选用适当的钝化材料并进行适当处理能够有效降低水稻籽粒中的 Cd 含量，降低污染风险，同时还可以改善土壤理化性状，起到修复受污染土壤的作用。

王雪等（2022）为选取湖南湘潭酸性水稻土，采用根际箱培养的方式，研究海泡石施加深度对土壤中镉生物有效性、植株镉吸收和根际环境的影响特征。结果表明，与未添加海泡石的对照相比，海泡石在施加深度为 20 cm、10 cm 和 5 cm 的处理下，根际与非根际各层土壤 pH 值分别提高了 1.00～1.16、0.59～1.21 个单位，根际与非根际各层土壤中 Cd 有效态含量分别降低了 0.02%～3.40% 和 1.00%～7.80%，且海泡石施加深度为 5 cm（T2）时根际与非根际层土壤 Cd 有效态含量降幅最大，分别为 3.40% 和 7.80%；海泡石不同施加深度处理水稻各部位 Cd 含量均有下降，且在施加深度 5 cm 并隔离根系向未钝化土壤延伸处理（T4）降幅最大，与对照相比根部 Cd 含量下降显著（$P < 0.05$），同时海泡石在不同施加深度处理下水稻株高和产量均有提高，且与对照相比海泡石在 T2 和 T4 耕层深度处理下株高和产量显著提高（$P < 0.05$）。可见，浅耕（耕层 5 cm 处理）施用海泡石降低土壤镉生物有效性效果最好，且降低了水稻中 Cd 含量，显著提高了水稻产量。

何丽霞等（2022）研究复配钝化剂对土壤有效态重金属（Cd、Pb 和 Cu）及水稻吸收重金属的影响及其作用机理。室内筛选试验表明，在 11 种无机和有机钝化剂中，海泡石、生石灰和聚丙烯酰胺对土壤重金属钝化效果较好，使有效态 Cd、Pb 和 Cu 分别降低了 32.4%～89.2%、19.5%～99.1% 和 49.4%～92.4%，并将它们确定为复配钝化剂的成分。大田试验结果表明，生石灰、聚丙烯酰胺和海泡石复配对土壤中重金属钝化效果最佳，使有效态 Cd、Pb 和 Cu 分别降低了 28.6%、20.2% 和 23.5%（$P < 0.05$），其钝化机制为离子交换和络合作用，而且该复配钝化剂对土壤化学性质影响最小。复配钝化剂使稻米中 Cd 的质量分数降低了 21.7%～93.1%（$P < 0.05$）。另外，

复配钝化剂对土壤微生物丰度和多样性没有显著影响。考虑到土壤的安全性和稳定性，推荐将生石灰、聚丙烯酰胺和海泡石复配钝化剂用于降低红壤稻米对镉的吸收以确保粮食安全生产，研究结果可为重金属污染红壤稻田的安全利用提供参考。

胡祖武等（2022）以南方镉污染的红壤性水稻土为研究对象，采用盆栽试验，研究不同添加量（0.2％和0.4％）的低硅（BW3）和高硅（AH、AB）含量的3种不同类型生物炭对土壤镉形态含量及水稻产量、生物量和镉吸收、镉累积的影响。结果表明，添加富硅生物炭，土壤中可交换态和还原态Cd占比均降低，而可氧化态和残渣态Cd占比均增加。水稻各部位Cd含量由大到小依次为根、秸秆和籽粒。与CK相比，添加生物炭显著降低了水稻各部位Cd含量，其中以添加0.4％高硅生物炭AB的处理降低效果最为明显，比CK降低了66.85％（$P < 0.05$）；秸秆Cd的含量变化规律与籽粒变化趋势基本一致；根系Cd的含量在两种施加量水平下，由大到小均表现为CK、BW3、AH和AB，且差异显著（$P < 0.05$）。添加富硅生物炭提高了水稻产量、秸秆生物量和根系生物量。在两种施加量水平下，籽粒产量、秸秆生物量、根系生物量均表现为低硅生物炭（BW3）和高硅生物炭（AH、AB）间差异显著（$P < 0.05$）。相较于CK，添加富硅生物炭显著降低了水稻Cd富集系数（BCF），降幅为14.52％～36.32％。转移系数TF1（根部到秸秆）和TF2（根部到籽粒）变化规律大致相似。无论是高量还是低量添加富硅生物炭，TF1和TF2均显著小于CK处理（$P < 0.05$），降幅分别为50.64％～57.39％、48.87％～56.05％和31.39％～47.67％、29.06％～45.34％。结果表明，添加富硅生物炭能改变镉污染农田土壤镉形态含量，降低镉的生物有效性，减少水稻对镉的吸收；同时还能提高水稻生物量和籽粒产量。综上所述，富硅生物炭可以作为镉污染农田修复的一种调理剂，尤其是以高硅生物炭效果最好。

吕俊飞等（2022）分别以海泡石（BM2）、蒙脱石（BM3）、凹凸棒石（BM4）、沸石（BM5）、羟基磷灰石（BM6）和生石灰（BM7）不同种类矿物作为修复材料，在浙江省某一轻度Cd污染地区的农田土壤中进行2年4季的田间钝化修复试验。结果表明，生物炭、海泡石、凹凸棒石、羟基磷灰石和生石灰都能略微增加水稻产量，但统计上并没有显著性差异。所有钝化处理都能降低土壤有效Cd含量和水稻籽粒Cd含量。各处理降低籽粒Cd含量的效果由大到小依次为生物炭、生石灰、沸石、蒙脱石、羟基磷灰石、凹凸棒石、海泡石和对照。其中，经生石灰处理后土壤有效Cd含量和水稻籽粒Cd含量分别为0.214 mg/kg和0.169 mg/kg，与BM0相比分别降低25.17％和41.26％。此外，与对照相比，生石灰处理可交换态Cd在全Cd中的质量占比降低10个百分点，但铁锰氧化物结合态和有机态Cd含量增加，其他矿物处理Cd形态变化趋势相同，说明矿物修复Cd污染土壤主要通过将可交换态Cd转化为铁锰氧化物结合态Cd和有机态Cd，而碳酸盐结合态Cd和残渣态Cd几乎不参与该过程的转化。

（2）离子拮抗

利用金属间的协同作用或拮抗作用来缓解重金属对植株的毒害，并抑制重金属的吸收和向作物可食部分转移，从而达到降低重金属含量的目的。

呼艳姣等（2022）研究镉、锌、硒及不同组合复合添加对水稻种子萌发、植株生长发育和不同部位镉含量的影响。结果表明，不同 Zn 浓度水平胁迫下，种子萌发表现为低促高抑，添加 Zn 后可以缓解 Cd 对种子生理指标的抑制作用，减少 Cd 含量的积累，添加 Se 则不能缓解种子生理指标的抑制作用，且高 Se 会加重毒害使种子生理指标值降低，Zn-Se 联用可以促进种子萌发，但不能促进幼根幼芽生长；在 5 mg/L Cd 胁迫下，添加不同浓度 Se、Zn 均能显著增加水稻幼苗的根长、株高、叶片相对含水量、SPAD 值，缓解镉对水稻生长发育的毒害，显著降低水稻根系 Cd 含量；但 Zn-Se 联用会使水稻株高、SPAD 值显著降低，而对水稻根长、叶片相对含水量的影响不显著。可见，镉胁迫下添加适宜浓度的锌、硒可以有效降低镉在水稻中的积累，缓解镉对水稻生长发育的毒害作用。

滕浪等（2022）通过营养液培养的方法，在 2 种镉胁迫浓度（1.0 mg/L、2.0 mg/L）下添加 4 种钙（Ca^{2+}）浓度（0、0.5 g/L、1.0 g/L、2.0 g/L），研究其对水稻品种红优 2 号、黑糯 72 与杂交品种 C 两优华占、宜香优 2115 苗期镉吸收及转运的影响。结果表明，各水稻品种对 Cd 的吸收能力强弱关系为：宜香优 2115＞C 两优华占＞红优 2 号＞黑糯 72，添加 Ca^{2+} 能够显著降低水稻根系、叶鞘及叶片中 Cd 含量，且在 Cd 浓度为 2 mg/L 添加 2 g/L Ca^{2+} 处理下红优 2 号、黑糯 72、C 两优华占、宜香优 2115 根系分别显著降低 58.39%、71.38%、51.71%、80.21%；叶鞘分别显著降低 39.03%、60.54%、67.77%、73.59%；叶片分别显著降低 46.39%、56.77%、71.73%、59.35%。添加 Ca^{2+} 能够降低 C 两优华占中 Cd 由根系向叶鞘与叶片中转移，增加宜香优 2115 中 Cd 由根系向叶鞘与叶片转移，红优 2 号与黑糯 72 处理间转移系数无明显差异。可见，钙能降低水稻苗期对镉的吸收，可为进一步探讨喀斯特地区土壤中钙对镉污染稻田土壤安全利用提供科学依据。

2. 生物修复

污染土壤生物修复法主要可分为植物修复法和微生物修复法。植物修复法大都是通过种植超积累植物实现的。利用超积累植物吸收污染土壤中的重金属并在地上部积累，收割植物地上部分从而达到去除污染物的目的。土壤中一些微生物对重金属具有吸附、沉淀、氧化、还原等作用，因此可以通过工程菌培养、微生物投放来降低污染土壤中重金属的活性和毒性。

柳玲林等（2022）以高 Cd 耐性水稻品种'特优 671'和低 Cd 耐性水稻品种'百香139'为材料，通过盆栽土培试验，研究了接种 TCd-1 菌株对 10 mg Cd/kg 处理水稻 Cd 吸收、根际土壤 Cd 形态及酶活性的影响。结果表明，接种菌株后高、低 Cd 耐性水稻品种各部位的 Cd 含量显著降低（$P<0.05$），Cd 富集系数分别降低 35.14% 和 47.79%，转移系数无显著变化；根际土壤可交换态 Cd 含量分别显著降低 15.89% 和 23.81%（$P<0.05$），铁锰氧化结合态 Cd 含量显著提高 39.58% 和 28.81%（$P<0.05$），有机态 Cd 含量显著提高 36.11% 和 25.00%（$P<0.05$）；低 Cd 耐性水稻品种根际土壤酸性磷酸酶、脲酶、蔗糖酶、纤维素酶和过氧化氢酶活性依次提高 26.74%、12.07%、

62.50％、81.17％和5.13％，多酚氧化酶活性降低12.40％，高Cd耐性水稻的酸性磷酸酶、脲酶、蔗糖酶、纤维素酶和多酚氧化酶活性依次降低7.19％、9.39％、25.53％、16.20％和11.44％，过氧化氢酶活性提高5.13％。可见，假单胞菌TCd-1主要通过降低根际土壤Cd的生物有效性、恢复土壤酶活性，进而提高水稻耐Cd能力并抑制水稻对Cd的吸收与积累，对高、低不同Cd耐性水稻品种，接种TCd-1菌株后其Cd富集特性、根际土壤酶活性及不同Cd形态含量占比均表现出显著差异。

祖国蔷等（2022）探究根内生菌 *Burkholderia* sp. GD17在水稻对Cd胁迫应答中的调节作用。结果表明，接菌5 d后，根中GD17菌的数量达到3.6×10^6 CFU/g根鲜重，且在植株生长过程中内生菌数量维持在这一级别。Cd暴露（20 mg/kg和40 mg/kg土壤）20 d后，接种GD17植株的干（鲜）重显著高于未接菌植株。接种GD17和未接菌植株根中的Cd含量无显著差异，但前者地上部的Cd含量是后者的43％。Cd胁迫下，接种GD17根和叶片的丙二醛含量分别是未接菌植株的78％和64％。与未接菌植株相比，接种GD17叶片的超氧化物歧化酶活性降低，但过氧化物酶和过氧化氢酶活性均升高。接种GD17有效阻止了光合作用的损伤，如减缓Cd引发的总叶绿素含量、净光合速率和气孔导度的下降，以及胞间CO_2浓度的升高。叶绿素荧光成像进一步反映了GD17对光合作用的保护性影响。与未接菌植株相比，接种GD17植株根中所有分析的与Cd耐受相关基因的表达水平均显著升高。根部接种GD17可以系统性减轻Cd对水稻幼苗的伤害，其可能的机理包括：降低Cd的根—茎运输、减轻Cd引发的氧化伤害和对光合作用的损伤；上调Cd耐受相关基因在根中的表达。因此，GD17菌株在重金属污染地区水稻生产中具有潜在应用价值。

四、稻米中重金属污染状况及风险评价

随着我国农产品风险监测与评估技术发展，基于稻米重金属污染数据，大米膳食摄入量数据和风险评价模型等对稻米食用安全风险进行科学评估已成为我国农产品质量安全领域研究的热点之一。

刘才泽等（2022）系统采集了四川东北部南充市、巴中市、广安市等地的土壤及水稻样品，采用ICP-MS方法检测了土壤和水稻中的Cd含量，并运用CART决策树和相关系数法进行了数据分析。结果显示，川东北地区表层土壤Cd含量相对较低，为0.071～0.920 mg/kg，平均为0.254 mg/kg，几乎所有（99.9％）样品Cd含量均低于标准限值；水稻（糙米）Cd含量差异性较大，为0.002～0.803 mg/kg，平均为0.076 mg/kg，超标率达14.0％；水稻Cd超标区成人每日通过稻谷摄入的Cd达90.4 μg/d，已超过允许摄入量标准60 μg/d。土壤Cd不超标而农作物Cd超标的现象可能与土壤的低pH值、低CaO、高SiO_2等特点有关，这一认识对于指导区域内粮食安全生产具有重要指导意义。

张梓良等（2022）于2019年和2020年在苏南某区污染耕地采集了302份水稻样本和97份蔬菜样本，评估了农作物可食部分Cd和汞（Hg）的健康风险。结果表明，水

稻籽粒中 Cd 和 Hg 含量均高于蔬菜，水稻籽粒和蔬菜 Cd 含量分别为 59.5 μg/kg 和 50.7 μg/kg，超标率分别为 4.6% 和 4.1%；水稻和蔬菜 Hg 含量分别为 4.7 μg/kg 和 0.7 μg/kg，其中仅水稻籽粒 Hg 超标，超标率为 3.3%；水稻和蔬菜 Cd 和 Hg 日摄入量分别为 0.371 μg/（kg·d）和 0.239 μg/（kg·d）；整体危害指数为 0.680（<1）。食用研究区域水稻和蔬菜的重金属健康风险较低。在整个研究区采样和同点位不同农作物采样两个尺度下，粳稻和根类蔬菜 Cd 含量均分别显著低于籼稻和叶类蔬菜，但不同水稻和蔬菜品种间 Hg 含量无显著差异。因此，本研究推荐种植和食用粳稻、根类蔬菜，从而降低污染耕地农产品镉和汞对人体健康的潜在风险。

第三节　国外稻米品质与质量安全研究进展

一、稻米品质

（一）理化基础

稻米淀粉特性和结构研究是品质基础研究的重要内容。Raungrusmee 等（2022）研究了不同理化修饰对稻米淀粉的形态、糊化行为和功能特性的影响。结果表明，对天然淀粉进行的所有改性都增加了抗性淀粉的含量。所有处理都在不破坏颗粒结构的情况下提高了天然淀粉的溶解度和保水能力，而溶胀力随着酸—温度依赖性浓度的增加而降低。Thirumoorthy 等（2022）发现具有较低直链淀粉含量（10.35%～12.26%）的稻米，其米饭质地较软。稻米直链淀粉与糊化温度、吸水率相关。Bresciani 等（2022）比较分析了韩国与意大利不同品种的稻米品质。结果显示，韩国稻米的理化性状范围较广，直链淀粉含量较高（13.0%～41.7%），容易影响米饭的硬度和黏性及淀粉消化率。Pautong 等（2022）分析了稻米淀粉精细结构成分与低血糖指数（GI）的关系。结果表明，直链淀粉（AM1 和 AM2；分别为 $r=-0.94$ 和 $r=-0.80$，$P<0.05$）和支链淀粉精细结构（MCAP、SCAP 和 SCAP1；$r=0.78\sim0.86$，$P<0.05$）以及抗性淀粉（$r=-0.81$，$P<0.05$）与 GI 高度相关。

稻米水分含量变化直接影响稻米品质。Lee 等（2022）通过湿热处理来提高大米淀粉中抗性淀粉的含量。湿热处理后，淀粉的溶解度和溶胀力降低了，而糊化温度提高了。淀粉颗粒的表面比天然淀粉更不规则。Hasannia 等（2022）评估了初始含水量（IMC）和蒸制时间对大米的影响。结果显示，长时间蒸制影响了 IMC 为 20% 的稻米的糙米率、谷粒硬度和伸长率。两种 IMC 的峰值和崩解值均降低。扫描电子显微镜结果显示，蒸制 30 min 不能在晶粒中产生完全光滑的表面。结果表明，即使在 IMC 较高的稻米中，水分也不足以完全糊化，且分布不均匀。Nunes 等（2022）研究了初始含水量（19%、18%、17% 和 16%）和杂质（1.5%、2.0%、2.5% 和 3.0%）对稻米物理化学特性和形态的影响。水分和杂质含量改变了固定干燥器上层的干燥空气的运动和分布，稻米的理化性质和形态品质发生了变化。此外，淀粉和脂肪含量的减少与较高的粗蛋白百分比有关，主要体现在上层籽粒。

（二）营养功能

稻米中含有大量营养成分，是稻米品质的重要组成部分。花青素和酚类作为生物活性化合物是稻米中存在的重要营养物质，主要存在于有色米内。Ratseewo 等（2022）报道了紫色和红色稻米的直链淀粉、总酚、总黄酮和总花青素含量最高。在所有远红外辐射干燥样品中，槲皮素和芹菜素含量增加，而芦丁和杨梅素含量显著降低（$P<0.05$）。Jaksomsak 等（2022）发现紫米品种的花青素浓度因水分条件而变化。在积水条件下生长的 4 个品种的籽粒花青素比有氧条件下高 $2.0\sim5.5$ 倍。在淹水条件下，籽粒和叶片花青素在孕穗时呈正相关（$r=0.90$，$P<0.05$），而在淹水条件（$r=0.88$，$P<0.05$）和有氧条件（$r=0.97$，$P<0.01$）下，籽粒与叶片花青素在开花时呈正相关。Tyagi 等（2022）测定了 9 个韩国稻米品种的抗氧化剂、总黄酮、总酚类、花青素含量、氨基酸和单个酚类化合物。结果显示，在 DM29 品种中发现了大多数酚类化合物，如槲皮素、阿魏酸、对香豆酸、抗坏血酸、咖啡酸和染料木素。在 01708 糙米品种中观察到最高的铁还原抗氧化能力。稻米的酚类含量因其颜色而异，其中 DM29 红米的总黄酮、总酚和花青素总量水平最高。Jumrus 等（2022）分析了泰国北部 8 个不同省份采集的 4 种稻米的生物活性化合物。花青素、酚类和抗氧化能力的变化范围很广，分别为 $1.6\sim33.0$ mg/100g、$249.9\sim477.7$ mg/100g 和 $0\sim3~288.5$ mg/100g。当同一品种在不同地点种植时，苯酚含量和抗氧化能力存在差异。至于水稻品种和生长地点，总酚与抗氧化能力之间存在显著相关性，但花青素与抗氧化能力没有相关性。

作为稻米功能性营养成分之一，微量元素的相关研究也从未间断。Chandrasiri 等（2022）分析了斯里兰卡科伦坡地区的改良、传统和进口稻米中的微量元素。结果显示，该地区稻米中 Fe、Zn、Cu、Mn 和 Mo 的浓度呈正相关（$P<0.05$），而传统的红皮水稻（即 Kaluheenati、Madathawalu 和 Pachchaperuman）的必需元素浓度最高。Thanachit 等（2022）测定了泰国水稻 Khao Dawk Mali 105 稻米的微量营养素（Fe、Mn、Zn 和 Cu），结果显示，充足的微量营养素可提高水稻的产量。

（三）稻米品质与生态环境的关系

在种植过程中，水稻所处环境的气候因素（湿度、温度等）与稻米品质存在紧密联系。Szalóki 等（2022）对比分析了气象数据、水分含量和水稻穗部脱粒能力。结果表明，降水量、温度和相对湿度对含水量有显著影响。含水量与脱粒能力呈正相关。Balbinot 等（2022）报道了大气中 CO_2 浓度上升 [（700 ± 50）$\mu mol/mol$] 影响杂草水稻的生长、种子破碎和种子库的寿命。水分管理不影响杂草水稻的生长、种子破碎和种子休眠。因此，在杂草水稻占主导地位的地区，其种子库的持久性和潜在竞争可能会随着

CO_2 水平上升而加剧，对水稻生产产生负面影响。Rahman 等（2022）研究了大气 CO_2 浓度升高对澳大利亚北部水稻品种淀粉颗粒形态的影响。结果表明，无论是品种间还是品种内部，胚乳形态对 CO_2 升高的反应不同，其依赖于基因型。

水稻生长所需的肥料也是影响稻米品质的重要因素之一，包括化学肥料、生物肥料以及元素肥料等。Fallah 等（2022）研究了施用生物化学肥料对水稻产量和稻米营养品质的影响。生物化学肥料的共同施用提高了再生稻籽粒的蒸煮特征（凝胶稠度、糊化温度和蛋白质含量）、矿物质营养素（Cu、Fe、Zn、Mn、Ca 和 Mg）浓度和氨基酸含量（必需和非必需）。Bharali 等（2022）在印度阿萨姆邦北岸平原农业气候区对三种水稻生态系统（冬季、夏季和季风前）进行了田间试验。结果显示，水稻土壤中的综合营养肥料对稻米籽粒品质有显著影响。无论生态系统如何，施用 NPK＋绿肥的田中的籽粒氮和粗蛋白含量都较高。NPK 和 Azolla 堆肥可提高产量和改善稻米品质（即总碳水化合物、淀粉和直链淀粉）。Khema 等（2022）分析了柬埔寨稻米产量、品质与肥料的关系。随着施肥量增加，水稻产量趋于增加；但是在黏土占主导地位的地区，施肥率与产量之间的关系不是线性的。氮浓度是影响稻米品质的负因素，随着施肥量增加，氮浓度趋于增加；而碳水化合物和碳水化合物/蛋白质比例是影响稻米质量的正因素，与施肥量呈负相关；稻米支链淀粉含量与碳水化合物呈正相关，碳水化合物随施肥量增加而降低。Butsai 等（2022）测试了施铁对泰国东北部稻米营养品质的作用。结果表明，与不施铁相比，所有施铁方法都显著提高了糙米籽粒的铁含量。土壤施铁与叶面施肥相结合，糙米中的铁含量最高。然而，不同水稻品种对施铁方法的反应不同。水稻产量差异受品种影响，但不受施铁方法的影响。Wahid 等（2022）施用锌包膜氮肥可提高厌氧条件下水稻的产量和品质。结果显示，施用锌包膜尿素植物的籽粒和秸秆氮含量、籽粒蛋白质含量和籽粒吸水率最高。Kandil 等（2022）分析了施锌对稻米品质的影响。结果显示，以 2 500 mg/L 的叶面施锌量可获得最高的产量、千粒重和蛋白质含量等。

二、稻米质量安全

（一）水稻对重金属转运的调控机理研究

水稻籽粒富集重金属的基本过程是：根系对重金属的活化和吸收；木质部的装载和运输；经节间韧皮部富集到水稻籽粒中。近年来，国外学者利用图位克隆、QTL 定位和转基因等分子生物学手段陆续鉴定出一些参与水稻籽粒重金属富集的基因，这些基因在水稻对重金属的吸收、转运和再分配过程中发挥重要作用。

Tang 等（2022）研究了 *OsNRAMP5* 敲除突变体的镉耐受性及镉、锰积累特性对不同浓度镉胁迫的响应及机制。敲除 *OsNRAMP5* 可降低水稻 Cd 吸收，但同时会增加 Cd 从根部向地上部的运输。随着生长介质中 Cd 浓度的升高，敲除 *OsNRAMP5* 降低 Cd 吸收的效应减弱，而其促进根部 Cd 向地上部运输的效应不变。当环境 Cd 浓度继续增高，

敲除 *OsNRAMP5* 促进根系 Cd 向地上部运输的效应可抵消甚至超过其降低 Cd 吸收的效应，与野生型植株相比，敲除株系地上部的 Cd 含量不变甚至更高，但 Cd 耐受性增强。通过离子组检测、矿质元素缺乏响应基因和金属转运体编码基因的表达分析，发现在高 Cd 胁迫下，野生型植株出现多种矿质元素的缺乏，敲除 *OsNRAMP5* 可部分或完全回补矿质元素缺乏，间接提高 Cd 的耐受性。此外，该研究还发现水稻拮抗吸收 Cd、Mn 的效应主要由 *OsNRAMP5* 引起。不同浓度 Cd 胁迫下，敲除 *OsNRAMP5* 均可促使地上部的 Mn 在营养生长期优先分配到幼叶，在生殖生长期优先分配到籽粒。该研究为 *OsNRAMP5* 在镉低积累水稻育种中的应用提供了理论参考。

Yu 等（2022）在一个古老的水稻品种 Pokkali 中发现了锰/镉转运蛋白基因 *OsNramp5* 发生了拷贝数加倍变异，是导致镉低积累的主要原因。该基因的串联重复使 *OsNramp5* 基因的表达量增加了一倍，但其空间表达模式和细胞定位没有改变。*OsNramp5* 的高表达增加了根细胞对 Cd 和 Mn 的吸收，减少了 Cd 向木质部的释放。该等位基因通过回交渗入优良水稻品种"越光"，可显著降低种植在 Cd 污染严重土壤中水稻 Cd 的积累，对其他植物必需元素、籽粒产量和食味品质均无影响。该研究不仅揭示了水稻低镉积累的分子机制，而且为水稻低镉育种提供了一个有用的靶点。

Li L 等（2022）鉴定了一个低镉数量性状基因座 *CF1*。*CF1* 是金属转运蛋白 *OsYSL2* 的等位基因，后者负责将铁（Fe）从根部运输到地上部，但是 *CF1* 不能结合 Cd，因此通过间接作用降低籽粒 Cd 水平。诱导 *CF1* 表达可增加地上部的 Fe 营养，随后通过抑制根中 *OsNramp5* 的表达来抑制 Cd 吸收。与 *CF1^{02428}* 等位型相比，*CF1^{TQ}* 的高表达增加了水稻籽粒中的 Fe 含量，降低了籽粒中的 Cd 含量。在自然水稻群体中，*CF1^{TQ}* 是一个次要的等位基因，而 *CF1^{02428}* 广泛存在于大多数粳稻中，因此可以将 *CF1^{TQ}* 整合到粳稻基因组中，培育低镉品种。

（二）水稻重金属胁迫耐受机理研究

植物金属伴侣蛋白主要分为重金属相关植物蛋白（Heavy metal-associated plant proteins，HPPs）和重金属相关异戊二烯植物蛋白（Heavy metal-associated isoprenylated plant proteins，HIPPs）两大亚家族，HIPPs 分子中异戊二烯基化序使其能够与膜内系统或其他运输蛋白发生特异性的相互作用。Cao 等（2022）鉴定了水稻重金属伴侣蛋白基因 *OsHIPP16*，亚细胞定位分析表明，该基因位于细胞核和质膜附近。GUS 组织定位显示，*OsHIPP16* 主要在水稻根和叶的维管组织中表达。*OsHIPP16* 受 Cd 胁迫的强烈诱导，酵母功能互补试验发现，*OsHIPP16* 可以显著提高镉敏感酵母突变株 *ycf1* 对 Cd 毒害的耐受性。*OsHIPP16* 的 CRISPR/Cas9 敲除株系生长受到抑制，表现为植株矮小、根部发黄短小、生物量与叶片叶绿素含量降低，而 *OsHIPP16* 过表达植株则表现为 Cd 毒害症状的缓解。Cd 污染土壤大田试验结果表明，*OsHIPP16* 过表达材料可以降低糙米中 Cd 的积累，下降 11.76%～34.64%，而 *OsHIPP16* 敲除材料叶片中的 Cd 浓度比野生型增加了 26.36%～35.23%。综上所述，*OsHIPP16* 参与调节水稻对 Cd 引起的胁迫反应，降低 Cd 的毒害效应以及 Cd 元素积累，为培育适应 Cd 污染土壤的 Cd 低积累水稻品种提供了理想的种质资源。

（三）减少稻米重金属吸收及相关修复技术研究

1. 低镉品种选育

Syu 等（2022）在国际水稻研究所"3000 份水稻基因组计划"（IRRI 3K-RGP）的 3 024 份材料和其他 71 个重要品种中鉴定到 *OsNRAMP1*、*OsNRAMP5*、*OsLCD* 和 *OsHMA3* 共 4 个基因的变异，并通过水培和盆栽试验，探究了基因变异与水稻镉积累之间的关系。结果表明，*OsNRAMP1*、*OsNRAMP5*、*OsLCD* 和 *OsHMA3* 的变异位点可分为 2 种、4 种、3 种和 2 种单倍型，根据上述单倍型可以将 3K-RGP 种质按 Cd 积累能力差异分为 14 种类型，其中类型 14 为低镉积累型，具有最大的低镉积累潜力，并设计了相应的功能标记。该研究结果为低镉水稻分子设计育种提供了有效策略。

Xu 等（2022）分析了东亚典型喀斯特区域 504 组土壤—作物样品中镉的积累特征，以期筛选镉低积累水稻品种。结果表明，研究区域农田土壤受到不同程度的 Cd 污染，土壤中总 Cd（T-Cd）浓度为 0.20～4.42 mg/kg，籽粒中 T-Cd 为 0.003～0.393 mg/kg。水稻中 Cd 的生物累积因子（BCF）在 0.0074～0.1345，变异系数为 0.99。根据聚类和 Pareto 分析，筛选出适合当地种植的低镉积累水稻品种为 DMY6188、GY725、NY6368、SY451 和 DX4103。

2. 农艺措施

Zeng P 等（2022）研究了水稻叶面喷施硅溶液联合水分管理对镉砷污染农田水稻镉吸收转运特征的影响。结果表明，水稻叶面喷施 Si 溶液联合稻田水分管理可以有效降低土壤中 Cd 和 As 的生物利用度，显著降低水稻对 Cd 和 As 的积累。叶面喷施 Si 溶液联合水分管理降低了土壤中可交换态和 TCLP 提取态的 Cd 和 As 含量，尤其是成熟期水分管理联合叶面喷 Si 处理下（MMS），两季土壤中可交换态和 TCLP 提取态的 Cd 和 As 含量与对照相比，分别降低 48.49%～55.14% 和 45.50%～54.67%，41.95%～56.73% 和 37.80%～46.76%。MMS 处理同时抑制了 Cd 和 As 在水稻中的转运和积累，与对照相比，MMS 处理使茎到糙米 Cd 的转移系数以及茎到叶、茎到糙米 As 的转移系数显著降低。此外，MMS 处理下，两季糙米中 Cd 和 As 含量与对照相比，分别降低了 15.33%～30.74% 和 33.84%～40.80%。研究表明，成熟期叶面喷施硅联合水分管理是一种同步抑制水稻镉和砷积累的有效措施。

Sheng 等（2022）选取湖南省轻度污染稻田，研究连续 5 年施用有机改良剂（鸡粪）对水稻籽粒镉浓度（CdR）和土壤化学性质的影响。结果表明，施用鸡粪等有机改良剂后，CdR 降低了 28%～56%，其中晚稻的 CdR 年降幅（43%～56%，平均 51%）高于早稻（28%～45%，平均 38%），不同年际 CdR 的下降稳定在 40%～49%。同时，施用鸡粪等有机改良剂降低了土壤中的 DTPA 可提取态 Cd 和可交换态 Cd 含量，增加了土壤 pH 值和有机碳含量，表明施用鸡粪等有机改良剂能够有效降低水稻籽粒中的 Cd 含量和土壤中 Cd 的生物有效性。采用土壤中的 DTPA 可提取态 Cd 和气候因素（水稻生长季节的总降水量）构建双变量模型可以有效预测水稻籽粒镉浓度。

3. 土壤修复

（1）物理/化学修复

①固定/钝化

Irshad 等（2022）研究了针铁矿改性生物炭（GB）对镉砷污染稻田中镉和砷生物有效性的影响。结果表明，与对照和添加生物炭（BC）相比，添加 2%GB 显著抑制了 Cd 和 As 在水稻植株中的积累，籽粒中 Cd 和 As 含量分别降低 85% 和 77%。连续提取结果显示，添加 2%GB 有利于土壤中 Cd 和 As 的固定，降低了土壤中 Cd 和 As 的生物有效性。2%GB 处理促进根表铁膜形成，与对照相比，2%GB 处理的根表铁膜含量增加 48%，对 Cd 和 As 的吸附量增大，减少了植株对 Cd 和 As 的吸收和转运。此外，2%GB 处理改变了水稻根际微生物群落的相对丰度，酸杆菌门、厚壁菌门和疣微菌门的相对丰度显著增加，而拟杆菌门和绿弯菌门的相对丰度显著降低。结果表明，添加针铁矿改性生物炭可同时降低污染土壤中镉和砷的生物有效性，从而降低水稻籽粒镉和砷含量。

Zhou 等（2022）通过盆栽试验，研究了硝酸铁改性海泡石（NIMS）和铁锰改性海泡石（FMS）对水稻镉和砷积累的影响。结果表明，改性海泡石 NIMS 和 FMS 比海泡石（SEP）具有更大的比表面积。与对照相比，添加 SEP 后糙米中 Cd 含量降低了 45%，而添加 NIMS 和 FMS 后糙米中 Cd 含量分别降低了 57% 和 87%，As 含量分别降低了 30% 和 25%。X 射线光电子能谱（XPS）分析结果表明，FMS 中的 MnO_2 和 MnO (OH) 促进了 Cd 的吸附沉淀以及 As（Ⅲ）氧化为 As（Ⅴ）。添加 NIMS 和 FMS 增加了土壤 pH 值，降低了土壤中可交换态 Cd 和非特异性和特异性吸附的 As 含量，并降低了土壤孔隙水中的 Cd 含量。此外，添加 NIMS 和 FMS 增强了根表铁膜对 As 的固定作用，限制了 As 从土壤向根部的转移。结果表明，硝酸铁改性海泡石和铁锰改性海泡石可作为同时降低水稻镉砷积累的修复材料，铁锰改性海泡石在降低水稻镉含量方面的修复潜力比硝酸铁改性海泡石大。

Zeng T 等（2022）研究了不同剂量牡蛎壳改良剂（0、6 g/kg 和 12 g/kg）对污染土壤中不同水稻品种（粳稻 ZY18 和籼稻 DL5）对镉和铅吸收和迁移的影响。结果表明，添加牡蛎壳显著提高了土壤和孔隙水的 pH 值，降低了土壤中 DTPA 可提取态 Cd 的浓度，但对孔隙水中 Cd 浓度和土壤中 DTPA 可提取态 Pb 浓度没有显著影响。添加牡蛎壳降低了不同品种孔隙水中的 Pb 浓度，但过量添加牡蛎壳（12 g/kg）增加了 ZY18 植株的 Cd 积累量。此外，添加牡蛎壳显著增加了土壤孔隙水中溶解有机碳、钙和镁的浓度，降低了根中谷胱甘肽和植物螯合肽的水平，缓解了重金属对植株的毒害作用，促进了水稻生长。结果表明，添加适量的牡蛎壳结合适宜水稻品种，可以同时减少重金属污染土壤中水稻镉和铅的积累。

Huang 等（2022）利用水培试验，研究了氧化铁纳米颗粒（FeNPs）对水稻镉吸收和积累的影响。结果表明，添加 FeNPs 显著降低了水稻根系和地上部的 Cd 浓度以及地上部的 Fe 浓度。单独添加 FeNPs 或 Cd 胁迫显著诱导了根表铁膜的形成，但是对抑制 Cd 吸收的贡献有限。添加 FeNPs 下调 *OsNRAMP5*、*OsCd1*、*OsIRT1* 和 *OsIRT2* 等转运蛋白基因的表达，从而抑制植株对 Fe^{2+} 和 Cd^{2+} 的吸收。透射电镜能谱数据表明，添加 FeNPs 后，FeNPs 在根的共质体和质外体中积累，尤其是大量聚集在共质体中，强烈抑制了 Cd 和 Fe 从根系向地上部的转移，导致地上部 Fe 积累量相比对照显著降低。该研究结果表明，添加氧化铁纳米颗粒可以有效降低水稻对镉的积累，但是也限制了铁向地上部的迁移，因此在其施用过程中重点关注。

②离子拮抗和生理阻控

Guo 等（2022）采用水培试验，研究了叶面施硅对低镉水稻品系亚恢 2816（YaHui2816）叶片细胞壁镉积累的影响。结果表明，YaHui2816 叶片中的 Cd 大部分（69.4%）积累在细胞壁上，且 YaHui2816 叶片细胞壁对 Cd 的化学吸附能力低于对照品系 C268A，这是由于其细胞壁中游离羧基和羟基等官能团的相对峰面积降低。叶面施 Si 显著增加叶片和细胞壁组分（果胶、半纤维素 1 和残渣）中的 Cd 含量，分别提高 191% 和 137%～160%。RNA-seq 分析结果显示，叶面施 Si 下调金属转运蛋白基因 *OsZIP7* 和 *OsZIP8* 的表达，上调谷胱甘肽代谢和纤维素合成相关基因的表达。该研究结果表明，叶面施硅可以增加叶片细胞壁对镉的固持作用，降低水稻籽粒镉积累。

Ali 等（2022）研究了叶面喷施（0、12.5 mmol/L 和 25.0 mmol/L）和种子浸泡（0、3 mg/kg 和 6 mg/kg）锌赖氨酸（Zn-lys）对水稻镉毒害的影响。结果表明，Cd 胁迫下，水稻生长发育受到明显抑制，同时植株对 Cd 的吸收、转运和积累显著增加。Cd 胁迫显著降低了植株根长、株高、根系和地上部干重、蒸腾速率、光合速率、气孔导度和水分利用率，同时电解质渗漏率（EL）、丙二醛（MDA）、H_2O_2 含量和植株不同部位 Cd 积累量增加。与种子浸泡 Zn-lys 相比，叶面喷施 Zn-lys（0、12.5 mmol/L 和 25.0 mmol/L）缓解了 Cd 对水稻生长发育的毒害作用，表现为超氧化物歧化酶（SOD）、过氧化物酶（POD）、过氧化氢酶（CAT）和抗坏血酸过氧化物酶（APX）活性升高，EL、MDA 和 H_2O_2 含量降低，水稻植株 Cd 含量降低。研究表明，叶面施用锌—赖氨酸可以有效提高镉污染土壤下水稻对镉的耐受性。

Yan 等（2022）选取上虞（SY）、铜陵（TL）和马鞍山（MA）三个镉砷污染土壤，通过土壤培养试验和盆栽试验，探讨了施用硫酸盐（100 mg/kg）对土壤中镉、砷生物有效性和水稻生长发育的影响。结果表明，外源施用硫酸盐还原所产生的 S^{2-} 可与 As^{3+} 形成砷的硫化物沉淀，使 SY 和 TL 土壤孔隙水中的 As 含量分别降低 51.1% 和 29.2%；同时，土壤中的可交换态 Cd 含量也下降 25.6% 和 18.6%，转化为更加稳定的铁锰氧化物结合态 Cd。添加硫酸盐刺激了硫酸盐还原菌的活性，脱硫肠状菌属和 *dsr* 基因的相对丰度显著增加。盆栽试验表明，施用硫酸盐可显著增加水稻分蘖、生物量、叶绿素含量，减少根系的电解质渗漏率。同时，施用硫酸盐显著降低了 SY 水稻地上部的 As 和 Cd 含量，分别降低 60.2% 和 40.8%，且 TL 水稻地上部 As 含量降低 39.6%，MA 水稻地上部 Cd 含量降低 23.0%。该研究结果表明，施用硫酸盐可以降低土壤—水稻系统中砷和镉的生物有效性，促进水稻生长，并能同时减少砷和镉在水稻植株中的积累。

茉莉酸（JA）是一种内源性生长调节剂，有助于植物抵御生物和非生物胁迫。Li Y等（2022）采用水培和田间试验，探究了 JA 对水稻镉毒害以及镉吸收和转运的影响。结果表明，在水稻苗期施用 JA 促进细胞壁上的可溶性果胶与 Cd 结合，使之沉淀滞留在细胞壁上，抑制 Cd 向原生质体中的移动，从而使根系和地上部的 Cd 含量分别降低30.5％和53.3％。施用 JA 提高了过氧化氢酶（CAT）、过氧化物酶（POD）、抗坏血酸过氧化物酶（APX）等抗氧化酶活性和谷胱甘肽（GSH）含量，降低 H_2O_2 含量，缓解 Cd 胁迫对水稻幼苗的膜脂过氧化损伤。田间试验表明，叶面喷施 JA 抑制了 Cd 从根系、秸秆向籽粒的运输，在高镉和低镉背景值土壤种植条件下，水稻籽粒中 Cd 浓度分别降低了29.7％和28.0％。研究结果表明，镉胁迫下添加茉莉酸可以有效降低镉在水稻中的积累，缓解镉对水稻生长发育的毒害作用。

（2）生物修复

Zhang 等（2022）从中国西北地区的铁尾矿土壤中分离出两株菌株（C2-Z 和 P2-Z），研究其对镉和铅的吸附特性。结果表明，C2-Z 和 P2-Z 菌株的生物吸附能力分别为51.90 mg/g 和109.73 mg/g。采用扫描电镜和傅里叶红外光谱分析，发现 C2-Z 和 P2-Z 菌株分别通过细胞外积累（25.9％，47.07％）、细胞表面吸附（24.5％，46.98％）和细胞内积累（1.4％，1.95％）实现对 Cd 和 Pb 的固定。此外，细菌群落 CP 可降低尾矿土壤中的有效态 Pb（5.72％）和 Cd（16.72％）含量，并提高脲酶（0.11～28.50 ng NH_4-N/g）、酸性磷酸酶（0.001～64.020 μg pNP/g）和蔗糖酶活性（0.001～50.990 mg Glc/g）。因此，菌株 C2-Z 和 P2-Z 对镉和铅具有显著的固定和去除能力，可用于镉和铅污染土壤的修复。

Zheng 等（2022）利用微生物系统发育分子生态网络研究了水稻微生物群落对接种耐镉内生菌 R5 的响应。结果表明，接种 R5 菌株改变了水稻微生物网络的拓扑特征，增强了微生物网络复杂度，加强了微生物群落与植株之间的相互作用，这些相互作用可能与水稻对 Cd 的吸收和运输有关；接种 R5 菌株后，水稻微生物群落与植株之间的协同作用加强，随着水稻微生物群落分子生态网络复杂性和稳定性的增加，水稻根系和地上部 Cd 含量均有所下降。这些结果表明，接种 R5 菌株后，微生物群落与植株之间可能存在更多的协同作用，共同抑制水稻对镉的吸收和运输。

Yu 等（2022）将金属硫蛋白表达在细菌 *Alishewanella* sp. WH16-MT 菌株的细胞表面。与对照相比，接种 WH16-1-MT 菌株的培养液对 Cd^{2+} 的吸附效率从 1.2 mg/kg提高到 2.6 mg/kg。将 WH16-1-MT 菌剂应用于中度 Cd 污染水稻盆栽试验，显著提高了水稻的株高、穗长和千粒重，降低了抗坏血酸和谷胱甘肽水平以及过氧化物酶活性；同时，糙米、谷壳、根系和地上部的 Cd 浓度分别降低了44.0％、45.5％、36.1％和47.2％。此外，接种 WH16-1-MT 菌株降低了土壤中 Cd 的生物有效性，可氧化态和残渣态 Cd 比例从29％增加到32％。微生物组分析表明，接种 WH16-1-MT 菌株对土壤细菌的丰度和群落结构没有显著影响。研究表明，WH16-1-MT 菌株可以作为一种新型的微生物修复材料，用于修复镉污染土壤和降低水稻籽粒中的 Cd 含量。

(四）稻米中重金属污染状况及风险评价

Kibria 等（2022）以 8 个水稻品种为试验材料，采用盆栽试验模拟稻田镉污染程度为 5 mg/kg 和 10 mg/kg，评估了孟加拉国水稻中镉污染水平及其对人类的健康风险。结果表明，不同水稻品种的籽粒 Cd 含量存在显著差异，按照籽粒富集 Cd 能力大小排序依次为 BINA-7＞BR-87＞BR-76＞BR-49＞BR-71＞Rani salut＞BR-75＞BR-52，因此，BR-52 可以作为镉安全品种在孟加拉国种植。采用非致癌风险危险商（HQ）评估了不同稻田 Cd 污染程度下稻米 Cd 对人体的非致癌风险，在对照土壤中，稻米 Cd 对成人和儿童的非致癌风险危险商 HQ 均小于 1，不存在摄入风险；但是在 5 mg/kg 和 10 mg/kg 污染土壤种植条件下，稻米 Cd 对成人和儿童的非致癌风险危险商 HQ 均大于 1，健康风险不可忽视。

参 考 文 献

陈奕暄，邓潇，杨洋，等，2022.亚麻—水稻轮作模式对镉污染土壤修复潜力研究［J］.作物研究（2）：126-131.

陈正华，张家海，龚儒，种植模式及施肥方式对水稻籽粒镉含量的影响［J］.粮食科技与经济（1）：118-120.

崔士友，张洋，翟彩娇，等，2022.复垦滩涂微咸水灌溉下粳稻产量和品质的表现［J］.作物杂志（1）：137-141.

邓艾兴，刘猷红，孟英，等，2022.田间增温 1.5℃对高纬度粳稻产量和品质的影响［J］.中国农业科学，55（1）：51-60.

董铮，王雅美，黎用朝，等，2022.基于 MAGIC 群体的水稻镉含量全基因组关联分析［J］.中国水稻科学，36（1）：35-42.

冯云贵，张建冲，覃检，等，2022.喀斯特山区不同生态条件和栽培密度对杂交水稻产量和品质的影响［J］.作物研究（4）：292-299.

郭巧玲，王静，周浩，等，2022.稻米中降低血糖血脂以及抗氧化功能的活性成分分析［J］.四川农业大学学报，40（1）：42-49.

何丽霞，张丰松，张桂香，等，2022.复配钝化剂对稻田重金属有效性及其水稻吸收的影响［J］.环境工程学报，16（2）：565-575.

赫兵，崔怀莺，李超，等，2022.吉林省不同区域水稻品质特性比较及影响因素分析［J］.北方水稻，52（6）：5-10.

呼艳姣，陈美凤，强瑀，等，2022.镉胁迫下锌硒交互作用对水稻镉毒害的缓解机制［J］.生物技术通报，38（4）：143-152.

胡雅杰，余恩唯，丛舒敏，等，2022.结实期动态温度对软米粳稻产量和品质的影响［J］.作物学报，48（12）：3155-3165.

胡祖武，吴多基，夏李佳，等，2022.富硅生物炭对红壤性稻田土壤镉形态及水稻镉吸收与转移

的影响 [J]. 江西农业大学学报（4）：1034-1043.

黄婧，朱亮，薛蓬勃，等，2022. 水稻叶和籽粒镉积累机制及 QTL 定位研究 [J]. 生物技术通报，38（8）：118-126.

江胜国，詹华明，刘广明，等，2022. 土壤有效态微量营养元素空间变异特征及对稻米品质的影响 [J]. 中国土壤与肥料（8）：31-38.

蒋艳方，陈基旺，崔璨，等，2022. 杂交稻头季与再生季镉积累分配特性差异研究 [J]. 中国水稻科学，36（1）：55-64.

康楷，刘丽华，郑桂萍，等，2022.2022. 旱平垄作双侧双深施肥对水稻产量和品质的影响 [J]. 东北农业科学，47（3）：31-36.

雷伏贵，陈家银，陈建辉，等，2022. 播种期、栽插密度、施钾量、施氮量对优质感光杂交稻金泰优明占产量和稻米品质的影响 [J]. 江西农业学报，34（10）：43-51.

李博，杨帆，秦琴，等，2022. 播期对再生稻次适宜区杂交籼稻食味品质的影响 [J]. 中国农业科学，55（1）：36-50.

李冲，王学春，杨国涛，等，2022. 杂交水稻产量及稻米品质对弱光胁迫的响应 [J]. 应用与环境生物学报，28（6）：1415-1421.

李阳，杨晓龙，汪本福，等，2022. 播期对水稻机械旱直播产量及稻米品质的影响 [J]. 核农学报，36（8）：1648-1656.

李祖军，姜雪，杨通莲，等，2022. 不同肥料配比对贵州禾苟当 1 号产量及食味品质的影响 [J]. 作物杂志（4）：160-166.

刘才泽，王永华，赵禁，等，2022. 川东北地区水稻镉积累与生态健康风险评价 J. 中国地质，49（3）：695-705.

刘梦洁，杨怡欣，陈乐，等，2022. 江西不同生态区优质晚籼稻产量、品质变化特征 [J]. 中国稻米，28（2）：60-65.

刘秋员，陶钰，程爽，等，2022. 不同直链淀粉与蛋白质含量类型粳稻稻米品质特征 [J]. 食品科技，47（11）：150-158.

刘小琴，2022.4 种不同类型叶面阻控剂对水稻镉吸收和积累的影响 [J]. 浙江农业科学，63（7）：1456.

柳玲林，汪敦飞，黄明田，等，2022. 假单胞菌 TCd-1 对不同镉耐性水稻品种镉吸收及根际土壤酶活性与镉形态的影响 [J]. 中国生态农业学报（中英文），30（8）：1362-1371.

吕俊飞，巩龙达，蔡梅，等，2022. 矿物对轻度重金属污染水稻田土壤镉的钝化效果 [J]. 生态与农村环境学报，38（3）：391-398.

梅清清，田仓，周青云，等，2022. 喷施螯合态锌肥对水稻产量、锌含量和稻米品质的影响 [J]. 湖北农业科学，61（5）：27-31.

蒙秀菲，伍祥，曾涛，等，2022. 温度对稻米品质影响的研究 [J]. 山地农业生物学报，41（4）：83-87.

孟轶，翁文安，陈乐，等，2022. 节水灌溉对水稻产量和品质影响的荟萃分析 [J]. 中国农业科学，55（11）：2121-2134.

倪日群，林华，2022. 不同氮肥施用量对泰两优 217 稻谷产量和稻米品质的影响 [J]. 杂交水稻，37（3）：126-129.

戚文乐，武晶晶，吴嘉乐，等，2022. 结实期遮光对不同类型晚稻产量和品质的影响 [J]. 江西农业大学学报，44（6）：1329-1339.

秦猛，崔士泽，何孝东，等，2022. 秸秆膨化还田对水稻产量、品质及土壤养分的影响 [J]. 作物杂志（6）：159-166.

邱菁华，薛铸，孙书洪，等，2022. 间歇灌溉下不同生育时期喷施水溶性硅肥对水稻产量及品质的影响 [J]. 东北农业大学学报，53（9）：50-57.

戎红，汪承润，陶雨晴，2022. 苯并三唑与镉对水稻幼苗生长的联合毒性效应研究 [J]. 植物科学学报，40（5）：688-694.

上官宇先，尹宏亮，徐懿，等，2022. 不同钝化剂对水稻小麦籽粒镉吸收的影响 [J]. 生态环境学报，31（2）：370-379.

邵晓伟，雷俊，许竹溦，等，2022. 不同污染水平下镉低积累水稻品种筛选 [J]. 农业科技通讯（5）：74-76.

沈泓，姚栋萍，吴俊，等，2022. 灌浆期不同时段高温对稻米淀粉理化特性的影响 [J]. 中国水稻科学，36（4）：377-387.

师江，李倩，李维峰，等，2022. 不同产地紫米营养成分比较及其相关性分析 [J]. 热带作物学报，43（11）：2324-2333.

石含之，江棋，刘帆，等，2022. 水稻根茬还田对土壤及稻米中镉累积的影响 [J]. 生态环境学报，31（2）：363-369.

石昌，薛亚光，韩笑，等，2022a. 不同土壤类型条件下生物炭施用量对水稻产量、品质和土壤理化性状的影响 [J]. 江苏农业科学，50（23）：222-228.

石昌，薛亚光，石晓旭，等. 2022b. 喷施硒肥对富硒土壤水稻产量、品质及硒分配的影响 [J]. 中国土壤与肥料，306（10）：174-183.

史玉良，杨勇，李雪飞，等，2022. 不同直链淀粉含量软米品种品质性状的比较 [J]. 中国水稻科学，36（6）：601-610.

索常凯，罗洁，蒲敏，等，2022. 硅、硒复合喷施对旱稻硒吸收、产量及品质的影响 [J]. 石河子大学学报（自然科学版），40（2）：147-155.

唐会会，蒋应仕，徐海峰，等，2022. 稻鱼综合种养不同水稻品种产量及品质差异研究 [J]. 现代农业科技（2）：23-26.

滕浪，付天岭，郑锋，等，2022. 钙离子对不同水稻品种苗期镉吸收转运的影响 [J]. 种子（4）：60-69.

王保君，程旺大，沈亚强，等，2022. 氮肥减量对优质稻籽粒蛋白质影响及其合理性评价 [J]. 作物杂志（3）：168-173.

王会来，陈丽芬，李赛慧，等，2022. 镉轻度污染农田的水稻品种筛选 [J]. 浙江农业科学，63（8）：1657-1660.

王玮，杨万仁，王锐，2022. 纳米硒对水稻产量与品质的影响 [J]. 安徽农学通报，28（4）：77-78.

王雪，张丽，宋宁宁，等，2022. 海泡石施加深度对水稻吸收镉的影响 [J]. 农业资源与环境学报，39（3）：467-474.

王元元，谷子寒，陈平平，等，2022. 镉污染稻田玉米对水稻的季节性替代种植可行性研究 [J].

作物杂志，38（4）：187-192.

王智华，侯红燕，徐德芳，等，2022. 微咸水灌溉对黄河三角洲地区水稻产量和品质的影响［J］. 北方水稻，52（6）：24-28.

肖敏，范晶晶，王华静，等，2022. 紫云英还田配施石灰对水稻镉吸收转运的影响［J］. 中国环境科学，42（1）：276-284.

徐君，李婷，胡敏骏，等，2022. 水稻籽粒镉积累 KASP 分子标记 LCd-38 的开发与利用［J］. 中国农业科技导报，24（3）：40-47.

徐立军，黄窈军，汪亚萍，等，2022. 镉污染农田不同水稻品种对镉的积累特性［J］. 浙江农业科学，63（11）：2495-2499.

徐令旗，郭晓红，张佳柠，等，2022. 不同有机肥对旱直播水稻品质的影响［J］. 华北农学报，37（1）：137-146.

杨标，雍明玲，赵步洪，等，2022. 氮肥减施对粳稻稻米淀粉结构与食味品质的效应［J］. 扬州大学学报（农业与生命科学版），43（5）：37-46.

殷春渊，王书玉，刘贺梅，等，2022. 优良食味米胚乳淀粉粒显微结构初步研究［J］. 北方水稻，52（6）：1-4.

余恩唯，夏陈钰，丛舒敏，等，2022. 结实期动态高温和干旱对软米粳稻产量和品质的影响［J］. 中国稻米，28（6）：9-11.

袁晓娟，孙知白，杨永刚，等，2022.3 种复种模式下秸秆还田对机插杂交籼稻产量形成及品质的影响［J］. 四川农业大学学报，40（3）：319-330.

曾民，陈佳，李娥贤，等，2022. 元江普通野生稻后代镉分布特点及镉积累动态变化规律［J］. 生态环境学报，31（3）：565-571.

张海鹏，陈志青，王锐，等，2022. 氮肥配施纳米镁对水稻产量、品质和氮肥利用率的影响［J］. 作物杂志（4）：255-261.

张嘉伟，张晓绪，朱靖，等，2022. 不同水分管理条件下蚓粪对水稻镉积累的影响［J］. 中国稻米，28（1）：53-57.

张明伟，陈京都，唐建鹏，等，2022. 稻虾共作对不同优质食味水稻品种产量及品质的影响［J］. 江苏农业科学，50（12）：59-63.

张小鹏，宫彦龙，闫秉春，等，2022. 抗倒酯对北方优质稻抗倒伏能力、产量和米质的影响［J］. 中国水稻科学，36（2）：181-194.

张志斌，田瑞平，吴娴，等，2022.4 份贵州特色香稻挥发性成分分析［J］. 分子植物育种，20（16）：5400-5407.

张梓良，林健，冬明月，等，2022. 苏南某区污染耕地农产品镉汞状况调查及健康风险评价［J］. 土壤，54（1）：206-210.

朱大伟，章林平，陈铭学，等，2022. 中国优质稻品种品质及食味感官评分值的特征［J］. 中国农业科学，55（7）：1271-1283.

祖国蕾，胡哲，王琪，等，2022. *Burkholderia* sp. GD17 对水稻幼苗镉耐受的调节［J］. 生物技术通报，38（4）：153-162.

Ali S，Mfarrej M F B，Hussain A，et al.，2022. Zinc fortification and alleviation of cadmium stress by application of lysine chelated zinc on different varieties of wheat and rice in cadmium stressed soil［J］.

Chemosphere，295：133829.

Balbinot A，da Rosa Feijo A，Fipke M V，et al.，2022. Rising atmospheric CO_2 concentration affect weedy rice growth，seed shattering and seedbank longevity [J]. Weed Research，62：277−286.

Bharali A，Baruah K K，2022. Effects of integrated nutrient management on sucrose phosphate synthase enzyme activity and grain quality traits in rice [J]. Physiology and Molecular Biology of Plants，28 (2)：383−389.

Bresciani A，Vaglia V，Saitta F，et al.，2022. High−amylose and Tongil type Korean rice varieties：Physical properties，cooking behaviour and starch digestibility [J]. Food Science and Biotechnology，31 (6)：681−690.

Butsai W，Kaewpradit W，Harrell D L.，et al.，2022. Effect of iron application on rice plants in improving grain nutritional quality in northeastern of Thailand [J]. Sustainability，14：15756.

Cao H W，Zhao Y N，Liu X S，et al.，2022. A metal chaperone OsHIPP16 detoxifies cadmium by repressing its accumulation in rice crops [J]. Environmental Pollution，311：120058.

Chandrasiri G U，Mahanama K R R，Mahatantila K，et al.，2022. An assessment on toxic and essential elements in rice consumed in Colombo，Sri Lanka [J]. Applied Biological Chemistry，65：24.

Fallah F，Mirshekari B，Pirdashti H，et al.，2022. Evaluation of the effects of cutting height and application of bio−chemical fertilizers on yield and nutritional quality of ratoon rice [J]. Russian Agricultural Sciences，48：244−253.

Guo J Y，Ye D H，Zhang X Z，et al.，2022. Characterization of cadmium accumulation in the cell walls of leaves in a low−cadmium rice line and strengthening by foliar silicon application [J]. Chemosphere，287：132374.

Hasannia F，Talab K T，Shahidi S A，et al.，2022. Effect of steam curing on pasting and textural properties，starch structure and the quality of a local aromatic rice variety [J]. Journal of Food Processing and Preservation，46：e16857.

Huang G Y，Pan D D，Wang M L，et al.，2022. Regulation of iron and cadmium uptake in rice roots by iron (Ⅲ) oxide nanoparticles：Insights from iron plaque formation，gene expression，and nanoparticle accumulation [J]. Environmental Science：Nano，9 (11)：4093−4103.

Irshad M K，Noman A，Wang Y，et al.，2022. Goethite modified biochar simultaneously mitigates the arsenic and cadmium accumulation in paddy rice (*Oryza sativa* L.) [J]. Environmental research，206：112238.

Jaksomsak P，Konseang S，Dell B，et al.，2022. Concentration varies among purple rice varieties and growing condition in aerated and flooded soil [J]. Molecules，27：8355.

Jumrus S，Yamuangmorn S，Veeradittakit J，et al.，2022. Variation of anthocyanin，phenol，and antioxidant capacity in straw among rice varieties and growing locations as a potential source of natural bioactive compounds [J]. Plants，11：2903.

Kandil E E，El−Banna A A A，Tabl D M M，et al.，2022. Zinc nutrition responses to agronomic and yield traits，kernel quality，and pollen viability in rice (*Oryza sativa* L.) [J]. Frontiers in Plant Science，13：791066.

Khema S，Rin S，Fujita A，et al.，2022. Grain yield and gross return above fertilizer cost with parameters relating to the quality of white rice cultivated in rainfed paddy fields in Cambodia [J]. Sustainability, 14: 10708.

Kibria K Q, Islam M A, Hoque S, et al., 2022. Variations in cadmium accumulation among amon rice cultivars in Bangladesh and associated human health risks [J]. Environmental Science and Pollution Research, 29 (26): 39888-39902.

Lee C S, Chung H J, 2022. Enhancing resistant starch content of high amylose rice starch through heat-moisture treatment for industrial application [J]. Molecules, 27: 6375.

Li L Y, Mao D H, Sun L, et al., 2022. CF1 reduces grain-cadmium levels in rice (*Oryza sativa*) [J]. The Plant Journal (5): 110.

Li Y, Zhang S N, Bao Q L, et al., 2022. Jasmonic acid alleviates cadmium toxicity through regulating the antioxidant response and enhancing the chelation of cadmium in rice (*Oryza sativa* L.) [J]. Environmental Pollution, 304: 119178.

Liang Y, Wu Q T, Lee C, et al., 2022. Evaluation of manganese application after soil stabilization to effectively reduce cadmium in rice [J]. Journal of Hazardous Materials, 424: 127296.

Nunes M T, Coradi P C, Müller A, et al., 2022. Stationary rice drying: Influence of initial moisture contents and impurities in the mass grains on the physicochemical and morphological rice quality [J]. Journal of Food Processing and Preservation, 46: e16558.

Pautong P A, Anonuevo J J, de Guzman M K, et al., 2022. Evaluation of in vitro digestion methods and starch structure components as determinants for predicting the glycemic index of rice [J]. LWT-Food Science and Technology, 168: 113929.

Rahman S, Copeland L, Atwell B J, et al., 2022. Impact of elevated atmospheric CO_2 on aleurone cells and starch granule morphology in domesticated and wild rices [J]. Journal of Cereal Science, 103: 103389.

Ratseewo J, Warren F J, Meeso N, et al., 2022. Effects of far-infrared radiation drying on starch digestibility and the content of bioactive compounds in differently pigmented rice varieties [J]. Foods, 11: 4079.

RaungrusmeeS, Koirala S, Anal A K, 2022. Effect of physicochemical modification on granule morphology, pasting behavior, and functional properties of riceberry rice (*Oryza Sativa* L.) starch [J]. Food Chemistry Advances, 1: 100116.

Sheng H, Gu Y, Yin Z R, et al., 2022. Consistent inter-annual reduction of rice cadmium in 5-year biannual organic amendment [J]. Science of The Total Environment, 807: 151026.

Syu C H, Nieh T I, Hsieh M T, et al., 2022. Uncovering the genetic of cadmium accumulation in the rice 3K panel [J]. Plants, 11 (21): 2813.

Szalóki T, Székely Á, Tóth F, et al., 2022. Evaluation and comparative analysis of meteorological data, moisture content, and rice panicle threshability [J]. Agronomy, 12: 744.

Tang L, Dong J Y, Qu M M, et al., 2022. Knockout of OsNRAMP5 enhances rice tolerance to cadmium toxicity in response to varying external cadmium concentrations via distinct mechanisms [J]. Science of The Total Environment, 832: 155006.

Thanachit S, Anusontpornperm S, Yoojaroenkit N, 2022. Effects of micronutrients on Khao Dawk Mali

105 rice in Thai paddy soils and assessment of their availability indices [J]. JSFA Reports，2：415-425.

Thirumoorthy P，Deshpande B，Shailaja V H，et al.，2022. Effect of physicochemical characteristics on cooking quality of aerobic nutri rich rice varieties [J]. Asian Journal of Dairy and Food Research，41 （4）：480-484.

Tyagi A，Lim M J，Kim N H，et al.，2022. Quantification of amino acids，phenolic compounds profiling from nine rice varieties and their antioxidant potential [J]. Antioxidants，11：839.

Wahid M A，Irshad M，Irshad S，et al.，2022. Nitrogenous fertilizer coated with zinc improves the productivity and grain quality of rice grown under anaerobic conditions [J]. Frontiers in Plant Science，13：914653.

Xu M，Yang L，Chen Y，et al.，2022. Selection of rice and maize varieties with low cadmium accumulation and derivation of soil environmental thresholds in karst [J]. Ecotoxicology and Environmental Safety，247：114244.

Yan S，Yang J，Si Y，et al.，2022. Arsenic and cadmium bioavailability to rice （*Oryza sativa* L.）plant in paddy soil：Influence of sulfate application [J]. Chemosphere，307：135641.

Yu E，Wang W G，Yamaji N，et al.，2022. Duplication of a manganese/cadmium transporter gene reduces cadmium accumulation in rice grain [J]. Nat Food. 3（8）：597-607.

Yu Y，Shi K X，Li X X，et al.，2022. Reducing cadmium in rice using metallothionein surface-engineered bacteria WH16-1-MT [J]. Environmental Research，203：111801.

Zeng P，Wei B Y，Zhou H，et al.，2022. Co-application of water management and foliar spraying silicon to reduce cadmium and arsenic uptake in rice：A two-year field experiment [J]. Science of The Total Environment，818：151801.

Zeng T，Guo J X，Li Y Y，et al.，2022. Oyster shell amendment reduces cadmium and lead availability and uptake by rice in contaminated paddy soil [J]. Environmental Science and Pollution Research，29 （29）：44582-44596.

Zhang L，Xue L G，Wang H，et al.，2022. Immobilization of Pb and Cd by two strains and their bioremediation effect to an iron tailings soil [J]. Process Biochemistry，113：194-202.

Zheng Z Y，Li P，Xiong Z Q，et al.，2022. Integrated network analysis reveals that exogenous cadmium-tolerant endophytic bacteria inhibit cadmium uptake in rice [J]. Chemosphere，301：134655.

Zhou S J，Liu Z Y，Sun G，et al.，2022. Simultaneous reduction in cadmium and arsenic accumulation in rice （*Oryza sativa* L.）by iron/iron-manganese modified sepiolite [J]. Science of The Total Environment，810：152189.

第七章　稻谷产后加工与综合利用研究动态

大米加工是稻谷产业链的中心环节。近年来，国内外稻米加工的新工艺、新技术、新产品得到了快速发展和应用，大米加工产业结构不断优化，规模效应逐渐显现，技术水平明显提高，能够充分满足市场需要和供给侧结构性改革，满足人们对高品质主食日益增长的需求。2022 年，国内外稻米加工工艺不断优化改进，发芽糙米、低血糖生成指数稻米等功能性产品的研制使其整体向着营养化、方便化发展；米糠、米胚、碎米、大米蛋白等副产品的综合利用技术开发也在朝着多元化、精深化、循环化方向不断深入发展。稻壳、秸秆作为稻米的副产物之一，是一种良好的可再生生物质原料，不仅可以制作活性炭等吸附材料和土壤改良剂，还可以转化为煤气等用于发电、供热。

第一节　国内稻谷产后加工与综合利用研究进展

一、稻谷产后处理与大米加工

人们对于大米外观的过度追求使稻谷过度加工现象十分普遍，造成营养物质的大量流失以及资源浪费。对收获后稻谷干燥、砻谷等工艺技术的提高改进，不仅有利于保障国家粮食安全、促进行业整体提质增效和健康发展，而且对于提高稻米加工利用率、减少资源浪费、提高企业经济效益均具有十分重要的意义。

（一）稻谷干燥技术

干燥是稻谷储藏前处理的一个重要环节，直接影响稻谷储藏品质和加工品质。目前，我国机械干燥形式多样，其中多数以热风干燥工艺为主，其他干燥为辅。

1. 热风干燥

热风干燥仍是稻谷干燥的主要方式。为了实现低成本、高品质干燥效果，王洁等（2022）在热风干燥基础上，探究了变温干燥工艺对稻谷干燥特性及干燥品质的影响。结果表明：干燥温度为 40～60℃、变温时间 20～140 min、变温温度 40～70℃、变温时长 10～50 min 条件下采用循环变温的干燥方式，可以获得较好的干燥品质；变温干燥的最优参数组合为初始干燥温度 54℃、变温时刻 50 min、变温温度 47.5℃、变温时长 20 min，干燥后稻谷的爆腰增率 12.5%、整精米率 79.9%，试验值与预测值之间的相对误差为 3.61%，回归模型的预测精准度较高。研究结果可为稻谷收获后干燥技术改进及深入探究其干燥品质变化机理提供数值与理论参考。

2. 微波干燥

微波干燥以干燥速度快、干燥时间短的优势日益受到关注，陈震等（2022）为综合提升稻谷干燥效能与品质，基于两种增长模型（Weibull 模型、Logistic 模型）比较了不同加热缓苏周期下间歇微波干燥稻谷裂变率的增长性能，考察了其玻璃化转变与裂变率间的关联。结果显示：随着缓苏比增加，在加热缓苏周期中具有相同加热时间已干燥稻谷的含水率依次增大，但其玻璃化转变温度、裂变率依次减小；加热缓苏时间比相同而且周期缩短，稻谷的玻璃化转变温度、裂变率均低。经 TR4 微波干燥稻谷的总裂变率仅为 7.67%，显著低于其他 3 种工艺（TR1、TR2、TR3）（$P<0.05$），可以作为干燥初期的工艺模式，并且以 Weibull 模型预测间歇微波干燥稻谷的裂变率增长的准确度高于 Logistic 模型（$R^2 \geqslant 0.978\ 3$），可以为深入研究稻谷间隙微波干燥机理提供参考。

3. 红外干燥

红外干燥是根据稻谷内部分子吸收红外线的特性，把作用在分子上的红外辐射能转变为热能，促使分子内部水分汽化，达到烘干目的。与其他干燥方式相比，红外干燥具有干燥速率快、能耗低、干燥后稻谷质量好，且不需要加热介质、受热均匀等特点，近些年来受到广泛关注。尹晓峰等（2022）采用正交实验对稻谷进行红外干燥，研究了稻谷在不同含水率、干燥温度和装载量条件下的红外干燥特性，确定了稻谷最优红外干燥工艺方案，匹配了稻谷红外干燥在 10 种干燥数学模型中的应用情况，并找出了稻谷最优红外干燥数学模型。结果表明：稻谷在干燥前期失水率变化较大，水分比下降较快，而干燥后期失水率变化趋于平缓。对稻谷红外干燥工艺影响的 3 个主要因子排列顺序为：干燥温度＞装载量＞含水率，且稻谷最优红外干燥方案为含水率 36%、干燥温度 60℃、装载量 50 g，此时稻谷最优干燥数学模型为 WangandSingh 模型。当装载量和干燥温度分别为 50 g 和 70℃时，实验值和模型值的相对平均误差分别为 0.901% 和 1.119%，可以得出实验验证的数据和模型预测的数据具有较好的拟合度，实验验证的曲线和模型预测的曲线具有很好的一致性。

（二）砻谷技术

砻谷是稻谷加工过程的重要环节，其工艺效果直接影响糙米品质及成品米质量。如何控制稻米在加工过程中的破碎率，是提高大米加工企业经济效益的关键，也是衡量大米加工设备、工艺技术水平的主要因素。

离心式砻谷机是稻谷脱壳中的一种重要机械装置类型，具有结构简单和加工成本低，以及砻后糙米具有光泽、耐储性和口感好等优点。褚衍皓（2022）探究了离心式砻谷机的加工参数对稻米脱壳率和破碎率的影响。结果表明：叶片数量为 12 片、叶片放置角度为 30°、叶轮转速为 1 800 r/min 时，此参数条件下稻谷脱壳率为 93%±1.56%、破碎率为 4%±0.34%，砻谷性能显著提高。

黄清等（2022）以广东省 5 种丝苗米为原料，探究不同胶辊砻谷机工艺参数下稻谷加工品质的变化规律。结果表明：经砻谷机一次脱壳，在线速差 2.03 m/s、轧厚比 0.6

的参数组合下，5 种稻谷的脱壳率为 82.51%～86.21%、出糙率为 57.82%～65.32%、糙碎率为 8.43%～24.42%；在线速差 1.20 m/s、轧厚比 0.8 的参数组合下，5 种稻谷的脱壳率为 78.82%～81.31%、出糙率为 53.47%～62.06%、糙碎率为 6.30%～21.36%。回砻谷后，5 种稻谷的总脱壳率和总出糙率显著提高。综上，对于容重较小的丝苗米品种，可适当设置较大的线速差和较小的轧厚比提高出糙率；对于长度较大、粒形较细长的丝苗米品种，可适当设置较小的线速差和较大的轧厚比以降低糙碎率。

（三）适度碾米技术

近年来，随着居民生活水平提高和慢性病高发，人们越来越注重营养健康膳食。稻米作为我国大宗的传统主食，本身含有丰富的酚类、膳食纤维、γ-氨基丁酸等生物活性成分，而人们对于精白米的过度追求使营养元素大部分转移到副产品中。适度碾米技术不仅可以减少营养物质的损失，而且可以避免因过度加工导致粮食利用率低和能耗浪费等问题。

1. 适度碾磨工艺

不同碾磨精度不仅会使稻米理化品质、营养品质等产生差异，还会对稻米的食用感官品质产生影响。稻米适度碾磨工艺的确定，可以为实现适度加工提供充足的理论依据。吴永康（2022）以早籼稻隆科早 1 号和晚籼稻星 2 号为研究对象，研究不同碾减率对籼米的理化性质、蒸煮品质、消化特性和感官品质的影响，从而确定其适宜的加工精度。结果表明，随着碾减率提高，籼米留皮度和皮层残留比率降低，籼米中的水分含量、粗蛋白、粗脂肪、膳食纤维、矿物质和总酚含量下降，而粗淀粉和直链淀粉含量增加；在蒸煮特性、消化率和消费者喜好分析中，提高大米碾减率可以缩短米饭蒸煮熟化时间，增加蒸煮过程中米饭的吸水率和米汤固形物含量。当碾减率为 0～8% 时，米饭的硬度随着碾减率上升而减少，继续提高碾减率对米饭硬度无显著影响。随着碾减率提高，籼米米饭的快速消化淀粉（SDF）的含量增加，淀粉消化率上升，且消费者对籼米的喜好程度增加。当碾减率为 8% 时，隆科早 1 号和星 2 号的接受程度较高，而且此时基础营养成分大部分保留，米饭的蒸煮特性较好，大部分挥发性物质也得到保留，因此8% 的碾减率是这两种大米适宜的适碾加工精度。

彭海亮等（2022）将稻米加工分别得到糙米、保留 80% 皮层、保留 50% 皮层的大米及精米（精度为一级的大米）4 种不同加工精度的样品，研究不同加工精度对稻米膳食纤维含量及理化特性的影响。结果表明：不同加工精度的稻米在能量、碳水化合物、蛋白质等方面变化不大，而脂肪、维生素 B_1、维生素 B_2、维生素 B_3、维生素 E 会随着加工精度提高含量逐渐变少，膳食纤维含量、持水力、持油力、膨胀力也会随着加工精度提高而逐渐降低。

刘彦宵雪（2022）研究了加工精度对大米理化性质、营养成分、抗氧化能力和食用品质的影响。结果表明，理化分析中，随着碾减率（DOM）由 0 上升到 15.83%，大米峰值黏度、谷值黏度、崩解值和 L^* 值整体呈上升趋势，糊化焓（ΔH）、a^* 值、b^* 值、储能模量（G'）和损耗模量（G''）整体呈下降趋势；营养成分和抗氧化能力分析中，碾减率与大米水分、脂肪、蛋白质和灰分含量呈负相关，与直链淀粉含量呈正相关。并随着 DOM 由 0 增加到 15.83%，大米 γ-氨基丁酸、植酸、总酚、总黄酮含量、DPPH和 ABTS 自由基清除能力分别下降了 77.7%、85.4%、64.4%、84.3%、78.7% 和61.8%；食用品质分析中，碾减率提高后，米饭硬度、咀嚼性和内聚性下降，弹性增加，而在 12.31%～15.83% 范围内，各指标均没有显著性差异。因此，不同加工精度是影响大米品质的重要因素。

2. 适度碾磨产品

"胚芽米"是稻谷经过碾磨处理后，留胚率达 80% 以上的一种天然丰富的营养源。与精米相比，保留的米胚中含有丰富的蛋白质、维生素、不饱和脂肪酸、矿物质和较多生物活性成分，具有调节机体代谢、预防动脉硬化等功效。而将留胚米磨粉后，可以将其应用在代餐粉、婴幼儿辅食方向，发展空间更为广阔。

王子妍等（2022）以挤压膨化法制备不同糊化度留胚米粉并对其理化性质与体外消化性进行研究。结果表明，随着挤压温度增加，其蛋白质、脂肪、总淀粉和直链淀粉含量显著下降，可溶性膳食纤维含量显著上升（$P<0.05$）；色度、粒径、水溶性指数及膨胀度呈上升趋势，且差异显著（$P<0.05$），吸水性指数下降。与未挤压留胚米粉相比，高糊化度留胚米粉的峰值黏度、谷值黏度、最终黏度及回生值均显著降低（$P<0.05$），消化性显著提高（$P<0.05$）。

刘颖等（2022）探究了预糊化—低温挤压过程中不同挤压温度对留胚米粉理化性质的影响。结果表明：随着挤压温度升高，留胚米粉的糊化度逐步提高；淀粉、脂肪、蛋白质、γ-氨基丁酸含量均有所下降；并且挤压温度超过 70℃ 后，可溶性膳食纤维含量显著升高；留胚米粉的吸水性指数显著下降（$P<0.05$），水溶性指数、膨胀势有所上升；总色差 ΔE 增大；粒径显著增大（$P<0.05$）；差示扫描量热仪分析发现留胚米粉的起始温度（T_0）、峰值温度（T_P）和终止温度（T_C）逐渐升高，吸热焓由 1.14 J/g 降至 0.82 J/g，糊化程度逐步增加；傅里叶红外光谱分析表明，在所有挤压温度下留胚米粉的淀粉结构中并未产生新的基团或化学键。综上，预糊化—低温挤压对留胚米粉的理化特征具有显著影响，适宜的挤压温度能够减少营养成分损失。

（四）稻米安全性问题

近年来，农药和肥料的滥用、工业燃料的排放、城市污水的处理等人为活动加剧了土壤重金属的污染程度，甚至超过安全环境标准，致使土壤环境面临严峻挑战。而水稻是易富集重金属的农作物之一，对土壤重金属有很强的富集吸附能力。在我国，部分地区稻米重金属污染率超过 20%，且南方地区市场上约 10% 的大米都存在重金属污染。因此，防治稻米重金属污染刻不容缓。

石灰被广泛应用于镉（Cd）污染的酸性土壤中，其钝化效果总体较为明显，但存在施用石灰达不到预期效果甚至出现相反作用的现象，这可能与土壤较高浓度的氯离子

（Cl⁻）有关。郭京霞（2022）分别从土壤化学、植物学和分子生物学角度揭示了在 Cd 污染的酸性土壤上，Cl⁻对石灰钝化效果的弱化效应及其主要机理，而且这种弱化作用在高氯条件下更加显著。对于一些 Cl⁻含量较高的酸性土壤，如滨海盐土和大量施用含氯材料的土壤，在选用土壤改良材料和制定土壤治理方案时，须考虑这一因素。因此在 Cd 污染土壤上，应避免施用 Cl⁻含量高的材料。

潘荣庆等（2022）探究了有机硒、有机硅调理剂对不同地区水稻产量及水稻 Cd 含量和土壤 pH 值及土壤 Cd 含量的影响。结果表明，德保、田东、忻城 3 个地区水稻叶面施用调理剂后，水稻产量增加了 5.0%～8.8%；叶面施用调理剂后，在德保、田东地区水稻的稻米镉含量下降了 14.5%～42.9%，富集系数下降了 3.3%～44.8%，但在忻城地区对稻米 Cd 含量无显著效果。德保地区水稻叶面施用含有机硒调理剂后，可以显著降低水稻叶片对镉的富集能力，水稻叶片镉含量下降了 32.0%～38.7%，富集系数下降了 33.6%～37.6%，3 个地区其他处理对水稻叶镉含量降低效果不明显。叶面施用调理剂后，非根际土壤 Cd 含量下降了 0～7.2%，根际土壤 Cd 含量下降了 1.5%～10.3%，土壤 Cd 含量虽有所下降，但降低效果不显著，叶面施用调理剂土壤 pH 值未显著升高。综上，在不同地区施用叶面调理剂均可以提高水稻产量，不同地区施用叶面调理剂对水稻降镉效果差异较大，叶面调理剂不能有效改变土壤 pH 值及降低土壤 Cd 含量。

汤小群等（2022）以萍乡市中度 Cd 污染稻田为研究对象，选取 8 种不同纳米材料钝化剂开展田间小区试验，探究不同钝化剂对土壤有效态 Cd 及水稻糙米 Cd 含量的影响。结果表明：与空白组相比，同一添加水平下，施用 8 种不同种类钝化剂土壤有效态镉含量无显著变化，但糙米 Cd 含量均有所下降，其中施用 PX5F、SAX3 与 PX5 复配处理效果最好，糙米 Cd 含量分别下降了 82.31% 和 81.81%。此外，钝化剂 SAX3 和 PX5 降 Cd 的效果随着施用强度增加而增强，最高降幅分别达 83% 和 64.12%。

何丽霞等（2022）研究了复配钝化剂对土壤有效态重金属（Cd、Pb 和 Cu）及水稻吸收重金属的影响及其作用机理。室内筛选实验表明，在 11 种无机和有机钝化剂中，海泡石、生石灰和聚丙烯酰胺对土壤重金属钝化效果较好，使有效态 Cd、Pb 和 Cu 分别降低了 32.4%～89.2%、19.5%～99.1% 和 49.4%～92.4%，并将它们确定为复配钝化剂的成分。大田实验结果表明，生石灰、聚丙烯酰胺和海泡石复配对土壤中重金属钝化效果最佳，使有效态 Cd、Pb 和 Cu 分别降低了 28.6%、20.2% 和 23.5%（$P<0.05$），其钝化机制为离子交换和络合作用。而且，该复配钝化剂对土壤化学性质影响最小。在水稻吸收分析中，复配钝化剂使稻米中的 Cd 含量降低了 21.7%～93.1%（$P<0.05$）。另外，复配钝化剂对土壤微生物丰度和多样性没有显著影响。考虑到土壤的安全性和稳定性，推荐将生石灰、聚丙烯酰胺和海泡石复配钝化剂用于降低红壤稻米对 Cd 的吸收以确保粮食安全生产。

陈志琴（2022）为筛选出高产且适用于粮食安全生产的镉低积累水稻品种，以 18 个早、中晚熟水稻品种为供试材料，比较了不同水稻品种在中轻度镉污染农田的生长情况以及对镉吸收、积累的差异，并通过综合定量评价方法进行评估。结果表明：通过计算综合得分筛选出的高产且镉低积累水稻品种有沪香粳106、沪早香软1号、8333、宝农34和南粳9108。其中，沪早香软1号虽然产量处于中下游，但其显著的低转运系数与富集系数使得在综合定量评价中得分较高，更多的镉保留在秸秆中，表现出最高的秸秆积累量，最终成为候选品种。

二、稻谷精深加工及副产品的综合利用

（一）糙米综合利用

糙米保留了米粒的皮层、胚和胚乳，不仅蛋白质、膳食纤维、维生素以及钙、铁、锌等含量显著高于精白米，还富含多酚、谷胱甘肽和 γ-氨基丁酸等精白米中未检出或含量很低的活性成分，具有抗氧化、降糖、降脂功效，能大大降低食用人群罹患肥胖、心血管疾病、Ⅱ型糖尿病、神经退行性疾病和骨质疏松症等疾病的风险。近年来，发芽、蒸煮等加工方式是糙米加工中应用较多的技术，不仅有助于改善糙米的营养品质与消化特性，而且对于产品的风味品质也会产生有益影响。

1. 发芽糙米

关于糙米发芽工艺优化研究较多，近年来学者们更加关注发芽工艺对发芽糙米营养品质的影响和产品功效研究。

何林阳等（2022）利用响应面法优化糙米发芽过程中的温度、时间和湿度，以提高 γ-氨基丁酸、总酚化合物和谷胱甘肽的含量。结果表明，各交互项中发芽时间和发芽湿度对发芽糙米中 γ-氨基丁酸、总酚化合物含量的交互作用最大，发芽时间和发芽温度对发芽糙米中谷胱甘肽含量的交互作用最大，通过 Design-Expert 12 设计得到最适的发芽温度、时间、湿度分别为 20℃、14.2 h 和 80%，同时 γ-氨基丁酸、总酚化合物和谷胱甘肽的含量相较于未发芽糙米分别增加了 1.83 倍、2.10 倍、1.13 倍，使用优化后的工艺条件对糙米进行发芽处理，有关生物活性物质含量均得到提高。

陈冠华等（2022）探究发芽糙米对Ⅱ型糖尿病患者的营养干预效果，以 80 例Ⅱ型糖尿病患者为实验对象，按照随机分配方法，分为食用普通大米的对照组与食用发芽糙米的实验组各 40 例。对两组的临床疗效、不良反应发生情况及生活质量给予评分。结果表明：试验组总有效率 95%，高于对照组的 70%；试验组不良反应发生率为 5%，低于对照组的 20%；试验组情感、精力、躯体感受、心理评分均高于对照组。这是由于发芽糙米含有丰富的抗氧化物质、大量食物纤维以及丰富的微量元素和维生素，还含有肌醇、植物甾醇、二十四烷醇、二十六烷醇以及二十八烷醇等微量物质。糙米饭的升糖指数比白米饭的升糖指数低很多，吃同样数量时饱腹感更强，可控制食量。糖尿病患者食用发芽糙米可使胰岛素敏感性提高，且对糖耐量受损有积极作用。食用发芽糙米可以降低血糖，缓解血糖血脂吸收，有效调节Ⅱ型糖尿病患者血糖水平。

2. 蒸煮糙米

常规蒸煮工艺条件下，发芽糙米的蒸煮品质较精白米有较大差距，需要提前浸泡或增加 2～3 倍的蒸煮时间，需要通过探究发芽糙米最佳蒸煮工艺来提高发芽糙米的食用品质。

李莉等（2022）为改善发芽糙米的口感、提高食用品质，利用鲜稻谷直接发芽制备糙米。以发芽糙米的质构特性（硬度、黏力、弹力、弹性、弹性指数、咀嚼性、咀嚼指数）、食味值以及蒸煮指标（吸水率、蒸饭率）为评价指标，通过单因素和响应面实验优化发芽糙米的蒸煮工艺。结果表明：鲜稻谷直接发芽糙米的最佳蒸煮工艺条件为浸泡时间 45 min、浸泡温度 32℃、料液比 1∶2.2（g/mL），该条件下发芽糙米的硬度与黏力比值为 67.12，食味分值为 50，吸水率为 208％，出饭率为 312％。

3. 糙米精深加工

我国糙米资源丰富，但研究始于 20 世纪 90 年代初，起步较晚，深加工产品较少。糙米精深加工可以丰富糙米精加工产品种类，拓宽发芽糙米的利用途径，充分利用糙米的营养与功能价值，进一步为糙米深加工产业提供新思路。

孙莹等（2022）将发芽糙米粉应用于饼干制作，研究了配方及焙烤工艺参数对韧性饼干品质特性的影响，优化了饼干的加工工艺。结果表明：随着发芽糙米粉用量的增加，饼干色泽降低、硬度上升，延展度、感官评分均先升高后降低；增大黄油用量，延展度、膨松度变化较小；增大糖粉的添加量，硬度、延展度上升；增大全蛋液用量，硬度、黏附性逐渐降低。配方优化后，发芽糙米粉∶低筋小麦粉、黄油、糖粉、全蛋液分别为 57∶43、36％、25％、20％时，饼干感官评分最高，为 90.7 分。随着面火、底火温度上升，饼干色泽均逐渐加深，感官评分先升高后降低；随着烘焙时间延长，色泽逐渐加深，硬度上升；经正交优化，面火、底火、时间参数分别为 190℃、190℃、13 min，发芽糙米饼干色泽金黄、松脆可口、甜度适中，具有独特风味，丰富了糙米精加工产品种类。

傅金凤等（2022）以发芽糙米为原料，发酵制得发芽糙米酒，再将其与金白龙茶浸提液进行复配得到富含 γ-氨基丁酸的新型发芽糙米酒茶复合饮料。在单因素实验的基础上，采用响应面法探究浸提茶叶所用的水茶比、茶汤与酒复配比例、木糖醇与柠檬酸添加量对发芽糙米酒茶复合饮料感官评分的影响，并以沉淀率为指标探究该酒茶复合饮料的最佳稳定条件。结果表明：最佳工艺参数组合的水茶比为 91.64∶1（mL/g）、茶汤与酒混合比例为 4.28∶1（mL/g）、木糖醇添加量 5.79 g/100 mL、柠檬酸添加量为 0.066 g/100 mL、稳定剂为 0.1％的黄原胶。在此条件下生产的发芽糙米酒茶复合饮料酸甜可口，香气清新，且 GABA 含量为 358.68 mg/kg，茶多酚含量为 805.71 mg/kg，功能活性成分含量较高，具有良好的保健效果。

（二）米糠综合利用

米糠是稻谷加工的副产品之一，是糙米经碾米后得到的种皮、糊粉层、珠心层和胚的混合物，蛋白质含量为 12％～16％，可溶性蛋白质约占 70％，与大豆蛋白相近，氨基酸组成丰富。作为农业副产品，米糠资源并没有被充分开发利用，米糠膳食纤维、米糠蛋白、米糠油、米糠粕的精深加工及有关功效有待进一步挖掘。

1. 米糠膳食纤维改性与功效

米糠膳食纤维是米糠提取物，约占米糠总量的 30％，加大对米糠膳食纤维的研究开发，不仅能够提升米糠资源的综合利用率，推动产业经济发展，还可以为农业副产品的开发利用提供新的思路。

吴娜娜等（2022）采用挤压蒸煮加工方法对脱脂米糠进行改性，研究了挤压蒸煮加工米糠对米糠可溶性膳食纤维增加和膳食纤维结构性质的影响。以可溶性膳食纤维含量为指标，通过单因素实验确定米糠最适挤压条件为：水分含量 35％、挤压温度 160℃、螺杆转速 250 r/min。经过挤压蒸煮加工后，米糠可溶性膳食纤维含量从 4.34％增至 14.34％。米糠可溶性膳食纤维、不溶性膳食纤维的微观结构被破坏，膨胀力显著增加，而持油力显著降低，相对结晶度降低，挤压蒸煮加工后米糠不溶性膳食纤维中仍存在纤维素和半纤维素，并且能改变脱脂米糠膳食纤维的结构性质，为膳食纤维产品的开发和应用提供了理论基础。

王磊鑫等（2022）研究了未挤压、挤压蒸煮加工米糠可溶和不溶膳食纤维对米淀粉糊化性质、热性质、回生性质、结晶性质、微观结构的影响，并探究了挤压蒸煮米糠膳食纤维与米淀粉之间的相互作用。结果表明：与未挤压蒸煮加工米糠膳食纤维相比，挤压蒸煮加工米糠可溶和不溶膳食纤维分别使米淀粉的崩解值显著增加了 74.09％和 128.36％，米淀粉的峰值黏度、谷值黏度、终值黏度、峰值时间、糊化温度均显著降低。米糠经过挤压蒸煮加工后，可溶膳食纤维使淀粉凝胶的自由水向强结合水转化，米糠不溶膳食纤维使淀粉凝胶的自由水向弱结合水转化。与未挤压蒸煮加工相比，挤压蒸煮加工米糠可溶和不溶膳食纤维分别使米淀粉的回生值降低了 62.59％和 44.81％，米淀粉凝胶的回生率、相对结晶度、硬度、内聚性、回复性、胶黏性、咀嚼性、1 047 cm^{-1} 与 1 022 cm^{-1} 处吸收峰的峰高比均有降低，添加挤压蒸煮米糠可溶、不溶膳食纤维的淀粉凝胶表面较光滑，凝胶结构出现较大裂缝，说明挤压蒸煮加工米糠提高了米糠膳食纤维对米淀粉回生的抑制效果，且挤压蒸煮可溶膳食纤维比挤压蒸煮不溶膳食纤维效果好。

刘浩等（2022）探讨了米糠不溶性膳食纤维对慢性镉暴露小鼠的保护机制，研究发现米糠不溶性膳食纤维摄入可以增加镉的吸附并促进镉随粪便排出，米糠不溶性膳食纤维对镉的吸附作用可以减少组织器官中镉的累积，并恢复正常肠道菌群结构，这对于预防和缓解慢性镉中毒具有重要意义。

2. 米糠蛋白的提取与改性

米糠蛋白是一种优质的谷物蛋白，在米糠营养物质中占 13％～18％，具有氨基酸组成合理、生物效价高及消化率高等优点，富含限制性氨基酸（赖氨酸）。因此，充分利用米糠蛋白是改善米糠资源浪费、提高米糠资源利用率的有效途径。

刘家希等（2022）利用超声辅助碱法从不同稳定化处理的脱脂米糠中提取米糠蛋白，并对其功能特性进行了对比分析。结果表明，超声辅助碱法是一种有效的提取米糠蛋白的方法，蛋白质提取率为57.89%。米糠经稳定化处理后，米糠蛋白的泡沫稳定性、吸水能力和氮溶解度都有一定程度降低。超声处理能够提高米糠蛋白的吸油能力和起泡性，但使吸水能力、泡沫稳定性和氮溶解度有不同程度降低。此外，稳定化和超声处理均可提高蛋白质的总巯基和二硫键含量。综合而言，超声辅助碱法可有效提升米糠蛋白提取率。

易佳等（2022）研究发现，经超微联合超声提取能有效提高米糠蛋白的提取率。通过单因素试验和响应面优化后，得到最佳提取工艺：料液比1∶57（g/mL）、提取时间4 h、超声时间9 min。最终米糠蛋白提取率为（64.31±0.18）%。进一步研究发现，经超微联合超声提取后，米糠蛋白的提取率、纯度及溶解度较传统碱溶酸沉提取法有所提高。

吴彬等（2022）为改善米糠蛋白的溶解性，探究米糠蛋白乳液的稳定性，选用胰蛋白酶对米糠蛋白进行酶法改性，分析了其在不同水解度下（1%、3%、7%）酶解产物的功能特性及不同pH值、离子强度和温度对米糠蛋白酶解产物乳液的影响。结果表明：酶解可显著提高米糠蛋白的溶解性，水解度为3%的酶解产物功能特性显著提升，制备的乳液在高离子强度和加热条件下较为稳定，这为米糠蛋白酶解产物制备食品乳液提供理论依据。

张玲瑜等（2022）以神经紧张素转换酶（ACE）抑制率为指标，通过单因素和响应面试验对米糠蛋白进行酶解工艺优化研究，并对最优酶解物活性肽进行超滤分离、活性评价和氨基酸组成分析。得出米糠蛋白最优酶解工艺条件为：pH值7.2，底物质量浓度8.2g/100 mL，酶解温度46℃，酶解时间3h，酶添加量0.3g/100g。在此条件下所得酶解物ACE抑制率为（73.15±0.64）%，而且酶解物含有丰富的疏水性氨基酸（23.09 g/100 g）；分子量<3 kDa活性肽组分在同质量浓度下ACE抑制活性最优。结果表明，米糠蛋白酶解物具有显著的ACE抑制活性，活性肽组分的分子量对ACE抑制活性具有显著影响。

李小敏等（2022）以米糠蛋白（RBP）为碳源，采用水热合成法制备米糠蛋白碳量子点（RBP-CDs），通过紫外—可见吸收光谱、荧光光谱、高分辨率透射电子显微镜、傅里叶变换红外光谱对制备的碳量子点的光学性能、形貌结构及表面官能团进行表征，并探究RBP-CDs在不同环境下的稳定性及应用于传感、细胞成像、荧光染色等领域的效果。结果表明：RBP-CDs在286 nm下有紫外吸收峰；形状近似球形，分散性好，尺寸均一，粒径为2~4 nm；亲水性好；荧光性能及光学稳定性良好，但在不同化学环境中荧光强度差别较大。荧光传感实验表明，RBP-CDs可作为Fe^{3+}的"Turn-Off"型荧光传感器，检出限可达15.2 nmol/L，其具有较低的细胞毒性，可用于人肝癌细胞（HepG-2）的染色成像。结果表明，RBP-CDs可作为一种新型荧光标记材料，应用于细胞标记和细胞成像领域，这为米糠蛋白的高值循环再利用提供了新思路。

3. 米糠油提取及乳液的加工

米糠油体作为天然水包油型乳状液，具有良好应用前景。为提高米糠油体得率及稳定性，吕雯雯等（2022）采用酶法提取米糠中油体，以米糠油体得率、粒径分布、稳定性及微观结构为指标，考察了木聚糖酶与植物提取酶质量比、复合酶添加量、pH值和酶解时间对提取的影响。结果表明：米糠油体最优提取条件为木聚糖酶与植物提取酶质量比2∶1、复合酶添加量3%、pH值5、酶解温度50℃、酶解时间1.5 h。在此条件下提取的米糠油体得率高，粒径分布集中，粒径达到微米级，且稳定性良好、结构完整，为米糠油体的开发与应用提供理论基础。

为了制备稳定性更好的米糠油乳液，姚俊胜等（2022）以酪蛋白酸钠和米糠油为原料，采用超声波处理方法，研究了酪蛋白酸钠添加量、脂水比、超声波强度对制备米糠油乳液的影响。结果表明，当蛋白质量分数为0.6%、脂水比为3∶2、超声波强度在240～360 W时制备的酪蛋白酸钠—米糠油乳液蛋白利用率较高且稳定性好。超声处理明显提高了乳液的稳定性，改变了酪蛋白酸钠的二级结构，影响了β-转角和β-折叠的比例，为后期食品中应用提供技术支持。

适宜的乳化剂组成对乳液的乳化特性有重要影响，杨波等（2022）研究了酪蛋白酸钠和聚甘油酯复配比例对超声制备米糠油乳液乳化特性的影响，从乳状液的界面蛋白吸附量、平均粒径及分布、黏度、乳析率、微观结构及低场核磁共振弛豫特性等方面进行分析。结果表明，随着聚甘油酯添加量的增加，乳状液的界面蛋白吸附量先增大后减小，平均粒径、乳析率下降，油滴分布更加均匀，黏度增大，且T_2弛豫时间变长，油滴流动性增加。当聚甘油酯添加量为0.2%～0.4%时，促进其与酪蛋白酸钠的相互作用，降低油水界面的表面张力，提升乳化特性，为制备米糠油乳液凝胶并应用到烘焙食品中提供理论基础。

4. 米糠粕品质改善技术

米糠粕营养成分均衡、蛋白含量适中、氨基酸组成合理，具有极大开发价值，但由于米糠粕中植酸等抗营养因子含量较高，在应用时比例受到限制。杨华等（2022）以植酸降解率为考察指标，在单因素试验基础上，采用正交试验探究植酸酶对米糠粕中植酸降解的工艺条件。结果表明：不同植酸酶中，3号植酸酶对米糠粕中植酸的降解效果最好，酶解pH值、酶解温度、酶解时间均是影响植酸降解率的极显著因素，酶添加量是影响植酸降解率的显著因素。体外降解米糠粕中植酸的最适条件为：酶解pH值4.7、酶解温度50℃、酶添加量1.8%、酶解时间3.5 h。在此条件下，米糠粕中植酸降解率为94.2%、肌醇生成量为1.9%。该研究确定的酶解工艺在显著降解米糠粕中植酸抗营养因子的同时，提高了米糠粕的营养价值。

（三）米胚综合利用

大米胚芽是稻谷中的重要组成部分，约占稻谷的2%，加工过程中米胚随着糠层一起脱落，是稻米加工的副产品，但一直对其利用率不高造成了资源浪费。米胚营养价值十分丰富，富含的 γ-氨基丁酸对失眠、抑郁症、植物神经紊乱有一定的作用。研究人员对留胚米的生产设备、风味、食用品质、深加工产品等展开了研究。

大米的米胚在传统加工过程中绝大部分会被去除，导致米胚中含有的丰富营养物质被浪费和散失。为减少米胚流失，林玉辉（2022）使用一种新型的柔和型大米抛光辊，并采用混合纤维介质进行搓米加工，碾制出的留胚米留胚率达到80%以上。该设备和生产工艺可用于规模化生产高留胚率的留胚米。

风味是影响烘烤后胚芽品质的重要因素，杨扬等（2022）利用顶空固相微萃取结合气相色谱—质谱法对6种胚芽米烘烤前后的风味物质进行检测，检测出42种风味物质。包括烃类、醇醚类、醛酮类、杂环类等，利用主成分分析区分烘烤前后不同品种胚芽米中风味物质的变化。为胚芽米的品种选育及加工提供一定参考价值。

为保证留胚米食用品质，增加保质期，徐鹏程等（2022）采用5种方式对留胚米进行包装，探究储藏过程中其含水量、脂肪酸值、脂肪酶活和食味品质的变化，结果表明：真空和真空＋脱氧剂包装对留胚米食味品质劣化具有更好的抑制效果。姚钢等（2022）研究了 γ 射线预处理对胚芽米储藏后蛋白质结构、乳化特性和食用品质的影响，结果表明：在37℃和60%相对湿度的储藏环境中保存3个月后，胚芽米蛋白组分呈现聚集趋势，且胚芽米的蒸煮特性、质构特性均显著下降；随着 γ 射线预处理剂量的升高，胚芽米蛋白的浊度、β1折叠、无序结构和二硫键含量先降低后升高，疏水性下降且在2 kGy时无明显聚集的骨架结构，乳化活性和乳化稳定性均先升高后降低；食用品质先升高后下降，表明适当剂量的 γ 射线预处理能够调节胚芽米在储藏期间的蛋白质结构、乳化特性，改善其食用品质。

米胚的深加工及产品性能的研究也是研究热点。王子妍等（2022）采用预糊化—复合酶解法制备了婴幼儿留胚米粉，其具有黏度低、冲调性和消化性好的优点。王子妍等（2022）采用挤压膨化法制备不同糊化度留胚米粉并对其理化性质与体外消化性进行研究，结果表明挤压膨化处理对留胚米粉的影响较大。高糊化度的留胚米粉有较好的加工性能和更高的消化率。

（四）碎米综合利用

由于现有碾米技术的局限性以及稻米品种和产地等因素的影响，在大米加工过程中会产生10%～15%的碎米。从营养价值看，碎米中蛋白质、淀粉等营养物质与大米相近，还含有丰富的B族维生素、矿物质和膳食纤维，具有高附加值，可与米糠、麸皮等混合后用于饲料加工。

为提高碎米经济价值，郭翎菲（2022）采用超声辅助碱法从碎米中提取碎米淀粉，通过单因素和响应面优化得到的最佳工艺条件为：NaOH 质量分数0.2%、液料比4：1、超声时间30 min、超声功率300 W，在此条件下提取的碎米淀粉提取率为87.55%。为开发碎米来源的产品，郭雅卿（2022）以不同比例莲子淀粉与碎米粉进行混合后挤压制备重组米，通过对混合粉的糊化特性和重组米的感官品质、质构特性及蒸煮损失率的分析，确定了莲子淀粉重组米的配比。以物料含水量、模头温度、螺杆转速为影响因素，采用响应面试验优化了莲子淀粉重组米挤压的最佳工艺条件。结果表明：重组米品质在莲子淀粉添加量为30％时达到最佳，最佳挤压条件为：物料含水量40％、螺杆转速210 r/min、模头温度95℃。郭宏文等（2022）利用碎米为原料制备果葡糖浆，研究其液化和糖化工艺条件，使用耐高温α-淀粉酶，通过单因素试验，得到最佳的液化工艺条件为：料液比1∶5（g/mL）、液化温度90℃、液化时间35 min、加酶量40 U/g、pH值6.5，此条件下液化液的葡萄糖值（DE）为17.2％。利用含有糖化酶和普鲁兰酶的复合酶糖化，通过单因素和正交试验，得到最佳的糖化工艺条件为：加酶量330 U/g、糖化温度60℃、糖化时间48 h、pH值4.8，此条件下糖化液的DE值为99.5％。用高效液相色谱法分析糖化液的糖类成分，葡萄糖和果糖含量分别为73.2％和11.1％。该研究为开发碎米来源的淀粉糖产品提供基础试验依据。

孙炬仁（2022）研究了用碎米完全替代玉米对断奶仔猪生长性能、血清生化及蛋白质代谢的影响。结果表明：与玉米组相比，碎米组仔猪断奶后8～14 d平均日增重显著提高12.44％，但仔猪断奶后8～14 d和1～14 d的料重比分别显著降低10.20％和6.98％。碎米组断奶仔猪血清葡萄糖和胰岛素浓度较玉米组分别显著提高23.87％和180％，但尿素氮浓度显著降低48.02％。与玉米组相比，碎米组断奶仔猪血清异亮氨酸、色氨酸、缬氨酸和甘氨酸浓度均显著提高。这说明断奶仔猪日粮用45％碎米完全替代玉米可以改善整个生长后期的饲料效率，提高血清葡萄糖和胰岛素浓度，促进蛋白质代谢。

（五）大米淀粉综合利用

淀粉占大米干物质80％以上，是其主要组分。大米淀粉具有易消化、清淡无味、颗粒小、淀粉糊冻融稳定性好、抗酸解及支链/直链淀粉比例差异大、消费者易接受等特性，使大米淀粉在食品和药品领域具有广泛应用。

在加工过程中，淀粉分子与食品中其他组分（如蛋白、脂质及多酚等）之间由于存在非共价相互作用可形成复合物，而不同加工条件又引起淀粉复合物结构的变化，继而影响淀粉类食品的特性。张倩倩（2022）以大米淀粉为原料，采用湿热处理辅助酶法制备多孔淀粉，通过单因素实验优化了湿热处理淀粉的工艺条件，并对其结构进行表征，结果表明：最佳湿热工艺条件为含水量30％、处理时间6 h、处理温度110℃，多孔淀粉的比容积、溶解度、膨胀度和吸油率较原淀粉分别增加了46.15％、93.81％、61.40％、86.01％；酶解后淀粉表面形成孔洞，粒径减小；该方法较普通酶法制备多孔淀粉酶解时间减少一半，可达到同等吸附性能。涂园等（2022）探究了发酵过程中原花青素对大米淀粉结构和消化性能的影响，研究表明：发酵过程中，原花青素与淀粉分子间的相互作用提高了大米淀粉颗粒的抗消化性能，抑制微生物胞外酶活性并降低了淀粉分子被降解及聚集态结构无序化的程度，与淀粉分子形成淀粉分子—原花青素—淀粉分子的复合结构，促使淀粉半结晶层状结构中半结晶层厚度增大、无定型层厚度降低及聚集态结构紧密程度和表面短程有序化结构比例增加，在消化过程中释放原花青素并抑制淀粉酶活性，最终显著降低淀粉的消化性能。该研究为调控发酵米制品消化性能提供了依据。

在加工过程中添加相应物质同样也会影响大米淀粉的物化特性。邹静怡等（2022）研究发现加入核桃蛋白能有效调控大米淀粉质凝胶食品的特性。武娜等（2022）探究了可溶性大豆多糖对大米淀粉物化特性的影响，研究发现，可溶性大豆多糖的添加降低了大米淀粉的膨胀度、溶解度及透光率，且作用效果与添加量呈正相关。可溶性大豆多糖对大米淀粉的糊化特性具有显著影响，阻碍了淀粉之间的相互作用，使混合体系的糊化黏度、崩解值及回生值均降低。此外，糊化温度的增加，说明添加可溶性大豆多糖提高了淀粉的热稳定性。与对照组相比，G' 和 G'' 的降低进一步说明可溶性大豆多糖能够降低大米淀粉黏度。因此，可溶性大豆多糖可改善大米淀粉的特性，为可溶性大豆多糖在淀粉基食品中的应用提供理论指导。

回生是糊化后的淀粉分子链通过氢键缔合形成的双螺旋结构趋于有序化并形成晶体的过程，这会导致米饭、饭团等淀粉基食品在加工和储藏过程中变硬、干缩等问题，严重影响米饭的口感和复水性。因此，提升大米淀粉抗回生性能具有重要意义。裴斐等（2022）探究了低聚果糖对大米淀粉回生特性的影响，结果表明，低聚果糖处理能够显著降低大米淀粉糊化后的峰值黏度、终值黏度和回生值。此外，在短期冷藏后经低聚果糖处理的大米淀粉的析水率、硬度和渗漏直链淀粉含量均显著降低，说明低聚果糖有利于提高大米淀粉的保水性和稳定性；储能模量、水流动性、相对结晶度和红外光谱 $1\,047\ cm^{-1}/1\,022\ cm^{-1}$ 比值均降低，网络结构更加紧密，表现出较好的抗回生性。因此，低聚果糖在延缓大米淀粉类产品的回生方面具有较大潜力。钟晓瑜等（2022）为改善大米淀粉回生现象，研究了二氢杨梅素与大米淀粉的相互作用以及二氢杨梅素对大米淀粉的溶解度、膨胀度、回生焓值、微观结构的影响。结果表明，随着二氢杨梅素添加量的提高，大米淀粉的溶解度从 4.49% 增至 12.83%，膨胀度由 11.41% 降至 10.12%；淀粉表面由原来的紧密结构变化为疏松多孔结构；红外光谱 $1\,047\ cm^{-1}/1\,022\ cm^{-1}$ 的比值从 0.87 降至 0.78。当二氢杨梅素添加量为 5% 时，大米淀粉的回生焓值、回生率以及相对结晶度分别下降了 68.75%、71.86%、59.07%。因此，二氢杨梅素可以抑制大米淀粉回生，在淀粉制品加工时可考虑添加二氢杨梅素来调控回生现象。

大米淀粉颗粒粒径较小且均匀，在水中有较好的分散性，具有良好的成膜性并且可以在自然中降解，在食品包装、医用敷料及化妆品行业中广泛应用。王静雯等（2022）以大米淀粉为原料，NaOH 为糊化剂，甘油为增塑剂，柠檬酸为交联剂和 pH 值调节剂，采用流延法制备了淀粉膜。研究表明：大米淀粉呈光滑的多边形颗粒，直径为 $5\sim8\ \mu m$，在偏光显微镜下呈现马耳他十字结构，糊化温度范围为 $82.5\sim100.8℃$。柠檬酸在淀粉成膜过程中会与淀粉分子相互作用，同时能够调节溶液的 pH 值。淀粉质量分数越高，淀粉膜断裂伸长率越低，拉伸强度越高；甘油质量分数越高，淀粉膜断裂伸长率越高，拉伸强度越低。在甘油质量分数为 3.0% 时淀粉膜透光率最佳，结晶度最低。

（六）大米蛋白综合利用

大米蛋白是一种优质植物蛋白，其营养价值可媲美鸡蛋、鱼、虾等动物蛋白。同时，与大豆蛋白和乳蛋白相比，大米蛋白具有低敏性，适合婴幼儿人群。但我国稻米资源的深度开发和综合利用水平不高，其中大米加工副产物中有70%的蛋白未能得到有效利用。因此，对大米蛋白进行深度研究，开发具有特殊生理活性的大米蛋白产品，对于拓展大米深加工链，促进大米产业升级具有重要意义。

赵佳佳等（2022）研究了乌饭树树叶蓝黑色素对大米蛋白色度、结构特性和乳化特性的影响，发现乌米饭染色过程中蓝黑色素与大米蛋白会发生非共价结合，使大米蛋白结构发生伸展、变性，内部氢键遭到破坏迫使其向无规卷曲变化，色素—蛋白二元复合体系的乳化性质得到改善。随着色素质量分数的增加，色素—蛋白二元复合体系的持水性、起泡稳定性随色素质量分数升高呈先升高后下降趋势，起泡性、乳化性和乳化稳定性随色素质量分数升高呈先下降后升高趋势，表明乌饭树树叶蓝黑色素可改变大米蛋白二级结构，进而改善其乳化性质。

董鹏等（2022）为揭示大米陈化中脂肪及各蛋白对品质劣变的影响，以富含蛋白的米粒外层为研究对象，逐一脱除其中的脂肪和4种蛋白，比较新米和陈米糊化后淀粉粒度分布和显微形态的差异。结果表明，新米与陈米之间的粒度分布差异随脂肪和各蛋白的逐一脱除而逐渐减小直至消失。其中清蛋白和球蛋白明显抑制了淀粉颗粒间的解聚，而脂肪则明显促进了淀粉颗粒间的解聚，陈化贡献率分别为89%、82%和−75%；谷蛋白的抑制作用较小，醇溶蛋白几乎无影响。光学显微镜观察的淀粉颗粒解聚集状况与粒度分析结果相吻合。此外，扫描电镜表明，新米中淀粉溶胀更充分，蛋白体溶胀得更大；当4种蛋白均脱除后，新米与陈米中的淀粉糊化程度相似，均呈凝胶化状态。因此，陈化中脂肪和蛋白的变化是引起陈米中淀粉颗粒间在糊化中难以解聚的主要原因，该研究结果从脂肪和蛋白的变化角度为控制稻米的陈化劣变和产后减损提供了有益思路。

大米肽是大米蛋白经酶解、分离、浓缩、干燥等工艺得到的肽类物质，与大米蛋白一样含有各种人体所需的氨基酸，其特点在于具有低抗原性，满足人体营养需求时也不会造成身体的不良反应。同时，大米肽的相对分子质量比大米蛋白小，能通过肠道快速吸收，消化性优于大米蛋白，使大米肽可广泛应用到各类保健类食品中，包括功能性食品、保健食品营养制剂和特医食品等，是研制功能性食品的理想原料。

杨振宇等（2022）探究了大米蛋白酶解产物中乳化性较好的关键组分，采用酸性蛋白酶、木瓜蛋白酶和胰蛋白酶限制性酶解大米蛋白，分析表面疏水性、二级结构、乳化活性及乳液稳定性以探究不同酶解产物结构特性和乳化特性的关系；筛选最优乳化特性样品后对其超滤分离得到<5 kDa、5~10 kDa和>10 kDa组分，通过界面张力、耗散型石英晶体微天平、粒径、微观结构及储藏稳定性等指标，探究不同分子量肽的界面特性和乳液稳定性的关系。结果表明，酶解后的蛋白表面疏水性有较大差异；酶解后 β-折叠显著降低，蛋白结构更加舒展；＞10 kDa 组分界面张力较小，界面层较厚，具有较好的乳液储藏稳定性，为高乳化性植物蛋白基产品的设计提供新思路。

刘文颖等（2022）以大米蛋白粉为原料制备大米低聚肽，在对其扫描电镜、理化性质以及肽段序列分析的基础上，以分子质量分布、二级结构和氧自由基吸收能力（ORAC）为指标，研究不同温度、pH 值和消化方式对大米低聚肽结构和抗氧化活性的影响。结果表明：热处理显著降低大米低聚肽在 2 000～3 000 u、3 000～5 000 u 和＞5 000 u 范围内的分子质量（$P<0.05$），显著提高＜150 u 的分子质量（$P<0.05$），然而对重均分子质量、二级结构无显著影响（$P>0.05$）。40℃下大米低聚肽的 ORAC 值显著高于其他温度（$P<0.05$）。pH 值对大米低聚肽的重均分子质量、α-螺旋和平行式 β-折叠无显著影响（$P>0.05$）。在 pH 值为 6 下大米低聚肽的 ORAC 值显著高于对照组（$P<0.05$），而 pH 值为 2 和 pH 值为 4 的 ORAC 值显著下降（$P<0.05$）。体外模拟消化显著降低大米低聚肽在 1 000～2 000 u、2 000～3 000 u、3 000～5 000 u 和＞5 000 u 范围内的分子质量及重均分子质量（$P<0.05$），而＜150 u 所占比例显著升高（$P<0.05$），二级结构无显著变化（$P>0.05$）。先胃蛋白酶后胰蛋白酶消化，可显著提高大米低聚肽的 ORAC 值（$P<0.05$），说明大米低聚肽具有一定的结构稳定性和抗氧化活性。

黄莹等（2022）优化大米肽果冻的配方，分别对复配胶（魔芋胶/卡拉胶）添加量、大米肽添加量、复配胶（魔芋胶/卡拉胶）配比、pH 值 4 个因素进行考察。以感官评价和质构特性为考察指标，通过单因素试验和响应面设计优化大米肽果冻配方，并通过验证试验得到最佳配方。结果表明，最佳配方为复配胶（魔芋胶/卡拉胶）添加量 0.8%、大米肽添加量 1%、复配胶（魔芋胶/卡拉胶）配比 2∶3、pH 值为 4，在此配方条件下，果冻感官综合评分为 93 分，硬度为 451.23 g，弹性为 0.98 mm，黏性为 338.47 g，咀嚼性为 325.46 MJ，可溶性固形物为 16.3 g/100 g。该研究打开了大米肽应用的新市场，为大米肽健康产品的开发与利用提供理论依据和新思路。

（七）稻壳综合利用

稻壳是水稻生产过程中产生的副产物，来源广泛，价格低廉，含纤维素、木质素、二氧化硅等物质，具有很高的利用价值。因此要重视对稻壳的利用效率，开拓新的应用研究方向，最大限度利用稻壳资源。

1. 稻壳灰

稻壳灰是稻壳通过控制燃烧条件得到的火山质材料，具有高硅含量、孔容大、表面积大和吸附性强等特点。李丽华等（2022）研究了废弃物稻壳灰处理重金属镉污染土的固化/稳定化效果，结果表明：峰值应力随稻壳灰掺量和镉含量的增加呈先增后减趋势。低水泥掺量下，5%～10%稻壳灰掺量有助于提高固化土强度，向土壤中添加富硅稻壳灰有效抑制水稻对 As 的吸收，为稻壳灰在重金属污染土壤的固化修复应用提供参考。

李翔鸿等（2022）通过大田试验，从土壤孔隙水、水稻根表铁膜以及 Si 与 As 在水稻茎叶和稻米运输中的竞争作用三个方面系统论述了低温燃烧下制备富硅稻壳灰对水稻吸收 As 的调控作用，结果表明施加 0.2% 富硅稻壳灰有效降低水稻籽粒中无机 As 含量，为 As 污染土壤的水稻安全生产利用提供有效解决途径。

2. 稻壳炭

稻壳粗纤维含量高达 40%，通过高温热解碳化制成的稻壳炭对污染物有较强的吸附能力。党娅琴等（2022）为了探究稻壳生物炭吸附溶液无机汞和甲基汞的特性，研究了不同稻壳生物炭用量和溶液 pH 值对汞吸附的影响及其吸附动力学和热力学特征。结果表明：当溶液中无机汞浓度为 50 mg/L 且 pH 值为 7.0 时，施用 50 mg 生物炭时，对无机汞的吸附在 18 h 后达到平衡且最大吸附量为 23.52 mg/g；当溶液中甲基汞浓度为 30 ng/L 且 pH 值为 4.0 时，生物炭施用 20 mg 时，对甲基汞的吸附量在 3 h 后达到吸附平衡且最大吸附量为 58.54 ng/g。生物炭对无机汞和甲基汞的吸附研究过程均符合准一级、准二级模型，其中准二级模型的拟合效果更好，说明该吸附作用过程更倾向于化学吸附。稻壳生物炭对无机汞的等温吸附符合 Freundlich 和 Langmuir 等温吸附模型，对甲基汞的吸附符合 Langmuir 等温吸附模型。稻壳生物炭对总汞和甲基汞的吸附机制主要为离子交换、静电吸附、沉淀以及络合作用，该研究结果可为稻壳炭修复汞污染环境提供理论依据。李晓晖等（2022）以稻壳生物炭为基体，采用磷酸化—钙盐复合改性手段制备新型复合稻壳生物炭材料，用于镉污染土壤的钝化修复。以小白菜为供试对象，研究新型改性稻壳生物炭对镉污染土壤修复效果及小白菜叶片中镉含量的影响，分析该钝化剂的修复潜力。结果表明，复合磷酸化稻壳生物炭显著提高了土壤 pH 值、电导率和土壤阳离子交换量，促进了小白菜生长，并显著降低叶片中镉含量。因此，复合磷酸化稻壳生物炭对增强土壤镉稳定性和降低小白菜叶片镉含量具有良好效果。

3. 稻壳饲料

稻壳中含有一定量的粗蛋白、粗脂肪、纤维素等营养成分，经过处理后的稻壳粉可以用作饲料。田吉鹏等（2022）将稻壳粉用作饲料，将花生秧与玉米芯或稻壳粉进行混合青贮，同时添加复合乳酸菌制剂，探索针对不同花生秧品种的最佳复合添加剂组合，以提高花生秧青贮的成功率和发酵质量。结果表明：乳酸菌、稻壳粉和玉米芯的使用能够有效提高花生秧青贮饲料的发酵品质，粗蛋白含量更高的花生秧品种更需要添加复合添加剂以提高青贮发酵质量，这为花生秧的饲料化利用提供理论依据及技术支持。

（八）秸秆综合利用

水稻秸秆富含作物生长发育所必需的营养元素，然而其结构独特，难以直接利用，每年有大量秸秆资源被浪费，对其进行有效利用不仅可以减少农业环境污染，也是实现节能减排及土壤固碳培肥的有效措施。

1. 资源化利用

王宏燕等（2022）为有效利用水稻秸秆富硅特性并解决水稻秸秆资源化利用问题，

以水稻秸秆生物炭为原料制备硅酸钠溶液，进一步生产白炭黑。通过单因素试验及中心组合设计响应面法得到了硅酸钠溶液及白炭黑的最佳制备条件，这为低模数秸秆基硅酸钠制备高纯度白炭黑提供了理论依据和技术支撑，对水稻秸秆的高效循环利用具有积极意义。

李韬等（2022）以里氏木霉为研究对象，对水稻秸秆进行糖化试验。通过单因素试验及响应面法优化里氏木霉产酶培养基及产酶条件。结果表明：在里氏木霉产酶最佳培养基条件下，菌株的滤纸酶酶活为 0.612 PFU/mL，提高了 52.6%。最佳发酵条件为：发酵温度 29℃，初始 pH 值 6、接种量 5.0%、转速 150 r/min、发酵时间 8 d。在此优化条件下，滤纸酶酶活为 1.12 PFU/mL，提高了 83.2%。该研究优化了糖化效果，提高了秸秆的资源化利用。

陈思哲等（2022）为提高水稻秸秆生物转化产糖效率，分别用氢氧化钠和碱性双氧水对其进行预处理，并考察处理液浓度、温度和时间对木质纤维素酶解糖化效果的影响。通过分析处理前后水稻秸秆组分和结构变化，揭示氢氧化钠和碱性双氧水预处理对水稻秸秆酶解效果的影响机理。结果表明：在 80℃时，使用 1.25% 的氢氧化钠对水稻秸秆水浴处理 3 h 后效果较好，酶解 72h 后还原糖含量为 480.81 mg/g；在 50℃时，使用碱性双氧水（1.5% 的氢氧化钠＋2% 的双氧水）对水稻秸秆水浴处理 5 h 后效果较好，酶解 72 h 后还原糖含量为 575.85 mg/g；与未处理组相比，经氢氧化钠和碱性双氧水预处理组的水稻秸秆酶解产糖率分别提高了 262.3% 和 336.2%，且比表面积显著增加，表面结构更加疏松，其原因是经处理消解了水稻秸秆中的木质素并使其转化成纤维素，促进后续酶解糖化效果。这表明氢氧化钠和碱性双氧水预处理都能较好促进水稻秸秆的酶解糖化过程，初步揭示了氢氧化钠和碱性双氧水对水稻秸秆的预处理机制，为水稻秸秆资源化利用提供了理论依据。

2. 秸秆还田

秸秆还田在土壤肥力提升、作物增产等方面具有积极作用。柴如山等（2022）基于《中国农村统计年鉴》和其他文献资料数据，结合草谷比法对各省不同季别水稻秸秆钾资源量及还田情景下的土壤钾输入量进行测算，估算了我国水稻秸秆钾养分量和空间分布特征。结果表明：我国 70% 以上的水稻秸秆钾养分资源来自中晚稻，50% 以上的水稻秸秆钾养分资源分布在长江中下游稻区。早稻和晚稻秸秆还田可以大幅降低土壤钾素亏缺，而中晚稻秸秆全量还田可以提升土壤钾素的年盈余量。水稻秸秆还田是稻田钾输入的重要途径，对于维持土壤钾养分收支平衡具有重要意义，在生产中应予以重视。

第二节　国外稻谷产后加工与综合利用研究进展

一、稻谷产后处理与大米加工

（一）稻谷干燥技术

巴博勒诺什尔瓦理工大学（伊朗）Sara 等（2022）利用微波辅助流化床干燥器干燥方法将稻谷干燥至湿基水分含量为 12%，使用响应面分析方法筛选 3 个影响干燥特性的参数，包括空气温度（40～80℃）、空气速度（115 m/s）和微波功率水平（100～900 W），以白度指数、吸水率、伸长率和整粒米产量来确定干米品质，旨在优化出最小化能耗和最大化最终干米质量的干燥条件。试验可知，干燥稻谷的白度指数随着微波功率和流化速度提高而增加，更高的微波功率和更低的温度导致水稻样品的整粒稻产量提高。并且伴随高温的高微波功率可降低干燥时间和相应的比能量消耗。研究结果表明，微波流化床干燥器提供的样品比单流化床干燥器具有更好性能。稻谷微波流化床干燥的最佳产品质量和最小时间和能耗的最佳条件为：风速 4.2 m/s，风温 72℃，微波功率 652 W。

万隆理工大学（印度尼西亚）Yahya 等（2022）为减少谷物干燥对化石燃料的依赖，选用中试规模的生物质辅助再循环混流干燥系统（PSBA-RMFD）对稻谷进行干燥。利用斗式提升机将稻米原料加入干燥器中，利用生物质炉燃烧椰子壳木炭产生的热量将热空气送至干燥段，潮湿的谷物垂直通过干燥段，干燥后谷物通过提升机循环至干燥机顶端，进一步进行干燥直至降低至所需水分含量。研究表明，环境温度为 30.3～35.6℃，环境相对湿度为 50.76%～65.37%，由干燥炉出入口平均温度为 34.9℃ 和 48.40℃，可以有效提高传热率，生物炉的效率为 70.63%～87.70%。干燥段的稻谷湿基含水量可以在 270 min 内由 20.90%（初始重量 400 kg）降至 3.30%（最终重量 364 kg），平均温度为 78.15℃，相对湿度为 8.55%。干燥系统中使用的生物质能源的百分比约为总能源的 47.77%。根据评估 PSBA-RMFD 的干燥能力为 400 kg/h。

（二）砻谷技术

为生产出更高质量的脱壳糙米，Chu 等（2022）对稻谷冲击脱壳将稻壳与谷物分离的加工标准进行探究。由于高破碎率和较低的一次脱壳率，影响稻谷后续加工质量，制约了加工发展。因此该研究采用单粒冲击试验和离散元法（DEM）模拟稻谷冲击脱壳。稻谷脱壳机理是提高离心脱壳机性能的关键，因此冲击速度及冲击角度对脱壳率、破损率和脱壳方式都具有一定影响。结果表明，冲击后谷粒的脱壳效果主要取决于谷壳与谷粒之间的相对运动。冲击和摩擦的共同作用在外壳和内核之间产生相对运动，增加相对运动可以改善外壳。采用加权法得到了最优冲击参数为冲击速度为 $35\sim40$ m/s、冲击角度为 $60°$，此时脱壳率为 92%、破损率为 4%。研究结果可提高离心稻壳的脱壳性能，为改进设计提供依据。

Chen 等（2022）探究稻壳脱壳后稻壳与糙米颗粒的气动分离的机理。由于稻谷脱壳是大米加工中的重要工序之一，目前实现稻壳与糙米的完全分离仍是一项具有挑战性的任务。此研究采用计算流体动力学（CFD）和离散元法（DEM）对该过程进行模拟，并通过实验对模拟结果进行了验证，并阐述了将稻壳从混合液中分离的工艺。通过对稻壳与稻壳在分离管中碰撞过程的分析，对糙米流失和稻壳滞留的机理及混合颗粒与气流的相互作用进行验证。结果表明，混合颗粒的进料导致气流速度下降，但并没有影响气流的稳定性，也没有产生明显的湍流。气流流速的调节对分离效果影响较大，但稻壳和糙米的不完全分离现象仍然存在。分离过程中糙米流失和稻壳滞留在理论上可以同时发生在分离区，糙米和稻壳分别进入相对区域并相互碰撞。

（三）适度碾米技术

1. 适度碾磨工艺

阿肯色大学（美国）的 Rebecca 等（2022）研究长粒杂交稻品种（XL753）和一个中粒稻品种（Titan）不同水分含量（HMC）和碾磨时间对碾米质量的影响。初始 HMC 分别为 16%、18% 和 20%（湿基），以 915 MHz 工业微波加热（比能量为 $360\sim720$ kJ/kg-grain）对大米进行干燥，大米样品经过 30s、45s 和 60s 的去皮和碾磨，根据测定表面脂质含量、粗蛋白含量、白度、整米率、糊化特性等理化性质为指标确定水分含量和碾磨时间。研究结果表明，HMC 对两个品种的糙米产量、粗蛋白含量和微波干燥大米的最终黏度都有显著影响。HMC 与整粒米产量呈强正相关，与微波干燥水稻的最终黏度呈负相关，碾磨时间对两个品种微波干燥大米的表面脂质含量和白度指数均有显著影响，此外，碾磨时间对微波干燥水稻品种 XL753 的淀粉损伤含量和谷黏度有显著影响，但对品种 Titan 没有显著影响。

科伦坡大学（斯里兰卡）Gigummaduwe 等（2022）研究了不同碾磨程度下大米中游离氨基酸（FAAs）和总氨基酸（AAs）的变化。选用 Pachchaperumal 和 Bg 406 两个水稻品种，将水稻样品进行三次（4%、7%、12%）碾磨，并研究碾磨大米中 AA 组成的变化。碾磨导致大米中 AAs 显著减少（$5.7\%\sim40.0\%$），使大米中甜味和酸味的 FAAs 的密度增加，具有苦味的 FAAs 含量降低。水稻样品中的 AAs 品质呈特异性分布，碾磨后的 AAs 含量减少，但大米中的营养密度（即必需与非必需 AAs 之间的比率）并未降低。随着碾磨程度增加，大米中的氨基酸含量显著降低。但碾磨增加了甜味和酸味 FAA 的总量与具有苦味的游离氨基酸总量之间的比例，使大米具有良好的食味品质。预煮能够在研磨过程中保留营养和功能上重要的氨基酸，包括必需氨基酸和 γ-氨基丁酸（GABA）。

2. 适度碾磨产品开发

稻米适度碾磨可以最大限度减少稻米营养成分流失，有助于提升稻米产品营养价值和综合利用。

哈里亚纳邦中央大学（印度）的 Manali 等（2022）利用碾磨副产物（米糠、碎米、鹰嘴豆壳、麦麸）和植物性副产物橘皮为主要原料开发新型健康饮料，使用不同的烹饪方式加工副产物，如浸泡、热烫、烘烤、自然风干，测定配方健康饮料粉（HDP）和排毒茶替代品（DTS）的近似成分、矿物质、抗氧化剂、维生素 C 及感官品质分析。研究表明，HDP 和 DTS 的总酚含量分别为（3.85±0.12）mg GAE/g 和（4.09±0.01）mg GAE/g，清除 DPPH 自由基清除活性分别为（55.81±1.02)％和（56.95±0.14)％，配方食品具有充足的营养素及良好的感官品质，且麦芽糖释放率约为 28 mg/g，具有较低的体外消化率。产品中的抗营养素较少，为绿色植物及副产物结合研究领域。

北曼谷先皇技术学院（泰国）Rittisak 等（2022）使用响应面法（RSM）研究了检测烤米胚芽风味凉茶的抗氧化潜力、总多酚含量和属性喜好时的最佳工艺条件。选用烤米胚芽、干巴耳果和干潘丹叶为主要成分制备凉茶，采用 RSM 优化烤米胚芽调味凉茶的提取过程，以 DPPH 指标评估凉茶的抗氧化活性，并对其进行风味品质评价。研究发现，最佳提取时间为 3.4～5.9 min、最佳提取温度为 86～90℃，此时抗氧化活性对 DPPH 自由基的抑制率＞70％，总多酚含量＞75 mg GAE/g，总体风味评分＞6.5 分。采用 RSM 法对米胚芽茶的最佳提取条件进行研究，通过对提取时间和提取温度的优化使凉茶最大限度提升抗氧化活性、多酚含量和风味品质。

（四）稻米安全性问题

1. 重金属积累防控

印度国防大学（印度）Shraddha 等（2022）为确保食品安全和健康环境，对生产更安全的水稻农艺方法进行讨论，根据该地区的社会经济状况和成本，探究水和土壤中砷污染对栽培作物生长和产量造成的负面影响。由于砷（As）的毒性和致癌特性，As 对环境和人类健康造成了重大影响，具有毒性和致癌性。印度和其他亚洲国家，认为自然来源中水和土壤的 As 污染显著增加，作为世界上最重要主食的大米也是 As 摄入的一种常见方式，因此砷污染的性质及其吸收适量和限制米粒中的砷含量尤为关键。

拉罗谢尔大学（巴基斯坦）的 Sabiha 等（2022）研究过量磷基氮肥对环境破坏、重金属（HMs）在土壤和农作物中的积累。利用火焰原子吸收光谱仪研究使用不同磷酸盐肥料种植的小麦籽粒中重金属吸收的影响，使用单一磷酸盐（SSP）、硝基磷酸盐（NP）和磷酸二铵（DAP）肥料控制和推荐剂量的磷。结果表明，SSP 和 DAP 的施用分别增加土壤样品中铬、铅和铜的浓度，检测试验施肥土壤种植的小麦籽粒中测得铜和铬浓度在推荐范围内，但铅、镍和锌浓度超标。

2. 病虫害防治

米纳克什工程大学（印度）的 Gangadevi 等对水稻病虫害建立识别模型，由于稻谷受昆虫、害虫和病原体病害影响导致其产量降低。应在特定时间内进行控制，否则会大规模降低生产力。利用混合深度开发新的稻叶病害识别模型，将最初输入图像经过过滤和增强对比度与标准源对比，优化为利用稻叶排放的气味实现对病虫害进行识别，提高识别率。

二、稻谷精深加工及副产品的综合利用

（一）糙米综合利用

1. 工艺优化

糙米不仅含有淀粉作为主要营养素，还含有许多具有潜在健康益处的次要营养素，如膳食纤维、多酚、氨基酸和维生素。这些微量营养素可以根据大米的种类、加工方法和烹饪条件而改变。湿热处理是一种水热过程，通过改变淀粉的分子结构来改变淀粉的物理化学性质。新泻大学（日本）的 Watanabe 等（2022）研究了湿热处理的糙米饼干对患有轻度血管内皮功能障碍成年人的影响，研究结果表明，适量摄入湿热处理的糙米饼干增加了人体餐后血流介导的血管扩张，降低了血管内皮功能障碍对人体产生的负面影响。糙米在对代谢综合征的有益影响方面优于白米。然而，关于发酵糙米饮料对人类肠道微生物群影响的研究相对较少。琉球大学（日本）Akamine 等（2022）通过让受试者（$n=40$）每天饮用发酵糙米饮料或发酵白米饮料作为主餐的替代品，研究表明，与发酵白米饮料相比，发酵糙米饮料使患有代谢综合征的受试者肠道微生物群发生有益变化。该结果证实了全谷物和发酵食品会对肠道微生物群产生有益影响。糙米中的功能化合物通过不同的食品加工方式改变，包括浸泡、等离子体处理和超声波处理等。其中，浸泡诱导发芽是一种低成本、高收益的加工技术，在食品加工业中具有相当大的影响。石冈县农林研究所（日本）的 Toyoizumi（2022）等研究了表面消毒对盐水处理发芽糙米的抗氧化能力和 γ-氨基丁酸含量的影响，结果表明，将消毒的发芽糙米浸泡在盐溶液（0.5%～1%，w/v）中可以增加其亲水抗氧化能力和 γ-氨基丁酸含量，且不会在代谢过程中产生负面影响。

2. 活性成分分析

在糙米加工过程中，通过从谷物表面去除麸皮层以产生白米。然而，麸皮层含有纤维、维生素、矿物质和几种生物活性化合物，包括 γ-氨基丁酸（GABA）、酚酸、生育三烯酚和 γ-谷维素等。这些化合物具有多种生物活性特性，例如抗氧化剂、抗高血压和抗焦虑。因此，未经抛光的糙米被认为对人体的健康有益。江原大学（韩国）Tyagi 等（2022）研究了微酸性电解水在糙米发芽过程中对总黄酮、总酚、抗氧化物质和生物活性物质积累的影响。结果表明，在发芽过程中引入微酸性电解水能够最大限度减少微生物污染，并且在水分含量、pH 值和微酸性电解水的轻度胁迫下，可能会激活不同的潜伏酶，这些酶可以进一步促进氨基酸、抗氧化活性物质和其他酚类或生物活性化合物

的产生。因此，在微酸性电解水中发芽的糙米，可以作为一种合适的来源用于生产具有高抗氧化和减少氧化应激特性的功能性食品。

3. 功能评价

糙米由米糠、胚和胚乳三大部分组成，具有很高的营养价值，但由于米糠中粗纤维含量较高，导致糙米的质地粗糙，并不适合作为主食食用。糙米的发芽是一个简单的过程，需要将糙米浸泡在过量的水中，直至发芽，在发芽过程通常会产生更多的营养物质，提升糙米的营养价值。大师纳纳克开发大学（印度）的 Pal 等（2022）对发芽糙米的淀粉形态、热特性、功能特性、糊化特性和流变学特性进行了研究，扫描电镜显示发芽后淀粉颗粒存在较粗糙和轻微侵蚀的凹坑。发芽糙米淀粉中 $5\sim10~\mu m$ 粒级所占比例最高，$20\sim60~\mu m$ 粒级所占比例最低。发芽糙米淀粉表现出较低的糊化温度和糊化焓。发芽糙米淀粉具有较高的支链淀粉长侧链和较低的短侧链。研究结果表明，发芽糙米淀粉较低的黏度使其更适用于需要较高淀粉量而又不引起黏度上升的食品配方。

活性氧的产生导致的氧化应激在炎症过程中起着至关重要的作用，并与神经退行性改变有关。鉴于发芽糙米具有改善学习记忆的能力，马来西亚沙巴大学（马来西亚）的 Azmi 等（2022）探究了发芽糙米在高脂饮食（HFD）诱导的成年 Sprague-Dawley 大鼠氧化损伤中发挥神经保护作用的机制。研究期间，在 6 个月 HFD 喂养的最后 3 个月口服补充富含阿魏酸的发芽糙米乙酸乙酯提取物（GBR-EA），与 HFD 组相比，GBR-EA 补充可以改善血脂和血清抗氧化状态发芽糙米，降低了海马乙酰胆碱酯酶 mRNA 表达和酶水平，证明 GBR-EA 对胆固醇诱导的大脑损伤具有神经保护作用。

4. 发芽糙米应用

糙米的营养价值显著高于白米，并且糙米在发芽过程中会合成更多对人体健康有益的物质。发芽是一种低成本技术，发芽糙米中含有的生育酚、γ-氨基丁酸、γ-谷维素、阿魏酸和谷维素等生物活性化合物可以有效改善人体健康，包括清除自由基、增强免疫力、预防癌症和心脑血管等疾病发生。在全球范围内，乳制品替代品植物饮料拥有广阔市场空间，预计到 2024 年将超过 340 亿美元。南方区域研究中心（美国）的 Beaulieu 等（2022）以发芽糙米为原料，开发了一种不含添加剂的天然植物饮料，将糙米用过氧乙酸消毒液（食品级）处理后发芽得到发芽糙米，在搅拌器中进行湿磨，并过 30 目筛，然后将样品加热至 80℃进行淀粉糊化，接着在 55℃下使用葡萄糖淀粉酶与 α-淀粉酶使其液化，再经乳化和巴氏杀菌等处理制成饮料。实验结果表明，与未发芽糙米和普通白米相比，发芽糙米饮料中含有更多的甘油二酯、植物甾醇和谷维素，对开发以植物为基础、富含蛋白质和脂质的功能性饮料具有一定参考价值。

在发酵食品领域，卡塔尼亚大学（意大利）的 Pino 等（2022）首次尝试向发芽糙米中添加益生菌（长双歧杆菌、两歧双歧杆菌、鼠李糖乳杆菌和上述菌株的混合物）用于生产营养价值丰富的发芽糙米饮料，并对样品的微生物、化学成分、生物活性物质、抗氧化活性、冷藏储存期间的保质期等进行了分析与评估，最后对发酵产品进行感官评价，实验结果表明，发芽糙米适用于配制植物衍生的发酵产品，在发酵过程中提高了发芽糙米的营养成分，且参与感官评价的小组成员对其接受度很高，这表明发芽糙米可以用于开发健康的植物衍生食品。草药化妆品在美容产品中越来越受欢迎，但天然产物往往容易发生变质，而液晶结构在稳定性、控制释放和保湿等方面提供了比传统乳液体系更好的应用性能，帕纳空皇家大学（泰国）的 Jarupinthusophon 等（2022）开发了一种含发芽糙米提取物的液晶乳膏，对其保湿功效、活性成分含量进行了探究，并对产品的物理性能和稳定性进行评价。结果表明，发芽糙米—液晶乳膏具有良好的稳定性和保湿效果，是一款优质的美容产品。

（二）米糠综合利用

1. 米糠蛋白

米糠蛋白由清蛋白、球蛋白、醇溶蛋白和谷蛋白组成，是一种替代性的植物蛋白，由于其独特的功能、营养和低过敏性，可用于多种食品。阳离子五肽 Glu-Gln-Arg-Pro-Arg（EQRPR）属于抗癌肽家族，具有显著的抗癌活性。然而，该肽发挥这种活性的机制尚不清楚。国家科学院生物物理研究所（阿塞拜疆）Gasymov 等（2022）研究了来自米糠蛋白的 EQRPR 五肽的药剂学特征，并通过分子对接研究揭示了其抗癌特性。研究结果表明，EQRPR 与表皮生长因子受体和原癌基因酪氨酸蛋白激酶显示出良好的结合亲和力，是它们的潜在配体，可用于癌症治疗。清迈大学（泰国）的 Hunsakuld 等（2022）利用响应曲面优化制备泰国茉莉香米米糠蛋白水解物的制备条件。自变量为风味蛋白酶与碱性蛋白酶的比例和水解时间。最佳水解条件为：风味蛋白酶比碱性蛋白酶 9.81：90.1，水解时间 60 min，此时水解产物中蛋白质含量较高，抗氧化活性较强，低分子量蛋白较多。试验测得水解度为 7.18%，蛋白质含量为 41.73%，DPPH 的 IC_{50} 为 6.59 mg/mL，ABTS 的 IC_{50} 为 0.99 mg/mL。使用混合酶揭示了混合酶产生含有更多小肽和高抗氧化活性的泰国茉莉香米米糠蛋白水解物的潜力。

米糠蛋白与其他生物聚合物的相互作用揭示了其在鲜奶油和乳制品甜点等乳制品中应用的可行性，伊斯兰阿扎德大学（伊朗）的 Mohammadi 等（2022）研究了米糠蛋白和脂肪含量对乳制品甜点流变学特性的影响。所有样品均表现出触变性，主要与高剪切速率下的分子链缠结有关。米糠蛋白增加了黏度、触变指数、储能和损耗模量等流变学参数。此外，含有米糠蛋白和全脂牛奶的甜点具有较高的储能和损耗模量。富含米糠蛋白的样品也具有较高的硬度和胶黏性。添加米糠蛋白甜点的流变学、质构和物理特性之间存在正相关关系，因此可以在减少脂肪含量的同时改善乳制品甜点的特性。

马来西亚玻璃市大学（马来西亚）的 Mansor（2022）探究了喷雾干燥参数（入口温度、进料流速和空气流速）对制备米糠蛋白粉末的影响，并采用响应面法对其进行优化。在干燥过程之前采用了热水浸提法，考察了入口温度、进料流速、空气流速等喷雾干燥参数与米糠蛋白产率的相关性。根据混合物中的酸性氨基酸谱来评估米糠蛋白粉末的质量。米糠蛋白粉末最高产率的优化操作条件为 178℃、25% 的进料流速、空气流速为 450 L/h。该工艺还有助于在不使用干燥剂的情况下生产细颗粒粉末。

2. 米糠油

米糠油（RBO）是从米糠中提取的一种有价值的成分，RBO 富含具有潜在健康益处的生物活性成分，如 γ-谷维素和 γ-氨基丁酸。尽管有其好处，但 RBO 的质量取决于米糠的稳定程度，而米糠容易受脂肪酶的影响，因此在生产米糠油之前需要有效处理。圣地亚哥德孔波斯特拉大学（西班牙）Reis 等（2022）评估了微波辅助法用于米糠稳定和 RBO 提取的潜力，通过酸价、吸水率、γ-谷维素和 γ-氨基丁酸含量来评价米糠的稳定效果，通过溶剂、温度、溶剂与样品比例优化 RBO 产率。在 120℃ 下，以乙醇为溶剂，溶剂与样品比为 9∶1 时，油脂提取率最高，稳定化处理对 RBO 样品中 γ-谷维素含量没有显著影响。

忠北大学（韩国）Lee 等（2022）首次采用大鼠脑缺血再灌注损伤（MCAO/R）模型探究米糠油衍生甘油三酯（POP）的神经保护作用及其具体机制。口服 1 mg/kg、3 mg/kg 或 5 mg/kg 的 POP 可显著减少 MCAO/R 诱导的梗死/水肿体积和神经行为缺陷。POP 给药可防止 MCAO/R 诱导的大鼠脑内谷胱甘肽耗竭和脂质的氧化降解。这些结果表明，POP 可能通过抑制 p38 MAPK 和激活 PI3K/Akt/CREB 通路发挥神经保护作用，其机制与抗氧化、抗凋亡和抗炎作用有关。

国家食品技术研究院食品工程系（印度）的 Thangarajud 等（2022）比较了机械搅拌和超声波辅助酶法对米糠毛油的脱胶效果。研究了水（1.5％、2％、2.5％、3％、3.5％）、酶用量（1.2、1.8、2.4、3、3.6 mL/kg）、温度（35℃、40℃、45℃、50℃、55℃）等工艺参数对机械搅拌酶法脱胶工艺的影响。在 40℃、3％的水和 3.6 mL/kg 的酶添加量下，机械搅拌酶法脱胶对磷脂的去除效果最好。利用优化的水、酶和温度水平，在不同功率水平（20％、30％、40％、50％）的超声作用下进行酶法脱胶。超声功率水平为 325W（50％振幅）时，磷脂去除量最大，时间最短。与机械搅拌酶法脱胶相比，超声波辅助酶法脱胶具有更高的空化产率，导致酶活性增强和最大程度的磷脂去除。

米糠油通常采用有机溶剂提取，对健康和环境有毒害，都灵理工大学（意大利）的 Fraterrigo Garofalo 等（2022）采用异丙醇萃取法提取米糠油，确定了最佳操作温度和米糠与溶剂比，之后在室温下采用与异丙醇萃取相同的米糠与溶剂比进行超声辅助萃取。通过 Peleg 的模型进行动力学评价，溶剂萃取在 15 min 后达到稳态，而超声辅助萃取仅在 1 min 后达到稳态，米糠油和 γ-谷维素的产量非常接近。通过对这两种绿色提取技术进行比较，发现在产生相同量米糠油的情况下，超声辅助提取是对环境影响较小的工艺。室温超声辅助提取可以最大限度减少能耗和时间消耗，是符合绿色化学原则的可持续过程。

（三）米胚综合利用

白米在碾磨过程中会给其营养价值和感官特征带来明显变化。碾磨包括去除外层（谷壳）以及米粒中的糠层和胚芽。这导致重要营养物质的大量流失，如矿物质、维生素、脂类、蛋白质和纤维。稻米胚芽由于其独特的植物化学特性和抗氧化特性，在抗炎和抗氧化等方面起着重要作用。首尔科技大学（韩国）的 Hyun 等（2022）探究了发酵的大米胚芽提取物抑制胃肠道中葡萄糖吸收的影响，通过用 30% 的乙醇或 50% 的乙醇提取用植物乳杆菌发酵的大米胚芽中的功能性成分，与 50% 的乙醇提取物相比，30% 的乙醇提取物对葡萄糖吸收有更大程度的抑制作用。结果表明，发酵米胚芽可以调节葡萄糖的吸收，有望缓解消化道的餐后高血糖症。

黑米是一种富含花青素的食品，由于其强大的营养价值和改善健康的效果，正在全球范围内作为功能性食品而被食用，首尔科技大学（首尔）的 Mapoung 等（2022）探究了 4 个非糯稻和 4 个糯稻品种的 8 种精选黑米胚芽提取物的植物化学成分与其抗氧化特性和抗炎特性之间的关联，与非糯稻品种的提取物相比，糯稻提取物具有更高的青霉素-3-O-葡萄糖苷（C3G）、芍药苷-3-O-葡萄糖苷（P3G）含量与抗氧化和抗炎性能，这项研究的结果可以为食品工业提供重要信息，根据花青素的含量来选择功能食品的黑米品种，从而使消费者获得新的正常的健康生活方式。清迈大学（泰国）的 Semmarath 等人研究了富含 C3G 和 P3G 的黑米胚芽抑制新冠病毒（SARS-CoV-2，SP）诱发炎症反应的效果，试验结果发现，C3G 和 P3G 这两种物质都对 SP 诱导的炎症反应的基因和蛋白表达有明显抑制作用，可以有效减轻 SP 诱导的炎症。

（四）碎米综合利用

碎米是稻米工业中一种低成本的淀粉质残渣，可以作为生产 PHA 的原材料。然而，常见的 PHA 生产菌株缺乏淀粉酶，这种废弃物必须首先通过额外的商业酶水解。

帕多瓦大学（意大利）Brojanigo 等（2022）研究利用厌氧消化产酸阶段将碎米转化为挥发性脂肪酸（VFAs），作为最有潜力的产 PHA 微生物之一嗜铜雷氏菌 DSM 545 的 PHA 碳源。在该研究中，非水解碎米通过酸化步骤有效地转化为两种有价值的产物：PHA 和 CH_4。液压保持时间为 4 d 的液体和固体流出物的 PHA 和 CH_4 值最高。该研究结果为以较低的额外化学品添加量将其他农工废弃物流加工成多种有价值的生物制品铺平了道路。农业科学大学（印度）Ganachari 等（2022）以碎米粉（BRF）和碎木豆粉（BPDF）为原料，以水和海藻酸钠为黏合剂，采用挤压膨化法制备大米类似物。研究中控制了两个变量，即 BPDF（20%、30% 和 40%）和水分含量（25%、30% 和 35%），以生产大米类似物。研究结果表明，30% BPDF 和 30% 含水量的面粉混合粉为最优组合。最优组合的粗蛋白、碳水化合物和灰分含量最高，分别为 12.70%、71.72% 和 0.99%。糊化温度和峰值黏度分别为 78.68℃ 和 23173.3 cP。此外，还可以根据特定的质量要求，通过改变不同的成分来改变其理化和糊化特性。

（五）大米淀粉综合利用

淀粉被广泛用于食品工业，以确定食品功能和物理化学特性，如黏度、凝胶形成和保水性。天然淀粉的应用受到其热敏感性、低抗剪切性和逆行性的限制，而淀粉的功能和性质可以通过物理、化学、生物技术、酶复合处理来改善。天然淀粉的化学改性是最常见的淀粉改性方法。化学改性通过诸如酯化、醚化和交联等衍生化方式引入官能团。然而，传统的化学试剂因不利于人体健康和保护环境正逐渐被取代。例如，植酸是一种天然的磷酸化剂，已被用于生产淀粉磷酸盐，生命科学与生物技术学院（韩国）的 Lee 等（2022）用米糠提取物或三偏磷酸钠（STMP）/三聚磷酸钠（STPP）对大米淀粉进行干热处理，用于淀粉的磷酸化。米糠提取液中的植酸盐或 STMP/STPP 提高了大米淀粉中的磷浓度。[31]P 核磁共振分析表明，米糠提取物和 STMP/STPP 在相同反应条件下产生单磷酸淀粉酯。用米糠提取物或 STMP/STPP 磷酸化的大米淀粉具有较高的峰值黏度和较低的糊化温度。尽管与原淀粉相比，米糠提取物和 STMP/STPP 磷酸化淀粉表现出更高的糊透明度、溶解度和膨胀力，但这些参数在米糠提取物磷酸化大米淀粉中最优。因此，米糠提取物干热处理诱导植酸介导的磷酸化具有淀粉磷酸盐的典型物理化学特性。

布宜诺斯艾利斯大学（阿根廷）的 González 等（2022）采用行星式球磨对大米淀粉进行改性，研究了其作为功能性配料在无麸质面条中的应用。以大米粉、球磨大米淀粉（BMRS）、全蛋粉（E）和瓜尔豆胶（G）为原料，设计 10 种配方，研究了不同原料对面团工艺性能及面条力学和蒸煮性能的影响。将瓜尔豆胶和鸡蛋添加到配方中，熟面条的机械性能得到很大改善。当变性淀粉替代米粉的比例在 6.25％～12.5％时，强度和拉伸值保持在可接受范围内，并且当面条中含有鸡蛋时，吸水率（WA）显著增加。然而，鸡蛋的添加也会增加蒸煮损失（CL）。综合对比后发现，瓜尔胶可以获得最小的蒸煮损失值，而鸡蛋、瓜尔胶和变性淀粉（替代率高达 12.5％）的组合获得了最佳烹饪参数，这种混合物也符合技术和口感要求。

由于消费者对高品质食品的需求与环境污染问题，使用可再生资源的包装一直是许多研究的焦点，坎皮纳斯州立大学（巴西）的 Ramos da Silva 等（2022）开发了基于白米淀粉、红米淀粉和黑米淀粉的生物活性包装，并分析大分子和增塑剂类型，甚至其混合物对薄膜特性的影响。通过颜色、不透明度、厚度、水溶性、水蒸气透过性和生物活性对薄膜进行表征。将大米淀粉用于可食性和/或生物降解薄膜的开发是可行的，所有测试的配方都呈现均匀的基质。用 5％的淀粉和 30％的山梨醇制备的薄膜在 DPPH 和 ABTS 方法中显示出一定的抗氧化能力，表明这些薄膜可以被认为是生物活性包装，也适合于食品应用。

孔敬大学（泰国）的 Kamwilaisak 等（2022）对大米淀粉纳米颗粒（SNP）作为 Pickering 乳液中乳化剂进行了研究。将改性后的 SNP 用于制备负载姜黄素的葵花籽油—水—Pickering 乳液。最优水解条件（2.2 M HCl，6 d）以（21.87±0.69）％的产率和（45.56±0.00）％的结晶度生产 SNP。交联时间为 6 h 的柠檬酸改性 SNP 的水接触角为 87.2°，通过 3.0wt％ SNP 稳定含 30wt％姜黄素葵花籽油的 Pickering 乳液，具有剪切变稀特性和假塑性流体行为，其液滴尺寸为（47.16±4.22）μm，在 5 周储存过程中具有高度稳定性。

（六）大米蛋白综合利用

在植物蛋白中，大米蛋白作为一种潜在的植物蛋白而受关注，因为与其他来自大豆、小麦和牛奶的重要食品蛋白不同，大米具有低过敏性，对免疫疾病有好处，并具有降低胆固醇、抗氧化和抗癌作用。

顺天乡大学（韩国）的 Baek 等（2022）制备了大米蛋白与大豆分离蛋白的复合物，评估了复合物作为乳化剂的潜在用途。大米蛋白溶液的溶解度为 25.8%，而在复合物中，大米蛋白溶液的溶解度大大提高，达到 68.4%。通过扫描电子显微镜、凝胶电泳、圆二色谱和表面疏水性测试评估大米蛋白和复合物的性质。接着利用大米蛋白和复合物制备大豆油乳液。大米蛋白稳定的，乳液不稳定。相比之下，复合物稳定的，乳液表现出良好的稳定性，尤其是当大豆分离蛋白添加量大于 0.2% 时。这些数据表明，利用大豆分离蛋白制备可溶性大米蛋白可以扩大大米蛋白在食品工业中的应用。

高丽大学（韩国）的 Lee 等（2022）以大米蛋白和大豆蛋白分离物为主要原料，以大约 25:75、50:50、75:25 和 100:0（重量比）的比例混合大米蛋白和大豆蛋白，制备新型肉类类似物。同时，在所有样品中，玉米淀粉和小麦面筋作为次要成分，分别占所有成分总重量的 29% 和 13%（w/w）。使用双螺杆挤出机的低水分挤压蒸煮过程被用于制造肉类类似物。对物理化学特性的分析表明，大米蛋白降低了肉类类似物的孔隙率和吸水能力，在制造肉类类似物时可以用部分大米蛋白替代大豆蛋白来改善品质。

（七）稻壳综合利用

在中低收入国家，稻壳（RH）是一种未被充分利用的资源，被丢弃在垃圾填埋场或原位焚烧。RH 在开发农业应用的增值纳米材料方面具有巨大潜力。马来西亚国民大学（马来西亚）的 Dorairaj 等（2022）研究了一种简单而廉价的溶胶—凝胶法，用自下而上的方法从稻壳中提取中空介孔二氧化硅纳米颗粒（MSNs）。用盐酸处理过的 RH 被煅烧，得到具有高二氧化硅纯度（>98%，wt）的稻壳灰（RHA），由 X 射线荧光分析（XRF）确定。在箱式炉中于 650℃ 煅烧 4 h，得到的 RHA 没有金属杂质和有机物。X 射线衍射图显示在 $2^{\theta} \approx 20°\sim22°$ 有一个宽的峰，没有任何其他尖锐的峰，表明 RHA 的非晶态特性。扫描电子显微照片（SEM）显示了球状均匀聚集的二氧化硅纳米颗粒（NPs）分布，而透射电子显微镜分析表明其平均粒径小于 20 nm。通过溶胶—凝胶法合成的农业废弃物衍生的 MSNs 是用一种简单而经济的方法，没有添加表面活性试剂。由于 MSNs 具有良好的物理性能，具有广泛应用前景。

可生物降解的薄膜（生物膜）可以成为造成污染的合成聚合物的良好替代品。斯里兰卡维迪亚工程技术学院（印度）的 Ganesh Babu 等（2022）使用稻壳粉（RHP）作为增强填料，聚乙烯醇（PVA）作为基体，与银纳米粒子（AgNPs）一起被用来制备生物膜。通过使用溶液浇注法，制作了五个 PVA/RHP（1～5 mM）AgNPs 生物膜样品，并使用傅里叶变换红外（FTIR）、X 射线衍射分析（XRD）、场发射扫描电子显微镜

（FESEM）、热重分析（TGA）和差示扫描量热法对其机械和抗菌活性进行了测试。FESEM 图像中的小球状元素阐明了 AgNPs 的存在。随着 AgNPs 的加入，FTIR 光谱中观察到的峰的强度不断降低。X 射线衍射图证实了由于 AgNPs 的存在而在 $2^\theta = 38.2°$、$49.1°$、$60.8°$和 $78.3°$处出现的强烈峰值。拉伸强度和拉伸模量分别达到最大值 35.5 MPa 和 871 MPa。热稳定金属银的存在使生物被膜的热稳定性达到 371℃，同时也提高了生物被膜的抗菌活性，表现出更好的抑菌圈，可以应用于食品包装。

（八）秸秆综合利用

水稻秸秆（RS）被认为是一种可持续的可再生能源，可转化为糖类、挥发性脂肪酸（乙酸、丙酸和丁酸）和乙醇等物质。国家研究中心（埃及）的 Saleh 等（2022）使用水稻秸秆生产生物乙醇，秸秆中含有 72.8％的全纤维素、56.8％的 α-纤维素以及 14.9％的木质素。为了消除木质素，他们设计了不同的预处理条件，如热水、稀酸和酸碱。酸碱预处理可以去除约 79％木质，α-纤维素分别增加了 91.4％，全纤维素达到了 90.8％。结果表明，酸碱预处理效率最高。用纤维素酶对酸碱处理的 RS 进行酶水解后，葡萄糖浓度达到 45 g/L，生物乙醇产量增加了 1.39 倍，达到 23.7 g/L。此外，生物炭是广泛用于增强土壤健康和质量的一种有新兴有机改良剂，可以增加土壤微生物和酶的活性并且可以吸附污染土壤中的有毒有害物质。本哈大学（埃及）的 Farid 等（2022）研究用水稻秸秆生产的堆肥、生物炭和堆肥生物炭来改良低肥力土壤并显著提高植物生长参数，改善了土壤特性。生物炭作为富含碳的产品，比堆肥具有更高的残留有机碳。与单独使用生物炭或堆肥相比，使用混合堆肥生物炭在植物和土壤成分方面均取得了优异成绩。

参 考 文 献

柴如山，黄晶，柳开楼，等，2022. 我国水稻秸秆钾资源分布及其还田对土壤钾平衡的重要性［J］. 植物营养与肥料学报，28（10）：1745-1754.

陈冠华，陈志扬，彭永强，等，2022. 发芽糙米对 2 型糖尿病患者的营养干预效果评价［J］. 中国现代药物应用，16（4）：250-252.

陈思哲，刘国华，李波，等，2022. 氢氧化钠和碱性双氧水预处理对水稻秸秆酶解效果的影响［J］. 环境科学研究，35（8）：1864-1872.

陈震，徐凤英，黄木水，等，2022. 稻谷间歇微波干燥玻璃化转变与裂变性能研究［J］. 农机化研究（11）：234-239.

陈志琴，刘奇珍，张世君，等，2022. 基于定量评价方法研究不同水稻品种的镉积累差异［J］. 生态学杂志.

党娅琴，邢英，2022. 稻壳生物炭吸附无机汞和甲基汞的特征研究［J］. 地球与环境，50（5）：666-675.

董鹏，郭玉宝，朱世民，等，2022. 陈米中蛋白质对淀粉颗粒间解聚集的影响［J］. 中国粮油学报，37（4）：33-39.

傅金凤，黄美娜，朱培渤，等，2022. 响应面法优化发芽糙米酒茶复合饮料制备工艺 [J]. 食品工业科技，43（15）：193-201.

郭宏文，钱朋智，徐婷婷，等，2022. 碎米制备果葡糖浆液化及糖化工艺 [J]. 食品研究与开发，43（6）：99-105.

郭京霞，2022. 氯离子弱化石灰在镉污染土壤—水稻系统的钝化效果及其机制 [D]. 福州：福建农林大学.

郭翎菲，2022. 响应面优化超声辅助碱法提取碎米淀粉工艺 [J]. 食品科技，47（8）：160-166.

郭雅卿，贾健辉，王绪昆，等，2022. 莲子淀粉重组米制备工艺优化 [J]. 食品工业科技，43（1）：172-179.

何丽霞，张丰松，张桂香，等，2022. 复配钝化剂对稻田重金属有效性及其水稻吸收的影响 [J]. 环境工程学报，16（2）：565-575.

何林阳，杨杨，陈凤莲，等，2022. 响应面法优化发芽糙米生物活性物质提取工艺 [J]. 食品安全质量检测学报，13（1）：199-207.

黄清，安红周，刘洁，等，2022. 砻谷机工艺参数对丝苗米加工品质的影响规律 [J]. 食品科技，47（4）：168-176.

黄文雄，谢健，程科，等，2022. 碾米线精准加工的多级联控关键技术研究与实施 [J]. 粮食与食品工业（2）：43-47.

黄莹，赵彤，陈曦，等，2022. 响应面法优化大米肽果冻配方 [J]. 食品工业，43（11）：107-112.

李莉，李华英，何瑞，等，2022. 鲜稻谷发芽糙米的蒸煮工艺优化 [J]. 粮食科技与经济，47（5）：108-113.

李丽华，岳雨薇，李文涛，等，2022. 稻壳灰固化重金属污染土力学性能及微观结构研究 [J]. 铁道科学与工程学报，19（11）：3275-3282.

李韬，曹雅淇，邹伟，等，2022. 以水稻秸秆为基质里氏木霉产酶条件优化 [J]. 中国酿造，41（10）：146-152.

李翔鸿，陈克云，黄荣荣，等，2022. 富硅稻壳灰对水稻吸收砷的调控作用 [J]. 环境科学研究，35（12）：2801-2809.

李小敏，胡志雄，张维农，等，2022. 米糠蛋白碳量子点的表征及应用 [J]. 中国油脂，47（2）：58-64.

李晓晖，艾仙斌，李亮，等，2022. 新型改性稻壳生物炭材料对镉污染土壤钝化效果的研究 [J]. 生态环境学报，31（9）：1901-1908.

林玉辉，2022. 一种揉搓加工留胚米的工艺及效果研究 [J]. 粮食与饲料工业（5）：1-3.

刘浩，夏雨虹，刘业好，等，2022. 米糠不溶性膳食纤维对慢性镉暴露小鼠的保护作用 [J]. 现代食品科技，38（7）：27-32.

刘家希，王钰琦，曾怡欣，等，2022. 超声辅助碱法提取热稳定米糠蛋白及其功能特性研究 [J]. 粮食与油脂，35（11）：40-43+47.

刘文颖，张江涛，王憬，等，2022. 加工条件及体外消化对大米低聚肽结构和抗氧化活性的影响 [J]. 中国食品学报，22（7）：173-182.

刘彦宵雪，2022.碾减率对大米营养品质和食用品质的影响 [D].泰安：山东农业大学.

刘颖，王子妍，贾健辉，等，2023.预处理-低温挤压对留胚米粉理化性质的影响 [J].食品工业科技（12）：201-206.

吕雯雯，高倩茹，郝佳，等，2022.米糠油体的酶法提取工艺优化 [J].中国油脂，47（8）：25-30，56.

潘荣庆，蓝清琛，何卿姮，等，2023.不同地区叶面施用调理剂对水稻累积镉的影响 [J].江苏农业科学（3）：205-211.

裴斐，倪晓蕾，孙昕炀，等，2022.低聚果糖对大米淀粉回生特性的影响 [J].食品科学，43（2）：27-33.

彭海亮，李紫云，黄桂军，等，2022.不同加工程度对稻米膳食纤维及其特性的影响 [J].粮食与饲料工业（6）：8-13.

孙炬仁，2022.碎米替代玉米对断奶仔猪生长性能、血清生化及蛋白质代谢的影响 [J].中国饲料（4）：65-68.

孙莹，李欣，刘艳香，等，2022.全谷物发芽糙米韧性饼干制作工艺优化 [J].食品工业科技，43（5）：182-190.

汤小群，张恒，吴颖靖，等，2022.8种钝化剂对中度 Cd 污染农田糙米的降解效果研究 [J].环境科技，35（2）：27-31.

田吉鹏，韦青，刘蓓一，等，2022.复合添加剂对花生秧青贮品质的影响 [J].草地学报，30（2）：464-470.

涂园，李晓玺，陆萍，等，2022.发酵过程中原花青素对大米淀粉多尺度结构及体外消化特性的调控 [J].现代食品科技，38（3）：152-158，285.

王宏燕，邢宇，段庆龙，等，2022.水稻秸秆生物炭制备硅酸钠及白炭黑工艺研究 [J].东北农业大学学报，53（11）：37-46.

王洁，王文钰，陶冬冰，等，2022.变温干燥工艺对稻谷干燥特性和品质的影响 [J].沈阳农业大学学报，53（2）：239-247.

王静雯，吕雅文，尚亚卓，等，2022.大米淀粉膜的制备及其性能 [J].应用化学，39（11）：1693-1702.

王磊鑫，吴娜娜，吕莹果，等，2022.挤压蒸煮加工米糠可溶和不溶膳食纤维对米淀粉性质的影响及其相互作用分析 [J].食品科学，43（16）：107-113.

王子妍，贾健辉，张煜，等，2022.不同糊化度留胚米粉理化性质和体外消化性研究 [J].食品安全质量检测学报，13（19）：6147-6154.

王子妍，刘颖，贾健辉，等，2022.预糊化—复合酶解法制备婴幼儿留胚米粉及其理化性质研究 [J].食品工业科技，43（20）：228-234.

吴彬，刘昆仑，2022.米糠蛋白酶解产物功能特性及乳液稳定性研究 [J].食品安全质量检测学报，13（9）：2940-2946.

吴娜娜，王磊鑫，吕莹果，等，2022.挤压蒸煮加工对脱脂米糠可溶膳食纤维增加及膳食纤维结构性质的影响 [J].粮油食品科技，30（2）：77-84.

吴永康，2022.碾减率对籼米理化性质及蒸煮食味品质的影响 [D].长沙：中南林业科技大学.

武娜，杨杨，边鑫，等，2022.可溶性大豆多糖对大米淀粉物化特性的影响 [J].食品安全质量检测学报，13（19）：6140-6146.

徐鹏程，徐睿，戴智华，等，2022. 不同包装方式对留胚米理化及食味品质的影响 [J]. 中国粮油学报，37（9）：1-7.

杨波，姚俊胜，杨光，等，2022. 聚甘油酯对超声制备酪蛋白酸钠—米糠油乳液特性的影响 [J]. 工业微生物，52（2）：42-47.

杨华，梁丽萍，陈雪娇，等，2022. 植酸酶体外降解米糠粕中植酸的工艺研究 [J]. 中国饲料（7）：111-115.

杨扬，李小佳，沈珊珊，等，2022. 烘烤前后 6 种胚芽米风味成分的变化 [J]. 食品安全质量检测学报，13（22）：7367-7373.

杨振宇，闫家凯，段艳华，等，2022. 高乳化特性大米蛋白酶解产物的结构与性能研究 [J]. 食品工业科技，43（19）：129-136.

姚钢，李冰，孙福伟，等，2022. γ 射线对胚芽米蛋白结构、乳化特性和食用品质的影响 [J]. 食品科学技术学报 40（2）：62-71.

姚俊胜，杨波，杨光，等，2022. 米糠油乳液的超声制备及其特性 [J]. 上海理工大学学报，44（6）：575-582.

易佳，刘昆仑，2022. 超微联合超声波优化提取米糠蛋白及其对米糠蛋白溶解性的影响 [J]. 食品研究与开发，43（19）：117-123.

尹晓峰，杨玲，2022. 稻谷薄层红外干燥特性及数学模型 [J]. 中国粮油学报.

张玲瑜，苗建银，曹愚，等，2022. 米糠蛋白源 ACE 抑制肽的酶解制备及活性研究 [J]. 食品与机械，38（3）：160-166.

张倩倩，徐超，曹俊英，等，2022. 湿热处理辅助酶法制备大米多孔淀粉及其性质研究 [J]. 中国粮油学报，37（1）：66-71.

赵佳佳，王梦，李言，等，2022. 乌饭树树叶蓝黑色素对大米蛋白理化性质的影响 [J]. 食品与机械，38（10）：37-42.

钟晓瑜，杨志伟，2022. 二氢杨梅素对大米淀粉回生的抑制作用 [J]. 现代食品科技，38（9）：153-158.

邹静怡，尹婷婷，刘传菊，等，2022. 核桃蛋白对大米淀粉凝胶化及凝胶特性的影响 [J]. 中国粮油学报，37（4）：40-46.

Akamine Y，Millman J F，Uema T，et al.，2022. Fermented brown rice beverage distinctively modulates the gut microbiota in Okinawans with metabolic syndrome：A randomized controlled trial [J]. Nutrition Research，103：68-81.

Azmi N H，Ismail N，Imam M U，et al.，2022. Modulation of High-Fat Diet-Induced Brain Oxidative Stress by Ferulate-Rich Germinated Brown Rice Ethyl Acetate Extract [J]. Molecules，27（15）：4907.

Baek M，Mun S，2022. Improvement of the water solubility and emulsifying capacity of rice proteins through the addition of isolated soy protein [J]. International Journal of Food Science & Technology，57（7）：4411-4421.

Beaulieu J C，Moreau R A，Powell M J，et al.，2022. Lipid Profiles in Preliminary Germinated Brown Rice Beverages Compared to Non-Germinated Brown and White Rice Beverages [J]. Foods，11

（2）：220.

Brojanigo S，Alvarado - Morales M，Basaglia M，et al.，2022. Innovative co - production of poly-hydroxyalkanoates and methane from broken rice [J]. Science of The Total Environment，825：153931.

Chakraborty M，Budhwar S，Kumar S，2022. Potential of milling byproducts for the formulation of health drink and detox tea-substitute [J]. Journal of Food Measurement and Characterization，16：3153-3165.

Chen P Y，Han Y L，Jia F G，et al.，2022. Investigation of the mechanism of aerodynamic separation of rice husks from brown rice following paddy hulling by coupled CFD-DEM [J]. Biosystems Engineering，218：200-215.

Chu Y H，Han Y L，Jia F G，et al.，2022. Analysis of the impact hulling behaviour of paddy grains [J]. Biosystems Engineering，220：243-257.

Dorairaj D，Govender N，Zakaria S，et al.，2022. Green synthesis and characterization of UKMRC-8 rice husk-derived mesoporous silica nanoparticle for agricultural application [J]. Scientific Reports，12 (1)：20162.

Farid I M，Siam H S，Abbas M H H，et al.，2022. Co-composted biochar derived from rice straw and sugarcane bagasse improved soil properties，carbon balance，and zucchini growth in a sandy soil：A trial for enhancing the health of low fertile arid soils [J]. Chemosphere，292：133389.

Fraterrigo Garofalo S，Demichelis F，Mancini G，et al.，2022. Conventional and ultrasound-assisted extraction of rice bran oil with isopropanol as solvent [J]. Sustainable Chemistry and Pharmacy，29：100741.

Ganachari A，Nidoni U，Hiregoudar S，et al.，2022. Development of rice analogues using by-products of rice and dhal mills [J]. Journal of Food Science and Technology，59 (8)：3150-3157.

Ganesh Babu A，Saravanakumar S S，Sai Balaji M A，2022. Influence of silver nanoparticles on mechanical，thermal and antibacterial properties of poly (vinyl alcohol) /rice hull powder hybrid biocomposite films [J]. Polymer Composites，43 (5)：2824-2837.

Gangadevi G，Jayakumar C，2022. Hybridization of ResNet with YOLO classifier for automated paddy leaf disease recognition：An optimized model [J]. Journal of field robotics，39 (7)：1085-1109.

Gasymov O K，Kecel-Gunduz S，Celik S，et al.，2022. Molecular docking of the pentapeptide derived from rice bran protein as anticancer agent inhibiting both receptor and non-receptor tyrosine kinases [J]. Journal of Biomolecular Structure and Dynamics：1-23.

Gigummaduwe V V L，Kariyawasam R R M，Sudarshana S，et al.，2022. Variation in amino acid profiles of selected Sri Lankan rice varieties induced by milling [J]. Journal of Food Processing and Preservation，46 (22)：e17242.

González L C，Loubes M A，Tolaba M P，2022. Effect of Ball-Milled Rice Starch and Other Functional Ingredients on Quality Attributes of Rice-Based Dough and Noodles [J]. Starch - Stärke，74 (3-4)：2100241.

Hunsakul K，Laokuldilok T，Sakdatorn V，et al.，2022. Optimization of enzymatic hydrolysis by alcalase and flavourzyme to enhance the antioxidant properties of jasmine rice bran protein hydrolysate [J].

Scientific Reports，12（1）：12582.

Hyun Y J，Park S yeon，Kim J Y，2023. The effect of fermented rice germ extracts on the inhibition of glucose uptake in the gastrointestinal tract in vitro and in vivo［J］. Food Science and Biotechnology，32（3）：371-379.

Jarupinthusophon S，Preechataninrat P，Anurukvorakun O，2022. Development of Liquid Crystal Cream Containing Germinated Brown Rice［J］. Applied Sciences，12（21）：11113.

Kamwilaisak K，Rittiwut K，Jutakridsada P，et al.，2022. Rheology，stability，antioxidant properties，and curcumin release of oil-in-water Pickering emulsions stabilized by rice starch nanoparticles［J］. International Journal of Biological Macromolecules，214：370-380.

Lee H J，Kim S R，Park J Y，et al.，2022. Phytate-mediated phosphorylation of starch by dry heating with rice bran extract［J］. Carbohydrate Polymers，282：119104.

Lee H K，Jang J Y，Yoo H S，et al.，2022. Neuroprotective Effect of 1，3-dipalmitoyl-2-oleoylglycerol Derived from Rice Bran Oil against Cerebral Ischemia-Reperfusion Injury in Rats［J］. Nutrients，14（7）：1380.

Lee J S，Oh H，Choi I，et al.，2022. Physico-chemical characteristics of rice protein-based novel textured vegetable proteins as meat analogues produced by low-moisture extrusion cooking technology［J］. LWT，157：113056.

Mansor M R，Md Sarip M S，Nik Daud N M A，et al.，2022. Preparation of Rice Bran Protein （RBP）Powder Using Spray Drying Method at the Optimal Condition and Its Protein Quality［J］. Processes，10（10）：2026.

Mapoung S，Semmarath W，Arjsri P，et al.，2023. Comparative analysis of bioactive-phytochemical characteristics，antioxidants activities，and anti-inflammatory properties of selected black rice germ and bran（*Oryza sativa* L.）varieties［J］. European Food Research and Technology，249（2）：451-464.

Mohammadi A，Shahidi S，Rafe A，et al.，2022. Rheological properties of dairy desserts：Effect of rice bran protein and fat content［J］. Journal of Food Science，87（11）：4977-4990.

Pal P，Kaur P，Singh N，et al.，2022. Morphological，Thermal，and Rheological Properties of Starch from Brown Rice and Germinated Brown Rice from Different Cultivars［J］. Starch-Stärke：2100266.

Pino A，Nicosia F D，Agolino G，et al.，2022. Formulation of germinated brown rice fermented products functionalized by probiotics［J］. Innovative Food Science & Emerging Technologies，80：103076.

Ramos da Silva L，Velasco J I，Fakhouri F M.，2022. Bioactive Films Based on Starch from White，Red，and Black Rice to Food Application［J］. Polymers，14（4）：835.

Rebecca M B，Griffiths G A，Sammy S，et al.，2022. Influence of harvest moisture content and milling duration on microwave-dried rice physicochemical properties［J］. Cereal Chemistry，99（5）：1086-1100.

Reis N，Castanho A，Lageiro M，et al.，2022. Rice Bran Stabilisation and Oil Extraction Using the Microwave-Assisted Method and Its Effects on GABA and Gamma-Oryzanol Compounds［J］. Foods，11（7）：912.

Rittisak S，Charoen R，Choosuk N，et al.，2022. Response surface optimization for antioxidant extraction and attributes liking from roasted rice germ flavored herbal tea [J]. Processes，10（1）：125-137.

Sabiha J，Siddque N，Waheed S，et al.，2022. Uptake of heavy metal in wheat from application of different phosphorus fertilizers [J]. Journal of Food Composition and Analysis，115：104958.

Saleh A K，Abdel-Fattah Y R，Soliman N A，et al.，2022. Box-Behnken design for the optimization of bioethanol production from rice straw and sugarcane bagasse by newly isolated Pichia occidentalis strain AS.2 [J]. Energy & Environment，33（8）：1613-1635.

Sara N，Kamyar M，Asefeh L.，2022. Multi-objective optimization of hybrid microwave-fluidized bed drying conditions of rice using response surface methodology [J]. Journal of Stored Products Research，97：101956.

Semmarath W，Mapoung S，Umsumarng S，et al.，2022. Cyanidin-3-O-glucoside and Peonidin-3-O-glucoside-Rich Fraction of Black Rice Germ and Bran Suppresses Inflammatory Responses from SARS-CoV-2 Spike Glycoprotein S1-Induction In Vitro in A549 Lung Cells and THP-1 Macrophages via Inhibition of the NLRP3 Inflammasome Pathway [J]. Nutrients，14（13）：2738.

Shraddha S，Vishnu D R，Sudhir K U，et al.，2022. Arsenic contamination in rice agro-ecosystems：mitigation strategies for safer crop production [J]. Journal of Plant Growth Regulation，41（8）：3498-3517.

Thangaraju S，Modupalli N，Naik M，et al.，2022. Changes in physicochemical characteristics of rice bran oil during mechanical-stirring and ultrasonic-assisted enzymatic degumming [J]. Journal of Food Process Engineering：e14123.

Toyoizumi T，Ikegaya A，Kosugi T，2022. Surface disinfection influences the antioxidant capacity and GABA content of saline-treated brown rice（*Oryza sativa* L.）[J]. Cereal Chemistry，99（4）：884-894.

Tyagi A，Chen X，Shabbir U，et al.，2022. Effect of slightly acidic electrolyzed water on amino acid and phenolic profiling of germinated brown rice sprouts and their antioxidant potential [J]. LWT，157：113119.

Watanabe K，Hirayama M，Arumugam S，et al.，2022. Effect of heat-moisture treated brown rice crackers on postprandial flow-mediated dilation in adults with mild endothelial dysfunction [J]. Heliyon，8（8）：e10284.

Yahya M，Hendriwan F，Hasibuan R，2022. Experimental performanceanalysis of a pilot-scale biomass-assisted recirculating mixed-flow dryer for drying paddy [J]. International Journal of Food Science：4373292.

下篇

2022 年
中国水稻生产、质量与贸易发展动态

第八章　中国水稻生产发展动态

2022 年，党中央、国务院对粮食安全高度重视。习近平总书记强调，要全面落实粮食安全党政同责，严格粮食安全责任制考核，主产区、主销区、产销平衡区要饭碗一起端、责任一起扛。中央和地方继续加大"三农"投入补贴力度，多方面保障农民种粮收益。中央财政发放一次性农资补贴、适当提高稻谷和小麦最低收购价、三大粮食作物完全成本保险和种植收入保险在主产区实现全覆盖，激发粮食生产动力；调动地方政府抓粮积极性，引导农民种足种满，调整种植结构稳定玉米、增加双季稻、发展再生稻、扩种大豆，确保全年粮食产量保持在 6.5 亿 t 以上。继续加大产粮大县奖励力度，创新粮食产销区合作机制，支持家庭农场、农民合作社、农业产业化龙头企业多种粮、种好粮。农业农村部组织开展粮食绿色高质高效行动，遴选发布一批绿色高质高效粮食作物新品种和新品牌，集成示范一批粮食生产全过程高质高效技术模式，以良种为基础、以机械化为载体、以社会化服务为支撑，建设生产全程机械化、投入品施用精准化、田间管理智能化的标准化生产基地，提升粮食生产科技水平。部分主产省陆续提出针对性、个性化措施，明确 2023 年粮食生产重点任务，如江苏出台"苏农 21 条"，安徽加快推进"机械换人"进程，湖南大力推广水稻集中育秧，四川提出建设"天府森林粮库"等。2022 年，受不利天气影响，我国水稻单产、总产略降。

第一节　国内水稻生产概况

一、2022 年水稻种植面积、总产和单产情况

2022 年全国水稻种植面积 44 175.2 万亩，比 2021 年减少 706.7 万亩，减幅 1.6%；亩产 472.0 kg，减产 2.2 kg，为历史次高水平；总产 20 849.5 万 t，减产 435.0 万 t，减幅 2.0%。

（一）早稻生产

2022 年全国早稻面积 7 132.7 万亩，比 2021 年增加 31.6 万亩，增幅 0.4%；亩产 394.3 kg，下降 0.2 kg，减幅 0.1%；总产 2 812.3 万 t，增产 11.0 万 t，增幅 0.4%。

2022 年早稻生产期间，虽然部分地区出现持续强降水、洪涝灾害，早稻遭遇"大雨洗花"的不利影响，单产持平略降，但得益于播种面积大幅增加，全国早稻仍然实现增产。从面积看，2022 年党中央、国务院高度重视粮食安全，明确提出努力恢复双季

稻生产是确保全年粮食有效供给的重要任务。早稻主产区各级政府层层压实粮食生产责任，湖南在双季稻生产重点县创建 18 个粮食生产省级万亩综合示范片，示范面积超 28 万亩，大力推广代育秧、代机插、代烘干等"十代"托管服务；浙江建立种粮成本与种粮补贴联动调整机制，实行全域水稻完全成本保险，对早稻实行订单收购全覆盖；湖北积极引导适宜地区双季稻扩面增量，充分挖掘面积潜力；广东出台扩种双季稻奖补政策，推进村企镇企合作，开展撂荒耕地复耕复种。这些政策措施进一步保障了农民种粮收益，充分调动农户种植早稻积极性，推动全国早稻面积增加。分省看，浙江、湖北早稻面积分别增加 16.7 万亩和 9.1 万亩，广东、广西早稻面积分别增加 8.46 万亩和 4.8 万亩，安徽、福建、江西、海南早稻面积分别增加 0.78 万亩、0.55 万亩、1.95 万亩和 1.54 万亩，湖南和云南早稻面积分别减少 10.2 万亩和 2.1 万亩。从单产看，2022 年早稻生长期间气象条件"两头好、中间差"。早稻生长前期气象条件总体有利，江南、华南大部地区充足的光热条件有利于早稻播种育秧和秧苗生长；生长中期江南、华南产区大部气温较常年同期偏低，阴雨日数偏多，影响早稻生育进程和光合产物形成，且部分地区出现多轮强降雨过程，影响早稻抽穗扬花；后期南方大部天气晴好，光照充足，气温偏高，利于早稻灌浆成熟。

（二）中晚稻生产

2022 年全国中晚稻面积 37 042.5 万亩，比 2021 年减少 738.2 万亩，减幅 2.0%；总产 18 037.2 万 t，减产 445.4 万 t，减幅 2.4%。2022 年全国一季稻生长期间气象条件总体偏差，单产略降。双季晚稻生长期间气象条件总体较好，产量呈增加趋势。分不同稻区看，东北主产区光温水条件总体适宜，辽宁一季稻生长前期降水偏多、吉林一季稻生长前期遭遇低温，分蘖不足导致有效穗减少，黑龙江水稻有效穗呈增加趋势。长江中下游及川渝地区高温伏旱持续发展，对处于孕穗开花和灌浆期的一季稻生长发育造成不利影响。华南稻区 7—8 月温度高、光照足，晚稻秧苗普遍质量较好，长势总体正常偏好，产量呈增加趋势。

二、扶持政策

2022 年是进入全面建设社会主义现代化国家、向第二个百年奋斗目标进军新征程的重要一年，是党的二十大召开之年。中央继续加大"三农"投入，强化项目统筹整合，推进重大政策、重大工程、重大项目顺利实施，调整完善稻谷、小麦最低收购价政策，稳定农民种粮收益；推进稻谷、小麦、玉米完全成本保险和收入保险试点；大力发展紧缺和绿色优质农产品生产，推进农业由增产导向转向提质导向。

（一）加大农业生产投入和补贴力度

1. 耕地地力保护补贴

补贴对象原则上为拥有耕地承包权的种地农民，补贴资金通过"一卡（折）通"等形式直接兑现到户，严禁任何方式统筹集中使用，严防"跑冒滴漏"，确保补贴资金不折不扣发放到种地农民手中。按照《财政部办公厅 农业农村部办公厅关于进一步做好耕地地力保护补贴工作的通知》要求，探索耕地地力保护补贴发放与耕地地力保护行为相挂钩的有效机制，加大耕地使用情况的核实力度，做到享受补贴农民的耕地不撂荒、地力不下降，切实推动落实"藏粮于地"战略部署，遏制耕地"非农化"。鼓励各地创新方式方法，以绿色生态为导向，探索将补贴发放与耕地保护责任落实挂钩的机制，引导农民自觉提升耕地地力。鼓励有条件的地区，加强补贴发放与黑土地保护利用、畜禽粪污资源化利用、农作物秸秆综合利用等工作的衔接，多措并举提升耕地质量。

2. 高标准农田建设

2022 年，中央财政安排高标准农田建设中央补助资金 1 096 亿元，地方政府也进一步加大对本地区高标准农田建设的投入力度。按照"统一规划布局、统一建设标准、统一组织实施、统一验收考核、统一上图入库"五个统一的要求，在全国建设高标准农田 1 亿亩，重点加大对粮食主产省支持，力争到 2030 年建成 12 亿亩高标准农田，加上改造提升已建的高标准农田，能够稳定保障 6 亿 t 以上粮食产能，确保谷物基本自给、口粮绝对安全，守住国家粮食安全底线。按照《全国高标准农田建设规划（2021—2030年）》，因地制宜实施田块整治、土壤改良、灌溉和排水、田间道路、农田输配电等建设内容，加强农业基础设施建设，提高农业综合生产能力。

3. 发放实际种粮农民一次性补贴

为适当弥补农资价格上涨增加的种粮成本支出，保障种粮农民合理收益，2022 年财政部发布《财政部关于下达 2022 年实际种粮农民一次性补贴资金预算的通知》，继续对实际种粮农民发放一次性农资补贴，释放支持粮食生产的积极信号，稳定农民收入，调动农民种粮积极性。梳理资金拨付流程，建立定期调度制度，跟踪资金拨付进展情况，做好执行分析，发放情况及时上报转移支付管理平台。加强"一卡通"基础数据的维护与更新，及时向代发银行同步发送账户明细，确保补贴真正发放对象为实际承担农资价格上涨成本的实际种粮者，包括利用自有承包地种粮的农民，流转土地种粮的大户、家庭农场、农民合作社、农业企业等新型农业经营主体，以及开展粮食耕种收全程社会化服务的个人和组织，确保补贴资金落实到实际种粮的生产者手中，提升补贴政策的精准性。补贴标准由各地区结合有关情况综合确定，原则上县域内补贴标准应统一。

4. 东北黑土地保护利用

继续聚焦黑土地保护重点县，集中连片开展东北黑土地保护利用，重点推广秸秆还田与"深翻＋有机肥还田"等综合技术模式，推进国家黑土地保护工程标准化示范。坚持"稳步扩面、质量为先"，针对玉米、大豆、小麦等旱作作物，支持推广应用秸秆覆盖免（少）耕播种等关键技术，持续优化定型技术模式，稳步扩大实施面积，鼓励整乡整村整建制推进，加快高标准示范应用基地建设。2022年农业农村部印发《2023年东北黑土地保护性耕作行动计划技术指引》，进一步明确保护性耕作技术规范性要求，对保护性耕作技术类型、不同区域主推模式、作业补助标准划分、整体推进县及高标准应用基地建设要求、作业监测设备及平台等进行了细化、明确和界定，推动保护性耕作扩面与提质有机结合。2022年实施面积达到8 300万亩，超额完成8 000万亩任务面积。共建设了56个整体推进县和712个县乡级高标准应用基地，25个县实施面积超过100万亩，四省（区）以点带面、梯次铺开的态势已经形成。

5. 完善农机具购置补贴政策

2022年，中央财政安排农机购置补贴资金212亿元，同比增长11.58%，形成了65个大类、4 000多个机型品种的产品系列，一批关键技术实现突破进展。在落实《农业农村部办公厅、财政部办公厅关于印发〈2021—2023年农机购置补贴实施指导意见〉的通知》要求基础上，开展农机购置与应用补贴试点，探索创新以机具应用为前提的补贴资金兑付方式。开展农机研发制造推广应用一体化试点，加快大型高端智能农机、丘陵山区先进适用小型小众机械、打包采棉机等短板弱项机具创制与北斗智能监测终端及辅助驾驶系统集成应用，促进农机产业自主安全可控和高质量发展。开展常态化作业信息化监测，优化补贴兑付方式，把作业量作为农机购置与应用补贴分步兑付的前置条件，为全面实施农机购置与应用补贴政策夯实基础。推进补贴机具有进有出、优机优补，推进北斗智能终端在农业生产领域应用。逐步降低区域内保有量明显过多、技术相对落后机具品目（档次）的补贴额，或退出补贴范围，其中轮式拖拉机补贴额测算比例降低至20%以下。支持将粮油作物生产机械化薄弱环节、玉米大豆带状复合种植所需创新产品和成套设施装备纳入补贴试点，按规定适当提高补贴标准，且相关机具不占用农机新产品试点的资金规模及品目指标，省域内提高补贴额测算比例机具累计不超过10个品目。支持开展农机研发制造推广应用一体化试点。

（二）加快适用技术推广应用

1. 耕地轮作休耕试点项目

立足资源禀赋、突出生态保护、实行综合治理，进一步探索科学有效的轮作模式。在东北、黄淮海等地区实施粮豆轮作，在西北、黄淮海、西南和长江中下游等适宜地区推广玉米大豆带状复合种植，在长江流域实施"一季稻＋油菜""一季稻＋再生稻＋油菜"轮作，在双季稻区实施"稻—稻—油"轮作，在北方农牧交错区和新疆次宜棉区推广棉花、玉米等与花生轮作或间套作。继续在河北地下水漏斗区、新疆塔里木河流域地下水超采区实施休耕试点，休耕期间重点采取土壤改良、地力培肥等措施。

2. 实施重点作物绿色高质高效行动

聚焦围绕粮食和大豆油料作物，推行种植品种、肥水管理、病虫防控、技术指导和机械作业"五统一"，集成推广新技术、新品种、新机具，打造一批优质强筋弱筋专用小麦、优质食味稻和专用加工早稻、高产优质玉米的粮食示范基地，同时集成示范推广高油高蛋白大豆、"双低"油菜、高油高油酸花生等优质品种和区域化、标准化高产栽培技术模式，打造一批大豆油料高产攻关田，示范带动大范围均衡增产。选择适宜地区开展盐碱地大豆高质高效种植示范，挖掘扩种潜力。适当兼顾蔬菜等经济作物，建设绿色高质高效样板田和品质提升基地。继续在符合条件的试点县整县开展绿色种养循环农业试点，支持企业、专业化服务组织等市场主体提供粪肥收集、处理、施用服务，带动县域内畜禽粪污基本还田，打通种养循环堵点，推动化肥减量化。项目县要统筹考虑区域内种养实际，围绕试点目标任务，进一步完善粪肥还田组织运行模式，创新工作机制，抢抓关键农时，加快粪肥还田，推广适宜技术，促进畜禽粪污资源化利用和农业绿色发展。

3. 继续实施农业防灾救灾技术补助

中央财政对各地农业重大自然灾害及农业生物灾害的预防控制和灾后恢复生产工作给予适当补助。支持范围包括农业重大自然灾害预防及农业生物灾害防控所需的物资材料补助，恢复农业生产措施所需的物资材料补助，牧区抗灾保畜所需的储草棚（库）、牲畜暖棚和应急调运饲草料补助等。支持小麦促弱转壮，支持实施小麦"一喷三防"。在地方财政自主开展、自愿承担一定补贴比例基础上，中央财政对稻谷、小麦、玉米、棉花、马铃薯、油料作物、糖料作物、天然橡胶、能繁母猪、育肥猪、奶牛、森林、青稞、牦牛、藏系羊，以及三大粮食作物制种保险给予保费补贴支持。加大农业保险保费补贴支持力度，中央财政对中西部和东北地区的种植业保险保费补贴比例由35%或40%统一提高至45%，实现三大粮食作物完全成本保险和种植收入保险主产省产粮大县全覆盖。将中央财政对地方优势特色农产品保险奖补政策扩大至全国。继续开展"保险＋期货"试点。

4. 强化农业废弃物资源化利用

一是推进地膜科学使用回收。在河北、内蒙古、辽宁、山东、河南、四川、云南、甘肃、新疆等9省（区）和新疆生产建设兵团、北大荒农垦集团有限公司，支持引导农户、种植大户、农民专业合作社及生产回收企业等实施主体，科学推进加厚高强度地膜使用，有序推广全生物降解地膜。推广地膜高效科学覆盖技术，降低使用强度。严格补贴地膜准入条件，禁止使用不达标地膜。加快构建废旧地膜污染治理长效机制，有效提高地膜科学使用回收水平。二是促进农作物秸秆综合利用。以秸秆资源量较大的县（市、区）为重点实施区域，培育壮大秸秆利用市场主体，完善收储运体系，加强资源台账建设，健全监测评价体系，强化科技服务保障，培育推介一批秸秆产业化利用典型模式，形成可推广、可持续的产业发展模式和高效利用机制，提升秸秆综合利用水平。三是开展绿色种养循环农业试点。继续在符合条件的试点县整县开展绿色种养循环农业试点，支持企业、专业化服务组织等市场主体提供粪肥收集、处理、施用服务，带动县域内畜禽粪污基本还田，打通种养循环堵点，推动化肥减量化。

5. 加强耕地质量保护与提升

2022 年，继续在部分耕地酸化、盐碱化较严重区域，试点集成推广施用土壤调理剂、绿肥还田、耕作压盐、增施有机肥等治理措施。在西南、华南等地区，因地制宜采取品种替代、水肥调控、农业废弃物回收利用等环境友好型农业生产技术，加强生产障碍耕地治理，克服农产品产地环境障碍，提升农产品质量安全水平。支持做好第三次全国土壤普查试点、补充耕地质量评价试点、肥料田间试验、施肥情况调查、肥料利用率测算等工作。加大施肥新产品、新技术、新机具集成推广力度，优化测土配方施肥技术推广机制，扩大推广应用面积、提高覆盖率。通过施用草木灰、叶面喷施、绿肥种植、增施有机肥等替代部分化肥投入，降低农民用肥成本。继续支持适宜地区开展农机深松整地作业，以提高土壤蓄水保墒能力为目标，支持在适宜地区开展深松（深耕）整地作业，促进耕地质量改善和农业综合生产能力提升。深松（深耕）作业深度一般要求达到或超过 25 cm，具体技术模式、补助标准和作业周期由各地因地制宜确定。充分利用信息化监测手段保证作业质量，提高监管工作效率，鼓励扩大作业监测范围。

6. 深化基层农技推广体系改革与建设

利用国家现代农业科技展示基地等平台载体，聚焦粮食稳产增产、大豆油料扩种、农产品有效供给等重点，根据不同区域自然条件和生产方式，示范推广重大引领性技术和农业主推技术，推动农业科技在县域层面转化应用。继续实施农业重大技术协同推广，激发各类推广主体活力，建立联动推广机制。继续实施农技推广特聘计划，通过政府购买服务等方式，从乡土专家、新型农业经营主体、种养能手中招募特聘农技（动物防疫）员。

（三）加快农业全产业链提升

一是加快农业产业融合发展。统筹布局建设一批国家现代农业产业园、优势特色产业集群和农业产业强镇。重点围绕保障国家粮食安全和重要农产品有效供给，聚焦稻谷、小麦、玉米、大豆、油菜、花生等重要农产品，适当兼顾其他特色农产品，构建以产业强镇为基础、产业园为引擎、产业集群为骨干，省县乡梯次布局、点线面协同推进的现代乡村产业体系，整体提升产业发展质量效益和竞争力。二是加大农产品产地冷藏保鲜设施建设。重点围绕蔬菜、水果等鲜活农产品，兼顾地方优势特色品种，合理布局建设农产品产地冷藏保鲜设施，采取"先建后补、以奖代补"方式，择优支持蔬菜、水果等产业重点县开展整县推进。依托县级及以上示范家庭农场和农民合作社示范社、已登记的农村集体经济组织实施，重点支持建设通风储藏设施、机械冷藏库、气调冷藏库，以及预冷设施设备和其他配套设施设备。三是加快农产品地理标志保护工程建设。围绕生产标准化、产品特色化、身份标识化和全程数字化，完善相关标准和技术规范，支持开展地理标志农产品特色种质保存、特色品质保持和特征品质评价，推进全产业链生产标准化，挖掘农耕文化，加强宣传推介，强化质量安全监管和品牌打造，推动地理标志农产品产业发展。

（四）支持新型农业经营主体高质量发展

一是开展高素质农民培育。统筹推进新型农业经营服务主体能力提升、种养加能手技能培训、农村创新创业者培养、乡村治理及社会事业发展带头人培育。继续开展农村实用人才带头人和到村任职选调生培训。启动实施乡村产业振兴带头人培育"头雁"项目，打造一支与农业农村现代化相适应，能够引领一方、带动一片的乡村产业振兴带头人"头雁"队伍。二是支持新型农业经营主体高质量发展。支持县级及以上农民合作社示范社和示范家庭农场改善生产经营条件，规范财务核算，应用先进技术，推进社企对接，提升规模化、集约化、信息化生产能力。着力加大对从事粮食和大豆油料种植的家庭农场和农民合作社、联合社支持力度。鼓励各地加强新型农业经营主体辅导员队伍和服务中心建设，可通过政府购买服务方式，委托其为家庭农场和农民合作社提供技术指导、产业发展、财务管理、市场营销等服务。鼓励各地开展农民合作社质量提升整县推进。三是完善农业信贷担保服务。重点服务家庭农场、农民合作社、农业社会化服务组织、小微农业企业等农业适度规模经营主体。服务范围限定为农业生产及与其直接相关的产业融合项目，加大对粮食和大豆油料生产、乡村产业发展等重点领域的信贷担保支持力度，助力农业经营主体信贷直通车常态化服务，提升数字化、信息化服务水平。在有效防范风险的前提下，加快发展首担业务。中央财政对省级农担公司开展的符合"双控"要求的政策性农担业务予以奖补，支持其降低担保费用和应对代偿风险。

（五）加快种业创新发展

一是围绕种业科学重大基础理论和前沿技术开展科学研究。抓准种业"卡脖子"关键核心技术和种业产业高质高效绿色发展的技术瓶颈、产品装备和工程技术，尤其是加强底盘性、原创性、基础性课题研究。二是全面加强种质资源保护利用。深入开展农业种质资源普查、系统调查与抢救性收集，加快查清农业种质资源家底，完成全国农作物种质资源普查与收集行动。三是组织种业绿色技术创新攻关。加快种业绿色技术装备从散装到组装再到整装的跨越。推进种业减损增效、绿色低碳技术研发应用，加速种业绿色化、智能化、数字化发展和新材料应用，实现农业农村碳达峰碳中和。四是制定种业绿色技术标准。组织开展农业各类绿色技术标准，尤其是粮食类绿色标准制定工作。五是制种大县奖励。扩大水稻、小麦、玉米、大豆、油菜制种大县支持范围，将九省棉区棉花制种大县纳入奖励范围，提高农作物良种覆盖面，提升核心种源保障能力，促进种业转型升级，实现高质量发展。

（六）调整稻谷最低收购价格

2022 年，国家继续在稻谷主产区实行最低收购价政策，综合考虑粮食生产成本、市场供求、国内外市场价格和产业发展等因素，早籼稻、中晚籼稻和粳稻最低收购价分别为每 50 kg 124 元、129 元和 131 元，与 2021 年相比，早籼稻收购价提高 2 元，中晚籼稻和粳稻均提高 1 元，要求各地引导农民合理种植，加强田间管理，促进稻谷稳产提质增效。2022 年江苏、安徽、河南、湖北和黑龙江 5 省先后启动托市收购，对市场价格形成支撑。同时，为保障国家粮食安全，进一步完善粮食最低收购价政策，2023 年国家继续在稻谷主产区实行最低收购价政策，早籼稻、中晚籼稻和粳稻最低收购价分别为每 50 kg 126 元、129 元和 131 元。2018—2023 年我国稻谷最低收购价格政策变化情况见表 8-1。

表 8-1 2018—2023 年我国稻谷最低收购价格政策变化情况

提出时间	文件	价格
2018 年 2 月 9 日	国家发展改革委《关于公布 2018 年稻谷最低收购价格的通知》	早籼稻：120 元/50 kg；中晚籼稻：126 元/50 kg；粳稻：130 元/50 kg
2019 年 2 月 25 日	国家发展改革委《关于公布 2019 年稻谷最低收购价格的通知》	早籼稻：120 元/50 kg；中晚籼稻：126 元/50 kg；粳稻：130 元/50 kg
2020 年 2 月 28 日	国家发展改革委《关于公布 2020 年稻谷最低收购价格的通知》	早籼稻：121 元/50 kg；中晚籼稻：127 元/50 kg；粳稻：130 元/50 kg
2021 年 2 月 25 日	国家发展改革委《关于公布 2021 年稻谷最低收购价格的通知》	早籼稻：122 元/50 kg；中晚籼稻：128 元/50 kg；粳稻：130 元/50 kg
2022 年 2 月 17 日	国家发展改革委《关于公布 2022 年稻谷最低收购价格的通知》	早籼稻：124 元/50 kg；中晚籼稻：128 元/50 kg；粳稻：130 元/50 kg
2023 年 2 月 27 日	国家发展改革委《关于公布 2023 年稻谷最低收购价格的通知》	早籼稻：126 元/50 kg；中晚籼稻：129 元/50 kg；粳稻：131 元/50 kg

（七）进出口贸易政策

2022 年，国家继续对稻谷和大米等 8 类商品实施关税配额管理，税率不变。其中，对尿素、复合肥、磷酸氢铵 3 种化肥的配额税率继续实施 1% 的暂定税率。继续对碎米实施 10% 的最惠国税率。2021 年 9 月，国家发展与改革委员会发布了《2022 年粮食进口关税配额申领条件和分配原则》。其中，大米 532 万 t（长粒米 266 万 t，中短粒米 266 万 t），国营贸易比例 50%。2022 年 12 月，根据《国务院关税税则委员会关于 2023 年关税调整方案的通知》，2023 年继续对小麦等 8 类商品实施关税配额管理，税率不变。

三、品种推广情况

（一）平均推广面积

据全国农作物主要品种推广情况统计[①]，2021 年全国种植面积在 10 万亩以上的水

[①] 全国农业技术推广服务中心的品种推广数据截至 2021 年，本书以 2021 年数据进行阐述。

稻品种共计 707 个，比 2020 年减少 45 个；合计推广面积 29 922 万亩，比 2020 年减少 490 万亩，占全国水稻种植面积的比重为 67.7%。其中，常规稻推广品种 285 个，比 2020 年减少 7 个，推广总面积达到 14 772 万亩，比 2020 年增加 123 万亩；杂交稻推广品种 422 个，比 2020 年减少 38 个，推广面积 15 150 万亩，比 2020 年减少 611 万亩（表 8-2）。

表 8-2　2017—2021 年全国 10 万亩以上水稻品种推广情况

年份	常规稻		杂交稻	
	数量（个）	面积（万亩）	数量（个）	面积（万亩）
2017	309	16 118	522	17 741
2018	285	15 098	482	16 507
2019	274	14 872	449	16 163
2020	292	14 649	460	15 761
2021	285	14 772	422	15 150

数据来源：全国农业技术推广服务中心，品种按推广面积 10 万亩以上进行统计。

（二）大面积品种推广情况

1. 常规稻

2021 年常规稻推广面积超过 100 万亩的品种有 33 个，合计推广面积达 8 443 万亩，比 2020 年增加 643 万亩。龙粳 31 超过绥粳 27 再次成为 2021 年推广面积最大的常规稻品种，合计推广面积 1 068 万亩，比 2020 年增加 333 万亩，全部在黑龙江种植；绥粳 18 合计推广面积 912 万亩，其中黑龙江推广 909 万亩、内蒙古推广 2 万亩、吉林推广 1 万亩；黄华占、南粳 9108 和中嘉早 17 是南方地区推广面积最大的三个水稻品种，推广面积分别达到 647 万亩、483 万亩和 409 万亩，黄华占和中嘉早 17 主要集中分布在湖北、湖南、江西三省，南粳 9108 主要在江苏省种植，山东、上海也有少量种植；与 2020 年相比，黄华占面积增加 127 万亩，南粳 9108 和中嘉早 17 推广面积分别减少 41 万亩和 64 万亩（表 8-3）。

2. 杂交稻

2021 年杂交稻推广面积在 100 万亩以上的品种共计 27 个，合计推广面积 5 583 万亩，比 2020 年增加 483 万亩。其中，晶两优华占为全国杂交水稻推广面积最大的品种，推广面积 485 万亩（表 8-3），比 2020 年减少 4 万亩；晶两优 534 推广面积 455 万亩，比 2020 年减少 22 万亩；隆两优华占、隆两优 534、野香优莉丝推广面积分别为 359 万亩、312 万亩和 272 万亩，分别比 2020 年增加 36 万亩、50 万亩和 50 万亩；天优华占推广面积 169 万亩，比 2020 年增加 13 万亩；中浙优 8 号推广面积 155 万亩，比 2020 年减少 14 万亩。

表 8-3　2021 年常规稻和杂交稻推广面积前 10 位的品种情况

常规稻		杂交稻	
品种名称	推广面积（万亩）	品种名称	推广面积（万亩）
龙粳 31	1 068	晶两优华占	485
绥粳 27	912	晶两优 534	455
黄华占	647	隆两优华占	359
南粳 9108	483	隆两优 534	312
中嘉早 17	409	野香优莉丝	272
绥粳 18	338	荃优丝苗	253
绥粳 28	318	荃优 822	238
湘早籼 45 号	301	C 两优华占	225
龙粳 57	267	泰优 390	216
中早 39	259	徽两优 898	202

数据来源：全国农业技术推广服务中心。

四、气候条件

据中国气象局发布的《2022 年中国气候公报》，2022 年我国主要粮食作物生长期间气候条件总体偏差，暖干气候特征明显，旱涝灾害突出，对农业生产较为不利。2022 年，全国平均气温 10.51℃，较常年偏高 0.62℃，除冬季气温略偏低外，春夏秋三季气温均为历史同期最高；全国平均降水量 606.1 mm，较常年偏少 5%，冬春季降水偏多、夏秋季偏少，夏季平均降水量为 1961 年以来历史同期第二少，其中东北、华南、华北降水量偏多，长江中下游、西南、西北降水量偏少；全国平均高温日照日数 16.4 d，较常年偏多 7.3 d，为 1961 年以来最多。与常年相比，除东北地区及内蒙古东部、云南大部、湖南等地偏少外，全国其余大部地区高温日数偏多，其中华东大部、华中、华南东部和北部、西部地区东部、西北地区东南部及内蒙古西北部、新疆中部等地高温日数偏多 10～30 d，长江中下游大部分地区偏多 30 d 以上。

（一）早稻生长期间的气候条件

2022 年全国早稻生长期间气象条件"两头好、中间差"。江南、华南早稻生长前期、后期大部热量充足、光照偏多，中期气温偏低、雨水较多，对早稻产量形成造成不利影响。具体到不同生育阶段：

（1）播种育秧期。华南早稻 2 月中旬至 3 月下旬播种，江南早稻 3 月下旬至 4 月中旬播种。3 月，江南、华南早稻主产区光热充足，利于早稻播种育秧及秧苗生长，中下旬出现两次降温天气过程，对早稻播种育秧略有影响。4 月，江南、华南早稻主产区平均气温在 18.3～21.6℃，接近常年同期或略偏高，日照时数较常年偏多 30%～70%，降水量有 50～250 mm，正常或偏少 30％～50％，大部地区蓄水充足，阶段性"倒春寒"天气持续时间较短、影响偏轻，水热条件总体有利于早稻播种育秧、移栽返青和秧苗生长。

（2）分蘖拔节期。5月，江南、华南早稻主产区平均气温在 20～23℃，较常年同期偏低 1～2℃，日照时数较常年偏少 20％～30％；降水量江南略偏少、华南偏多 3 成以上；主产区大部阴雨日数有 15～20 d，日平均温度≤20℃的天数多达 6～15 d，不利于早稻生育和光合产物的形成；5月出现的低温、阴雨天气对早稻分蘖不利，广西、广东的强降水导致局部稻田被淹。

（3）孕穗抽穗期。6月，江南、华南早稻产区平均气温较常年同期分别偏高 0.8℃和 0.1℃，降水偏多 16.8％和 42.8％，日照偏少 19％和 24.5％；产区大部多雨寡照，部分产区频繁出现强降水天气过程，部分稻田被淹，处于抽穗扬花期的早稻遭受"雨洗禾花"，对提高结实率和产量造成不利影响。

（4）灌浆结实期。6月下旬，产区大部天气转好，对早稻生产有利；7月，江南、华南高温少雨，对早稻充分灌浆和粒重提高不利，局地出现"高温逼熟"现象。

（二）一季稻生长期间的气候条件

2022 年一季稻生育期内，各产区大部时段光温条件匹配较好，但长江中下游一季稻产区气象干旱严重，缺乏灌溉条件的水稻产量受到严重影响。具体到不同生育阶段：

（1）播种育秧期。播种以来，除西南地区平均气温较常年同期偏低 0.2℃外，其余主产区偏高 0.1～1.3℃；东北、西南、江南地区降水较常年同期偏多 5.4％～33.9％，江汉、江淮分别偏少 9.1％和 39.7％；日照时数除江淮较常年同期偏多 12.7％外，其余产区偏少 0.3％～19％。产区大部时段水热条件较为适宜，有利于一季稻播种育秧及秧田管理。

（2）移栽分蘖期。6月，江淮、江汉、江南北部和四川盆地大部光温条件较好，利于一季稻移栽和返青分蘖；黑龙江东南部、吉林东部、辽宁大部以及云南出现阶段性低温阴雨寡照天气，不利于一季稻苗期生长。7月，东北产区大部光温正常，但辽宁中北部、吉林中南部月内出现多次强降水过程，对部分地区一季稻分蘖拔节和孕穗不利；长江中下游产区温高光足，总体利于一季稻晒田控蘖及拔节；西南地区东部高温日数较常年同期明显偏多，对处于抽穗扬花期的一季稻不利。

（3）孕穗抽穗期。8月，长江流域大部降水量较常年同期偏少五成以上，出现 20 d 以上高温天气，恰逢一季稻抽穗扬花高温敏感期，导致四川、湖北、安徽等地一季稻结实率降低、空秕粒增加，部分地区出现高温逼熟；8月中下旬东北产区气温偏低，特别是下旬气温偏低 2～4℃，一季稻籽粒灌浆速度有所减缓。

（4）灌浆成熟期。9月，主产区平均气温均较常年同期偏高，降水量除东北产区较常年同期偏多 47％外，其余产区均偏少，其中江汉偏少 84.2％；产区大部日照接近常年，西南地区日照偏少 21.8％，气象条件总体利于一季稻充分灌浆及成熟收晒，但 9

月中旬西南地区出现连阴雨影响水稻收晒进度。

（三）双季晚稻生长期间的气候条件

双季晚稻生育期内，主产区气候条件总体较好，但部分地区遭受伏秋旱和台风灾害影响，不利于晚稻生长发育及产量形成。具体到不同生育阶段：

（1）播种育秧期。7 月，江南、华南晚稻主产区平均气温偏高、日照时数偏多、降水量偏少；江南、华南大部出现 11～20 d 高温天气，较常年同期偏多 4～7 d，对育秧期晚稻影响不大，但对晚稻移栽后返青分蘖不利。

（2）移栽分蘖期。8 月，江南、华南大部地区出现 11～20 d 高温天气，江南大部较常年同期偏多 8～15 d，其中湖南、江西等地多达 21～30 d，较常年同期偏多 16～23 d，对灌溉水源不足地区的晚稻分蘖和拔节孕穗不利。

（3）孕穗抽穗期。9 月，华南中西部、江南东部、江汉等地陆续出现较明显降水，有利于补充农业蓄水，促进晚稻生长发育；但江西、湖南等地降水仍然偏少，旱情持续发展，灌溉水源不足地区的晚稻生长发育受阻。此外，8—9 月，广东部分地区受台风"木兰"和"马鞍"影响出现暴雨或大暴雨，局部晚稻受淹；浙江，江苏东部等地受台风"轩岚诺"和"梅花"影响出现暴雨或大暴雨，局部晚稻被淹。

（4）灌浆成熟期。10 月，江南、华南晚稻主产区平均气温偏高、日照时数偏多，主产区温高光足，未出现大范围寒露风天气，光热条件有利于江南晚稻灌浆成熟、收晒以及华南晚稻授粉结实等。但江西、湖南等地干旱持续，局部田块干裂、水稻枯死，无灌溉条件的晚稻千粒重明显下降，产量降低。

五、成本收益

（一）2017—2021 年我国稻谷成本收益情况

近年来，在稻谷持续增产、成本刚性增长、国外低价大米持续高位进口、最低收购价格连续调整等一系列因素综合影响下，国内稻米市场价格先涨后跌，近两年行情转好，水稻种植净利润有所提高。根据 2022 年《全国农产品成本收益资料汇编》，2021 年全国稻谷亩均总产值、现金收益和净利润分别为 1 341.2 元、623.4 元和 60.0 元，分别比 2020 年增加 38.7 元、1.5 元和 11.0 元（表 8-4），净利润增幅较小。2021 年稻谷成本收益变化的主要特点如下：

一是总成本小幅增加。2021 年稻谷亩均总成本 1 281.3 元，比 2020 年增加 27.7 元，增幅 2.2%。其中，生产成本 1 031.3 元，比 2020 年增加 21.8 元，增幅 2.2%；人工成本 462.5 元，比 2020 年略减 4.9 元；土地成本 249.9 元，比 2020 年略增 5.9 元，增幅 2.4%，人工成本和土地成本两项之和占总成本的比重为 55.6%，比 2020 年下降了 1.2 个百分点，主要是机械化进步实现了对劳动力的部分替代；机械作业费用

206.0 元，比 2020 年增加 5.4 元，增幅 2.7%。二是净利润小幅上涨。2021 年稻谷亩均净利润 60.0 元，比 2020 年增加 11.0 元，减幅 22.5%，连续第二年呈现上涨趋势。三是农资成本持续增加。尽管农业农村部持续深入推进化肥农药减量增效工作，但农资价格上涨势头仍未得到有效控制。2021 年，稻谷亩均种子、化肥和农药成本分别为71.4 元、148.9 元和 64.3 元，分别比 2020 年增加 3.1 元、12.7 元和 3.8 元，增幅分别为 5.5%、9.3% 和 5.7%。

表 8-4　2017—2021 年稻谷成本收益变化情况　　　　　单位：元/亩

项目	2017 年	2018 年	2019 年	2020 年	2021 年
产值合计	1 342.7	1 289.5	1 262.2	1 302.5	1 341.2
总成本	1 210.2	1 223.6	1 241.8	1 253.5	1 281.3
生产成本	980.9	988.5	1 000.7	1 009.5	1 031.3
物质与服务费用	498	514.7	526.5	542.1	568.8
种子	61.2	63.4	64.5	67.6	71.4
化肥	123.3	131	136	136.2	148.9
农药	53	53.6	56.2	60.8	64.3
机械作业费	184.7	190.9	194.2	200.5	206.0
人工成本	482.9	473.8	474.2	467.4	462. 5
土地成本	229.3	235.1	241.1	244.1	249.9
净利润	132.6	65.9	20.4	49.0	60.0
现金收益	717.9	639.9	610.6	622.0	623.4

数据来源：2022 年全国农产品成本收益资料汇编。

（二）2022 年我国稻谷成本收益情况

2022 年，受饲料粮需求旺盛、国际粮价大幅上涨、农资成本明显增加等因素影响，国内稻谷市场总体稳中偏强运行，但由于种植成本持续提高和气象灾害等因素影响，不同地区农民种稻效益呈现不同变化趋势。

1. 早籼稻

2022 年，早籼稻生长后期南方地区洪涝灾害严重，单产下降。全国早稻亩产 394.3 kg，比 2021 年下降 0.3 kg。2022 年我国进口大米 619 万 t，同比增长 24.8%，进口市场主要集中在东南亚和南亚国家，其中 70% 以上是缅甸、越南和巴基斯坦的低价籼米，但总体对我国南方籼稻市场的冲击较为有限。2022 年，国内早籼稻价格呈"稳—涨—稳"的走势，有利于提高农户售粮收益；受各地气候和市场条件制约，不同地区籼稻生产在单产、成本投入方面呈现一定差异。根据湖南、湖北物价成本调查机构针对早籼稻生产的成本收益调查结果显示，2022 年湖南调查户早籼稻平均亩产 395.8 kg，与 2021年相比增加 16.4 kg。主要原因是早籼稻生长期间气候适宜。亩均总成本 1 208.0 元，增加 125.2 元，增幅 11.6%，其中亩均种子费 76.56 元，同比增加 20.97 元，增幅

37.72%；亩均化肥费 142.2 元，同比增加 34.0 元，增幅 31.45%，主要是受转运成本增加和市场供需失衡影响，导致钾肥和复合肥价格上涨明显。亩均净利润 -230.8 元，同比减少 52.8 元，减幅 29.66%。2022 年湖北调查户早籼稻平均亩产 427.4 kg，比 2021 年增加 2.6 kg，增幅 0.6%，主要是早稻播栽后天气晴好，有利于出苗分蘖，抽穗灌浆期温高光足，对灌浆结实有利。每亩总成本 1 220.9 元，同比增加 94 元，增长 8.34%。早籼稻亩均净利润 -110.3 元，延续亏损态势。亩均现金收益 406.1 元，同比减少 13.42%（表 8-5）。

表 8-5　2021—2022 年湖南和湖北早籼稻生产成本收益情况

项目	湖南		湖北	
	2021 年	2022 年	2021 年	2022 年
单产（kg/亩）	379.4	395.8	424.8	427.4
总成本（元/亩）	1 082.8	1 208.0	1 126.9	1 220.9
净利润（元/亩）	-178.0	-230.8	-82.1	-110.3
成本利润率（%）	-16.4	-19.1	-7.3	-9.0

数据来源：湖南、湖北两省成本调查机构调查数据。

2. 中籼稻

2022 年，主产区大部时段光温条件匹配较好，但长江中下游一季稻产区气象干旱严重，缺乏灌溉条件导致水稻产量受到严重影响。根据湖南省物价成本调查机构调查，湖南省调查户中籼稻平均亩产 515.7 kg，比 2021 年减少 11.2 kg，减幅 10.2%，主要是 7 月以来湖南多地高温干旱，雨水不足，对中籼稻分蘖拔节和孕穗不利。2022 年湖南省调查户中籼稻每 50 kg 平均出售价格 131.7 元，比 2021 年增加 5.3 元，涨幅 4.2%，主要原因是稻谷最低收购价全面上调，筑牢价格底部空间。亩均总成本 1 337.9 元（表 8-6），增加 80.6 元，增幅 6.4%，主要是农资成本和人工价格快速上涨。每亩净利润 24.1 元，比 2021 年减少 54.3 元，减幅 69.25%；每亩现金收益 612.9 元，较上年减少 29.5 元，减幅 4.6%。根据贵州省物价成本调查机构调查，2022 年贵州省调查户中籼稻平均亩产 487.6 kg，比 2021 年减少 38.3 kg，减幅 7.28%，主要是

表 8-6　2021—2022 年湖南和贵州中籼稻生产成本收益情况

项目	湖南		贵州	
	2021 年	2022 年	2021 年	2022 年
单产（kg/亩）	526.9	515.7	525.9	487.6
总成本（元/亩）	1 257.3	1 337.9	1 602.2	1 853.2
净利润（元/亩）	78.5	24.1	33.0	-260.5
成本利润率（%）	6.2	1.8	2.1	-14.1

数据来源：湖南、贵州两省成本调查机构调查数据。

水稻扬花、灌浆时期，贵州大部地区出现持续干旱高温天气，导致谷粒不饱满、空粒，甚至绝收。中籼稻每 50 kg 出售价格 161.1 元，比 2021 年上涨 7.8 元，涨幅 5.1%。亩均总成本 1 853.2 元，比 2021 年增加 251.0 元，增幅 15.7%，主要是人工成本和土地成本大幅上涨；亩均净利润 -260.5 元，同比减少 293.5 元，亏损严重。

3. 晚籼稻

2022 年江南、华南晚籼稻生长期间天气总体较好，但后期受伏秋旱和台风灾害影响，对单产影响较大。根据广东省物价成本调查机构调查结果显示，2022 年广东省晚籼稻平均亩产 403.8 kg，比 2021 年提高 40.0 kg，增幅 11.0%。亩均总成本 1 416.0 元，增加 88.9 元，增幅 6.7%。其中，农资价格涨幅最大，上半年农资价格涨幅一度超过 20%，下半年有所回落。亩均净利润 39.0 元，增加 101.0 元。根据湖北省物价成本调查机构调查结果显示，2022 年湖北晚籼稻平均亩产 485.6 kg，比 2021 年下降 21.6 kg，减幅 4.3%，主要是强降雨天气导致稻谷倒伏并遭受严重病虫害。每 50 kg 晚籼稻平均出售价格 134.3 元，比 2021 年增加 11.7 元，增幅 9.5%。主要是晚籼稻最低收购价提高和国际大米价格上涨刺激。亩均总成本 1 326.5 元，增加 137.4 元，增幅 11.6%，主要是物质与服务费用和人工费用大幅增加。亩均净利润 -11.6 元，同比减少 80.4 元，减幅 115.1%；成本利润率 -0.9%，比 2021 年下降 6.7 个百分点（表 8-7）。

表 8-7　2021—2022 年广东和湖北晚籼稻生产成本收益情况

项目	广东		湖北	
	2021 年	2022 年	2021 年	2022 年
单产（kg/亩）	363.8	403.8	507.2	485.6
总成本（元/亩）	1 327.1	1 416.0	1 189.2	1 326.5
净利润（元/亩）	-62.0	39.0	68.8	-11.6
成本利润率（%）	-4.7	2.8	5.8	-0.9

数据来源：广东、湖北两省成本调查机构调查数据。

4. 粳稻

2022 年南北方粳稻生长期间气候条件总体正常。根据内蒙古物价成本调查机构调查，2022 年内蒙古粳稻平均亩产 525.5 kg，比 2021 年增加 20.3 kg，增幅 4.0%。每 50 kg 出售价格为 172.2 元，同比下降 1.6%。亩均总成本 1 526.8 元，同比增加 70.5 元，增幅 4.8%，主要受雇工价格上涨较快、优质稻种价格偏高以及化肥农药价格上涨等因素影响。亩均净利润 308.1 元，减少 28.0 元，减幅 8.3%；成本利润率 20.2%，降低 2.9 个百分点。根据江苏省物价成本调查机构调查，2022 年江苏调查户粳稻平均亩产 565.8 kg，比 2021 年增加 31.9 kg，增幅 6.0%。亩均总成本 789.2 元，增加 124.8 元，增幅 18.7%，主要是人工成本和土地成本快速上涨。亩均净利润 288.9 元，减少 17.3 元，减幅 5.7%；成本利润率 36.6%，下降 9.5 个百分点（表 8-8）。

表 8-8　2021—2022 年内蒙古和江苏粳稻生产成本收益情况

项目	内蒙古		江苏	
	2021 年	2022 年	2021 年	2022 年
单产（kg/亩）	505.2	525.5	533.9	565.8
总成本（元/亩）	1 456.3	1 526.8	664.4	789.2
净利润（元/亩）	336.1	308.1	306.2	288.9
成本利润率（%）	23.1	20.2	46.1	36.6

数据来源：内蒙古、江苏两省（自治区）成本调查机构调查数据。

第二节　世界水稻生产概况

一、2022 年世界水稻生产情况

据联合国粮农组织（FAO）《作物前景与粮食形势》报告，预计 2022 年世界稻谷产量达到 7.38 亿 t 左右，比 2021 年减产 1 300 多万 t，减幅 1.7%。主要原因是亚洲主产国中国、孟加拉国、巴基斯坦、泰国、越南、柬埔寨，以及非洲的马达加斯加等水稻生长期间气候条件较差，不利于水稻产量形成。

二、区域分布

2021 年[①]亚洲水稻种植面积占世界的 86.57%，非洲占 9.58%，美洲占 3.45%，欧洲和大洋洲分别占 0.37% 和 0.01%（图 8-1）。表 8-9 至表 8-11 为 2017—2021 年各大洲及部分主产国家水稻种植面积、总产以及单产变化情况。

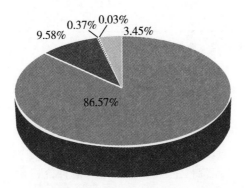

图 8-1　2021 年世界各大洲水稻种植面积情况

---

① 联合国粮农组织（FAO）数据库（FAOSTAT）公布数据更新至 2021 年，本文以 2021 年数据对世界水稻生产情况进行论述。

（一）亚洲

2021 年，亚洲水稻种植面积和总产分别为 214 598.6 万亩和 70 814.8 万 t，分别占世界水稻种植面积和总产的 86.6％和 89.9％。印度仍是世界水稻种植面积最大的国家，2021 年种植面积达到 69 568.5 万亩，亩产 280.9 kg，总产 19 542.5 万 t；中国水稻种植面积仅次于印度[①]，2021 年水稻面积 45 217.8 万亩，亩产 474.2 kg，总产 21 440.4 万 t，居世界第一。

（二）非洲

2021 年非洲水稻种植面积 23 742.8 万亩，总产 3 718.9 万 t，分别占世界水稻种植面积和总产的 9.6％和 4.7％。埃及是非洲地区水稻单产水平最高的国家，2021 年水稻面积 711.7 万亩，总产 484.1 万 t，亩产高达 680.2 kg；尼日利亚是非洲水稻种植面积最大的国家，2021 年水稻种植面积 6 480.2 万亩，总产 834.2 万 t，但单产较低，亩产仅为 128.7 kg。

（三）欧洲

2021 年欧洲水稻种植面积 912.0 万亩，总产 378.4 万 t，分别占世界水稻种植面积和总产的 0.37％和 0.48％。意大利是欧洲水稻种植面积最大的国家，2021 年水稻种植面积 340.6 万亩，总产 145.9 万 t，亩产 428.5 kg；西班牙是欧洲水稻单产水平最高的国家，2021 年水稻面积 127.0 万亩，总产 61.7 万 t，亩产高达 485.9 kg，居欧洲第一、世界第九；俄罗斯是欧洲水稻面积第二大的国家，2021 年水稻面积 279.5 万亩，总产 107.6 万 t，亩产 385.2 kg。

（四）大洋洲

2021 年大洋洲地区水稻种植面积 74.4 万亩，总产 43.7 万 t，面积和总产分别仅占世界水稻种植面积和总产的 0.03％和 0.06％。澳大利亚是大洋洲水稻生产主要国家，2021 年水稻种植面积 67.6 万亩，总产 42.3 万 t，亩产高达 625.5 kg，是世界上单产水平第三高的国家，仅次于埃及和乌拉圭，但长期受水资源约束，水稻种植面积波动较大，生产十分不稳定。

（五）美洲

2021 年美洲地区水稻种植面积 8 548.2 万亩，总产 3 773.5 万 t，分别占世界水稻种植面积和总产的 3.45％和 4.79％。巴西是美洲地区水稻种植面积最大的国家，2021 年水稻种植面积 2 533.8 万亩，总产 1 166.1 万 t，亩产 460.2 kg；其次是美国，2021

---

① 为了便于比较，本部分内容中国的水稻生产采用 FAO 统计数据，与国内统计数据略有差异。

年水稻种植面积 1 510.3 万亩,总产 869.9 万 t,亩产 576.0 kg,是 2021 年世界水稻单产第四高的国家。

表 8-9 2017—2021 年世界水稻种植面积

区域	2017 年	2018 年	2019 年	2020 年	2021 年
世界（万亩）	245 220.4	245 831.8	240 777.7	244 638.9	247 875.9
亚洲					
种植面积（万亩）	211 825.6	212 011.1	208 193.7	211 751.8	214 598.6
占世界比重（%）	86.38	86.24	86.47	86.56	86.57
中国（万亩）	46 532.8	45 691.4	44 940.1	45 512.7	45 217.8
印度（万亩）	65 661.1	66 234.7	65 493.5	67 605.0	69 568.5
泰国（万亩）	16 079.5	15 971.9	14 718.9	15 602.5	16 866.0
印度尼西亚（万亩）	16 350.0	17 066.9	16 016.8	15 985.9	15 617.7
孟加拉国（万亩）	17 422.5	17 272.5	17 273.3	17 126.6	17 551.4
日本（万亩）	2 335.5	2 205.0	2 205.0	2 193.0	2 106.0
越南（万亩）	11 562.8	11 356.1	11 177.3	10 833.6	10 829.7
缅甸（万亩）	10 419.0	10 724.0	10 381.3	10 244.9	9 805.0
柬埔寨（万亩）	4 643.9	4 803.7	4 895.7	4 984.2	4 879.5
巴基斯坦（万亩）	4 350.9	4 215.0	4 550.9	5 002.7	5 306.1
非洲					
种植面积（万亩）	23 186.0	23 696.5	23 177.6	23 011.3	23 742.8
占世界比重（%）	9.46	9.64	9.63	9.41	9.58
尼日利亚（万亩）	6 670.5	6 098.3	6 190.0	6 292.7	6 480.2
埃及（万亩）	824.5	541.6	822.8	749.0	711.7
欧洲					
种植面积（万亩）	964.0	920.0	935.6	956.8	912.0
占世界比重（%）	0.39	0.37	0.39	0.39	0.37
意大利（万亩）	351.2	325.8	330.0	341.0	340.6
大洋洲					
种植面积（万亩）	130.8	98.2	17.2	14.0	74.4
占世界比重（%）	0.05	0.04	0.01	0.01	0.03
澳大利亚（万亩）	123.3	91.7	11.4	7.5	67.6
美洲					
种植面积（万亩）	9 114.0	9 106.0	8 453.5	8 905.0	8 548.2
占世界比重（%）	3.72	3.70	3.51	3.64	3.45
巴西（万亩）	3 009.3	2 808.2	2 565.1	2 516.6	2 533.8
美国（万亩）	1 441.1	1 766.5	1 503.6	1 812.6	1 510.3

数据来源：联合国粮农组织（FAO）统计数据库。

表 8-10　2017—2021 年世界水稻总产

区域	2017 年	2018 年	2019 年	2020 年	2021 年
世界（万 t）	75 112.0	76 102.5	75 328.6	76 922.8	78 729.4
亚洲					
总产量（万 t）	67 359.1	68 125.1	67 821.7	69 056.0	70 814.8
占世界比重（%）	89.7	89.5	90.0	89.8	89.9
中国（万 t）	21 443.0	21 407.9	21 140.5	21 361.1	21 440.4
印度（万 t）	16 913.6	17 471.7	17 830.5	18 650.0	19 542.5
泰国（万 t）	3 289.9	3 234.8	2 861.8	3 023.1	3 358.2
印度尼西亚（万 t）	5 525.2	5 920.1	5 460.4	5 464.9	5 441.5
孟加拉国（万 t）	5 414.8	5 441.6	5 458.6	5 490.6	5 694.5
日本（万 t）	1 077.7	1 060.6	1 054.0	1 046.9	1 052.5
越南（万 t）	4 276.4	4 404.6	4 349.5	4 276.5	4 385.3
缅甸（万 t）	2 654.6	2 757.4	2 627.0	2 598.3	2 491.0
柬埔寨（万 t）	1 051.8	1 089.2	1 088.6	1 124.8	1 141.0
巴基斯坦（万 t）	1 117.5	720.2	1 112.0	1 263.0	1 398.4
非洲					
总产量（万 t）	3 597.7	3 674.0	3 632.3	3 620.2	3 718.9
占世界比重（%）	4.8	4.8	4.8	4.7	4.7
尼日利亚（万 t）	1 089.0	1 085.9	843.6	817.2	834.2
埃及（万 t）	496.1	312.4	480.4	480.4	484.1
欧洲					
总产量（万 t）	414.3	396.8	403.2	406.7	378.4
占世界比重（%）	0.6	0.5	0.5	0.5	0.5
意大利（万 t）	159.8	147.0	149.3	150.7	145.9
大洋洲					
总产量（万 t）	82.0	64.6	7.7	6.3	43.7
占世界比重（%）	0.1	0.1	0.0	0.0	0.1
澳大利亚（万 t）	80.7	63.5	6.7	5.0	42.3
美洲					
总产量（万 t）	3 658.9	3 842.0	3 463.7	3 833.6	3 773.5
占世界比重（%）	4.9	5.0	4.6	5.0	4.8
巴西（万 t）	1 246.5	1 180.8	1 036.9	1 109.1	1 166.1
美国（万 t）	808.4	1 015.3	839.6	1 032.0	869.9

数据来源：联合国粮农组织（FAO）统计数据库。

表 8-11　2017—2021 年世界水稻单位面积产量　　　（单位：kg/亩）

区域	2017 年	2018 年	2019 年	2020 年	2021 年
世界	306.3	309.6	312.9	314.4	317.6
亚洲	318.0	321.3	325.8	326.1	330.0
中国	460.8	468.5	470.4	469.3	474.2
印度	257.6	263.8	272.2	275.9	280.9
泰国	204.6	202.5	194.4	193.8	199.1
印度尼西亚	337.9	346.9	340.9	341.9	348.4
孟加拉国	310.8	315.0	316.0	320.6	324.4
日本	461.4	481.0	478.0	477.4	499.8
越南	369.8	387.9	389.1	394.7	404.9
缅甸	254.8	257.1	253.0	253.6	254.1
柬埔寨	226.5	226.7	222.4	225.7	233.8
巴基斯坦	256.8	170.9	244.4	252.5	263.5
非洲	155.2	155.0	156.7	157.3	156.6
尼日利亚	163.3	178.1	136.3	129.9	128.7
埃及	601.6	576.7	583.9	588.7	680.2
欧洲	429.7	431.3	431.0	425.1	414.9
意大利	455.0	451.2	452.2	442.1	428.5
大洋洲	627.0	657.9	448.0	450.0	587.6
澳大利亚	654.7	692.4	584.7	668.7	625.5
美洲	401.5	421.9	409.7	430.5	441.4
巴西	414.2	420.5	404.2	440.7	460.2
美国	561.0	574.8	558.4	569.3	576.0

数据来源：联合国粮农组织（FAO）统计数据库。

三、主要特点

（一）种植面积稳步扩大

世界水稻生产主要集中在亚洲的东亚、东南亚、南亚的季风区以及东南亚的热带雨林区。近十年（2012—2021 年），世界水稻种植面积总体呈现稳步扩大趋势，2021 年世界水稻种植面积 247 875.9 万亩，比 2012 年增加 6 594.9 万亩，增幅达到 2.7%。其中，非洲水稻面积从 2012 年的 18 082.4 万亩快速增加至 2021 年的 23 742.8 万亩，增加了 5 660.4 万亩，增幅达到 31.3%，发展潜力较大；亚洲水稻面积增加了 2 421.6 万亩，增幅 1.1%；大洋洲受水资源影响，水稻面积波动较大，2021 年为 74.4 万亩，同比增加 60.4 万亩，但比 2012 年减少 85.8 万亩，减幅 53.6%；美洲水稻面积减少了 1 296.0 万亩，减幅 13.2%；欧洲水稻面积减少了 105.3 万亩，减幅 10.4%。世界水稻生产集中度较高，水稻种植面积前 10 位的国家，除尼日利亚外均分布在亚洲，印度、中国、孟加拉国、印度尼西亚、泰国、越南、缅甸 7 个国家水稻种植面积均在 1 亿亩以上，面积之和达到 185 456.2 万亩，产量之和达到 62 353.3 万 t，分别占世界水稻种植面积和总产的 74.8% 和 79.2%。

（二）单产水平逐步提高

世界水稻单产水平差距较大，分大洲看，2021 年世界水稻单产水平最高的大洲是大洋洲，水稻亩产达到 587.6 kg；其次是美洲，水稻亩产 441.4 kg；再次是欧洲，水稻亩产达 414.9 kg；亚洲水稻亩产 330.0 kg，非洲水稻亩产仅为 156.6 kg。分国家看，2021 年世界水稻种植面积在 1 000 万亩以上的国家共有 27 个，单产水平最高的美国水稻亩产高达 576.0 kg，比最低的莫桑比克高出 531.8 kg；在种植面积最大的 10 个国家中，中国水稻单产水平最高，2021 年水稻亩产 474.2 kg，比最低的尼日利亚高出 345.4 kg。近十年（2012—2021 年），世界水稻单产稳步提高，2021 年世界水稻亩产达到 317.6 kg，比 2012 年提高 16.0 kg，增幅 5.3%。其中，美洲水稻亩产 441.4 kg，比 2012 年提高 74.5 kg，增幅 20.3%；亚洲水稻亩产提高 20.2 kg，增幅 6.5%；欧洲水稻亩产降低了 17.2 kg，减幅 4.0%；非洲水稻亩产下降了 4.0 kg，减幅 2.5%；大洋洲水稻亩产增加 8.9 kg，增幅 1.5%。单产差距大，除受科技水平、耕地质量、气候条件和投入成本等因素影响外，最重要的原因之一就是熟制差异，南亚国家一般一年可以种植三季，多为两熟制，单产要低于生育期更长的一季水稻。近十年，由于水稻面积扩大、单产提高，世界水稻总产已经连续 11 年稳定在 7 亿 t 以上水平、连续 5 年稳定在 7.5 亿 t 以上水平，不断创出历史新高。

第九章　中国水稻种业发展动态

2022年是种业振兴行动开展的第二年。中央多次强调种业发展，新《中华人民共和国种子法》正式施行，种业阵型企业名单公布，行业整合持续深入，种业振兴行动切实抓出成效。2022年，全国杂交水稻和常规水稻制种面积合计424.6万亩，比2021年增加76万亩，其中杂交水稻制种面积增加40万亩、增幅25%；常规稻繁种面积增加36万亩、增幅19%。2023年，杂交稻种子总供应量3.3亿kg、总需求量2.7亿kg，整体供大于求；常规稻种子方面，整体供需比196%，其中北方稻区种子供大于求，南方稻区供求平衡。2022年，全国杂交水稻种子平均售价为64.7元/kg，比2021年同期下降2.1%；常规稻种子平均售价8.02元/kg，下降6.9%。2022年水稻种子出口量和出口金额同比下滑。

第一节　国内水稻种业发展环境

2022年是推进种业振兴"三年打基础"的关键一年，"种业种质资源保护利用、创新攻关、企业扶优、基地提升、市场净化"五大行动全力推进，中国种业持续实现突破；影响种业进展的大事接连不断，推动中国种业发展进程。

一、中央多次强调种业发展，种业振兴助力农业强国建设

习近平总书记多次强调，解决吃饭问题，根本出路在科技。种源安全关系到国家安全，必须下决心把我国种业搞上去，实现种业科技自立自强、种源自主可控。2022年4月，习近平总书记在海南省三亚市崖州湾种子实验室考察调研时再次强调，中国人的饭碗要牢牢端在自己手中，就必须把种子牢牢攥在自己手里。

2022年中央一号文件指出，大力推进种源等农业关键核心技术攻关。全面实施种业振兴行动方案。加快推进农业种质资源普查收集，强化精准鉴定评价。推进种业领域国家重大创新平台建设。启动农业生物育种重大项目。加快实施农业关键核心技术攻关工程，实行"揭榜挂帅""部省联动"等制度，开展长周期研发项目试点。强化现代农业产业技术体系建设。开展重大品种研发与推广后补助试点。贯彻落实种子法，实行实质性派生品种制度，强化种业知识产权保护，依法严厉打击套牌侵权等违法犯罪行为。

习近平总书记在2022年中央农村工作会议上强调，保障粮食和重要农产品稳定安全供给始终是建设农业强国的头等大事。要抓住耕地和种子两个要害，坚决守住18亿亩耕地红线，逐步把永久基本农田全部建成高标准农田，把种业振兴行动切实抓出成

效，把当家品种牢牢攥在自己手里。

确保国家粮食安全和重要农副产品有效供给，要解决好种子和耕地两个要害问题。一年来，党中央出台的一系列强有力的扶持政策，进一步明确了种业振兴的方向和目标，种业人围绕农业强国建设和国家粮食安全保障需要，在种质资源保护、自主创新、扶持优势企业、提升基地水平、优化市场环境等方面取得了一系列显著成效。

二、知识产权保护体系全面提升，市场环境不断优化

2021年12月24日，第十三届全国人民代表大会常务委员会第三十二次会议审议通过了《中华人民共和国种子法》修改决定。2022年3月1日，新《中华人民共和国种子法》正式施行。本次修改聚焦我国种业知识产权保护的实际需要，是我国植物新品种保护制度建设的重大标志性事件。

为进一步加大种业知识产权保护力度，激励种业原始创新，农业农村部牵头对原植物新品种保护条例进行修订，形成《中华人民共和国植物新品种保护条例（修订征求意见稿）》并于11月21日至12月22日向社会公开征求意见。

种子制假售假和套牌侵权等违法犯罪严重扰乱种业市场秩序。3月2日，最高人民法院发布《关于进一步加强涉种子刑事审判工作的指导意见》，进一步加强涉种子刑事审判工作，充分发挥刑事审判在打击涉种子犯罪、净化种业市场中的作用，为加快种业振兴提供全方位司法保障。

2022年是农业农村部部署开展"全国种业监管执法年"三年行动的第二年。为强化种业知识产权保护，严厉打击假冒伪劣、套牌侵权等种业违法行为，全面净化种业市场，持续推进种业监管执法年活动，农业农村部开展了2022—2023年全国种业监管执法年活动。

三、强化安全保存与共享利用，筑牢种业振兴的种质资源根基

建设好国家农作物种质资源库，是搞好种业创新的物质基础。国家农业种质资源库（圃）是我国种质资源安全保存与共享利用的重要设施，具有战略性、基础性和公益性特征，承担着种质资源收集整理、安全保存、精准鉴定、共享交流等重要任务，有助于推动种质资源优势转化为产业优势和创新优势，筑牢种业振兴的种质资源根基。

2022年9月5日，农业农村部公告第一批72个国家农作物种质资源库（圃）和19个国家农业微生物种质资源库名单，旨在打造种质资源保护利用"国家队"，加快健全我国农业种质资源保护体系。本次公告的国家农作物、农业微生物种质资源库，分布在全国29个省（自治区、直辖市），体现了不同物种的地理分布及生境特征。其中，第一批国家农作物种质资源库涉及水稻的包括依托中国农业科学院作物科学研究所建设的国家农作物种质资源库、国家粮食作物种质资源中期库（北京），依托中国水稻研究所建

设的国家水稻种质资源中期库（杭州），依托广东省农业科学院水稻研究所建设的国家野生稻种质资源圃（广州），依托广西壮族自治区农业科学院建设的国家野生稻种质资源圃（南宁），以及依托青海大学农林科学院（青海省农林科学院）建设的国家农作物种质资源复份库（西宁），基本构建了以长期库为核心，复份库、中期库、种质圃等为依托的我国水稻种质资源保护体系。

四、基地提升持续推进，为种源安全提供了有力保障

制种基地"国家队"为全国提供70%以上农作物用种。四川、甘肃、海南三大国家级育种制种基地，与遍布全国的制种大县、区域性良种繁育基地一起，共同构建起中国种业的核心生产格局。

2022年4月7日，农业农村部发布关于公布国家级制种大县和区域性良种繁育基地认定结果的通知，认定黑龙江省庆安县等96个县（市、区、场）为国家级制种大县，认定辽宁省兴城市等20个县（市、区）为区域性良种繁育基地。本次认定的国家级制种大县中，涉及水稻制种大县32个，占国家制种大县总数的33%，分布在全国13个省（自治区、直辖市），年均制种产量占全国年用种量的75%以上，为水稻种源安全和国家口粮安全提供了坚实保障。

2022年8月，农业农村部办公厅发布关于加强种子基地监管严厉打击"私繁滥制"等非法生产经营种子行为的通知，加强种子基地监管，规范"代繁代制"种子生产秩序，保护种业知识产权，严厉打击"私繁滥制"等违法违规行为。

五、深入实施种业企业扶优行动，支持企业做强做优做大

推进种业科技自立自强，必须发挥优势种业企业"主板"集成作用。实现种源自主可控，必须夯实优势种业企业这个供种"基本盘"。提升种业国际竞争力，必须做强做优做大种业企业。

2022年8月4日，农业农村部办公厅印发《关于扶持国家种业阵型企业发展的通知》。根据企业创新能力、资产实力、市场规模、发展潜力等情况，遴选了袁隆平农业高科技股份有限公司等69家企业为国家农作物种业阵型企业，温氏食品集团股份有限公司等86家企业为国家畜禽种业阵型企业，宁德市富发水产有限公司等121家企业为国家水产种业阵型企业。《通知》指出，实现种业科技自立自强、种源自主可控，必须把扶优企业作为打好种业翻身仗的关键一招，摆上种业振兴行动的突出位置，打造一批具有核心研发能力、产业带动能力、国际竞争能力的航母型领军企业、"隐形冠军"企业和专业化平台企业，加快形成优势种业企业集群。

本次公布的国家农作物种业阵型企业中，共有中国种子集团有限公司等来自9个省、直辖市的13家种子企业入选水稻强优势阵型。

第二节 国内水稻种子生产动态

2022 年，在政策刺激下，杂交水稻企业看好市场前景，全国杂交稻制种面积创历史新高。但受异常高温干旱天气影响，制种单产出现大幅下滑，总产接近历史高位。常规稻繁种面积持续增加，种子供应充足有保障。

一、2022 年国内水稻种子生产情况

（一）杂交水稻种子生产情况

2022 年，杂交水稻制种面积大幅增加，单产下降。2022 年，杂交稻制种面积共计 196.6 万亩，比 2021 年增加 40 万亩、增幅 25％（图 9-1）。其中，早稻 24.3 万亩、中稻 125.8 万亩、晚稻 46.5 万亩，分别比 2021 年增加 4.9 万亩、21.1 万亩和 14.9 万亩，增幅分别为 26％、20％和 47％。两系稻制种收获面积 89.5 万亩，三系稻制种收获面积 107.1 万亩，分别比 2021 年增加 24 万亩和 17 万亩，增幅为 38％和 18％。

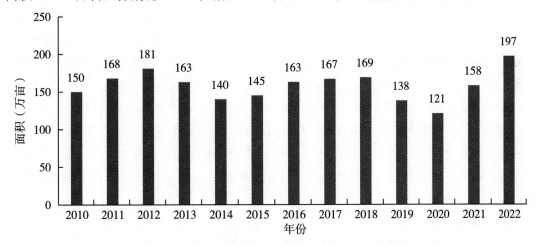

图 9-1 2010—2022 年全国杂交水稻种子制种面积变化
数据来源：全国农业技术推广服务中心

分省看，福建、湖南、江西、江苏、海南、四川 6 省杂交水稻制种面积超过 10 万亩，合计制种面积 169.1 万亩，占全国总面积的 86％；其中福建、湖南、江西、江苏、海南等 5 省制种面积均比 2021 年有不同程度增加（图 9-2）。

受 7—8 月高温干旱天气影响，2022 年杂交水稻种子单产下降。据统计，全国杂交稻制种平均单产为 143.7 kg/亩，比 2021 年减少 22％。不过，杂交稻制种总产接近历史高位。2022 年，全国新产杂交稻种子约 2.8 亿 kg，与 2021 年相比基本持平，比近 5 年平均水平增加 0.3 亿 kg、增幅 12％。其中，新产早稻种子 0.41 亿 kg、中稻种子 1.7

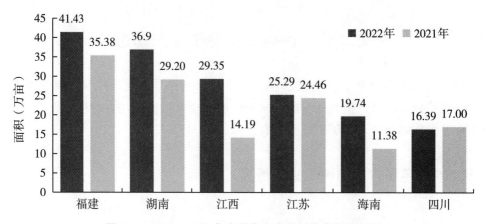

图 9-2　2021—2022 年主要杂交水稻制种省制种面积

数据来源：全国农业技术推广服务中心

亿 kg、晚稻种子 0.67 亿 kg，早稻种子、晚稻种子分别比上年增加 6％和 24％，中稻种子比上年下降 5％；两系稻新产种子 1.21 亿 kg，比上年增加 10％；三系稻新产种子 1.61 亿 kg，与上年相比基本持平。

（二）常规稻种子生产情况

2022 年，全国常规稻繁种收获面积 228 万亩，比 2021 年增加 36 万亩，增幅 19％。其中，常规稻繁种单产 519 kg/亩，比 2021 年提高 22 kg/亩，增幅 4％，新产常规稻种 11.8 亿 kg，比 2021 年增加 2.3 亿 kg，增幅 24％。北方稻区新产常规稻种 6.8 亿 kg，比 2021 年增加 36％；南方稻区新产常规稻种 5 亿 kg，比 2021 年增加 11％。江苏、浙江等省受 7—8 月高温干旱天气影响，部分品种结实率略有下降。

分省看，黑龙江、江苏、安徽、吉林、浙江、江西、辽宁 7 省常规稻繁种面积超过 5 万亩，其中黑龙江、江苏、安徽 3 省常规稻繁种面积超过 10 万亩，3 省制种面积占全国常规稻总制种面积的 76.7％（图 9-3）。

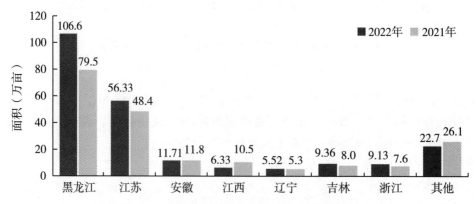

图 9-3　2021—2022 年全国主要省份常规稻繁种面积统计

数据来源：全国农业技术推广服务中心

二、2022 年水稻种子供需形势

（一）杂交水稻种子供应过剩态势加重

2023 年杂交稻种子总供应量 3.3 亿 kg、总需求量 2.7 亿 kg，整体供大于求（图 9-4）。其中，杂交中稻商品种子用量约 1.45 亿 kg、总供种量 2 亿 kg，种子供需比约为 139%；杂交晚稻商品种子用量约 0.47 亿 kg、总供种量 0.8 亿 kg，种子供需比约为 170%，供需较为宽松。

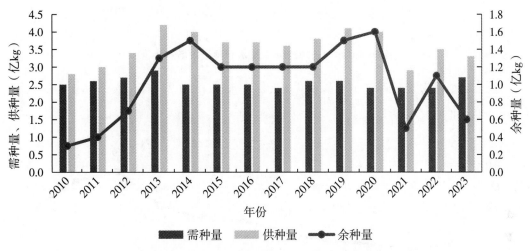

图 9-4　2010—2023 年全国杂交水稻种子供需情况

数据来源：全国农业技术推广服务中心

（二）常规稻种子供应充足有保障

常规稻种子方面，整体供需比约为 196%，其中北方稻区种子供大于求，南方稻区整体供求平衡。分类型看，常规中稻、常规晚稻商品种子需求量分别为 2.22 亿 kg、0.58 亿 kg，供种量分别为 3.90 亿 kg、0.82 亿 kg，均能满足当季农业生产用种需求。

第三节　国内水稻种子市场动态

一、国内水稻种子市场情况

（一）水稻种子市场价格

根据全国农业技术推广服务中心统计数据，2022 年全国杂交水稻种子平均售价为

64.7 元/kg，比 2021 年下降 1.4 元/kg，降幅 2.1%（图 9-5）。

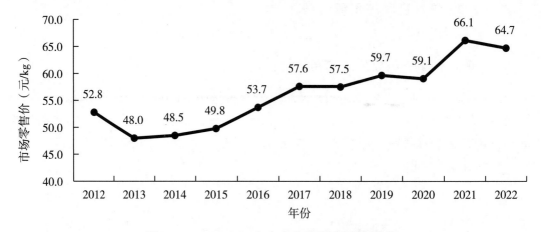

图 9-5　2012—2022 年杂交水稻种子市场零售价

2022 年全国常规稻种子平均售价为 8.02 元/kg，比 2021 年下降 0.58 元/kg，降幅约 6.7%（图 9-6）。

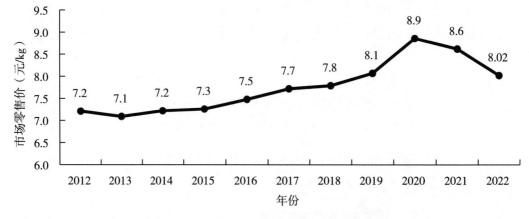

图 9-6　2012—2022 年常规稻种子市场零售价

（二）水稻种子市场规模

根据全国水稻商品种子使用量、种子零售价格进行测算，2022 年全国水稻种子市值约 226.63 亿元。其中，杂交水稻种子市值约 178.37 亿元，同比增长 1.71 亿元；常规水稻种子市值约 48.26 亿元，同比减少 6.43 亿元（图 9-7）。

从区域分布看，2022 年杂交稻、常规稻种子市值第一大省分别为安徽省和黑龙江省，市值分别为 24.31 亿元和 16.19 亿元。2022 年杂交稻和常规稻市值排名前 10 位的省份见图 9-8、图 9-9。

图 9-7　2012—2021 年杂交水稻与常规水稻种子市值变化

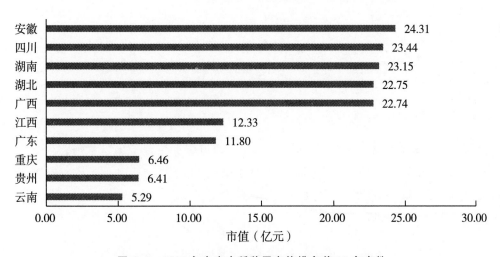

图 9-8　2022 年杂交水稻种子市值排名前 10 名省份

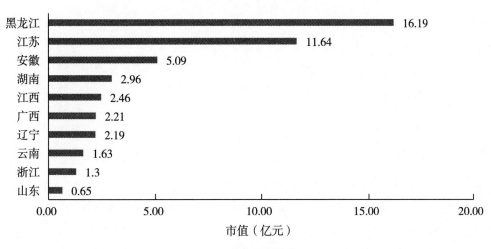

图 9-9　2022 年常规稻种子市值排名前 10 名省份

二、水稻种子国际贸易情况

根据国家海关统计数据，2022 年我国水稻种子出口量为 2.3 万 t，比 2021 年减少 0.2 万 t，减幅 8%；出口金额 8 832.6 万美元，比 2021 年减少 677.8 万美元，减幅 7.1%（表 9-1）。

表 9-1　2016—2022 年中国水稻种子出口贸易情况

年份	数量（万 t）	同比（%）	金额（万美元）	同比（%）
2016	2.3	23.0	7 434.9	27.9
2017	1.6	-29.1	5 502.8	-26.0
2018	2.0	24.5	6 965.6	26.6
2019	1.8	-13.7	6310.4	-9.4
2020	2.3	30.9	8 269.3	31.0
2021	2.5	9.6	9 510.4	15.0
2022	2.3	-8.0	8 832.6	-7.1

数据来源：国家海关。

分省看，安徽、湖南、福建、湖北、江苏、四川居水稻种子出口量前六位，合计出口水稻种子 2.22 万 t，占全年水稻种子出口总量的 96.8%。其中，安徽、湖南出口水稻种子 0.97 万 t 和 0.46 万 t，分别占全年出口总量的 42.21% 和 20.06%，是目前国内主要的水稻种子出口基地（表 9-2）。

表 9-2　2022 年国内主要省水稻种子出口贸易情况

省份	数量（万 t）	占全国比重（%）
安徽	0.97	42.21
湖南	0.46	20.06
福建	0.27	11.54
湖北	0.19	8.33
江苏	0.17	7.48
四川	0.16	7.16

数据来源：国家海关。

按照出口目的国国别统计，巴基斯坦、菲律宾、越南、孟加拉国和尼泊尔位居出口目的国前五位，出口量合计 2.29 万 t，占我国杂交水稻种子出口总量的 99.6%。其中，出口量最大的国家为巴基斯坦，出口量为 1.22 万 t，占我国杂交水稻种子出口总量的 52.99%；第二是菲律宾，杂交水稻种子出口 0.66 万 t，占我国杂交水稻种子出口总量的 28.85%（表 9-3）。

表 9-3 2022 年中国水稻种子主要出口目的国情况

国家	数量（万 t）	占比（%）
巴基斯坦	1.22	52.99
菲律宾	0.66	28.85
越南	0.33	14.33
孟加拉国	0.06	2.63
尼泊尔	0.02	0.76

数据来源：国家海关。

第四节 国内水稻种业企业发展动态

一、国内水稻种业企业概况

近年来，受行业政策利好及品种审定数量增加等多重因素影响，国内种子企业数量持续增加。据统计，截至 2022 年年底，全国持有有效生产经营许可证的企业有 8 850 家，比 2021 年增加 1 182 家，增幅 15.41%。其中，育繁推企业 128 家，比 2021 年增加 7 家；进出口企业 294 家，增加 58 家。

根据全国农业技术推广服务中心负责的全国农作物种业统计数据，全国商品种子销售总额 20 强企业名单中，从事水稻种业业务的企业有 14 家，占比 70%（表 9-4）。

表 9-4 商品种子销售总额 20 强企业名单

排名	企业	主营作物
1	袁隆平农业高科技股份有限公司	杂交稻、常规稻、玉米、小麦、油菜、棉花、瓜菜、杂粮杂豆
2	中国种子集团有限公司	杂交稻、常规稻、玉米、小麦、大豆、油菜、瓜菜、向日葵
3	北大荒垦丰种业股份有限公司	玉米、杂交稻、常规稻、小麦、大豆
4	山东登海种业股份有限公司	玉米、常规稻、小麦、大豆、花生、瓜菜
5	江苏省大华种业集团有限公司	玉米、杂交稻、常规稻、小麦、大豆、油菜、瓜菜、杂粮杂豆
6	广东鲜美种苗股份有限公司	玉米、常规稻、油菜、瓜菜
7	中农发种业集团股份有限公司	玉米、杂交稻、常规稻、小麦、大豆、油菜、花生、棉花
8	乐陵希森马铃薯产业集团有限公司	马铃薯
9	九圣禾种业股份有限公司	玉米、小麦、棉花
10	吉林省鸿翔农业集团鸿翔种业有限公司	玉米
11	辽宁东亚种业有限公司	玉米、常规稻、大豆
12	齐齐哈尔市富尔农艺有限公司	玉米、常规稻、大豆

（续表）

排名	企业	主营作物
13	江苏明天种业科技股份有限公司	玉米、杂交稻、常规稻、小麦
14	合肥丰乐种业股份有限公司	玉米、杂交稻、常规稻、小麦、大豆、油菜、棉花、瓜菜
15	北京金色农华种业科技股份有限公司	玉米、杂交稻、常规稻、大豆
16	河南秋乐种业科技股份有限公司	玉米、小麦、大豆、油菜、花生
17	山东圣丰种业科技有限公司	小麦、大豆、花生、棉花
18	广西兆和种业有限公司	玉米、杂交稻、常规稻
19	安徽袁粮水稻产业有限公司	玉米、杂交稻、常规稻
20	绵阳市全兴种业有限公司	玉米、油菜、瓜菜

数据来源：全国农业技术推广服务中心。

分作物看，杂交水稻商品种子销售总额10强企业中，中国种子集团有限公司居第一位；常规水稻商品种子销售总额10强企业中，北大荒垦丰种业股份有限公司居第一位（表9-5、表9-6）。

表9-5　杂交水稻商品种子销售总额10强企业名单

排名	企业	排名	企业
1	中国种子集团有限公司	6	西科农业集团股份有限公司
2	袁隆平农业高科技股份有限公司	7	广西绿海种业有限公司
3	北京金色农华种业科技股份有限公司	8	湖南兴隆种业有限公司
4	江西兴安种业有限公司	9	广西兆和种业有限公司
5	宁波种业股份有限公司	10	江西天涯种业有限公司

数据来源：全国农业技术推广服务中心。

表9-6　常规水稻商品种子销售总额10强企业名单

排名	企业	排名	企业
1	北大荒垦丰种业股份有限公司	6	江苏神农大丰种业科技有限公司
2	江苏省大华种业集团有限公司	7	江苏红旗种业股份有限公司
3	齐齐哈尔市富尔农艺有限公司	8	黑龙江省普田种业有限公司
4	黑龙江省龙科种业集团有限公司	9	江苏天丰种业有限公司
5	绥化市盛昌种子繁育有限责任公司	10	江苏省高科种业科技有限公司

数据来源：全国农业技术推广服务中心。

二、水稻种子上市企业经营业绩情况

截至2022年年底，我国经营水稻业务的A股上市企业有7家，分别是袁隆平农业高科技股份有限公司（简称隆平高科）、安徽荃银高科种业股份有限公司（简称荃银高科）、江苏省农垦农业发展股份有限公司、中农发种业集团股份有限公司（简称农发种业）、合肥丰乐种业股份有限公司、北京大北农科技集团股份有限公司（简称大北农）和海南神农基因科技股份有限公司（简称神农科技），其中以水稻种子业务为主营业务的主要有隆平高科、荃银高科、神农科技三家上市企业。在全国中小企业股份转让系统（简称新三板）挂牌的种业企业有30家，经营水稻业务的新三板公司主要有：北大荒垦丰种业股份有限公司（简称垦丰种业）、江苏红旗种业股份有限公司、上海天谷生物科技股份有限公司、江苏金色农业股份有限公司等。

根据各上市公司发布的2022年年度报告，2022年水稻种子业务收入位居前5位的企业依次为荃银高科、隆平高科、垦丰种业、大北农和农发种业，其中，荃银高科水稻种子业务收入15.4亿元，占企业年度总收入的44.1%，同比增长27.6%，是2022年水稻业务增长速度最快的企业，成功跃居水稻种业第一位。隆平高科水稻种子业务收入13.02亿元，占营业总收入的35.5%，同比减少0.16%；毛利率方面，2022年水稻种子业务毛利率最高的为荃银高科，达43.28%；第二为隆平高科，毛利率为27.88%；第三为垦丰种业，毛利率为25.52%（表9-7）。

表 9-7　2020—2022 年主要水稻种子企业经营情况　　　　单位：亿元，%

企业名称	2020 年		2021 年		2022 年	
	水稻种子收入	毛利率	水稻种子收入	毛利率	水稻种子收入	毛利率
隆平高科	13.90	31.84	13.04	29.38	13.02	27.88
荃银高科	8.68	44.52	12.07	44.21	15.40	43.28
垦丰种业	6.54	24.03	7.02	23.86	7.22	25.52
大北农	2.63	—	3.16	—	3.54	—
红旗种业	1.99	13.31	1.96	16.28	1.39	18.60
农发种业	1.12	27.11	1.29	27.88	1.41	21.56
神农科技	0.82	28.80	0.80	23.47	0.92	23.50

数据来源：上市公司年报。

三、国内水稻种子企业经营动态

党的二十大报告首次提出"加快建设农业强国"。种业作为国家战略性、基础性的核心产业，被誉为农业"芯片"，也将迎来大发展、大机遇期。根据《农业农村部办公厅关于扶持国家种业阵型企业发展的通知》要求，"强优势"阵型企业要聚焦优势种源，加快现代育种新技术应用，巩固强化育种创新优势，完善商业化育种体系。对于水稻种业企业而言，积极把握机遇，进一步强化自主创新能力建设，持续挖掘产业链价值、创新企业发展模式，不断提升自身市场竞争力。

（一）把握生物育种主攻方向，行业整合持续推进

2022年以来，生物育种领域已经发生22起融资，融资金额超过30亿元。其中包括以生物育种技术研发为主的瑞丰生物、齐禾生科、艾迪晶生物等企业受到资本青睐；丰乐种业通过并购方式吸收了天豫兴禾，有效补强公司在分子育种方面的技术能力和水平；大北农集团收购广东鲜美种苗50.99%的股权，创种科技将成为鲜美种苗的控股股东，此次并购进一步扩大了大北农在水稻种子领域的市场规模。

（二）强化产学研结合，创新企科合作新模式

2022年，龙头企业积极搭建种业科研创新平台，充分发挥科研院所在育种前沿科技上的研发优势，同时发挥企业在商业化育种以及品种推广方面的优势，集聚上中下游全链条创新资源，建立开放合作、利益共享的新机制。2022年8月，中国种子集团有限公司与崖州湾种子实验室启动联合"揭榜挂帅"项目，项目由企业出题、实验室发布榜单、市场评估，引领种业创新机制。项目的正式启动，标志着以"项目需求企业化、项目管理闸门化、成果产出锁定化、创新激励市场化"为核心的创新型产学研深度融合机制逐步形成，未来将在国内产生示范性效应，构建产业链与创新链深度融合的种业创新生态。

（三）提升育种能力建设，完善商业化育种体系

2022年，水稻种业龙头企业持续强化自主创新体系建设，提升育种创新能力。根据农业农村部数据，2022年全国申请保护品种中，企业占比56.33%；在品种审定方面，2022年通过国家审定的杂交水稻品种387个，其中企业通过数301个，占77.8%；省级审定品种999个，其中企业通过数542个，占54.3%；常规水稻2022年通过国家审定品种51个，其中企业通过数27个，占52.9%；省级审定品种680个，其中企业通过数365个，占53.7%。

第十章　中国稻米质量发展动态

根据农业农村部稻米及制品质量监督检验测试中心分析统计，2022年度检测样品达标率达到56.50%，比2021年上升了2.89个百分点。其中，籼稻上升了4.76个百分点，粳稻下降了4.43个百分点；整精米率、碱消值、胶稠度、直链淀粉和垩白度的达标率分别比2021年上升了1.72、1.38、1.10、0.47和0.24个百分点，透明度比2021年下降了1.26个百分点。2022年，全国大部分地区早稻生产的光温水匹配良好，气象条件总体有利于水稻生长发育和品质形成。2022年6月中下旬至11月中下旬，我国南方多个省份遭遇罕见的高温干旱极端天气，长江流域和华南大部分地区高温天气持续时间长、范围广，创百年之最。南方地区一季中稻和双季晚稻抽穗灌浆时段遭遇高温危害，对水稻生长发育和稻米品质形成造成不利影响。

第一节　国内稻米质量情况

2022年度农业农村部稻米及制品质量监督检验测试中心共检测水稻品种样品9 413份，来自全国26个省（直辖市、自治区），依据中华人民共和国农业行业标准NY/T 593《食用稻品种品质》进行了全项检验，总体达标率为56.50%。其中，粳稻达标率为45.03%、籼稻达标率为59.69%。

一、总体情况

2022年度的优质食用稻达标率总体比2021年上升了2.89个百分点。其中，籼稻上升了4.76个百分点，粳稻下降了4.43个百分点；从不同稻区看，北方、华中、华南和西南稻区的优质食用稻达标率分别比2021年上升了7.70、5.15、0.28和0.14个百分点；从不同来源样品看，应用类和区试类稻米品质达标率比2021年分别上升了7.76和4.87个百分点，选育类稻米品质达标率比2021年下降了7.60个百分点。

2022年检测的9 413份样品中有5 318份样品符合优质食用稻品种品质要求（3级以上），占56.50%（表10-1）。籼黏优质食用稻品种品质的达标率为59.69%，其中长粒（粒长大于6.5 mm）、中粒（粒长介于5.6～6.5 mm）和短粒（粒长小于5.6 mm）的达标率分别为61.89%、54.46%和6.80%；籼黏优质食用稻品种品质达2级以上的样品占比38.46%，其中长粒、中粒和短粒的达标率分别为39.77%、35.77%和0.97%。粳黏的达标率为45.03%，达2级以上的样品占比为23.22%。

在2022年检测的年种植面积在100万亩以上的杂交水稻品种中，晶两优534、晶两优1377、宜香优2115、野香优莉丝、中浙优8号、深两优5814、荃优822、荃优丝苗、天优华占、甬优1540和荃两优丝苗等11个品种可以达到优质食用稻2级以上水平。在历年检测的年种植面积在100万亩以上的杂交水稻品种中，晶两优华占、晶两优534、隆两优华占、泰优398、宜香优2115、野香优莉丝、C两优华占、深两优5814、天优华占、甬优1540、两优688、桃优香占、五优308、丰两优香1号、Y两优1号和徽两优996等16个品种可以达到优质食用稻2级以上水平，占品种数量的72.4%，占种植面积的比重为72.9%（以2020年种植面积为标准）。

表10-1 优质食用稻品种品质检测评判分级情况

稻类		测评样（份）	1～2级		3级		合计	
			样品数（份）	达标率（%）	样品数（份）	达标率（%）	样品数（份）	达标率（%）
籼糯	长粒	37	7	18.92	6	16.22	13	35.14
	中粒	35	2	5.71	4	11.43	6	17.14
	短粒	12	0	0.00	3	25.00	3	25.00
	总计	84	9	10.71	13	15.48	22	26.19
籼黏	长粒	5 854	2 328	39.77	1 295	22.12	3 623	61.89
	中粒	1 423	509	35.77	266	18.69	775	54.46
	短粒	103	1	0.97	6	5.83	7	6.80
	总计	7 380	2 838	38.46	1 567	21.23	4 405	59.69
粳糯		170	50	29.41	40	23.53	90	52.94
粳黏		1 779	413	23.22	388	21.81	801	45.03
总计		9 413	3310	35.16	2 008	21.33	5 318	56.50

二、不同稻区样品优质食用稻品种品质达标情况

根据《中国稻米品质区划及优质栽培》，全国31个省（直辖市、自治区）共划分为4个稻米品质产区。据此将检测样品归为华南（粤、琼、桂、闽、台）、华中（苏、浙、沪、皖、赣、鄂、湘）、西南（滇、黔、川、渝、青藏）和北方（京、津、冀、鲁、豫、晋、陕、宁、甘、辽、吉、黑、蒙、新）4个稻区。

2022年优质食用稻品种品质达标率最高的为北方稻区，最低的为西南稻区，其达标率分别为63.38%和51.39%；位居第二和第三的华南稻区与华中稻区的优质食用稻品种品质达标率分别为58.97%和55.80%（表10-2）。

籼稻优质稻达标率最高的是北方稻区，达标率为62.93%；其次为华中稻区，达标率为62.88%；第三的华南稻区达标率为59.29%，西南稻区达标率为53.13%。除测

评样仅有 19 份的华南稻区外，粳稻优质稻达标率最高的是北方稻区，达到 64.38％；华中稻区次之，达标率为 42.43％；西南稻区的达标率最低，仅为 37.39％。籼稻达标样品数最多的是华中和华南稻区，分别有 1 574 份和 1 324 份；其次是西南稻区，有 1 018 份；最少的是北方稻区，仅有 511 份。粳稻达标样品最多的稻区是华中稻区，达标 563 份，远高于其他稻区。北方稻区粳稻达标样品数有 235 份，西南稻区仅有 89 份。

表 10-2　各稻区优质食用稻品种品质检测评判达标情况

稻区	稻类	测评样（份）	1～2 级		3 级		合计	
			样品数（份）	达标率（％）	样品数（份）	达标率（％）	样品数（份）	达标率（％）
华南稻区	籼稻	2 233	815	36.50	509	22.79	1 324	59.29
	粳稻	19	0	0.00	4	21.05	4	21.05
	总计	2 252	815	36.19	513	22.78	1 328	58.97
华中稻区	籼稻	2 503	1 025	40.95	549	21.93	1 574	62.88
	粳稻	1 327	301	22.68	262	19.74	563	42.43
	总计	3 830	1 326	34.62	811	21.17	2 137	55.80
西南稻区	籼稻	1 916	679	35.44	339	17.69	1 018	53.13
	粳稻	238	33	13.87	56	23.53	89	37.39
	总计	2 154	712	33.05	395	18.34	1 107	51.39
北方稻区	籼稻	812	328	40.39	183	22.54	511	62.93
	粳稻	365	129	35.34	106	29.04	235	64.38
	总计	1 177	457	38.83	289	24.55	746	63.38

三、不同来源样品优质食用稻品质达标情况

检测样品按来源将其分为三类：一是应用类，由生产基地、企业送样；二是区试类，由各级水稻品种区试机构送样；三是选育类，即育种家选送的高世代品系。这三种来源也代表了水稻品种推广应用的 3 个阶段。

总体达标率依次为：区试类＞应用类＞选育类，达标率分别为 61.88％、51.16％和 34.79％（表 10-3）。籼稻的达标率依次为：区试类＞应用类＞选育类，分别为 63.09％、53.95％和 38.10％。粳稻的达标率依次为：区试类＞应用类＞选育类，分别为 55.02％、45.36％和 29.85％。

表 10-3　各类型样品优质食用稻品种品质检测评判分级情况

类型	稻类	测评样（份）	1～2 级		3 级		合计	
			样品数（份）	达标率（%）	样品数（份）	达标率（%）	样品数（份）	达标率（%）
应用类	籼稻	582	187	32.13	127	21.82	314	53.95
	粳稻	280	72	25.71	55	19.64	127	45.36
	合计	862	259	30.05	182	21.11	441	51.16
区试类	籼稻	5 966	2 448	41.03	1 316	22.06	3 764	63.09
	粳稻	1 056	2 83	26.80	298	28.22	581	55.02
	合计	7 022	2 731	38.89	1 614	22.98	4 345	61.88
选育类	籼稻	916	212	23.14	137	14.96	349	38.10
	粳稻	613	108	17.62	75	12.23	183	29.85
	合计	1 529	320	20.93	212	13.87	532	34.79

——华南稻区。有 2 252 份样品来源于该稻区，其中籼稻 2 233 份、粳稻仅有 19 份，说明华南稻区适合种植籼稻品种，不适合种植粳稻品种。不同类型籼稻样品的达标率为：区试类＞应用类＞选育类（表 10-4）。其中 19 份粳稻样品中有 5 份来源于应用类、6 份来源于区试类、8 份来源于选育类，分别仅有 1～2 份样品达标。

——华中稻区。有 3 830 份样品来源于该稻区，其中籼稻 2 503 份、粳稻 1 327 份。不同来源籼稻和粳稻样品的达标率均为：区试类＞应用类＞选育类。

——西南稻区。有 2 154 份样品来源于该稻区，其中籼稻 1 916 份、粳稻 238 份。不同来源籼稻样品的达标率为：区试类＞应用类＞选育类。粳稻样品中，有 1 份来源于应用类，未达标；有 217 份来源于区试类，达标率为 37.79%；20 份来源于选育类，达标率为 35.00%。

——北方稻区。有 1 177 份样品来源于该稻区，其中籼稻 812 份、粳稻 365 份。籼稻样品中，有 72 份样品来源于应用类，达标率为 65.28%；有 740 份样品来源于区试类，达标率为 62.70%。不同来源粳稻样品的达标率为：选育类＞应用类＞区试类。

表 10-4　不同稻区各类型样品优质食用稻品种品质达标情况

类型	稻类	华南稻区		华中稻区		西南稻区		北方稻区	
		参评样（份）	达标率（%）	参评样（份）	达标率（%）	参评样（份）	达标率（%）	参评样（份）	达标率（%）
应用类	籼稻	126	43.65	205	59.51	179	50.28	72	65.28
	粳稻	5	20.00	115	26.09	1	0.00	159	60.38

（续表）

类型	稻类	华南稻区		华中稻区		西南稻区		北方稻区	
		参评样（份）	达标率（%）	参评样（份）	达标率（%）	参评样（份）	达标率（%）	参评样（份）	达标率（%）
区试类	籼稻	1 810	64.42	1 968	66.77	1 448	56.63	740	62.70
	粳稻	6	33.33	708	59.32	217	37.79	125	61.60
选育类	籼稻	297	34.68	330	41.82	289	37.37	0	—
	粳稻	8	12.50	504	22.42	20	35.00	81	76.54

　　整精米率、垩白度、透明度、碱消值、胶稠度和直链淀粉等6项指标是《食用稻品种品质》标准的定级指标。在这些品质性状上，垩白度、碱消值和胶稠度达标率总体较好，平均都在90%以上（表10-5）。不同来源稻米样品主要呈现以下特点。

　　——应用类。与其他类型样品相比，应用类样品籼黏的垩白度、透明度、碱消值和直链淀粉的达标率均为最高，分别比区试类的高出0.75、1.88、2.87和5.44个百分点，分别比选育类的高出5.77、10.95、8.41和14.21个百分点。整精米率和胶稠度的达标率分别比区试类低14.58和0.56个百分点，但比选育类分别高4.97和2.20个百分点。

　　与其他类型样品相比，应用类样品粳黏的碱消值和胶稠度达标率均为最高，分别比区试类的高出8.10和0.22个百分点，分别比选育类的高出8.62和0.01个百分点。粳黏整精米率、垩白度、透明度和直链淀粉的达标率均居第二位。其中，整精米率、透明度和直链淀粉达标率仅次于区试类，并分别比选育类高出11.21、6.35和9.17个百分点；垩白度的达标率仅次于选育类，并分别比区试类高出6.71个百分点。

　　——区试类。与其他类型样品相比，区试类样品籼黏整精米率和胶稠度的达标率最高，比应用类分别高出14.58和0.56个百分点，比选育类分别高出19.55和2.77个百分点。垩白度、透明度、胶稠度和直链淀粉的达标率仅次于应用类，比选育类分别高出5.01、9.07、5.54和8.77个百分点。

　　与其他类型样品相比，区试类样品粳黏整精米率、透明度和直链淀粉的达标率最高，分别比应用类高出7.17、10.20和14.80个百分点，分别比选育类高出18.37、16.55和23.97个百分点。碱消值的达标率仅次于应用类，比选育类高出0.52个百分点。粳黏垩白度和胶稠度的达标率最低，分别比应用类低6.71和0.22个百分点，比选育类低7.95和0.20个百分点。

　　——选育类。与其他类型样品相比，选育类样品籼黏六项定级指标的达标率均为最低。整精米率、垩白度、透明度、碱消值、胶稠度和直链淀粉分别比应用类低4.97、5.77、10.95、8.41、2.20和14.21个百分点，分别比选育类低19.55、5.01、9.07、5.54、2.77和8.77个百分点。

　　与其他类型样品相比，选育类样品粳黏垩白度的达标率最高，比应用类和选育类分别高出 1.24 和 7.95 个百分点。胶稠度达标率低于应用类，比区试类高出 0.20 个百分点，居第二位。粳黏整精米率、透明度、碱消值和直链淀粉的达标率最低，分别比应用类的低 11.21、6.35、8.62 和 9.17 个百分点，分别比区试类的低 18.37、16.55、0.52 和 23.97 个百分点。

表 10-5　不同类型样品主要品质性状指标达标情况

类型	稻类	测评样（份）	达标率（%）					
			整精米率	垩白度	透明度	碱消值	胶稠度	直链淀粉
应用类	籼黏	581	61.45	96.90	98.45	94.32	98.80	94.66
	粳黏	275	70.18	94.18	83.64	98.18	98.55	73.09
区试类	籼黏	5 919	76.03	96.15	96.57	91.45	99.36	89.22
	粳黏	958	77.35	87.47	93.84	90.08	98.33	87.89
选育类	籼黏	880	56.48	91.14	87.50	85.91	96.59	80.45
	粳黏	546	58.97	95.42	77.29	89.56	98.53	63.92

四、各项理化品质指标变化及影响稻米品质因素的分析

在现行标准中采用的各项品质指标中，整精米率、碱消值、胶稠度的数值越高，稻米的品质越好；垩白率、垩白度与透明度的数值越低稻米的品质越好；直链淀粉的数值适中品质好；蛋白质的数值越高其营养品质越好，但也有研究报道蛋白质含量高会影响大米口感。

籼黏和粳黏样品的主要检测项目统计结果见表 10-6，可以看出：整精米率、碱消值和直链淀粉等品质指标为粳黏优于籼黏，垩白度、透明度和垩白粒率等指标为籼黏优于粳黏；糙米率、胶稠度和蛋白质等指标粳黏与籼黏相近。

表 10-6　籼黏与粳黏主要检测指标统计结果

稻类	项目	糙米率（%）	整精米率（%）	垩白度（%）	透明度（级）	碱消值（级）	胶稠度（mm）	直链淀粉（%）	垩白粒率（%）	蛋白质（%）
籼黏 （N=7 380）	变幅	71.1~97	4.7~74.5	0~20.2	1~5	3~7	30~100	0.1~35.6	0~89	4.96~12.9
	平均值	80.12	53.69	1.44	1.57	6.34	75.50	17.38	8.57	7.57
	CV（%）	1.76	22.12	155.18	42.07	13.49	8.83	18.17	144.61	16.53
粳黏 （N=1 779）	变幅	74.3~87.4	7.1~77.7	0~23	1~5	4~7	40~98	0.1~29.8	0~95	5.38~12.4
	平均值	82.74	63.74	2.08	1.72	6.76	74.93	16.16	14.05	7.86
	CV（%）	1.96	19.72	128.00	43.77	7.61	8.32	19.46	118.16	14.06

　　不同水稻品种间品质指标的变异以垩白度和垩白粒率最大，透明度次之，整精米率、直链淀粉、碱消值、胶稠度和蛋白质较小，糙米率最小。与粳黏相比，籼黏的整精米率、垩白度、垩白粒率、碱消值、直链淀粉和蛋白质等指标的差异较大。

　　在整精米率、垩白粒率、垩白度和碱消值等 4 项指标中，粳黏的变异明显小于籼黏。其中，粳黏碱消值的变异系数比籼黏的低近 6 个百分点；其垩白度和垩白粒率的变异系数比籼黏低 27 个百分点左右。粳黏透明度和直链淀粉的变异系数比籼黏高 1.5 个百分点左右，粳黏蛋白质的变异系数比籼黏低 2.5 个百分点左右。粳黏和籼黏糙米率和胶稠度的变异系数相近，相差 1 个百分点以内。

　　不同类型样品各检测指标的统计结果如表 10-7 所示。从平均值看，不同类型样品的糙米率差异不大；籼黏整精米率评价从高到低顺序为：区试类＞应用类＞选育类，粳黏整精米率评价从高到低顺序为：区试类＞应用类＞选育类；籼黏垩白度的评价从高到低顺序为：应用类＞区试类＞选育类，粳黏垩白度分别为：应用类＞选育类＞区试类。透明度和碱消值在籼黏或粳黏的三种类型样品间差异不大。同类型相比，籼黏的透明度均优于粳黏，而粳黏的碱消值均优于籼黏。粳黏的胶稠度评价从高到低顺序为：应用类＞选育类＞区试类，籼黏胶稠度评价从高到低顺序为：区试类＞应用类＞选育类。粳黏直链淀粉（14.48％～17.11％）低于籼黏（16.68％～17.46％），其中籼黏的区试类较高，粳黏的选育类较低。籼黏和粳黏的蛋白质在不同稻类及类型间差距不大，均在 7.17％～8.15％范围内波动。

表 10-7　不同类型样品理化检测指标统计结果

稻类	样品类型	项目	糙米率（%）	整精米率（%）	垩白度（%）	透明度（级）	碱消值（级）	胶稠度（mm）	直链淀粉（%）	垩白粒率（%）	蛋白质（%）
籼黏	应用类（N=581）	变幅	73.9～97	14.2～73.5	0～19.5	1～4	4～7	30～89	11.2～27.8	0～86	4.96～11.7
		平均值	79.86	50.75	1.06	1.44	6.58	74.53	16.68	6.30	7.59
		CV（%）	2.07	24.26	166.65	37.49	10.63	10.60	14.14	149.14	14.50
	区试类（N=5919）	变幅	71.4～84.6	4.7～73.7	0～20.2	1～5	4～7	36～88	10.3～30.8	0～85	5.21～11
		平均值	80.20	54.63	1.40	1.54	6.33	75.87	17.46	8.33	7.17
		CV（%）	1.69	20.89	142.29	39.44	13.32	7.73	17.37	133.40	16.10
	选育类（N=880）	变幅	71.1～83.4	8.6～74.5	0～18.1	1～5	3～7	32～100	0.1～35.6	0～89	5.55～12.9
		平均值	79.75	49.31	2.02	1.88	6.23	73.68	17.30	11.74	8.09
		CV（%）	1.85	26.92	179.14	50.06	15.85	13.27	24.35	167.83	15.30

（续表）

稻类	样品类型	项目	糙米率（％）	整精米率（％）	垩白度（％）	透明度（级）	碱消值（级）	胶稠度（mm）	直链淀粉（％）	垩白粒率（％）	蛋白质（％）
粳黏	应用类（N=275）	变幅	77.5～87	28.4～77.7	0～14.9	1～5	4.5～7	48～98	0.1～29.8	0～78	6.34～9.36
		平均值	82.94	65.67	1.57	1.65	6.93	75.97	16.18	9.93	7.76
		CV（％）	1.97	12.15	128.29	52.83	3.69	9.13	23.06	112.03	9.60
	区试类（N=958）	变幅	77～85.9	10.8～77	0～23	1～5	4.7～7	50～90	8.6～23.3	0～95	5.58～10.1
		平均值	82.68	65.97	2.45	1.56	6.74	74.39	17.11	16.64	7.55
		CV（％）	1.73	14.25	128.95	40.49	7.68	8.05	13.46	119.34	13.37
	选育类（N=546）	变幅	74.3～87.4	7.1～76.3	0～14.4	1～5	4～7	40～98	2.5～23.3	0～84	5.38～12.4
		平均值	82.75	58.84	1.68	2.02	6.69	75.36	14.48	11.54	8.15
		CV（％）	2.29	29.12	102.70	39.10	8.69	8.22	23.47	93.30	14.21

不同样品类型间，品质指标变异以垩白度和垩白粒率最大，透明度次之，整精米率、直链淀粉、碱消值、蛋白质和胶稠度较小，糙米率最小。籼黏和粳黏不同类型样品相比，籼黏选育类的垩白度变异系数最大（179.14％），而粳黏选育类（102.70％）的最小；粳黏应用类（52.83％）和籼黏选育类（50.06％）透明度的变异系数最大，并以籼黏应用类（37.49％）最小；籼黏三种类型稻米整精米率的变异系数变化范围为20.89％（区试类）～26.92％（选育类），粳黏的变化范围为12.15％（应用类）～29.12％（选育类）；籼黏碱消值的变异系数（10.63％～15.85％）均比粳黏的（3.69％～8.69％）大；粳黏选育类的糙米率变异系数最大（2.29％），籼黏区试类糙米率的变异系数最小（1.69％）；粳黏胶稠度变异系数的变化范围是8.05％（区试类）～9.13％（应用类），籼黏的变化范围是7.73％（区试类）～13.27％（选育类）。

不同稻区各项检测的统计结果见表 10-8、表 10-9。不同稻区间糙米率、胶稠度、碱消值和透明度等指标的平均值基本一致（不足 20 份样品的稻区个别值例外）。此外，还可以看出以下几点。

（1）整精米率。由表 10-8 可知，各稻区平均整精米率均已符合优质长粒籼稻品种的要求。其中西南稻区（50.63％）的籼黏整精米率最小，华中稻区（54.83％）、华南稻区（54.78％）和北方稻区（54.36％）的平均值差异不大。由表 10-9 可知，除去华南稻区，华中稻区的平均整精米率（62.71％）未达到优质粳稻品种（63％）的要求，西南稻区（64.46％）的平均值达优质三等粳稻品种的要求，北方稻区（67.40％）的平均值达优质二等粳稻品种要求（66％）。

（2）垩白粒率与垩白度。华南稻区的籼黏较好，北方稻区的粳黏较好。

（3）直链淀粉。各稻区直链淀粉的均值都已达标。其中，西南稻区和北方稻区的籼黏和西南稻区的粳黏，其直链淀粉指标略好于同稻类的其他稻区。

（4）在相同稻类中，糙米率、透明度和碱消值在各稻区间差异不大。对于胶稠度来说，籼黏的华南稻区和西南稻区、粳黏的西南稻区和北方稻区比相同稻类其他稻区的变异系数更大一些。对于蛋白质含量来说，华南稻区的粳黏和华中稻区的籼黏略高一些，北方稻区的籼黏和粳黏略低一些，其余差异不大。

表 10-8 各稻区籼黏样品检测指标统计结果

稻区	项目	糙米率（%）	整精米率（%）	垩白度（%）	透明度（级）	碱消值（级）	胶稠度（mm）	直链淀粉（%）	垩白粒率（%）	蛋白质（%）
华南稻区 (N=2 340)	变幅	71.1~87.4	9.8~72.8	0~20.2	1~4	3~7	30~91	10~32.4	0~85	5.55~12.9
	平均值	80.61	54.78	1.08	1.45	6.22	75.32	17.50	6.54	8.16
	CV（%）	1.70	21.43	160.52	38.08	15.75	9.38	17.66	157.25	16.40
华中稻区 (N=2 082)	变幅	73.5~97	8.6~73.7	0~18.1	1~5	4~7	32~100	10.4~35.6	0~89	5.87~12.7
	平均值	80.23	54.83	1.84	1.66	6.29	74.96	17.64	10.21	7.83
	CV（%）	1.65	21.25	162.80	48.69	13.62	8.49	20.16	152.78	14.64
西南稻区 (N=1 643)	变幅	71.8~84	4.7~74.5	0~19.5	1~5	4~7	36~88	0.1~29.7	0~86	4.96~11
	平均值	79.60	50.63	1.36	1.58	6.53	76.26	17.03	8.83	7.18
	CV（%）	1.73	24.23	129.06	36.97	10.53	9.21	16.35	122.67	15.47
北方稻区 (N=638)	变幅	72~83.2	17.8~71.5	0~10.8	1~4	4~7	42~85	11.7~29.9	0~51	6.5~7.89
	平均值	79.67	54.36	1.42	1.63	6.37	75.90	17.06	8.51	7.06
	CV（%）	1.57	19.68	101.30	33.63	11.95	6.99	16.02	102.10	10.36

表 10-9 各稻区粳黏样品检测指标统计结果

稻区	项目	糙米率（%）	整精米率（%）	垩白度（%）	透明度（级）	碱消值（级）	胶稠度（mm）	直链淀粉（%）	垩白粒率（%）	蛋白质（%）
华南稻区 (N=2)	变幅	77.7~83.9	22.8~72.4	0~12.4	1~4	4.5~7	65~83	11.5~29.8	0~60	6.45~9.46
	平均值	81.35	52.79	2.52	1.76	6.40	75.76	16.84	15.50	7.97
	CV（%）	2.23	31.76	152.43	51.19	13.99	7.76	30.13	134.01	12.53
华中稻区 (N=1 214)	变幅	74.6~87	7.1~77	0~14.9	1~5	4~7	40~90	7.8~26.2	0~84	5.88~12.4
	平均值	82.67	62.71	1.73	1.79	6.72	75.00	15.46	11.54	8.26
	CV（%）	2.00	22.17	100.30	42.86	8.12	7.82	20.55	93.03	12.73
西南稻区 (N=56)	变幅	74.3~85.4	33.5~75.6	0~23	1~4	4~7	54~98	2.5~22.7	0~95	5.91~10.1
	平均值	82.69	64.46	5.74	1.97	6.66	73.00	17.52	39.45	7.70
	CV（%）	2.14	15.35	88.10	34.77	7.10	9.55	10.80	75.78	12.26

（续表）

稻区	项目	糙米率（%）	整精米率（%）	垩白度（%）	透明度（级）	碱消值（级）	胶稠度（mm）	直链淀粉（%）	垩白粒率（%）	蛋白质（%）
北方稻区（N=386）	变幅	77.5~87.4	38~77.7	0~11.1	1~4	4.2~7	48~98	0.1~22.3	0~51	5.38~8.51
	平均值	83.10	67.40	1.22	1.30	6.96	75.74	17.77	8.44	6.81
	CV（%）	1.55	9.59	111.40	40.68	4.35	9.02	14.61	96.24	9.88

整精米率、垩白度、透明度、碱消值、胶稠度和直链淀粉含量是影响稻米品质性状的主要指标。其中，整精米率是稻米碾磨品质的关键指标，直接影响稻谷出米率，无论何种类型的优质稻，均要求有较高的整精米率。垩白度与透明度是影响稻米外观的重要指标，直链淀粉、碱消值和胶稠度则是影响稻米蒸煮食用品质的关键指标。

由表10-10可知，整精米率的总体达标率为72.17%，其中籼黏72.55%（长粒73.01%、中粒72.52%、短粒46.60%）、粳黏70.60%；垩白度总体达标率为94.62%，其中籼黏为95.57%、粳黏90.67%；透明度总体达标率为93.95%，其中籼黏为95.61%、粳黏为87.07%；碱消值总体达标率为91.05%，其中籼黏91.02%、粳黏91.17%；胶稠度总体达标率为98.88%，其中籼黏98.98%、粳黏98.43%；直链淀粉总体达标率为86.59%，其中籼黏88.60%、粳黏为78.25%。

表10-10 主要品质性状指标达标情况

检测项目		籼黏（N=7 380）		粳黏（N=1 779）		合计达标（N=9 159）	
		样品数（份）	达标率（%）	样品数（份）	达标率（%）	样品数（份）	达标率（%）
整精米率	长粒（N=5 854）	4 274	73.01				
	中粒（N=1 423）	1 032	72.52	1 256	70.60	6 610	72.17
	短粒（N=103）	48	46.60				
	总计（N=7 380）	5 354	72.55				
	垩白度	7 053	95.57	1 613	90.67	8 666	94.62
	透明度	7 056	95.61	1 549	87.07	8 605	93.95
	碱消值	6 717	91.02	1 622	91.17	8 339	91.05
	胶稠度	7 305	98.98	1 751	98.43	9 056	98.88
	直链淀粉	6 539	88.60	1 392	78.25	7 931	86.59

第二节 国内稻米品质发展趋势

农业农村部稻米及制品质量监督检验测试中心按照 NY/T 593《食用稻品种品质》对 2018—2022 年稻米品质检测结果进行综合分析，结果表明，2018—2022 年我国稻米品质总体呈现稳步提升趋势。2022 年优质食用稻的总体达标率为 56.50%，居第一位，比 2021 年（次高年份）高 2.88 个百分点，比 2018 年（最低年份）高 12.89 个百分点（图 10-1）。2022 年籼黏达标率（59.69%）居近五年首位，并在近三年逐年提升，2021 年、2022 年同比分别提升了 4.43 和 4.76 个百分点。近五年，2022 年的粳黏达标率居第四位，但总体来看，其达标率还算比较稳定。除 2021 年（49.46%）和 2019 年（47.33%）外，其余年份均在 44.17%～45.43% 的范围内波动。

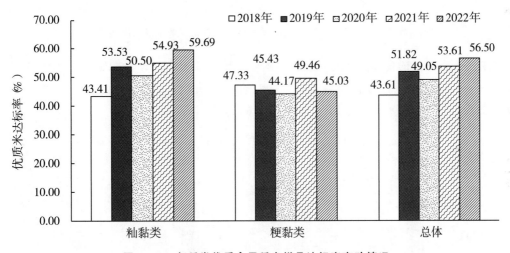

图 10-1 各稻类优质食用稻米样品达标率变动情况

与近五年相比，2022 年度应用类和区试类样品的优质食用稻米达标率为 51.16% 和 61.88%，分别比 2021 年提高 7.76 和 4.87 个百分点，居近五年第一位（图 10-2）。其中，应用类优质米达标率呈 "V" 字形发展态势，2020 年达标率最低；区试类的达标率逐年提升（2019 年除外）。选育类的优质米达标率 2019 年以来逐年下降，2020—2022 年达标率同比分别下降了 3.80、3.94 和 7.60 个百分点。

通过对近五年不同稻区优质米达标率的比较发现，华中稻区和北方稻区的优质米达标率有一定幅度提升，西南稻区的优质米达标率相对稳定并维持在 51% 左右，华南稻区的优质米达标率和 2021 年基本一致，并居各稻区第一（图 10-3）。2022 年，四大稻区的优质米达标率均居近五年以来的最高水平。其中，华南稻区在 2021 年大幅提升 8.69 个百分点后，2022 年继续小幅提升 0.28 个百分点。华中稻区的优质米达标率除 2020 年外连年提升，2019 年、2021 年和 2022 年同比分别提高 8.21、4.76 和 5.15 个

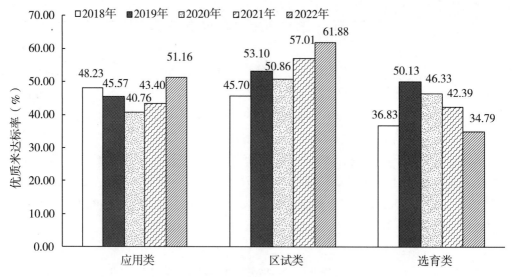

图 10-2 不同来源样品优质食用稻米样品达标率变动情况

百分点。西南稻区的优质米达标率在 2018 年最低（47.01%），并在 2019—2022 年维持在 50.87%～51.39% 的小范围内波动。2022 年，北方稻区的优质米达标率比 2021 年大幅提升了 7.70 个百分点，比 2020 年提升了 6.54 个百分点。

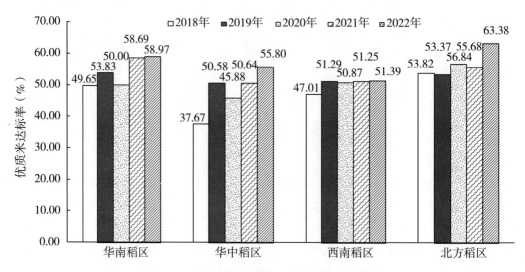

图 10-3 各稻区优质食用稻米达标率变动情况

整精米率、垩白度、透明度与直链淀粉是决定稻米品质的关键指标。在这 4 项品质指标中，碱消值的达标率增长速度最快，整体呈上升趋势，2022 年达标率在 91% 左右（图 10-4）；整精米率的达标率年度间有所波动，2019 年最高为 77.97%，2020 年比 2019 年下降了 10.54 个百分点，2021 年和 2022 年同比分别提高了 3.02 和 1.72 个百分点；垩白度达标率近三年来保持高位，持续稳定在 95% 左右，2022 年达到 94.62%；

直链淀粉含量的达标率稳中有升，2022 年达到 86.59%。

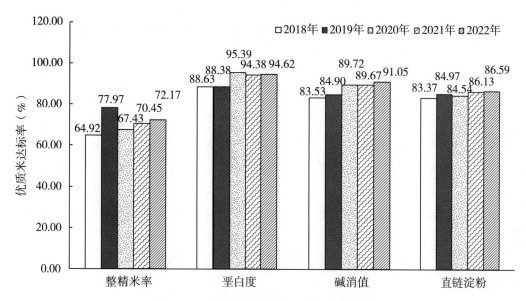

图 10-4 稻米主要品质性状达标变动情况

第十一章 中国稻米市场与贸易动态

2022年，稻米价格年度内总体偏强运行，但全年平均价格仍低于2021年，稻谷托市收购量小幅减少，以市场化收购为主。进口大米具有明显的价格优势，国内饲用需求旺盛，碎米进口量大幅增加，全年大米进口量再创历史新高，并首次突破532万t的关税配额量。2022年，我国大米进口619.4万t，比2021年增加123.1万t，增幅24.8%；出口221.5万t，减少23.3万t，减幅9.5%，全年大米净进口397.9万t。2022年世界大米产量下降，需求量增长，期末库存下降，但供需总体宽松格局不变。

第一节 国内稻米市场与贸易概况

一、2022年我国稻米市场情况

2022年，我国稻谷产量20 849.5万t，比2021年减少434.8万t，减幅2.0%，同时已经连续12年稳定在2亿t以上；国内稻谷库存充足，市场供需总体宽松。2022年，国家继续在主产区实施稻谷最低收购价政策，早籼稻（三等，下同）、中晚籼稻和粳稻每50 kg最低收购价分别为124元、129元和131元，与2021年相比，早籼稻收购价提高2元，中晚籼稻和粳稻均提高1元。江苏、安徽、河南、湖北和黑龙江5省先后启动托市收购，对市场价格形成支撑。总的来看，2022年国内稻米价格年度内稳中偏强运行，但全年平均价格弱于上年。

（一）2022年国内稻米市场价格走势

2022年，国内稻米市场总体稳中偏强运行，不同品种价格变化特征有所差异，其中早籼稻和中晚籼稻价格先稳后涨，粳稻价格持续上涨，早籼米价格先涨后稳，中晚籼米和粳米价格波动上涨。据农业农村部市场与信息化司监测，2022年12月，早籼稻、中晚籼稻和粳稻收购均价分别为2 700.0元/t、2 820.0元/t和2 860.0元/t，比1月分别上涨1.5%、3.7%和5.9%；早籼米、中晚籼米和粳米批发均价分别为3 880元/t、4 080元/t和4 180元/t，比1月分别上涨2.6%、0.5%和3.0%。尽管稻米价格年度内呈偏强运行趋势，但受终端大米消费不旺等因素影响，2022年稻米市场行情仍弱于2021年。2022年，早籼稻、中晚籼稻和粳稻年均收购价分别为2 681.7元/t、2 741.7元/t和2 730.0元/t，与2021年相比，早籼稻价格上涨1.3%，中晚籼稻和粳稻价格分别下跌0.7%和1.1%；早籼米、中晚籼米和粳米年均批发价分别为

3 830.0 元/t、4 043.3 元/t 和 4 083.3 元/t，与 2021 年相比，早籼米价格上涨 0.5%，中晚籼米和粳米价格分别下跌 3.7% 和 1.8%（图 11-1、图 11-2）。

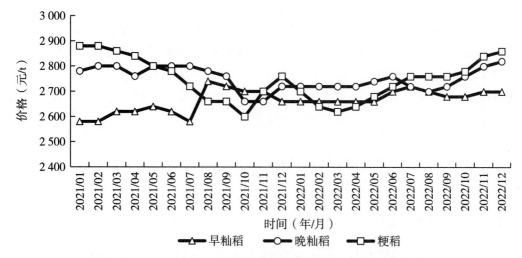

图 11-1　2021—2022 年全国粮食购销市场稻谷月平均收购价格走势
数据来源：农业农村部市场与信息化司

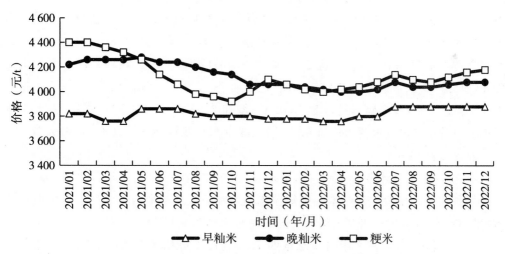

图 11-2　2021—2022 年全国粮食批发市场稻米月平均批发价格走势
数据来源：农业农村部市场与信息化司

（二）2022 年国内稻谷托市收购和竞价交易情况

2022 年，新季早籼稻上市后价格整体较高，随着上市量增加，早籼稻价格虽然有所下跌，但整体仍高于最低收购价，连续第二年未启动托市收购。10 月，随着中晚稻大量上市，同时由于部分产区因夏季持续高温干旱导致稻谷质量下降，导致中晚稻价格一度跌至最低收购价以下，江苏、安徽、河南、湖北和黑龙江 5 省先后启动中晚稻托市收购，但收购范围小于 2021 年，收购量明显减少。据国家粮食和物资储备局统计，截至 2022 年 12 月 31 日，主产区各类粮食企业累计完成稻谷托市收购 800 多万 t；与之相比，截至 2021 年 12 月 25 日，2021 年主产区各类粮食企业累计完成稻谷托市收购 917 万 t。

2022 年，政策性稻谷竞价拍卖市场继续走弱，成交量和成交率连续第二年显著降低。据国家粮食和物资储备局统计，2022 年政策性稻谷拍卖投放量为 2 940.6 万 t，实际成交 65.4 万 t，成交率仅为 2.2%。与 2021 年相比，实际成交量减少了 476.8 万 t，减幅 87.9%，成交率下降了 6.1 个百分点。2022 年政策性稻谷拍卖呈现出"投放量低、成交量低"的"双低"特征，去库存效果偏弱。

二、2022 年我国大米国际贸易情况

（一）大米进出口品种结构

2022 年，国际大米价格优势明显，国内外玉米、大豆、小麦价格高位运行，饲用加工行业对碎米需求增加等因素影响，我国大米进口量大幅增加，并首次突破 532 万 t 的关税配额量。据国家海关总署统计，2022 年我国累计进口大米 619.4 万 t，比 2021 年增加 123.1 万 t，增幅 24.8%。进口大米品种主要是长粒米碎米、长粒米精米、中短粒米碎米和中短粒米精米，这 4 类品种进口量占大米进口总量的 99.3%。2022 年，我国长粒米碎米进口 296.7 万 t，比 2021 年增加 76.8 万 t，增幅 34.9%，占大米进口总量的 47.9%；长粒米精米进口 255.6 万 t，增加 28.6 万 t，增幅 12.6%，占大米进口总量的 41.3%；中短粒米碎米进口 55.9 万 t，增加 24.3 万 t，增幅 77.1%，占大米进口总量的 9.0%；中短粒米精米进口 6.6 万 t，减少 5.9 万 t，减幅 47.4%，占大米进口总量的 1.1%（表 11-1）。

2022 年，我国累计出口大米 221.5 万 t，比 2021 年减少 23.3 万 t，减幅 9.5%。出口大米品种主要是中短粒米精米、中短粒米糙米和长粒米精米，这 3 类品种出口量约占大米出口总量的 98.9%。2022 年，我国中短粒米精米出口 176.6 万 t，比 2021 年减少 9.4 万 t，减幅 5.1%，占大米出口总量的 79.7%；中短粒米糙米出口 28.7 万 t，增加 2.1 万 t，增幅 7.9%，占大米出口总量的 13.0%；长粒米精米出口 13.8 万 t，减少 15.8 万 t，减幅 53.4%，占大米出口总量的 6.2%（表 11-1）。

表 11-1 2021—2022 年我国大米分品种进出口统计　　单位：万 t,%

项目	2021 年				2022 年			
	进口量	占比	出口量	占比	进口量	占比	出口量	占比
总量	496.3	100.0	244.8	100.0	619.4	100.0	221.5	100.0
长粒米精米	227.1	45.7	29.6	12.1	255.6	41.3	13.8	6.2
长粒米碎米	220.0	44.3	0.0	0.0	296.7	47.9	0.0	0.0

（续表）

项目	2021 年				2022 年			
	进口量	占比	出口量	占比	进口量	占比	出口量	占比
中短粒米碎米	31.6	6.4	0.0	0.0	55.9	9.0	0.0	0.0
中短粒米精米	12.5	2.5	186.0	76.0	6.6	1.1	176.6	79.7
中短粒米大米细粉	3.3	0.7	0.0	0.0	2.8	0.5	0.0	0.0
其他长粒米稻谷	1.1	0.2	0.0	0.0	0.9	0.1	0.0	0.0
其他中短粒米稻谷	0.0	0.0	0.0	0.0	0.1	0.0	0.0	0.0
长粒米大米细粉	0.7	0.1	0.0	0.0	0.8	0.1	0.0	0.0
中短粒米糙米	0.0	0.0	26.6	10.9	0.0	0.0	28.7	13.0
长粒米糙米	0.1	0.0	0.0	0.0	0.1	0.0	0.0	0.0
种用长粒米稻谷	0.0	0.0	2.3	1.0	0.0	0.0	2.2	1.0
长粒米粗粒、粗粉	0.0	0.0	0.0	0.0	0.0	0.0	0.0	0.0
种用中短粒米稻谷	0.0	0.0	0.2	0.1	0.0	0.0	0.1	0.1

数据来源：国家海关总署。

（二）大米进出口国别和地区

从出口国家和地区看，非洲仍然是我国最主要的大米出口地区，但我国向非洲出口大米的比重呈下降趋势，向亚洲出口大米的比重有所提高。2022 年，我国向非洲出口大米 104.1 万 t，占大米出口总量的 47.0%，比 2021 年下降 12.5 个百分点；向亚洲出口大米 74.4 万 t，占 33.6%，提高 7.2 个百分点。其中，出口埃及 48.1 万 t，占出口总量的 21.7%，居出口地区第一位；出口土耳其 22.6 万 t，占 10.2%，取代韩国居亚洲地区第一位。与 2021 年相比，2022 年我国出口非洲大米数量减少 41.6 万 t，减幅28.6%，主要是出口科特迪瓦、几内亚和喀麦隆的大米数量大幅减少，分别减少了62.2%、100% 和 80.6%；出口亚洲大米数量增加 9.7 万 t，增幅 15.0%；出口美洲、欧洲和大洋洲的大米数量均略有增加，比 2021 年分别增加 1.5 万 t、2.7 万 t 和 4.4 万 t（表 11-2）。

表 11-2　2021—2022 年我国大米分市场出口统计　　　单位：万 t，%

地区和国家	2021 年		地区和国家	2022 年	
	出口量	占比		出口量	占比
世界	244.8	100	**世界**	221.5	100
非洲	145.7	59.5	非洲	104.1	47.0
埃及	25.0	10.2	埃及	48.1	21.7
塞拉利昂	19.0	7.7	塞拉利昂	19.6	8.8
喀麦隆	16.8	6.9	科特迪瓦	6.4	2.9
尼日尔	14.7	6.0	尼日尔	5.1	2.3

（续表）

地区和国家	2021 年		地区和国家	2022 年	
	出口量	占比		出口量	占比
科特迪瓦	14.4	5.9	莫桑比克	4.4	2.0
亚洲	64.7	26.4	亚洲	74.4	33.6
韩国	22.6	9.2	土耳其	22.6	10.2
土耳其	12.1	4.9	韩国	19.7	8.9
叙利亚	6.6	2.7	朝鲜	7.5	3.4
日本	6.2	2.5	日本	6.1	2.8
东帝汶	3.8	1.6	蒙古	4.2	1.9
美洲	9.1	3.7	美洲	10.6	4.8
波多黎各	8.4	3.4	波多黎各	10.5	4.7
欧洲	6.4	2.6	欧洲	9.1	4.1
乌克兰	4.5	1.8	保加利亚	9.0	4.1
保加利亚	1.7	0.7	荷兰	0.1	0.0
大洋洲	18.9	7.7	大洋洲	23.3	10.5
巴布亚新几内亚	14.8	6.1	巴布亚新几内亚	18.6	8.4

数据来源：国家海关总署。

表 11-3 2021—2022 年我国大米分市场进口统计 单位：万 t,%

地区和国家	2021 年		2022 年	
	进口量	占比	进口量	占比
世界	496.3	100.0	619.4	100.0
亚洲	496.3	100.0	619.4	100.0
印度	108.9	21.9	218.0	35.2
巴基斯坦	96.2	19.4	119.7	19.3
越南	107.6	21.7	85.8	13.9
泰国	64.0	12.9	80.3	13.0
缅甸	79.5	16.0	79.8	12.9
柬埔寨	30.1	6.1	29.2	4.7
老挝	2.9	0.6	4.3	0.7
中国台湾	7.0	1.4	2.1	0.3
日本	0.1	0.0	0.1	0.0
欧盟	0.01	0.00	0.02	0.00
意大利	0.01	0.00	0.02	0.00

数据来源：国家海关总署。

从进口来源国看，印度、巴基斯坦、越南、泰国和缅甸依然是我国最主要的大米进口来源国。据国家海关总署统计，2022 年我国进口印度大米 218.0 万 t，占大米进口总量的 35.2%；进口巴基斯坦大米 119.7 万 t，占 19.3%；进口越南大米 85.8 万 t，占

13.9％；进口泰国大米 80.3 万 t，占 13.0％；进口缅甸大米 79.8 万 t，占 12.9％。2022 年，我国从上述五个国家合计进口大米 583.7 万 t，占大米进口总量的 94.2％，进口来源国高度集中。2022 年，我国从印度进口大米数量比 2021 年增加 109.1 万 t，占全年进口大米增量的 88.7％，主要是碎米进口大幅增加，进口碎米 201.9 万 t，增加 95.8 万 t，增幅 90.3％，主要受国内饲料需求旺盛等因素驱动；从越南进口的大米明显减少，主要是印度碎米更具价格优势，导致我国从越南进口的碎米从 45.8 万 t 减至 20.1 万 t，减幅 56.1％。

第二节 国际稻米市场与贸易概况

一、2022 年国际大米市场情况

受 2022 年年初印度铁路运力紧张，5 月中东地区大米进口需求增加，以及 12 月印度、缅甸、巴基斯坦等稻米主产国供应偏紧等因素影响，2022 年国际大米价格呈持续上涨态势。根据联合国粮农组织（FAO）市场监测数据，2022 年全品类大米价格指数（2014—2016 年按 100 计）由 1 月的 101.4 上涨至 12 月的 119，涨幅 17.4％，年均价格指数 108.8，比 2021 年（105.8）上涨 2.9％（图 11-3）。

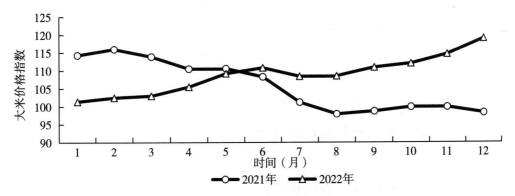

图 11-3 2021—2022 年国际大米市场价格走势

数据来源：联合国粮农组织（FAO）

分阶段看：1—5 月，受国际小麦价格大幅上涨带动，国际大米价格持续上涨。FAO 大米价格指数从 1 月的 101.4 上涨至 5 月的 109.2，涨幅 7.7％（图 11-3）。5 月，泰国 25％破碎率大米价格每吨 458 美元，较 1 月上涨 39.3 美元，涨幅 9.4％；印度 25％破碎率大米价格每吨 329 美元，较 1 月下跌 1.5 美元，跌幅 0.5％；越南 25％破碎率大米价格每吨 397 美元，较 1 月上涨 27.3 美元，涨幅 7.4％；美国长粒米大米价格每吨 650 美元，较 1 月上涨 75.5 美元，涨幅 13.1％。6—7 月，亚洲主要出口国新米集中上升，国际米价略有下跌。7 月，FAO 大米价格指数为 108.4，较 5 月小幅下跌 0.7％；

泰国 25% 破碎率大米价格和越南 25% 破碎率大米价格分别为每吨 414 美元和 376 美元，比 5 月分别下跌 9.7% 和 5.3%。印度因夏季遭遇严重高温干旱天气，大米价格逆势上涨，7 月价格达到每吨 337 美元，比 5 月上涨 2.3%。8—12 月，受巴基斯坦严重洪灾、印度水稻主产区夏季遭遇持续高温干旱天气等增强大米减产预期，全球大米产量、库存量双降、消费量创历史新高，以及印度碎米出口禁令效应显现等因素影响，国际大米价格又恢复上涨势头。12 月，FAO 大米价格指数为 119，较 7 月上涨 9.8%，泰国、印度、越南和美国等大米价格均出现大幅上涨。12 月，泰国 25% 破碎率大米价格、印度 25% 破碎率大米价格、美国长粒米价格和越南 25% 破损率大米价格分别为每吨 454 美元、375 美元、702 美元和 422 美元，比 7 月分别上涨 9.7%、11.5%、6.0% 和 12.4%。

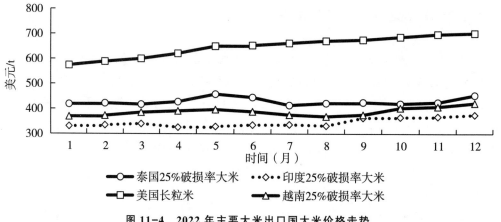

图 11-4　2022 年主要大米出口国大米价格走势

数据来源：联合国粮农组织（FAO）

二、2022 年国际大米贸易情况分析

（一）2022 年主要大米进口地区情况

2022 年，世界大米进口总量 5 480.7 万 t，比 2021 年增加 491.3 万 t，增幅 9.8%，各大洲大米进口量均呈增加趋势，其中亚洲和非洲是世界大米进口量增加的主要贡献者。2022 年，亚洲累计进口大米 2 696.3 万 t，占世界大米进口总量的 49.2%，比 2021 年增加 231.3 万 t，增幅 9.4%，大米进口增加量占世界大米进口增加量的 47.1%；非洲累计进口大米 1771.1 万 t，占比 32.3%，比 2021 年增加 113.9 万 t，增幅 6.9%，大米进口增加量占世界大米进口增加量的 23.2%；北美洲、欧洲、南美洲和大洋洲大米进口量分别为 483.3 万 t、362.7 万 t、137.0 万 t 和 30.3 万 t，占比分别为 8.8%、6.6%、2.5% 和 0.6%，比 2021 年分别增加 48.1 万 t、71.8 万 t、21.6 万 t 和

4.6 万 t，增幅分别为 11.1%、24.7%、18.7% 和 17.9%（表 11-4）。

表 11-4 2020—2022 年世界主要大米进口地区和进口量 单位：万 t

国家/地区	2020 年	2021 年	2022 年
世界	4 399.3	4 989.4	5 480.7
亚洲	1 870.0	2 465.0	2 696.3
非洲	1 495.9	1 657.2	1 771.1
北美洲	506.0	435.2	483.3
欧洲	321.1	290.9	362.7
南美洲	172.6	115.4	137.0
大洋洲	33.7	25.7	30.3

数据来源：美国农业部（USDA）。

（二）2022 年主要大米出口地区情况

2022 年，世界大米出口总量为 5611.3 万 t，比 2021 年增加 397.0 万 t，增幅 7.6%。出口国家主要集中在印度、越南、泰国、巴基斯坦等东南亚、南亚水稻主产国。其中，印度出口大米 2 211.9 万 t，占世界大米出口总量的 39.4%；泰国出口大米 768.2 万 t，占 13.7%；越南出口大米 705.4 万 t，占 12.6%；巴基斯坦出口大米 452.5 万 t，占 8.1%；缅甸出口大米 233.5 万 t，占 8.1%，上述 5 个国家累计出口大米 4 371.5 万 t，占世界大米出口总量的 77.9%（表 11-5）。

表 11-5 2020—2022 年世界大米主要出口国家和出口数量 单位：万 t

国家/地区	2020 年	2021 年	2022 年
世界	4 536.9	5 214.3	5 611.3
印度	1 457.7	2 123.8	2 211.9
泰国	571.5	628.3	768.2
越南	616.7	627.2	705.4
巴基斯坦	393.4	392.8	452.5
缅甸	230.0	190.0	233.5
美国	285.7	291.7	218.1
中国	226.5	240.7	217.2
柬埔寨	135.0	185.0	170.0
巴西	124.0	78.2	144.5
乌拉圭	96.9	70.4	98.2

数据来源：美国农业部（USDA）。

三、2022/2023 年度世界大米库存供求情况

美国农业部（USDA）数据显示（表 11-6 至表 11-8），2020/2021 年度，世界大米

初始库存为 18 151 万 t，本年度生产量 50 908 万 t，进口量 4 645 万 t，总供给量为 73 704 万 t；消费量 49 861 万 t，出口量 5 124 万 t，总需求量 54 985 万 t，期末库存为 18 719 万 t。2021/2022 年度，世界大米初始库存为 18 719 万 t，本年度生产量 51 387 万 t，进口量 5 449 万 t，总供给量为 75 554 万 t；消费量 51 639 万 t，出口量 5 687 万 t，总需求量 57 326 万 t，期末库存为 18 228 万 t。2022/2023 年度世界大米产量预计减少至 50 841 万 t，比 2021/2022 年度减少 546 万 t，减幅 1.1%，主要是印度尼西亚、巴西、伊拉克等国家水稻减产量超过了孟加拉国水稻增产量；出口贸易量下降至 5 549 万 t，减少 138 万 t，减幅 2.4%；消费量增长至 52 152 万 t，增加 513 万 t，增幅 1.0%。由于产量下降、消费量增长，2022/2023 年度世界大米库存量预计下降至 16 918 万 t，减少 1 310 万 t，减幅 7.2%；世界大米库存消费比（期末库存与国内消费量比值）下降至 32.4%，比 2021/2022 年度下降 2.9 个百分点，处于近 5 年最低水平，但仍远高于国际公认的 17%～18% 的粮食安全线水平，世界大米供需关系总体宽松。

表 11-6　2020/2021 年度世界主要进出口国家大米供求情况　单位：万 t

区　域	供　应			消　费		期末库存
	初始库存	生产	进口	国内消费	出口	
世界	18 151	50 908	4 645	49 861	5 124	18 719
主要出口国	4 083	18 626	309	14 366	3 962	4 690
印度	3 390	12 437	0	10 105	2 022	3 700
泰国	390	1 886	20	1 270	628	398
越南	118	2 738	180	2 145	627	264
巴基斯坦	94	842	1	360	388	189
美国	91	722	108	486	297	139
主要进口国	13 021	22 427	1 661	23 765	375	12 967
中国	11 650	14 830	422	15 029	222	11 650
菲律宾	255	1 242	220	1 480	0	236
尼日利亚	149	515	220	715	0	169
欧盟	92	183	178	340	45	68
巴西	84	800	63	735	95	117
墨西哥	17	20	81	96	2	20
印度尼西亚	331	3 450	65	3 540	0	306
日本	198	757	65	815	11	194
埃及	20	31	123	145	0	29
中东国家	122	231	323	585	0	91

数据来源：美国农业部（USDA）；中东国家指伊朗、伊拉克和沙特阿拉伯 3 国。

表 11-7　2021/2022 年度世界主要进出口国家大米供求情况　　单位：万 t

区　域	供　应			消　费		期末库存
	初始库存	生产	进口	国内消费	出口	
世界	18 719	51 387	5 449	51 639	5 687	18 228
主要出口国	4 690	19 152	283	15 330	4 419	4 377
印度	3 700	12 947	0	11 045	2 203	3 400
泰国	398	1 988	13	1 280	768	350
越南	264	2 677	150	2 150	705	235
巴基斯坦	189	932	1	375	482	265
美国	139	608	120	480	261	126
主要进口国	12 967	22 313	2 244	24 443	401	12 679
中国	11 650	14 899	595	15 636	208	11 300
菲律宾	236	1 254	360	1 540	0	310
尼日利亚	169	526	245	735	0	205
欧盟	68	173	241	350	41	91
巴西	117	734	93	715	139	90
墨西哥	20	18	74	97	1	14
印度尼西亚	306	3 440	74	3 530	0	290
日本	194	764	69	820	12	195
埃及	116	290	61	405	1	61
中东国家	91	215	432	615	0	122

数据来源：美国农业部（USDA）；中东国家指伊朗、伊拉克和沙特阿拉伯 3 国。

表 11-8　2022/2023 年度世界主要进出口国家大米供求情况　　单位：万 t

区　域	供　应			消　费		期末库存
	初始库存	生产	进口	国内消费	出口	
世界	18 228	50 841	5 386	52 152	5 549	16 918
主要出口国	4 376	18 979	251	15 519	4 384	3 704
印度	3 400	13 200	0	11 250	2 250	3 100
泰国	350	2 020	15	1 280	850	255
越南	235	2 700	110	2 150	710	185
巴基斯坦	265	550	1	360	380	76
美国	126	509	125	479	194	88
主要进口国	12 555	23 872	2 255	26 395	254	12 034
中国	11 300	14 595	500	15 495	210	10 690
菲律宾	310	1 260	370	1 600	0	340
尼日利亚	205	536	210	750	0	200
欧盟	91	134	265	360	40	90
巴西	90	680	90	690	110	60

（续表）

区 域	供 应			消 费		期末库存
	初始库存	生产	进口	国内消费	出口	
墨西哥	14	14	80	98	1	9
印度尼西亚	290	3 400	175	3 530	0	335
日本	195	748	69	820	12	180
埃及	61	360	45	400	1	66
中东国家	122	202	445	640	0	129

数据来源：美国农业部（USDA）；中东国家指伊朗、伊拉克和沙特阿拉伯 3 国。

附 表

附表 1 2021 年中国水稻生产面积、单产和总产

	面积（万亩）	单产（kg/亩）	总产（万 t）
全国	44 881.9	474.2	21 284.3
北京	0.5	377.3	0.2
天津	87.8	623.7	54.7
河北	117.5	422.0	49.6
山西	4.0	441.9	1.8
内蒙古	232.7	495.5	115.3
辽宁	780.9	543.7	424.6
吉林	1 255.9	545.2	684.7
黑龙江	5 801.1	502.3	2 913.7
上海	155.8	546.7	85.1
江苏	3 328.8	596.2	1 984.6
浙江	950.0	493.8	469.1
安徽	3 768.2	422.1	1 590.4
福建	899.0	437.3	393.2
江西	5 128.8	404.4	2 073.9
山东	169.6	574.9	97.5
河南	912.3	521.9	476.1
湖北	3 408.9	552.6	1 883.6
湖南	5 956.7	450.4	2 683.1
广东	2 741.1	402.9	1 104.4
广西	2 635.1	386.3	1 017.9
海南	339.9	373.9	127.1
重庆	988.4	498.9	493.0
四川	2812.5	531.0	1 493.4
贵州	967.8	431.2	417.4
云南	1 130.7	435.0	491.9
西藏	1.3	363.1	0.5
陕西	159.1	458.0	72.9
甘肃	4.7	384.3	1.8
青海			
宁夏	76.3	537.6	41.0
新疆	66.5	627.1	41.7

数据来源：国家统计局。

附表 2　2021 年世界水稻生产面积、单产和总产

	面积（万亩）	单产（kg/亩）	总产（万 t）
世界	247 875.9	317.6	78 729.4
亚洲	214 598.6	330.0	70 814.8
非洲	23 742.8	156.6	3 718.9
美洲	8 548.2	441.4	3 773.5
欧洲	912.0	414.9	378.4
大洋洲	74.4	587.6	43.7
印度	69 568.5	280.9	19 542.7
中国	44 881.8	474.2	21 284.4
孟加拉国	17 551.4	324.4	5 694.5
泰国	16 866.0	199.1	3 358.2
印度尼西亚	15 617.7	348.4	5 441.5
越南	10 829.7	404.9	4 385.3
缅甸	9 805.0	254.1	2 491.0
菲律宾	7 207.6	276.9	1 996.0
尼日利亚	6 480.2	128.7	834.2
巴基斯坦	5 306.1	263.5	1 398.4
柬埔寨	4 879.5	233.8	1 141.0
巴西	2 533.8	460.2	1 166.1
几内亚	2 475.3	100.0	247.5
马达加斯加	2 400.0	183.0	439.1
尼泊尔	2 210.2	254.4	562.2
刚果	2 163.5	73.1	158.1
日本	2 106.0	499.8	1 052.5
斯里兰卡	1 689.9	304.7	515.0
美国	1 510.3	576.0	870.0
坦桑尼亚	1 433.6	187.5	268.8
塞拉利昂	1 416.7	139.7	197.9
老挝	1 414.8	273.5	387.0
马里	1 311.0	184.6	242.0
韩国	1 098.7	474.3	521.1
马来西亚	968.5	249.7	241.8
科特迪瓦	872.6	190.1	165.9
哥伦比亚	817.0	407.2	332.7
埃及	711.7	680.2	484.1
朝鲜	696.0	266.5	185.5
伊朗	650.0	245.5	159.5
秘鲁	626.7	554.4	347.4
加纳	621.0	198.2	123.1
塞内加尔	556.1	248.5	138.2

数据来源：联合国粮农组织（FAO），2021 年世界水稻种植面积在 500 万亩以上的国家共有 32 个。

附表3 2018—2022年我国早籼稻、晚籼稻和粳稻收购价格 　　　单位：元/t

年份	早籼稻	晚籼稻	粳稻
2018	2 536.7	2 677.3	2 999.5
2019	2 387.2	2 537.2	2 701.8
2020	2 437.7	2 589.2	2 728.9
2021	2 543.0	2 756.5	2 794.6
2022	2 599.2	2 707.1	2 732.9

数据来源：根据国家发改委价格监测中心数据整理。

附表4 2018—2022年我国早籼米、晚籼米和粳米批发价格 　　　单位：元/t

年份	早籼米	晚籼米	粳米
2018	3 811.7	4 116.7	4 305.0
2019	3 743.3	4 040.0	4 121.7
2020	3 730.0	4 136.7	4 235.0
2021	3 811.7	4 198.3	4 158.3
2022	3 830.0	4 043.3	4 083.3

数据来源：农业农村部市场司。

附表5 2018—2022年国际市场大米价格 　　　单位：美元/t

年份	泰国含碎25%大米FOB价格
2018	408.4
2019	410.3
2020	482.9
2021	449.6
2022	429.1

数据来源：联合国粮农组织（FAO）。

附表6 2018—2022年我国大米进出口贸易 　　　单位：万t

年份	进口	出口
2018	307.7	208.9
2019	254.6	274.8
2020	294.3	230.5
2021	496.6	244.8
2022	619.4	221.5

数据来源：海关总署。

附表 7　2022 年国家和地方品种审定情况

品种名称	审定编号	选育单位	品种名称	审定编号	选育单位
黄广农占	国审稻 20220001	广东省农业科学院水稻研究所	深优 296	国审稻 20220002	乐东广陵南繁服务有限公司
香龙优 520	国审稻 20220003	中国种子集团有限公司等	香龙优 176	国审稻 20220004	中种农业科技（广州）有限公司等
启两优 2216	国审稻 20220005	江西兴安种业有限公司	川优 8611	国审稻 20220006	四川省农业科学院水稻高粱研究所等
川种优 6099	国审稻 20220007	四川省农业科学院水稻高粱研究所等	宜香优 586	国审稻 20220008	四川农业大学等
溢优 5466	国审稻 20220009	深圳市兆农农业科技有限公司	臻两优 5438	国审稻 20220010	袁隆平农业高科技股份有限公司等
九优 83	国审稻 20220011	长江大学等	禾两优 676	国审稻 20220012	福建农林大学作物科学学院等
两优 7002	国审稻 20220013	安徽省农业科学院水稻研究所	民两优丝苗	国审稻 20220014	怀化职业技术学院等
青香优 19 香	国审稻 20220015	广东鲜美种苗股份有限公司等	荃广优 836	国审稻 20220016	安徽荃银高科种业股份有限公司
深两优 858	国审稻 20220017	湖北省种子集团有限公司等	信两优 9328	国审稻 20220018	信阳市农业科学院
臻两优 5281	国审稻 20220019	湖北惠民农业科技有限公司等	圳两优 575	国审稻 20220020	长沙利诚种业有限公司
筑优 110	国审稻 20220021	安徽昇谷农业科技有限公司等	赣丝占	国审稻 20220022	江西现代种业股份有限公司
隆晶优 4013	国审稻 20220023	湖南亚华种业科学研究院	华盛优 21 丝苗	国审稻 20220024	湖北华占种业科技有限公司等
晖两优 1377	国审稻 20220025	湖南隆平高科种业科学研究院有限公司等	健优银丝苗	国审稻 20220026	湖南永益农业发展有限公司等
启两优 1011	国审稻 20220027	江西兴安种业有限公司	启两优 5410	国审稻 20220028	江西兴安种业有限公司
荃早优晶占	国审稻 20220029	广州市金粤生物科技有限公司等	欣两优晚一号	国审稻 20220030	安徽荃银欣隆种业而有限公司
荆两优 3367	国审稻 20220031	湖北荆楚种业科技有限公司等	荃广优 822	国审稻 20220032	安徽荃银高科种业股份有限公司
淮稻 28	国审稻 20220033	江苏徐淮地区淮阴农业科学研究所	京粳 6 号	国审稻 20220034	中国农业科学院作物科学研究所
新科稻 58	国审稻 20220035	河南省新乡市农业科学院	北 0619	国审稻 20220036	黑龙江省北方稻作研究所
鸿源 12	国审稻 20220037	黑龙江孙斌鸿源农业开发集团有限责任公司	鸿源 13	国审稻 20220038	黑龙江孙斌鸿源农业开发集团有限责任公司
吉大 177	国审稻 20220039	吉林大学植物科学学院等	绥粳 136	国审稻 20220040	黑龙江省农业科学院绥化分院

（续表）

品种名称	审定编号	选育单位	品种名称	审定编号	选育单位
通育271	国审稻20220041	通化市农业科学研究院	京粳9号	国审稻20220042	中国农业科学院作物科学研究所
辽丹67优89	国审稻20220043	辽宁省水稻研究所等	金粳521	国审稻20220044	天津市水稻研究所
华浙优261	国审稻20220045	中国水稻研究所等	青香优261	国审稻20220046	中国水稻研究所等
扬泰优1521	国审稻20220047	广东省农业科学院水稻研究所	元两优6328	国审稻20220048	福建省农业科学院水稻研究所
金早香1号	国审稻20220049	湖南金健种业科技有限公司	中早67	国审稻20220050	江西兴安种业有限公司等
中早77	国审稻20220051	中国水稻研究所	F两优658	国审稻20220052	安徽赛诺种业有限公司
百香优纳丝	国审稻20220053	广西百香高科种业有限公司等	川8优1778	国审稻20220054	四川省农业科学院作物研究所
川康优618	国审稻20220055	四川省农业科学院作物研究所	川康优皇占	国审稻20220056	安徽科力种业有限公司等
川两优715	国审稻20220057	四川金禾谷农业有限公司等	川优616	国审稻20220058	中国水稻研究所等
川优617	国审稻20220059	安徽省创富种业有限公司等	桂香优新华粘	国审稻20220060	湖南恒德种业科技有限公司等
华优钰禾	国审稻20220061	中国水稻研究所等	华浙优210	国审稻20220062	中国水稻研究所等
徽优588	国审稻20220063	安徽国豪农业科技有限公司	荟丰优6523	国审稻20220064	四川农大高科种业有限公司等
金龙优573	国审稻20220065	四川农业大学等	锦城优470	国审稻20220066	成都市农林科学院作物研究所
美香两优晶丝	国审稻20220067	广西壮邦种业有限公司	内香优577	国审稻20220068	四川省农业科学院水稻高粱研究所等
鹏优5627	国审稻20220069	广东和丰种业科技有限公司	品香优润丝	国审稻20220070	四川省农业科学院水稻高粱研究所
奇两优郁香	国审稻20220071	广西南宁依久农业发展有限公司	巧两优丝苗	国审稻20220072	安徽喜多收种业科技有限公司等
青香优238	国审稻20220073	四川奥力星农业科技有限公司等	清香优1538	国审稻20220074	四川裕丰种业有限责任公司
荃优91	国审稻20220075	四川农业大学等	荃优美香银占3号	国审稻20220076	深圳市金谷美香实业有限公司等
荣胜优520	国审稻20220077	四川荣稻科技有限公司	蓉优8162	国审稻20220078	四川发生种业有限责任公司等
杉谷优636	国审稻20220079	福建省农业科学院生物技术研究所等	深两优1378	国审稻20220080	华南农业大学国家植物航天育种工程技术研究中心等
深两优5438	国审稻20220081	广汉泰利隆农作物研究所等	蜀优669	国审稻20220082	四川农业大学等

（续表）

品种名称	审定编号	选育单位	品种名称	审定编号	选育单位
双优2289	国审稻20220083	四川双丰农业科学技术研究所	泰3优丽香占	国审稻20220084	泸州泰丰居里隆夫水稻育种有限公司等
文两优徽丝	国审稻20220085	安徽荃银超大种业有限公司等	文两优慧丝	国审稻20220086	绵阳致道农业科技有限公司等
西大优46	国审稻20220087	西南大学	欣优2175	国审稻20220088	安徽荃银欣隆种业有限公司
矗香优纳丝	国审稻20220089	广西恒茂农业科技有限公司等	野香优臻占	国审稻20220090	三明市农业科学研究院等
宜香优558	国审稻20220091	丰都县亿金农业科学研究所	宜香优646	国审稻20220092	恩施土家族苗族自治州农业科学院等
甬优5418	国审稻20220093	宁波种业股份有限公司等	钰香优1459	国审稻20220094	四川省农业科学院作物研究所
裕优2289	国审稻20220095	四川双丰农业科学技术研究所	原香优361	国审稻20220096	广西象州黄氏水稻研究所
珍优1727	国审稻20220097	四川农业大学等	恒丰优15香	国审稻20220098	广西壮邦种业有限公司等
品香优3241	国审稻20220099	四川省农业科学院水稻高粱研究所	品香优9205	国审稻20220100	四川省农业科学院水稻高粱研究所
F两优6828	国审稻20220101	信阳市农业科学院等	G两优727	国审稻20220102	湖北楚创高科农业有限公司
N两优518	国审稻20220103	福建省南平市农业科学研究所	Q两优粤五丝苗	国审稻20220104	安徽荃银种业科技有限公司等
安两优305	国审稻20220105	合肥信达高科农业科学研究所等	邦两优郁香	国审稻20220106	广西兆和种业有限公司
长两优188	国审稻20220107	垦丰长江种业科技有限公司	长两优莉珍	国审稻20220108	垦丰长江种业科技有限公司
辰两优6133	国审稻20220109	福建农乐种业有限公司	宸两优36	国审稻20220110	郴州市农业科学研究所等
呈两优4312	国审稻20220111	中国种子集团有限公司等	川康优九五	国审稻20220112	四川省农业科学院作物研究所等
春9两优0822	国审稻20220113	中国农业科学院作物科学研究所等	春9两优70	国审稻20220114	长江大学等
春9两优粤新油占	国审稻20220115	中国农业科学院作物科学研究所等	钢两优1314	国审稻20220116	江西天涯种业有限公司
功两优九香	国审稻20220117	安陆市兆农育种创新中心等	广8优11香	国审稻20220118	广西兆和种业有限公司等
广8优914	国审稻20220119	浙江省农业科学院作物与核技术利用研究所等	桂香优086	国审稻20220120	湖北利众种业科技有限公司
桂香优108	国审稻20220121	武汉惠华三农种业有限公司	果两优桂花丝苗	国审稻20220122	湖南中朗种业有限公司

品种名称	审定编号	选育单位	品种名称	审定编号	选育单位
汉两优 5712	国审稻 20220123	湖南佳和种业股份有限公司	汉两优华占	国审稻 20220124	湖南杂交水稻研究中心等
禾两优 6868	国审稻 20220125	福建鼎信隆生物科技有限公司等	恒丰优 49	国审稻 20220126	合肥信达高科农业科学研究所等
华两优 288	国审稻 20220127	湖北华之夏种子有限责任公司	华浙优 261	国审稻 20220128	中国水稻研究所等
华浙优钰禾	国审稻 20220129	中国水稻研究所等	煌两优 715	国审稻 20220130	湖南北大荒种业科技有限责任公司等
徽两优 989	国审稻 20220131	安徽袁氏农业科技发展有限公司等	徽两优五香丝苗	国审稻 20220132	安徽五星农业科技有限公司
汇晶占	国审稻 20220133	湖北汇楚智生物科技有限公司等	汇两优 78	国审稻 20220134	湖北汇楚智生物科技有限公司等
嘉禾优 7 号	国审稻 20220135	中国水稻研究所等	金象优 579	国审稻 20220136	海南丰悦农业开发有限公司等
蒲两优雪峰丝苗	国审稻 20220137	湖南恒大种业高科技有限公司等	荆两优 8913	国审稻 20220138	湖北荆楚种业科技有限公司等
巨 2 优 96	国审稻 20220139	荆州农业科学院等	君两优丝苗	国审稻 20220140	建阳民丰农作物品种研究所等
凯两优 99	国审稻 20220141	安徽凯利种业有限公司	乐嘉优 290	国审稻 20220142	福建省福瑞华安种业科技有限公司等
利两优 3822	国审稻 20220143	湖北利众种业科技有限公司	恋两优 116	国审稻 20220144	安徽亚信种业有限公司
喜两优 1068	国审稻 20220145	安徽喜多收种业科技有限公司	明两优 1669	国审稻 20220146	福建省福瑞华安种业科技有限公司等
两优 301	国审稻 20220147	安徽省创富种业有限公司等	美两优 3579	国审稻 20220148	湖南金源种业有限公司
8 两优徽香	国审稻 20220149	安徽荃银超大种业有限公司	两优新月丝苗	国审稻 20220150	湖北谷神科技有限责任公司等
龙稻 163	国审稻 20220151	湖北龙稻种业科技有限公司	珞红优 1564	国审稻 20220152	武汉大学
珞红优 931	国审稻 20220153	武汉大学	珞两优 808	国审稻 20220154	四川泰隆汇智生物科技有限公司等
美两优 536	国审稻 20220155	益阳市农业科学研究所等	品香优五山丝苗	国审稻 20220156	四川省农业科学院水稻高粱研究所等
品香优智 903	国审稻 20220157	华智生物技术有限公司等	奇两优龙丝苗	国审稻 20220158	广西南宁依久农业发展有限公司
乔两优 17	国审稻 20220159	安徽袁粮水稻产业有限公司等	桥两优 268	国审稻 20220160	合肥信达高科农业科学研究所等
巧两优 968	国审稻 20220161	安徽喜多收种业科技有限公司	荃优 210	国审稻 20220162	安徽省创富种业有限公司等
荃优 902	国审稻 20220163	湖北金广农业科技有限公司等	荃优美香丝苗 1 号	国审稻 20220164	深圳市金谷美香实业有限公司等

品种名称	审定编号	选育单位	品种名称	审定编号	选育单位
仁优 9 号	国审稻 20220165	广东鹏穗和种业科技有限公司等	韧两优徽香	国审稻 20220166	安徽荃银超大种业有限公司
山两优臻占	国审稻 20220167	三明市茂丰农业科技开发有限公司等	深 3 优 9518	国审稻 20220168	湖南杂交水稻研究中心
深和两优 1133	国审稻 20220169	湖南杂交水稻研究中心	升两优珞佳占	国审稻 20220170	武汉衍升农业科技有限公司
盛优玉丝苗	国审稻 20220171	湖南鑫盛华丰种业科技有限公司等	望两优 211	国审稻 20220172	安徽锦健农业科技有限公司
爽两优粤禾丝苗	国审稻 20220173	湖南杂交水稻研究中心等	硕两优 215	国审稻 20220174	江苏悦丰种业有限公司
太两优香五	国审稻 20220175	长沙碧盈农业科技有限公司	泰 2 优 393	国审稻 20220176	泸州泰丰种业有限公司
泰两优香牙占	国审稻 20220177	浙江科原种业科学研究有限公司等	泰优 203	国审稻 20220178	湖北谷神科技有限责任公司等
桃香优 361	国审稻 20220179	安徽科力种业有限公司等	稠两优 6073	国审稻 20220180	福建兴禾种业科技有限公司等
文两优 5 号	国审稻 20220181	长沙碧盈农业科技有限公司	文两优 83	国审稻 20220182	长沙碧盈农业科技有限公司
文两优珍香	国审稻 20220183	安徽未来种业有限公司等	楷两优 128	国审稻 20220184	安徽华安种业有限责任公司
楷两优丝占	国审稻 20220185	安徽华安种业有限责任公司	喜两优 556	国审稻 20220186	安徽喜多收种业科技有限公司
贤两优明占	国审稻 20220187	福建农乐种业有限公司等	欣两优 2081	国审稻 20220188	安徽荃银欣隆种业有限公司
欣两优六号	国审稻 20220189	安徽荃银欣隆种业有限公司	新兆优 6615	国审稻 20220190	强农济众（广东）优质稻虾研究与生产有限公司等
扬籼优 998	国审稻 20220191	江西现代种业股份有限公司等	弋两优 810	国审稻 20220192	芜湖青弋江种业有限公司
勇两优荃晶丝苗	国审稻 20220193	湖北荃银高科种业有限公司	浙两优丽晶	国审稻 20220194	浙江省农业科学院作物与核技术利用研究所等
珍两优 17	国审稻 20220195	安徽袁粮水稻产业有限公司等	智两优 622	国审稻 20220196	科荟种业股份有限公司
智两优黄占丝苗	国审稻 20220197	安徽五星农业科技有限公司	梓两优 5 号	国审稻 20220198	合肥金色生物研究有限公司等
95 优 1 号	国审稻 20220199	湖北谷神科技有限责任公司	瑞两优 653	国审稻 20220200	安徽国瑞种业有限公司等
鹏优 6228	国审稻 20220201	深圳市兆农农业科技有限公司	春优 253	国审稻 20220202	中国水稻研究所
豪两优锋占	国审稻 20220203	安徽国豪农业科技有限公司	和丰优 6553	国审稻 20220204	国家杂交水稻工程技术研究中心清华深圳龙岗研究所等

（续表）

品种名称	审定编号	选育单位	品种名称	审定编号	选育单位
荷优五香	国审稻 20220205	安徽荃银超大种业有限公司等	华盛优粤农丝苗	国审稻 20220206	北京金色农华种业科技股份有限公司等
华浙优 29	国审稻 20220207	中国水稻研究所等	华浙优 831	国审稻 20220208	中国水稻研究所等
坚两优 58	国审稻 20220209	安徽华安种业有限责任公司	陵两优 179	国审稻 20220210	中国水稻研究所等
美香银占 2 号	国审稻 20220211	福建科力种业有限公司等	明两优 319	国审稻 20220212	江苏明天种业科技股份有限公司等
仁优 1127	国审稻 20220213	国家杂交水稻工程技术研究中心清华深圳龙岗研究所等	苏乐优丝苗	国审稻 20220214	江苏苏乐种业科技有限公司
欣两优晚四号	国审稻 20220215	安徽荃银欣隆种业有限公司	玉香丝苗	国审稻 20220216	安徽日辉生物科技有限公司
两优 151	国审稻 20220217	安徽理想种业有限公司	之两优 1 号	国审稻 20220218	中国水稻研究所
10 香优郁香	国审稻 20220219	南宁谷源丰种业有限公司	广泰优美特占	国审稻 20220220	江西农业大学农学院等
佳两优 2832	国审稻 20220221	武汉佳禾生物科技有限责任公司	金珍优籴丝	国审稻 20220222	江西金山种业有限公司
旌优 8291	国审稻 20220223	四川省农业科学院水稻高粱研究所等	旌优明珍	国审稻 20220224	广西万川种业有限公司等
粳香优 12	国审稻 20220225	湖北金广农业科技有限公司等	科贵优 4302	国审稻 20220226	中国科学院亚热带农业生态研究所等
美香两优油丝占	国审稻 20220227	广西南宁依久农业发展有限公司	垦优 5 号	国审稻 20220228	垦丰长江种业科技有限公司等
启两优 381	国审稻 20220229	江西兴安种业有限公司	深香优 1127	国审稻 20220230	安陆市兆农育种创新中心等
泰优 1521	国审稻 20220231	广东省农业科学院水稻研究所等	桃优晶丝 181	国审稻 20220232	湖南恒德种业科技有限公司等
扬泰优 5009	国审稻 20220233	湖南优至种业有限公司等	又香优油丝占	国审稻 20220234	广西兆和种业有限公司等
又香优郁香	国审稻 20220235	广西兆和种业有限公司等	瑜香优 191	国审稻 20220236	湖南湘穗农业科技开发有限公司
之两优 2 号	国审稻 20220237	中国水稻研究所	恭香两优油丝占	国审稻 20220238	广西武宣仙香源农业开发有限公司等
朝优华占	国审稻 20220239	湖南省水稻研究所等	恒两优 211	国审稻 20220240	湖南恒德种业科技有限公司
恒两优南晶香占	国审稻 20220241	湖南恒德种业科技有限公司等	宏两优美特占	国审稻 20220242	江西农业大学农学院等
明太优 703	国审稻 20220243	福建六三种业有限责任公司等	那香优 651	国审稻 20220244	福建农乐种业有限公司等

品种名称	审定编号	选育单位	品种名称	审定编号	选育单位
千乡955优651	国审稻20220245	福建农乐种业有限公司等	泰优农禾丝苗	国审稻20220246	江西现代种业股份有限公司等
泰优油香	国审稻20220247	江西现代种业股份有限公司等	昌两优香68	国审稻20220248	广西恒茂农业科技有限公司
春两优220	国审稻20220249	中国农业科学院深圳农业基因组研究所等	古两优6915	国审稻20220250	福建省农业科学院水稻研究所
晶两优绿丝苗	国审稻20220251	袁隆平农业高科技股份有限公司等	留香优11香	国审稻20220252	南宁谷源丰种业有限公司
美两优1239	国审稻20220253	湖南金源种业有限公司	奇两优1068	国审稻20220254	广州优能达稻米科技有限公司
乾两优香久久	国审稻20220255	广西恒茂农业科技有限公司	强两优688	国审稻20220256	武汉市文鼎农业生物技术有限公司等
荃优鄂丰丝苗	国审稻20220257	湖北荃银高科种业有限公司等	万太优965	国审稻20220258	广西壮族自治区农业科学院
协禾优1002	国审稻20220259	广东华茂高科种业有限公司等	常优182	国审稻20220260	常熟市种业有限公司等
春优85	国审稻20220261	中国水稻研究所	华中优9326	国审稻20220262	浙江省农业科学院等
嘉禾优458	国审稻20220263	江苏苏乐种业科技有限公司等	江浙优0601	国审稻20220264	浙江之豇种业有限责任公司等
江浙优0603	国审稻20220265	浙江之豇种业有限责任公司等	武香粳168	国审稻20220266	安徽皖垦种业股份有限公司等
秀优49241	国审稻20220267	江苏苏乐种业科技有限公司等	秀优77	国审稻20220268	浙江勿忘农种业股份有限公司等
浙大嘉锡优610	国审稻20220269	浙江大学等	浙大荃粳优167	国审稻20220270	浙江大学等
浙杭优210	国审稻20220271	浙江省农业科学院作物与核技术利用研究所等	浙粳嘉优710	国审稻20220272	嘉兴市农业科学研究院等
浙优807	国审稻20220273	浙江省农科院作物与核技术利用研究所等	浙优919	国审稻20220274	浙江省农业科学院作物与核技术利用研究所等
长优1103	国审稻20220275	建瓯市益农种子商行等	哈勃903	国审稻20220276	临沂市金秋大粮农业科技有限公司等
金粳882	国审稻20220277	江苏金色农业股份有限公司	上农粳927	国审稻20220278	中垦种业股份有限公司等
圣稻1935	国审稻20220279	山东省水稻研究所	苏乐239	国审稻20220280	江苏苏乐种业科技有限公司等
苏秀1902	国审稻20220281	江苏苏乐种业科技有限公司等	苏秀1928	国审稻20220282	江苏苏乐种业科技有限公司等
盐糯20	国审稻20220283	盐城市盐都区农业科学研究所	扬农粳3142	国审稻20220284	扬州大学

品种名称	审定编号	选育单位	品种名称	审定编号	选育单位
浙粳优 1824	国审稻 20220285	浙江勿忘农种业股份有限公司等	中禾优 9 号	国审稻 20220286	中国科学院合肥物质科学研究院等
中科盐 12 号	国审稻 20220287	盐城明天种业科技有限公司等	中研糯 131	国审稻 20220288	江苏苏乐种业科技有限公司
中研糯 135	国审稻 20220289	江苏苏乐种业科技有限公司等	闽龙 1 号	国审稻 20220290	黑龙江省农业科学院生物技术研究所等
中龙粳 4 号	国审稻 20220291	中国科学院北方粳稻分子育种联合研究中心	吉农大 668	国审稻 20220292	吉林农业大学等
隆粳香 6 号	国审稻 20220293	天津天隆科技股份有限公司等	北粳 143	国审稻 20220294	沈阳农业大学水稻研究所
春两优 5121	国审稻 20220295	中国农业科学院深圳农业基因组研究所等	盐两优 973	国审稻 20220296	江苏沿海地区农业科学研究所等
袁两优 1 号	国审稻 20220297	青岛袁策集团有限公司等	沪旱 1516	国审稻 20220298	上海市农业生物基因中心
楚粳 48 号	国审稻 20220299	楚雄彝族自治州农业科学院	滇禾优 61	国审稻 20220300	云南农业大学稻作研究所
滇禾优 615	国审稻 20220301	云南农业大学稻作研究所等	云两优 502	国审稻 20220302	云南省农业科学院粮食作物研究所
邦两优 6118	国审稻 20220303	广西兆和种业有限公司等	慧优 98	国审稻 20220304	四川省格物慧至农业科技有限公司
兆香两优粤香晶丝	国审稻 20220305	广西兆和种业有限公司等	浙大粳优 1 号	国审稻 20220306	浙江大学
川种优 622	国审稻 20226001	中国种子集团有限公司等	泓两优 3948	国审稻 20226002	袁隆平农业高科技股份有限公司等
隆晶优 3113	国审稻 20226003	袁隆平农业高科技股份有限公司等	隆晶优蒂占	国审稻 20226004	袁隆平农业高科技股份有限公司等
荃优 967	国审稻 20226005	中国种子集团有限公司等	川种优 122	国审稻 20226006	中国种子集团有限公司等
共香优 818	国审稻 20226007	湖南袁创超级稻技术有限公司	广泰优巴斯香占	国审稻 20226008	安徽荃银高科种业股份有限公司等
国香优 2103	国审稻 20226009	四川国豪种业股份有限公司等	国香优 2115	国审稻 20226010	四川国豪种业股份有限公司等
国香优雅禾	国审稻 20226011	四川国豪种业股份有限公司等	慧优奥隆丝苗	国审稻 20226012	湖南奥谱隆科技股份有限公司
金龙优 1826	国审稻 20226013	肇庆学院等	金龙优 607	国审稻 20226014	中国种子集团有限公司等
旌 3 优 291	国审稻 20226015	合肥丰乐种业股份有限公司等	麟两优 2056	国审稻 20226016	袁隆平农业高科技股份有限公司等
麟两优 3858	国审稻 20226017	袁隆平农业高科技股份有限公司等	蜜优 906	国审稻 20226018	四川国豪种业股份有限公司等

品种名称	审定编号	选育单位	品种名称	审定编号	选育单位
荃9优220	国审稻20226019	江苏中江种业股份有限公司等	荃9优2号	国审稻20226020	安徽荃银高科种业股份有限公司
荃9优一号	国审稻20226021	安徽荃银高科种业股份有限公司	荃广优169	国审稻20226022	安徽荃银高科种业股份有限公司
荃广优巴斯香占	国审稻20226023	安徽荃银高科种业股份有限公司	荃科两优斯香	国审稻20226024	安徽荃银高科种业股份有限公司
荃科两优泰香	国审稻20226025	安徽荃银高科种业股份有限公司	荃香优巴斯香占	国审稻20226026	安徽荃银高科种业股份有限公司
荃优607	国审稻20226027	中国种子集团有限公司等	泰优532	国审稻20226028	安徽荃银高科种业股份有限公司等
桃两优316	国审稻20226029	湖南桃花源农业科技股份有限公司等	天府香优678	国审稻20226030	湖南希望种业科技股份有限公司等
万丰优957	国审稻20226031	湖南袁创超级稻技术有限公司	玮两优钰占	国审稻20226032	袁隆平农业高科技股份有限公司等
伍两优6269	国审稻20226033	袁隆平农业高科技股份有限公司等	伍两优8549	国审稻20226034	袁隆平农业高科技股份有限公司等
伍两优钰占	国审稻20226035	袁隆平农业高科技股份有限公司等	星两优丰占	国审稻20226036	湖南希望种业科技股份有限公司等
宜优880	国审稻20226037	合肥丰乐种业股份有限公司等	臻两优钰占	国审稻20226038	袁隆平农业高科技股份有限公司等
至两优886	国审稻20226039	湖南希望种业科技股份有限公司	N两优32	国审稻20226040	福建省南平市农业科学研究所
长两优晶韵	国审稻20226041	合肥丰乐种业股份有限公司	呈两优607	国审稻20226042	中国种子集团有限公司
川种优3877	国审稻20226043	中国种子集团有限公司等	鄂丰优755	国审稻20226044	湖北省种子集团有限公司
富两优2877	国审稻20226045	中国种子集团有限公司	共香优龙丝	国审稻20226046	湖南袁创超级稻技术有限公司
冠两优7号	国审稻20226047	袁隆平农业高科技股份有限公司等	贵优263	国审稻20226048	中国种子集团有限公司等
汉两优169	国审稻20226049	西科农业集团股份有限公司等	汉两优32	国审稻20226050	西科农业集团股份有限公司等
恒丰优京贵占	国审稻20226051	北京金色农华种业科技股份有限公司等	华两优2号	国审稻20226052	浙江勿忘农种业股份有限公司等
华盛优382	国审稻20226053	北京金色农华种业科技股份有限公司	华浙优28	国审稻20226054	浙江勿忘农种业股份有限公司等
荟两优636	国审稻20226055	科荟种业股份有限公司	捷两优9873	国审稻20226056	袁隆平农业高科技股份有限公司等
荆两优占2	国审稻20226057	中国种子集团有限公司等	荆糯两优418	国审稻20226058	科荟种业股份有限公司

（续表）

品种名称	审定编号	选育单位	品种名称	审定编号	选育单位
菁两优 636	国审稻 20226059	科荟种业股份有限公司等	桔两优 153	国审稻 20226060	北京金色农华种业科技股份有限公司等
峻两优 8549	国审稻 20226061	袁隆平农业高科技股份有限公司等	两优 7126	国审稻 20226062	袁隆平农业高科技股份有限公司等
民两优 475	国审稻 20226063	江苏中江种业股份有限公司等	民两优晶占	国审稻 20226064	江苏中江种业股份有限公司等
茉两优 636	国审稻 20226065	科荟种业股份有限公司等	平两优 3 号	国审稻 20226066	袁隆平农业高科技股份有限公司等
平两优 7 号	国审稻 20226067	袁隆平农业高科技股份有限公司等	平两优 8 号	国审稻 20226068	袁隆平农业高科技股份有限公司等
荃 9 优 475	国审稻 20226069	江苏中江种业股份有限公司等	荃两优 836	国审稻 20226070	安徽荃银高科种业股份有限公司
荃两优五山洁田	国审稻 20226071	安徽荃银高科种业股份有限公司	荃优 53	国审稻 20226072	安徽荃银高科种业股份有限公司
荃优 836	国审稻 20226073	安徽荃银高科种业股份有限公司	润两优 212	国审稻 20226074	江苏红旗种业股份有限公司等
润两优 632	国审稻 20226075	湖北省种子集团有限公司等	深两优新占	国审稻 20226076	合肥丰乐种业股份有限公司等
时两优泰香	国审稻 20226077	安徽荃银高科种业股份有限公司	爽两优 105	国审稻 20226078	西科农业集团股份有限公司等
爽两优 182	国审稻 20226079	西科农业集团股份有限公司	爽两优美丝	国审稻 20226080	西科农业集团股份有限公司等
爽两优美占	国审稻 20226081	西科农业集团股份有限公司等	爽两优竹占	国审稻 20226082	西科农业集团股份有限公司等
玮两优 4231	国审稻 20226083	袁隆平农业高科技股份有限公司等	玮两优 6076	国审稻 20226084	袁隆平农业高科技股份有限公司等
玮两优 6285	国审稻 20226085	袁隆平农业高科技股份有限公司等	玮两优馥香占	国审稻 20226086	广西恒茂农业有限公司等
炫两优 3006	国审稻 20226087	袁隆平农业高科技股份有限公司等	炫两优 6076	国审稻 20226088	袁隆平农业高科技股份有限公司等
炫两优 6285	国审稻 20226089	袁隆平农业高科技股份有限公司等	盐两优 97	国审稻 20226090	江苏红旗种业股份有限公司等
昱香两优馥香占	国审稻 20226091	袁隆平农业高科技股份有限公司等	悦两优美香新占	国审稻 20226092	袁隆平农业高科技股份有限公司等
悦两优钰占	国审稻 20226093	袁隆平农业高科技股份有限公司等	珍两优 2056	国审稻 20226094	袁隆平农业高科技股份有限公司等
臻两优 6076	国审稻 20226095	袁隆平农业高科技股份有限公司等	臻两优金 4	国审稻 20226096	袁隆平农业高科技股份有限公司等
智两优 533	国审稻 20226097	科荟种业股份有限公司	中浙 2 优 12	国审稻 20226098	中国水稻研究所
卓两优 1026	国审稻 20226099	湖南希望种业科技股份有限公司	诚优 502	国审稻 20226100	中国种子集团有限公司等

（续表）

品种名称	审定编号	选育单位	品种名称	审定编号	选育单位
共香优 107	国审稻 20226101	湖南袁创超级稻技术有限公司	共香优丝占	国审稻 20226102	湖南袁创超级稻技术有限公司
广泰优 736	国审稻 20226103	广东省农业科学院水稻研究所等	洁田稻 001	国审稻 20226104	深圳兴旺生物种业有限公司等
银两优 9 号	国审稻 20226105	安徽荃银高科种业股份有限公司	银两优洁田	国审稻 20226106	安徽荃银高科种业股份有限公司
H 两优 532	国审稻 20226107	西科农业集团股份有限公司等	奥晶香	国审稻 20226108	湖南奥谱隆科技股份有限公司
宝两优奥香丝	国审稻 20226109	湖南奥谱隆科技股份有限公司	乐优 97	国审稻 20226110	合肥丰乐种业股份有限公司
杉谷优 618	国审稻 20226111	科荟种业股份有限公司	升两优 2618	国审稻 20226112	西科农业集团股份有限公司等
爽两优泰珍	国审稻 20226113	西科农业集团股份有限公司等	泰谷优 618	国审稻 20226114	科荟种业股份有限公司等
桃源香丝苗	国审稻 20226115	湖南桃花源农业科技股份有限公司等	新两优 611	国审稻 20226116	安徽荃银高科种业股份有限公司
星泰优 018	国审稻 20226117	湖南洞庭高科种业股份有限公司等	银两优 182	国审稻 20226118	安徽荃银高科种业股份有限公司等
银两优 501	国审稻 20226119	安徽荃银高科种业股份有限公司等	广泰优 8055	国审稻 20226120	中国种子集团有限公司等
金龙优 2877	国审稻 20226121	中国种子集团有限公司等	鑫丰优粤农丝苗	国审稻 20226122	北京金色农华种业科技股份有限公司等
珍乡优 149	国审稻 20226123	湖南金色农华种业科技有限公司	振两优 8549	国审稻 20226124	袁隆平农业高科技股份有限公司等
贵优柔丝	国审稻 20226125	中国种子集团有限公司等	金龙优柔丝	国审稻 20226126	中国种子集团有限公司等
金隆优 086	国审稻 20226127	合肥丰乐种业股份有限公司等	万丰优 98 丝苗	国审稻 20226128	湖南袁创超级稻技术有限公司等
嘉禾优 123	国审稻 20226129	安徽荃银高科种业股份有限公司等	武运 9367	国审稻 20226130	安徽荃银高科种业股份有限公司等
宁粳 17	国审稻 20226131	袁隆平农业高科技股份有限公司等	长两优 88	国审稻 20226132	合肥丰乐种业股份有限公司
南方稻区					
连两优 9312	苏审稻 20220001	连云港市农业科学院	荃优 111	苏审稻 20220002	江苏丘陵地区镇江农业科学研究所等
镇稻 9688	苏审稻 20220003	江苏丘陵地区镇江农业科学研究所	连粳 7308	苏审稻 20220004	江苏金万禾农业科技有限公司等
中科盐 10 号	苏审稻 20220005	江苏沿海地区农业科学研究所等	淮稻 56	苏审稻 20220006	江苏徐淮地区淮阴农业科学研究所等
华粳 15 号	苏审稻 20220007	江苏省大华种业集团有限公司	保稻 701	苏审稻 20220008	江苏保丰集团公司

（续表）

品种名称	审定编号	选育单位	品种名称	审定编号	选育单位
武香粳 7218	苏审稻 20220009	江苏中江种业股份有限公司等	迁香软 1 号	苏审稻 20220010	江苏省农业科学院宿迁农科所
泰粳 828	苏审稻 20220011	江苏红旗种业股份有限公司	镇稻 35 号	苏审稻 20220012	江苏丘陵地区镇江农业科学研究所
淮稻 57	苏审稻 20220013	江苏徐淮地区淮阴农业科学研究所	连粳 7219	苏审稻 20220014	连云港市农业科学院
淮稻 49	苏审稻 20220015	江苏徐淮地区淮阴农业科学研究所	9 优 182	苏审稻 20220016	连云港市农业科学院等
镇稻 668	苏审稻 20220017	江苏丘陵地区镇江农业科学研究所	皖垦粳 4618	苏审稻 20220018	扬州大学等
扬香玉 7016	苏审稻 20220019	江苏里下河地区农业科学研究所等	德 3 优 42	苏审稻 20220020	江苏省农业科学院粮食作物研究所等
扬优香占	苏审稻 20220021	江苏里下河地区农业科学研究所	盐两优 91393	苏审稻 20220022	江苏沿海地区农业科学研究所等
焦两优 1068	苏审稻 20220023	江苏焦点富硒农业有限公司	九优粤禾丝苗	苏审稻 20220024	安徽荃银超大种业有限公司等
固广油占	苏审稻 20220025	广东省农业科学院水稻研究所	粮发香丝	苏审稻 20220026	广西恒茂农业科技有限公司等
昱香两优香丝	苏审稻 20220027	广西恒茂农业科技有限公司等	徽两优 9986	苏审稻 20220028	江苏明天种业科技股份有限公司等
明两优 896	苏审稻 20220029	江苏明天种业科技股份有限公司等	稳两优 669	苏审稻 20220030	江苏悦丰种业科技有限公司
稳两优 6311	苏审稻 20220031	江苏悦丰种业科技有限公司	虾优 100	苏审稻 20220032	江苏里下河地区农业科学研究所
润两优香丝	苏审稻 20220033	江苏金土地种业有限公司等	连粳 6188	苏审稻 20220034	连云港市农业科学院
镇粳 608	苏审稻 20220035	江苏家和种业科技有限公司	洪扬 5 号	苏审稻 20220036	扬州江春粮食科技有限公司等
武育粳 919	苏审稻 20220037	江苏（武进）水稻研究所	镇稻 36 号	苏审稻 20220038	江苏丘陵地区镇江农业科学研究所
锡稻 2 号	苏审稻 20220039	无锡哈勃生物种业技术研究院有限公司等	连粳 1809	苏审稻 20220040	连云港市农业科学院等
迁粳 26 号	苏审稻 20220041	江苏省农业科学院宿迁农科所	泗稻 309	苏审稻 20220042	江苏省农业科学院宿迁农科所
南粳 68	苏审稻 20220043	江苏省农业科学院粮食作物研究所等	常农粳 17 号	苏审稻 20220044	常熟市农业科学研究所
南粳 9068	苏审稻 20220045	江苏中江种业股份有限公司等	淮稻 43	苏审稻 20220046	江苏天丰种业有限公司等
宁粳 16 号	苏审稻 20220047	南京农业大学水稻研究所	迁粳 25 号	苏审稻 20220048	江苏省农业科学院宿迁农科所
镇粳 606	苏审稻 20220049	江苏家和种业科技有限公司	焦粳 1178	苏审稻 20220050	江苏焦点富硒农业有限公司

（续表）

品种名称	审定编号	选育单位	品种名称	审定编号	选育单位
淮稻59	苏审稻20220051	淮安市农业科技实业总公司等	扬大4号	苏审稻20220052	扬州江春粮食科技有限公司等
天隆粳1830	苏审稻20220053	江苏天隆科技有限公司	丰粳200	苏审稻20220054	江苏神农大丰种业科技有限公司等
连糯1180	苏审稻20220055	连云港市农业科学院	苏秀848	苏审稻20220056	江苏苏乐农作物育种有限公司
莹香1号	苏审稻20220057	江苏（武进）水稻研究所等	南粳8911	苏审稻20220058	江苏省农业科学院粮食作物研究所等
金单粳8917	苏审稻20220059	常州市金坛种子有限公司等	苏粳4699	苏审稻20220060	江苏太湖地区农业科学研究所
武香粳100	苏审稻20220061	江苏中江种业股份有限公司等	上农粳219	苏审稻20220062	中垦种业股份有限公司
武运粳962	苏审稻20220063	中垦种业股份有限公司等	软玉7276	苏审稻20220064	江苏越千凡农业科技发展有限公司等
常优粳1818	苏审稻20220065	连云港市农业科学院等	常优粳158	苏审稻20220066	江苏中江种业股份有限公司等
春糯22	苏审稻20220067	淮安春天种业科技有限公司	扬粳糯6号	苏审稻20220068	江苏里下河地区农业科学研究所
丰粳香糯	苏审稻20220069	江苏神农大丰种业科技有限公司	金陵香糯1号	苏审稻20220070	江苏省农业科学院粮食作物研究所等
徽两优001	苏审稻20220071	安徽理想种业有限公司等	徽两优898	苏审稻20220072	安徽荃银高科种业股份有限公司等
两优8106	苏审稻20220073	安徽荃银高科种业股份有限公司	苏秀867	苏审稻20220074	嘉兴市农业科学研究院
淮稻5号	苏审稻20220075	江苏徐淮地区淮阴农业科学研究所	苏香粳100	苏审稻20220076	江苏太湖地区农业科学研究所
闵优127	沪审稻2022001	上海市闵行区农业技术服务中心等	申优R1	沪审稻2022002	上海市农业科学院
申优R2	沪审稻2022003	上海农科种子种苗有限公司等	嘉优10号	沪审稻2022004	浙江禾天下种业股份有限公司等
松香粳1855	沪审稻2022005	上海市松江区农业技术推广中心	青香软20	沪审稻2022006	上海市青浦区农业技术推广服务中心等
崇尚2022	沪审稻2022007	上海崇明种子有限公司等	沪软玉1号	沪审稻2022008	中垦种业股份有限公司等
武香粳6622	沪审稻2022009	江苏（武进）水稻研究所等	沪香糯1911	沪审稻2022010	上海市农业科学院
浙1831	浙审稻R2022001	浙江省农业科学院作物与核技术利用研究所	台科早3号	浙审稻R2022002	台州市农业科学研究院等
金早51	浙审稻R2022003	金华市农业科学研究院	秀水1813	浙审稻R2022004	嘉兴市农业科学研究院

（续表）

品种名称	审定编号	选育单位	品种名称	审定编号	选育单位
春江糯 7 号	浙审稻 R2022005	中国水稻研究所等	嘉禾 567	浙审稻 R2022006	浙江禾天下种业股份有限公司等
浙大香雪糯	浙审稻 R2022007	浙江大学原子核农业科学研究所等	春江 171	浙审稻 R2022008	中国水稻研究所
申诚优 913	浙审稻 R2022009	杭州众诚农业科技有限公司等	宁优 799	浙审稻 R2022010	宁波市农业科学研究院
秀优 6 号	浙审稻 R2022011	嘉兴市农业科学研究院	甬优 69	浙审稻 R2022012	宁波种业股份有限公司
春优 83	浙审稻 R2022013	中国水稻研究所	浙杭优 220	浙审稻 R2022014	杭州种业集团有限公司等
甬优 1520	浙审稻 R2022015	宁波种业股份有限公司等	华中优 8 号	浙审稻 R2022016	浙江勿忘农种业股份有限公司等
浙粳优 3 号	浙审稻 R2022017	浙江省农业科学院作物与核技术利用研究所等	浙两优 7854	浙审稻 R2022018	浙江农科种业有限公司等
广 8 优 4856	浙审稻 R2022019	台州市农业科学研究院等	深两优 B33	浙审稻 R2022020	中国水稻研究所等
中浙优 194	浙审稻 R2022021	中国水稻研究所等	泰两优美丝	浙审稻 R2022022	浙江科原种业科学研究有限公司等
浙大两优丝苗	浙审稻 R2022023	浙江大学原子核农业科学研究所	华浙优 210	浙审稻 R2022024	中国水稻研究所等
泰两优粤禾丝苗	浙审稻 R2022025	浙江科原种业有限公司等	钱 6 优 688	浙审稻 R2022026	浙江大学农业与生物技术学院等
广优富占	浙审稻 R2022027	中国水稻研究所等	C 两优 1734	浙审稻 R2022028	中国水稻研究所等
浙粳 122	浙审稻 R2022029	浙江省农业科学院作物与核技术利用研究所等	浙粳 105	浙审稻 R2022030	浙江省农业科学院作物与核技术利用研究所等
新禾香 1 号	浙审稻 R2022031	嘉兴市农业科学研究院等	甬优 79	浙审稻 R2022032	宁波种业股份有限公司
春优 167	浙审稻 R2022033	中国水稻研究所等	甬优 50	浙审稻 R2022034	宁波种业股份有限公司等
华浙 3A	浙审稻 R（不育系）2022001	中国水稻研究所等	华中 2A	浙审稻 R（不育系）2022002	浙江勿忘农种业股份有限公司
嘉 74A	浙审稻 R（不育系）2022003	嘉兴市农业科学研究院	双 4831A	浙审稻 R（不育系）2022004	金华三才种业公司等
浙大粳 1A	浙审稻 R（不育系）2022005	浙江大学原子核农业科学研究所	浙大高直 1A	浙审稻 R（不育系）2022006	浙江大学原子核农业科学研究所等
宁 84A	浙审稻 R（不育系）2022007	宁波市农业科学研究院	甬粳 17A	浙审稻 R（不育系）2022008	宁波种业股份有限公司

（续表）

品种名称	审定编号	选育单位	品种名称	审定编号	选育单位
甬粳 54A	浙审稻 R（不育系）2022009	宁波种业股份有限公司	甬粳 68A	浙审稻 R（不育系）2022010	宁波种业股份有限公司
甬粳 88A	浙审稻 R（不育系）2022011	宁波种业股份有限公司	秀 114A	浙审稻 R（不育系）2022012	嘉兴市农业科学研究院
秀水香 1 号 A	浙审稻 R（不育系）2022013	嘉兴市农业科学研究院	浙粳 8A	浙审稻 R（不育系）2022014	浙江省农业科学院作物与核技术利用研究所等
中香 20A	浙审稻 R（不育系）2022015	中国水稻研究所	嘉锡 A	浙审稻 R（不育系）2022016	浙江大学作物科学研究所等
嘉 1S	浙审稻 R（不育系）2022017	嘉兴市农业科学研究院等	陵两优 737	赣审稻 20220001	江西农嘉种业有限公司等
现早 926	赣审稻 20220002	江西现代种业股份有限公司	浙两优 9745	赣审稻 20220003	浙江省农业科学院作物与核技术利用研究所等
洪崖早 2 号	赣审稻 20220004	江西洪崖种业有限责任公司	启两优 1639	赣审稻 20220005	江西兴安种业有限公司
金早 28	赣审稻 20220006	江西金山种业有限公司	早籼 14	赣审稻 20220007	江西农业大学农学院
甬籼 844	赣审稻 20220008	江西兴安种业有限公司等	株两优 258	赣审稻 20220009	江西科源种业有限公司等
赣菌稻 1 号	赣审稻 20220010	江西省农业科学院水稻研究所等	安优 162	赣审稻 20220011	江西汇丰源种业有限公司等
壮优 381	赣审稻 20220012	江西科源种业有限公司	金珍优早丝	赣审稻 20220013	江西金山种业有限公司等
万象优 337	赣审稻 20220014	江西红一种业科技股份有限公司等	汇两优 1 号	赣审稻 20220015	江西汇丰源种业有限公司
桔两优京贵占	赣审稻 20220016	江西先农种业有限公司	唯两优航 1573	赣审稻 20220017	江西省超级水稻研究发展中心等
扬籼优 968	赣审稻 20220018	江西现代种业股份有限公司等	乾两优 19 香	赣审稻 20220019	江西科源种业有限公司等
洪崖中占	赣审稻 20220020	江西洪崖种业有限责任公司	宸两优菲丝	赣审稻 20220021	江西金山种业有限公司等
华籼糯 8 号	赣审稻 20220022	江西农喜农业科技有限公司等	千乡优 991	赣审稻 20220023	四川省内江市农业科学院
金珍优瑞丝	赣审稻 20220024	江西金山种业有限公司等	金珍优亚美丝	赣审稻 20220025	江西金山种业有限公司等
长田优 8 号	赣审稻 20220026	江西红一种业科技股份有限公司等	启两优 1810	赣审稻 20220027	江西兴安种业有限公司
上优香 8	赣审稻 20220028	广西恒茂农业科技有限公司等	扬泰优 208	赣审稻 20220029	江西农业大学农学院

（续表）

品种名称	审定编号	选育单位	品种名称	审定编号	选育单位
昱香两优 8 号	赣审稻 20220030	广西恒茂农业科技有限公司等	野香优宏伟丝苗	赣审稻 20220031	江西天稻粮安种业有限公司等
万象优 933	赣审稻 20220032	江西红一种业科技股份有限公司	昌乡优 1650	赣审稻 20220033	江西天涯种业有限公司等
早两优 8208	赣审稻 20220034	上海市农业生物基因中心	馥香两优 19 香	赣审稻 20220035	江西科源种业有限公司等
粮发香丝	赣审稻 20220036	广西恒茂农业科技有限公司等	华创质美	赣审稻 20220037	江西省农喜农业科技有限公司等
晶 1 优 1068	赣审稻 20220038	广西百香高科种业有限公司	软华优金丝	赣审稻 20220039	广东华农大种业有限公司等
秜禾香	赣审稻 20220040	新干县农业产业发展中心等	九谷 1 号	赣审稻 20220041	江西省超级水稻研究发展中心
赣长粳 6 号	赣审稻 20220042	江西省农业科学院水稻研究所	昌盛优臻丝苗	赣审稻 20220043	江西天涯种业有限公司等
原香优 361	赣审稻 20220044	广西象州黄氏水稻研究所	青香优臻丝苗	赣审稻 20220045	江西天涯种业有限公司等
霭香优 1068	赣审稻 20220046	广西百香高科种业有限公司	昌乡 1555A	赣审稻 20220047	江西天涯种业有限公司
元香 A	赣审稻 20220048	江西省超级水稻研究发展中心	唯 S	赣审稻 20220049	江西天稻粮安种业有限公司等
玖两优 164	闽审稻 20220001	福建旺福农业发展有限公司等	恒丰优金丝苗	闽审稻 20220002	广东粤良种业有限公司
金泰优 676	闽审稻 20220003	福建省农业科学院水稻研究所等	宛两优 2165	闽审稻 20220004	福建省农业科学院水稻研究所等
山两优玉丝	闽审稻 20220005	福建农乐种业有限公司等	禾两优明占	闽审稻 20220006	福建农林大学农学院等
禾两优 366	闽审稻 20220007	福建农林大学农学院等	荃优 1131	闽审稻 20220008	福建农林大学农学院等
两优 568	闽审稻 20220009	福建省南平市农业科学研究所	荟丰优 3585	闽审稻 20220010	福建省农业科学院生物技术研究所等
两优 7016	闽审稻 20220011	福建省农业科学院生物技术研究所	恒丰优 929	闽审稻 20220012	广西兆和种业有限公司
稳两优 6397	闽审稻 20220013	福建省农业科学院水稻研究所等	祥源优 151	闽审稻 20220014	福建旺穗种业有限公司等
浙杭优 K202	闽审稻 20220015	浙江省农业科学院作物与核技术应用研究所等	菁两优 533	闽审稻 20220016	科荟种业股份有限公司等
911 优臻占	闽审稻 20220017	三明市农业科学研究院等	明 6 优明占	闽审稻 20220018	三明市农业科学研究院
君优 811	闽审稻 20220019	武夷山科力兴种业有限公司	两优 811	闽审稻 20220020	武夷山科力兴种业有限公司
广 8 优 699	闽审稻 20220021	福建省农业科学院水稻研究所等	野香优 203	闽审稻 20220022	福建禾丰种业股份有限公司等

（续表）

品种名称	审定编号	选育单位	品种名称	审定编号	选育单位
明太优 2803	闽审稻 20220023	福建六三种业有限责任公司等	紫两优润香	闽审稻 20220024	福建农林大学农产品品质研究所等
福兴优靓占	闽审稻 20220025	福建农林大学农学院等	银两优 2050	闽审稻 20220026	福建农林大学农学院等
君两优 1 号	闽审稻 20220027	福建省南平市农业科学研究所等	野香优 212	闽审稻 20220028	福建省农业科学院水稻研究所等
隆晶优 212	闽审稻 20220029	福建省农业科学院水稻研究所等	元两优 6028	闽审稻 20220030	福建省农业科学院水稻研究所
澜优 151	闽审稻 20220031	福建省农业科学院水稻研究所	潢优 676	闽审稻 20220032	福建禾丰种业股份有限公司等
糯两优红九	闽审稻 20220033	福建旺穗种业有限公司等	启源优 07	闽审稻 20220034	福建旺穗种业有限公司等
遂两优 9816	闽审稻 20220035	福建亚丰种业有限公司等	荟丰优 533	闽审稻 20220036	科荟种业股份有限公司
东联红 2 号	闽审稻 20220037	南安市码头东联农业科技示范场	山两优 186	闽审稻 20220038	三明市农业科学研究院等
野香优 112	闽审稻 20220039	厦门大学生命科学学院等	泸香优香占	闽审稻 20220040	永富农业科技有限公司等
金龙优 607	闽审稻 20220041	中国种子集团有限公司等	野香优 988	闽审稻 20220042	福建君和生物科技有限公司
福泰优 325	闽审稻 20220043	福建吉奥种业有限公司等	元两优 269	闽审稻 20220044	福建六三种业有限责任公司等
明太优 633	闽审稻 20220045	福建六三种业有限责任公司等	广 8 优红 355	闽审稻 20220046	福建农林大学农学院等
紫两优 3191	闽审稻 20220047	福建农林大学农学院	禾两优君红丝苗	闽审稻 20220048	福建农林大学农学院等
野香优 7008	闽审稻 20220049	福建农林大学农学院等	稔两优 6057	闽审稻 20220050	福建省农业科学院水稻研究所
福泰优 1 号	闽审稻 20220051	福建省农业科学院水稻研究所等	福泰优 3 号	闽审稻 20220052	福建省农业科学院水稻研究所等
秋两优 1616	闽审稻 20220053	海南波莲水稻基因科技有限公司	81 优 34	闽审稻 20220054	金华市农业科学研究院
荟丰优 615	闽审稻 20220055	科荟种业股份有限公司	菁两优 636	闽审稻 20220056	科荟种业股份有限公司等
宁 12 优 156	闽审稻 20220057	宁德市农业科学研究所	明 1 优红 21	闽审稻 20220058	宁德市农业科学研究所等
野香优 707	闽审稻 20220059	泉州市农业科学研究所等	野香优 711	闽审稻 20220060	泉州市农业科学研究所等
神 9 优明占	闽审稻 20220061	三明市农业科学研究院等	广优 151	闽审稻 20220062	三明市农业科学研究院
荃优 203	闽审稻 20220063	厦门大学生命科学学院等	E 两优 278	闽审稻 20220064	厦门市力创农作物科学研究所等

（续表）

品种名称	审定编号	选育单位	品种名称	审定编号	选育单位
晶红优 52	闽审稻 20220065	重庆市农业科学院	野香优 6866	闽审稻 20220066	福建禾丰种业股份有限公司等
野香优雅珍	闽审稻 20220067	福建禾丰种业股份有限公司等	闽诚稻 7 号	闽审稻 20220068	福建闽诚农业发展有限公司等
秾谷优 636	闽审稻 20220069	福建农科农业良种开发有限公司等	福兴优黄华占	闽审稻 20220070	福建农林大学农学院等
川种优 3560	闽审稻 20220071	福建农林大学农学院等	恒丰优 219	闽审稻 20220072	福建农林大学农学院等
福兴优明占	闽审稻 20220073	福建农林大学农学院等	福兴优粤禾丝苗	闽审稻 20220074	福建农林大学农学院等
旺优 2918	闽审稻 20220075	福建神农大丰种业科技有限公司等	N 两优 32	闽审稻 20220076	福建省南平市农业科学研究所
君两优 318	闽审稻 20220077	福建省南平市农业科学研究所等	聚两优 685	闽审稻 20220078	福建省农业科学院生物技术研究所等
茉两优 618	闽审稻 20220079	福建省农业科学院生物技术研究所等	青阳 3 号	闽审稻 20220080	福建省农业科学院生物技术研究所
元两优 1179	闽审稻 20220081	福建省农业科学院水稻研究所等	野香优 683	闽审稻 20220082	福建省农业科学院水稻研究所等
福元优 2165	闽审稻 20220083	福建省农业科学院水稻研究所	茂香优 2165	闽审稻 20220084	福建省农业科学院水稻研究所
虹两优 2165	闽审稻 20220085	福建省农业科学院水稻研究所	永兴优香粘	闽审稻 20220086	福建省农业科学院水稻研究所等
杉谷优 636	闽审稻 20220087	科荟种业股份有限公司等	佳谷优 404	闽审稻 20220088	泉州市农业科学研究所
福兴优臻占	闽审稻 20220089	三明市农业科学研究院等	明太优 1831	闽审稻 20220090	三明市农业科学研究院等
夷优 101	闽审稻 20220091	武夷山科力兴种业有限公司	金杭优 185	闽审稻 20220092	厦门大学生命科学学院
运邦 63S	闽审稻 20220093	福建六三种业有限责任公司	辰 S	闽审稻 20220094	福建农乐种业有限公司
福紫糯 3S	闽审稻 20220095	福建农林大学农学院	红 17S	闽审稻 20220096	福建省南平市农业科学研究所
古 S	闽审稻 20220097	福建省农业科学院水稻研究所	集 S	闽审稻 20220098	福建省农业科学院水稻研究所
墨 S	闽审稻 20220099	福建省农业科学院水稻研究所	稔 S	闽审稻 20220100	福建省农业科学院水稻研究所
宛 S	闽审稻 20220101	福建省农业科学院水稻研究所	针桂 S	闽审稻 20220102	福建双海种业科技有限公司
荣华 S	闽审稻 20220103	福建双海种业科技有限公司	闽晶 S	闽审稻 20220104	福建双海种业科技有限公司
华元 3S	闽审稻 20220105	科荟种业股份有限公司	明 8S	闽审稻 20220106	三明市农业科学研究院

品种名称	审定编号	选育单位	品种名称	审定编号	选育单位
明德 S	闽审稻 20220107	三明市农业科学研究院	福元 A	闽审稻 20220108	福建省农业科学院水稻研究所
榕泰 1A	闽审稻 20220109	福建省农业科学院水稻研究所	思源 A	闽审稻 20220110	福建省农业科学院水稻研究所
祥源 A	闽审稻 20220111	福建省农业科学院水稻研究所	浦乡 A	闽审稻 20220112	福建双海种业科技有限公司
瑜湘 A	闽审稻 20220113	福建双海种业科技有限公司	金杭 A	闽审稻 20220114	厦门大学生命科学学院
凯丰 1120	皖审稻 20220001	安徽凯利种业有限公司等	筑两优 27 占	皖审稻 20220002	贵州筑农科种业有限责任公司等
鹏优 1269	皖审稻 20220003	合肥丰乐种业股份有限公司等	绿两优 878	皖审稻 20220004	安徽绿雨种业股份有限公司
7 两优早 2 号	皖审稻 20220005	合肥五仁禾农业科技有限公司	两优 3102	皖审稻 20220006	安徽省农业科学院水稻研究所等
粤丝占	皖审稻 20220007	江西现代种业股份有限公司	徽两优 27 占	皖审稻 20220008	贵州筑农科种业有限责任公司等
悦江两优 688	皖审稻 20220009	安徽省农业科学院水稻研究所等	两优 7968	皖审稻 20220010	安徽省农业科学院水稻研究所
隆两优 3703	皖审稻 20220011	袁隆平农业高科技股份有限公司等	C 两优 108	皖审稻 20220012	安徽正丰农业科技有限公司等
D 两优 5348	皖审稻 20220013	湖南隆平高科种业科学研究院有限公司等	侬两优 999	皖审稻 20220014	安徽侬多丰农业科技有限公司
两优 1702	皖审稻 20220015	安徽省农业科学院水稻研究所等	中籼 138	皖审稻 20220016	安徽省农业科学院水稻研究所
徽两优 1801	皖审稻 20220017	安徽华赋农业发展有限公司等	川优 1728	皖审稻 20220018	安徽省农业科学院水稻研究所
春优 931	皖审稻 20220019	浙江农科种业有限公司等	科辐粳 109	皖审稻 20220020	中国科学院合肥物质科学研究院
W028	皖审稻 20220021	南京农业大学水稻研究所等	绿香粳 28	皖审稻 20220022	安徽省农业科学院水稻研究所
甬优 1847	皖审稻 20220023	宁波市种子有限公司	徽粳 805	皖审稻 20220024	安徽省农业科学院水稻研究所
雨两优梦占	皖审稻 20220025	安徽绿雨种业股份有限公司	徽粳 804	皖审稻 20220026	安徽省农业科学院水稻研究所
徽粳 802	皖审稻 20220027	安徽省农业科学院水稻研究所	东粳 1316	皖审稻 20220028	安徽东亚富友种业有限公司等
宣粳 6 号	皖审稻 20220029	宣城市种植业管理服务中心	天禾糯 1 号	皖审稻 20220030	天禾农业科技集团股份有限公司
宣粳糯 7 号	皖审稻 20220031	宣城市种植业局	早籼 1205	皖审稻 20221001	马鞍山神农种业有限责任公司
早优 1801	皖审稻 20221002	马鞍山神农种业有限责任公司	中佳早 86	皖审稻 20221003	安徽荃银高科种业股份有限公司等

品种名称	审定编号	选育单位	品种名称	审定编号	选育单位
N 两优 8424	皖审稻 20221004	安徽赛诺种业有限公司	五乡优丝占	皖审稻 20221005	江西科源种业有限公司等
冈 8 优 99	皖审稻 20221006	安徽凯利种业有限公司等	登两优 22	皖审稻 20221007	滁州登农农业科技有限公司
登两优 333	皖审稻 20221008	滁州登农农业科技有限公司	科两优 122	皖审稻 20221009	安徽科道农业科技有限公司
两优瑞星占	皖审稻 20221010	安徽瑞稻种业科技有限公司等	徽两优 517	皖审稻 20221011	安徽五星农业科技有限公司等
晶祥优针丝苗	皖审稻 20221012	安徽五星农业科技有限公司等	星两优 137	皖审稻 20221013	安徽五星农业科技有限公司等
豪优丝苗	皖审稻 20221014	安徽国豪农业科技有限公司	灵两优瑞占	皖审稻 20221015	合肥国丰农业科技有限公司
台两优粤禾丝苗	皖审稻 20221016	广东省农业科学院水稻研究所等	万两优 1226	皖审稻 20221017	安徽台沃农业科技有限公司等
扬籼优 977	皖审稻 20221018	安徽丰大农业科技有限公司等	桃优 89	皖审稻 20221019	湖南北大荒种业科技有限责任公司等
齐两优玉丝	皖审稻 20221020	安徽华韵生物科技有限公司等	黄柳香占	皖审稻 20221021	安徽兆和种业有限公司
特香占	皖审稻 20221022	安徽兆和种业有限公司	万象优 982	皖审稻 20221023	江西红一种业科技股份有限公司
赞洁两优 2 号	皖审稻 20221024	安徽理想种业有限公司	裕晶优丝占	皖审稻 20221025	安徽喜多收种业科技有限公司
禾香丝苗	皖审稻 20221026	安徽喜多收种业科技有限公司等	两优 6068	皖审稻 20221027	宇顺高科种业股份有限公司
弋两优 1849	皖审稻 20221028	芜湖青弋江种业有限公司	缘两优晶香丝苗	皖审稻 20221029	安徽兆和种业有限公司等
两优五山丝苗	皖审稻 20221030	安徽锦色秀华农业科技有限公司等	勤两优 658	皖审稻 20221031	安徽理想种业有限公司
勤两优 2028	皖审稻 20221032	安徽理想种业有限公司	多两优香丝苗	皖审稻 20221033	安徽喜多收种业科技有限公司
钻两优 7041	皖审稻 20221034	安徽喜多收种业科技有限公司	喜两优裕禾丝苗	皖审稻 20221035	安徽喜多收种业科技有限公司
钻两优 0688	皖审稻 20221036	安徽喜多收种业科技有限公司	均两优 106	皖审稻 20221037	安徽喜多收种业科技有限公司
均两优晶占	皖审稻 20221038	安徽喜多收种业科技有限公司	喜两优晶香丝占	皖审稻 20221039	安徽喜多收种业科技有限公司
多两优香丝占	皖审稻 20221040	安徽喜多收种业科技有限公司	赞洁两优 1 号	皖审稻 20221041	安徽理想种业有限公司
两优 262	皖审稻 20221042	安徽省创富种业有限公司	瑞两优 851	皖审稻 20221043	安徽国瑞种业有限公司等
两优 1573	皖审稻 20221044	安徽国豪农业科技有限公司	科占 9 号	皖审稻 20221045	安徽荃银种业科技有限公司等

（续表）

品种名称	审定编号	选育单位	品种名称	审定编号	选育单位
两优 8341	皖审稻 20221046	武汉大学	怡两优粤标 5 号	皖审稻 20221047	安徽荃丰种业科技 有限公司等
徽两优粤标 5 号	皖审稻 20221048	安徽荃丰种业科技 有限公司等	天两优 6356	皖审稻 20221049	安徽新安种业有限 公司
徽两优晶丝	皖审稻 20221050	屯丰种业科技有限 公司	更香优 703	皖审稻 20221051	广西绿海种业有限 公司
野香优甜丝	皖审稻 20221052	广西绿海种业有限 公司	野香优油丝	皖审稻 20221053	广西绿海种业有限 公司
武美占	皖审稻 20221054	安徽枝柳农业科技 有限公司等	昱香两优 香丝	皖审稻 20221055	广西恒茂农业科技 有限公司等
科两优丝苗	皖审稻 20221056	安徽酷科生物科技 有限公司	酷秀莉占	皖审稻 20221057	安徽酷科生物科技 有限公司
酷两优丝苗	皖审稻 20221058	安徽酷科生物科技 有限公司	徽占 499	皖审稻 20221059	安徽省农业科学院 水稻研究所等
永乐 908	皖审稻 20221060	合肥市永乐水稻研 究所等	生两优 5603	皖审稻 20221061	安徽省农业科学院 水稻研究所
深两优 856	皖审稻 20221062	安徽省农业科学院 水稻研究所	皖两优 47	皖审稻 20221063	安徽省农业科学院 水稻研究所
Z 两优 9727	皖审稻 20221064	安徽省农业科学院 水稻研究所	Z 两优丝苗	皖审稻 20221065	安徽省农业科学院 水稻研究所
T 两优 811	皖审稻 20221066	安徽蓝田农业开发 有限公司等	T 两优 850	皖审稻 20221067	安徽省农业科学院 水稻研究所等
徽两优 857	皖审稻 20221068	安徽荃银高科种业 股份有限公司等	两优 6176	皖审稻 20221069	安徽省农业科学院 水稻研究所
原谷香丝	皖审稻 20221070	安徽原谷公社生态 农业科技有限公 司等	太两优珍香	皖审稻 20221071	安徽原谷公社生态 农业科技有限公司
永乐 918	皖审稻 20221072	合肥永乐水稻研 究所	未两优 2025	皖审稻 20221073	安徽未来种业有限 公司
长两优丝苗	皖审稻 20221074	合肥科翔种业研 究所	文两优 87	皖审稻 20221075	合肥韧之农业技术 研究所（普通合 伙）等
刚两优 678	皖审稻 20221076	合肥科翔种业研 究所	扬籼优 905	皖审稻 20221077	合肥科翔种业研 究所
九两优 9 号	皖审稻 20221078	安徽原谷公社生态 农业科技有限公 司等	扬两优 812	皖审稻 20221079	安徽未来种业有限 公司等
糯星 6 号	皖审稻 20221080	安徽绿洲农业发展 有限公司	糯星 7 号	皖审稻 20221081	安徽绿洲农业发展 有限公司
金丰糯	皖审稻 20221082	合肥科源农业科学 研究所	红宝粳 1 号	皖审稻 20221083	南陵县红宝种业有 限公司等
富糯 6 号	皖审稻 20221084	安徽恒祥种业有限 公司	紫金糯 1 号	皖审稻 20221085	安徽恒祥种业有限 公司等

品种名称	审定编号	选育单位	品种名称	审定编号	选育单位
金禾粳优1702	皖审稻20221086	安徽荃银种业科技有限公司等	金禾粳868	皖审稻20221087	安徽春禾种业有限公司等
皖垦糯1619	皖审稻20221088	安徽皖垦种业股份有限公司	徽粳865	皖审稻20221089	安徽省农业科学院水稻研究所
徽粳836	皖审稻20221090	天长市新禾种业有限公司等	徽香粳77	皖审稻20221091	安庆市稼元农业科技有限公司等
徽粳882	皖审稻20221092	安庆市稼元农业科技有限公司等	徽粳糯903	皖审稻20221093	安徽省农业科学院水稻研究所
当育粳1608	皖审稻20221094	马鞍山神农种业有限责任公司等	糯星5号	皖审稻20221095	安徽绿洲农业发展有限公司
华粳K1	皖审稻20221096	合肥科翔种业研究所	糯星4号	皖审稻20221097	安徽绿洲农业发展有限公司
糯星1号	皖审稻20221098	安徽绿洲农业发展有限公司	糯星2号	皖审稻20221099	安徽绿洲农业发展有限公司
徽绿糯2号	皖审稻20221100	安徽绿洲农业发展有限公司	徽绿糯3号	皖审稻20221101	安徽绿洲农业发展有限公司
徽育粳1号	皖审稻20221102	安徽绿洲农业发展有限公司	润稻118	皖审稻20221103	镇江润健农艺有限公司
芯粳228	皖审稻20221104	合肥丰乐种业股份有限公司等	皖粳糯1802	皖审稻20221105	安徽农业大学
徽科粳K78	皖审稻20221106	安徽省高科种业有限公司	金禾粳266	皖审稻20221107	安徽荃丰种业科技有限公司等
金禾粳288	皖审稻20221108	安徽真金彩种业有限责任公司等	徽香粳977	皖审稻20221109	安庆市稼元农业科技有限公司等
徽粳糯115	皖审稻20221110	安庆市稼元农业科技有限公司等	当禾621	皖审稻20221111	马鞍山神农种业有限责任公司等
徽粳902	皖审稻20221112	安徽省农业科学院水稻研究所	银糯19	皖审稻20221113	安徽省皖农种业有限公司
弋粳818	皖审稻20221114	芜湖青弋江种业有限公司	裕粳2号	皖审稻20221115	安徽喜多收种业科技有限公司
弋粳22	皖审稻20221116	芜湖青弋江种业有限公司等	皖粳808	皖审稻20222001	安徽农业大学
安红8号	皖审稻20222002	安徽农业大学	安红9号	皖审稻20222003	安徽农业大学
农黑9号	皖审稻20222004	安徽农业大学	兆粳688	皖审稻20222005	安徽兆和种业有限公司
兆粳糯188	皖审稻20222006	安徽兆和种业有限公司等	兆两优999	皖审稻20222007	安徽兆和种业有限公司等
旱优82	皖审稻20222008	合肥市丰宝农业科技服务有限公司等	皖旱两优25	皖审稻20222009	安徽省农业科学院水稻研究所
绿旱两优21	皖审稻20222010	安徽昊邦农业科技有限公司等	银两优洁田丝苗	皖审稻20222011	安徽荃银高科种业股份有限公司

品种名称	审定编号	选育单位	品种名称	审定编号	选育单位
荃广优 532	皖审稻 20222012	安徽荃银高科种业股份有限公司	荃广优丝苗	皖审稻 20222013	安徽荃银高科种业股份有限公司等
旱优 737	皖审稻 20222014	上海市农业生物基因中心等	旱优 981	皖审稻 20222015	上海市农业生物基因中心等
鑫两优香 128	皖审稻 20222016	合肥市友鑫生物技术研究中心等	鑫香糯 286	皖审稻 20222017	合肥市友鑫生物技术研究中心
苏垦 118	皖审稻 20222018	江苏省农业科学院粮食作物研究所	龙科 15077	皖审稻 20222019	安徽皖垦种业股份有限公司
申两优 412	皖审稻 20222020	安徽天谷农业科技有限公司等	申稻 249	皖审稻 20222021	上海天谷生物科技股份有限公司
旱优 157	皖审稻 20222022	安徽天谷农业科技有限公司等	旱优 196	皖审稻 20222023	安徽天谷农业科技有限公司等
金香优 598	皖审稻 20222024	安徽兆和种业有限公司	创两优晶丝苗	湘审稻 20220001	江西省天仁种业有限公司等
爽两优黄莉丝苗	湘审稻 20220002	湖南杂交水稻研究中心等	怀两优 8318	湘审稻 20220003	湖南裕创种业有限公司
荃优 9	湘审稻 20220004	长沙碧盈农业科技有限公司等	隆科两优 673	湘审稻 20220005	怀化职业技术学院等
赣优 18	湘审稻 20220006	怀化职业技术学院等	深和两优 2139	湘审稻 20220007	湖南杂交水稻研究中心
创两优 2815	湘审稻 20220008	湖南杂交水稻研究中心等	盛两优 358	湘审稻 20220009	湖南杂交水稻研究中心
蓝两优 1314	湘审稻 20220010	岳阳市金穗作物研究所等	玖两优 169	湘审稻 20220011	湖南杂交水稻研究中心等
旷两优 3430	湘审稻 20220012	袁氏种业高科技有限公司	泓两优 7228	湘审稻 20220013	湖南兴隆种业有限公司
泓两优 7484	湘审稻 20220014	湖南兴隆种业有限公司	平两优 5298	湘审稻 20220015	湖南兴隆种业有限公司
亘两优 6176	湘审稻 20220016	湖南兴隆种业有限公司	亘两优 2857	湘审稻 20220017	湖南兴隆种业有限公司
焱两优华占	湘审稻 20220018	湖南兴隆种业有限公司等	臻两优 4811	湘审稻 20220019	袁隆平农业高科技股份有限公司等
悦两优 8210	湘审稻 20220020	袁隆平农业高科技股份有限公司等	臻两优 1988	湘审稻 20220021	袁隆平农业高科技股份有限公司等
臻两优华宝	湘审稻 20220022	湖南亚华种业科学研究院等	华浙优 281	湘审稻 20220023	湖南金健种业科技有限公司等
呈两优 464	湘审稻 20220024	中国种子集团有限公司等	中两优 19	湘审稻 20220025	袁氏种业高科技有限公司
泓两优 50125	湘审稻 20220026	湖南兴隆种业有限公司	泓两优 6332	湘审稻 20220027	湖南兴隆种业有限公司
韵两优 50125	湘审稻 20220028	湖南兴隆种业有限公司	旗两优 7059	湘审稻 20220029	湖南兴隆种业有限公司

品种名称	审定编号	选育单位	品种名称	审定编号	选育单位
韵两优4876	湘审稻20220030	湖南兴隆种业有限公司	盼两优12	湘审稻20220031	湖南兴隆种业有限公司
伍两优6215	湘审稻20220032	袁隆平农业高科技股份有限公司等	C两优农39	湘审稻20220033	湖南金色农丰种业有限公司等
绿晶占	湘审稻20220034	深圳市金谷美香实业有限公司	珑香优4876	湘审稻20220035	湖南兴隆种业有限公司
昱香两优8号	湘审稻20220036	广西恒茂农业科技有限公司等	晖两优1102	湘审稻20220037	袁隆平农业高科技股份有限公司等
泰优1710	湘审稻20220038	湖南金色农丰种业有限公司等	昱香两优香丝	湘审稻20220039	广西恒茂农业科技有限公司等
明两优143	湘审稻20220040	国家杂交水稻工程技术研究中心	两优147	湘审稻20220041	湖南神州星锐种业科技有限公司
甬优8802	湘审稻20220042	宁波种业股份有限公司等	华湘油糯	湘审稻20220043	湖南粮安科技股份有限公司
中籼6410	湘审稻20220044	湖南省水稻研究所等	佳湘占	湘审稻20220045	湖南佳和种业股份有限公司
桔两优京贵占	湘审稻20220046	江西先农种业有限公司	穗湘丝苗	湘审稻20220047	湖南湘穗种业有限责任公司
常两优816	湘审稻20220048	湖南湘穗种业有限责任公司	常两优613	湘审稻20220049	湖南湘穗种业有限责任公司
君丝占	湘审稻20220050	湖南鑫盛华丰种业科技有限公司	甬优8822	湘审稻20220051	湖南正隆农业科技有限公司等
臻优149	湘审稻20220052	湖南金色农华种业科技有限公司	朝湘优2028	湘审稻20220053	湖南省水稻研究所等
贡香优丝占	湘审稻20220054	湖南袁创超级稻技术有限公司	芯香两优1751	湘审稻20220055	湖南金色农华种业科技有限公司等
原香优361	湘审稻20220056	广西象州黄氏水稻研究所	珍乡优149	湘审稻20220057	湖南金色农华种业科技有限公司
又香优雅丝香	湘审稻20220058	广西兆和种业有限公司	又香优龙丝苗	湘审稻20220059	广西兆和种业有限公司
野香优莉丝	湘审稻20220060	广西绿海种业有限公司	创香31	湘审稻20220061	湖南省水稻研究所等
盛优1314	湘审稻20220062	湖南鑫盛华丰种业科技有限公司等	青香优健香丝苗	湘审稻20220063	湖南永益农业科技发展有限公司等
玮两优0481	湘审稻20226001	袁隆平农业高科技股份有限公司等	臻两优2646	湘审稻20226002	袁隆平农业高科技股份有限公司等
臻两优3485	湘审稻20226003	袁隆平农业高科技股份有限公司等	平两优5号	湘审稻20226004	袁隆平农业高科技股份有限公司等
麟两优5298	湘审稻20226005	袁隆平农业高科技股份有限公司等	伍两优5368	湘审稻20226006	袁隆平农业高科技股份有限公司等
炫两优钰占	湘审稻20226007	袁隆平农业高科技股份有限公司等	振两优8549	湘审稻20226008	袁隆平农业高科技股份有限公司等

（续表）

品种名称	审定编号	选育单位	品种名称	审定编号	选育单位
晶沅优 4231	湘审稻 20226009	袁隆平农业高科技股份有限公司等	晶沅优蒂占	湘审稻 20226010	袁隆平农业高科技股份有限公司等
冠两优 5298	湘审稻 20226011	袁隆平农业高科技股份有限公司等	麟两优 07	湘审稻 20226012	袁隆平农业高科技股份有限公司等
腾两优 3485	湘审稻 20226013	袁隆平农业高科技股份有限公司等	琴两优 2871	鄂审稻 20220001	湖北大学
C 两优 361	鄂审稻 20220002	湖北农华生物科技有限公司等	E 两优 242	鄂审稻 20220003	湖北省农业科学院粮食作物研究所等
E 两优 287	鄂审稻 20220004	湖北汇楚智生物科技有限公司等	楚两优 983	鄂审稻 20220005	湖北楚创高科农业有限公司
襄两优 827	鄂审稻 20220006	襄阳市农业科学院等	源两优 9526	鄂审稻 20220007	武汉武大天源生物科技股份有限公司
凯两优 950	鄂审稻 20220008	湖北华泓种业科技有限公司	徽两优晶占	鄂审稻 20220009	湖北中苗农业科技有限公司等
铁两优 1503	鄂审稻 20220010	荆州市龙马种业有限公司	福优 9188	鄂审稻 20220011	武汉隆福康农业发展有限公司等
巨 2 优 90	鄂审稻 20220012	湖北省农业科学院粮食作物研究所等	巨 2 优 80	鄂审稻 20220013	宜昌市农业科学研究院等
冈特优 8024	鄂审稻 20220014	黄冈市农业科学院等	荃优 600	鄂审稻 20220015	中国水稻研究所等
旱优 786	鄂审稻 20220016	上海天谷生物科技股份有限公司	中禾优 1 号	鄂审稻 20220017	中国科学院遗传与发育生物学研究所等
楚糯 858	鄂审稻 20220018	武汉楚禾汇生物科技有限公司	楚糯 3 号	鄂审稻 20220019	湖北修楚农业发展有限公司等
郢两优鄂莹丝苗	鄂审稻 20220020	湖北九瑞康农业科技有限公司等	E 两优 188	鄂审稻 20220021	湖北省农业科学院粮食作物研究所等
华两优 2115	鄂审稻 20220022	华中农业大学	郢两优鄂晶丝苗	鄂审稻 20220023	武汉合缘绿色生物股份有限公司等
两优楚禾占	鄂审稻 20220024	武汉楚禾汇生物科技有限公司等	鄂晶丝苗	鄂审稻 20220025	湖北荃银高科种业有限公司
武广丝苗	鄂审稻 20220026	武汉恒楚丰农业科技有限公司	福稻 188	鄂审稻 20220027	武汉隆福康农业发展有限公司
广两优 1369	鄂审稻 20220028	恩施土家族苗族自治州农业科学院	宜香优 542	鄂审稻 20220029	恩施土家族苗族自治州农业科学院等
宜香优 646	鄂审稻 20220030	恩施土家族苗族自治州农业科学院等	宜香优 220	鄂审稻 20220031	恩施土家族苗族自治州农业科学院等
伍两优郢香丝苗	鄂审稻 20220032	湖北荃银高科种业有限公司	益 9 优 443	鄂审稻 20220033	黄冈市农业科学院等
香粳优 1582	鄂审稻 20220034	湖北中香农业科技股份有限公司等	汉粳 631	鄂审稻 20220035	武汉市农业科学院等
长农粳 2 号	鄂审稻 20220036	长江大学等	佳晚粳 75	鄂审稻 20220037	武汉佳禾生物科技有限责任公司

（续表）

品种名称	审定编号	选育单位	品种名称	审定编号	选育单位
荆粳 209	鄂审稻 20220038	荆州农业科学院等	襄粳 275	鄂审稻 20220039	宜城润禾现代农业有限公司等
楚两优 737	鄂审稻 20220040	湖北楚创生物育种研究院等	琴两优 998	鄂审稻 20220041	湖北大学
徽两优 1868	鄂审稻 20220042	武汉惠华三农种业有限公司	福两优 138	鄂审稻 20220043	武汉弘耕种业有限公司等
福两优 161	鄂审稻 20220044	荆州市福隆兴种业有限公司等	雨两优 71	鄂审稻 20220045	中垦锦绣华农武汉科技有限公司等
源两优 9590	鄂审稻 20220046	武汉武大天源生物科技股份有限公司	茶香优 1 号	鄂审稻 20220047	湖北谷神科技有限责任公司等
魅两优华丝苗	鄂审稻 20220048	湖北格利因生物科技有限公司等	魅两优 298	鄂审稻 20220049	湖北华之夏种子有限责任公司等
荆两优 8622	鄂审稻 20220050	湖北利众种业科技有限公司	E 两优 263	鄂审稻 20220051	湖北省农业科学院粮食作物研究所等
皖两优 88	鄂审稻 20220052	湖北惠民农业科技有限公司等	95 优 1 号	鄂审稻 20220053	湖北谷神科技有限责任公司等
楚乡丝	鄂审稻 20220054	湖北楚创生物育种研究院等	福兴占	鄂审稻 20220055	荆州市福隆兴种业有限公司等
华玉香丝	鄂审稻 20220056	湖北华之夏种子有限责任公司等	隆晶丝苗	鄂审稻 20220057	中垦锦绣华农武汉科技有限公司等
申稻 249	鄂审稻 20220058	武汉谷林丰生物科技有限公司等	中香丝苗	鄂审稻 20220059	湖北中香农业科技股份有限公司
金贵丝苗	鄂审稻 20220060	湖北惠民农业科技有限公司等	长粒粳 384	鄂审稻 20220061	湖北农业科学院粮食作物研究所等
楚华珍占	鄂审稻 20220062	华中农业大学	润香玉	鄂审稻 20220063	湖北省农业科学院粮食作物研究所等
泓两优 5848	鄂审稻 20220064	湖北惠民农业科技有限公司等	臻丰优 1615	鄂审稻 20220065	湖北惠民农业科技有限公司等
华两优 2816	鄂审稻 20220066	武汉惠华三农种业有限公司	E 两优 88	鄂审稻 20220067	湖北省农业科学院粮食作物研究所等
华两优 341	鄂审稻 20220068	华中农业大学	2413S	鄂审稻 20220069	武汉衍升农业科技有限公司
E 农 3S	鄂审稻 20220070	湖北省农业科学院粮食作物研究所等	华 634S	鄂审稻 20220071	华中农业大学
楚 68S	鄂审稻 20220072	武汉楚禾汇生物科技有限公司	箴 9311S	鄂审稻 20220073	湖北荃银高科种业有限公司
楚 18S	鄂审稻 20220074	湖北楚创高科农业有限公司	琴 02S	鄂审稻 20220075	湖北大学
琴 04S	鄂审稻 20220076	湖北大学	铁 S	鄂审稻 20220077	荆州市龙马种业有限公司
茶香 A	鄂审稻 20220078	湖北省农业科学院粮食作物研究所等	香粳 11A	鄂审稻 20220079	湖北中香农业科技股份有限公司等

品种名称	审定编号	选育单位	品种名称	审定编号	选育单位
229A	鄂审稻20220080	湖北省农业科学院粮食作物研究所	E927A	鄂审稻20220081	湖北省农业科学院粮食作物研究所等
冈特A	鄂审稻20220082	黄冈市农业科学院等	华光丝苗	鄂审稻20226001	湖北省种子集团有限公司等
黄糯1号	鄂审稻20226002	湖北省种子集团有限公司	珞九丝苗	鄂审稻20226003	湖北省种子集团有限公司等
江香优1518	渝审稻20220001	垫江县霸稻香水稻科学育种研究所等	长田优9号	渝审稻20220002	江西红一种业科技股份有限公司
泰优1138	渝审稻20220003	江西现代种业股份有限公司	师稻香6601	渝审稻20220004	重庆师范大学等
陵优716	渝审稻20220005	重庆三峡农业科学院等	西大8优24	渝审稻20220006	西南大学农学与生物科技学院
万55优56	渝审稻20220007	重庆三峡农业科学院	涪优1018	渝审稻20220008	重庆市渝东南农业科学院
Y两优1964	渝审稻20220009	湖南绿丰种业科技有限公司等	Q香优252	渝审稻20220010	重庆市农业科学院等
涪优6019	渝审稻20220011	重庆市渝东南农业科学院	陵香优122	渝审稻20220012	重庆市渝东南农业科学院
七香优亮丝	渝审稻20220013	重庆大爱种业有限公司	宜香优45	渝审稻20220014	重庆三峡农业科学院等
裕两优香占	渝审稻20220015	重庆大爱种业有限公司	巴6优132	渝审稻20220016	中国科学院遗传与发育生物学研究所等
原香优玉晶	渝审稻20220017	重庆大爱种业有限公司	色香优海丝	渝审稻20220018	重庆大爱种业有限公司等
渝优703	渝审稻20220019	重庆市农业科学院等	神9优129	渝审稻20220020	重庆市渝东南农业科学院等
渝红优651	渝审稻20220021	重庆市农业科学院等	西紫优2号	渝审稻20220022	西南大学农学与生物科技学院
渝红优689	渝审稻20220023	重庆市农业科学院等	西紫优3号	渝审稻20220024	西南大学农学与生物科技学院
万黑香17	渝审稻20220025	重庆三峡农业科学院	巴红稻2号	渝审稻20220026	重庆大学
师稻彩叶6号	渝审稻20220027	重庆师范大学	B3优丝苗	川审稻20220001	西南科技大学水稻研究所等
川华优71	川审稻20220002	绵阳市农业科学研究院等	金龙优308	川审稻20220003	四川农业大学等
旌16优丝苗	川审稻20220004	四川省农业科学院水稻高粱研究所等	甜香优2727	川审稻20220005	内江杂交水稻科技开发中心等
蜀乡优133	川审稻20220006	四川农业大学	神优9611	川审稻20220007	四川省农业科学院水稻高粱研究所等
双优4541	川审稻20220008	乐山市农业科学研究院等	荃9优6139	川审稻20220009	绵阳市农业科学研究院等

（续表）

品种名称	审定编号	选育单位	品种名称	审定编号	选育单位
蓉优 8329	川审稻 20220010	绵阳市农业科学研究院等	锦城优 2674	川审稻 20220011	成都市农林科学院作物研究所等
川优 8459	川审稻 20220012	四川省农业科学院作物研究所	珍优丝苗	川审稻 20220013	四川农业大学水稻研究所等
川农优 968	川审稻 20220014	南充市农业科学院等	蓉优 857	川审稻 20220015	绵阳市农业科学研究院等
川农优 8589	川审稻 20220016	四川农业大学	千乡优 101	川审稻 20220017	自贡市农业科学研究院等
蓉 18 优 516	川审稻 20220018	四川省农业科学院水稻高粱研究所等	蓉 5 优 339	川审稻 20220019	成都市农林科学院作物研究所
千乡优 626	川审稻 20220020	四川省内江市农业科学院	千乡优 5183	川审稻 20220021	四川农业大学水稻研究所等
蜀优 1278	川审稻 20220022	四川农业大学	锦城优 2115	川审稻 20220023	四川农业大学等
瑞优 8637	川审稻 20220024	四川天宇种业有限责任公司等	德优 6615	川审稻 20220025	四川省农业科学院水稻高粱研究所
花优 7991	川审稻 20220026	四川省农业科学院生物技术核技术研究所等	甜香优五山丝苗	川审稻 20220027	内江杂交水稻科技开发中心等
德优 6697	川审稻 20220028	四川省农业科学院水稻高粱研究所	花优金丝苗	川审稻 20220029	四川省农业科学院生物技术核技术研究所等
安香优丝苗	川审稻 20220030	内江杂交水稻科技开发中心等	德 6 优润禾	川审稻 20220031	四川省农业科学院水稻高粱研究所
旌优 505	川审稻 20220032	四川农业大学等	蓉优 2816	川审稻 20220033	四川农业大学等
锦城优 2119	川审稻 20220034	四川农业大学等	宜优 2408	川审稻 20220035	四川农业大学等
潢优粤禾丝苗	川审稻 20220036	福建省农业科学院水稻研究所等	早香优丝苗	川审稻 20220037	内江杂交水稻科技开发中心等
旌优 539	川审稻 20220038	四川农业大学水稻研究所等	旌早优 1 号	川审稻 20220039	四川农业大学水稻研究所等
千乡优 991	川审稻 20220040	四川省内江市农业科学院	泓达优雅禾	川审稻 20220041	四川农业大学等
川康优 787	川审稻 20222001	南充市农业科学院等	青香优 19 香	川审稻 20222002	广东鲜美种苗股份有限公司等
野香优 2115	川审稻 20222003	四川农业大学等	千乡优 673	川审稻 20222004	四川省农业科学院作物研究所等
惠和优 566	川审稻 20222005	四川农业大学	川康优 620	川审稻 20222006	南充市农业科学院等
锦城优 4245	川审稻 20222007	宜宾市农业科学院等	川康优粤禾丝苗	川审稻 20222008	四川台沃种业有限责任公司等

（续表）

品种名称	审定编号	选育单位	品种名称	审定编号	选育单位
忠香优雅禾	川审稻 20222009	成都天府农作物研究所等	酒都优586	川审稻 20222010	宜宾市农业科学院等
瑞优2115	川审稻 20222011	四川科瑞种业有限公司等	蜀优608	川审稻 20222012	四川农业大学
锦城优2117	川审稻 20222013	四川省润丰种业有限责任公司等	锦城优787	川审稻 20222014	四川种之灵种业有限公司等
锦城优蓁禾	川审稻 20222015	四川鑫源种业有限公司等	川康优5220	川审稻 20222016	四川科瑞种业有限公司等
玉龙优金占	川审稻 20222017	自贡均隆农作物科学研究所等	金龙优569	川审稻 20222018	四川农业大学等
Y两优475	川审稻 20222019	四川锦秀河山农业科技有限公司等	蜀优五山丝苗	川审稻 20222020	四川农业大学水稻研究所等
花优978	川审稻 20222021	四川华锐农业开发有限公司等	宜优8605	川审稻 20222022	宜宾市农业科学院
蜀优丝苗	川审稻 20222023	四川禾嘉新品地种业有限公司等	蓉5优674	川审稻 20222024	四川省蜀玉科技农业发展有限公司等
青香优033	川审稻 20222025	广东鲜美种苗股份有限公司	甜香优2595	川审稻 20222026	内江杂交水稻科技开发中心等
合香1号	川审稻 20222027	四川生命力种业有限公司等	金龙优505	川审稻 20222028	四川农业大学等
千优9123	川审稻 20222029	四川福糠农业科技有限公司等	恒丰优212	川审稻 20222030	福建省农业科学院水稻研究所等
川康优569	川审稻 20222031	四川农业大学等	恒丰优4541	川审稻 20222032	乐山市农业科学研究院等
野香优雅禾	川审稻 20222033	四川鼎盛和袖种业有限公司等	六优313	川审稻 20222034	四川农业大学水稻研究所等
千乡优6611	川审稻 20222035	乐山市农业科学研究院等	川农4优2079	川审稻 20222036	达州市农业科学研究院等
富民稻99	川审稻 20222037	四川荣春种业有限责任公司等	泰两优217	川审稻 20222038	浙江科原种业有限公司等
千乡优4336	川审稻 20222039	达州市农业科学研究院等	双1优600	川审稻 20222040	四川农业大学水稻研究所等
忠香优1号	川审稻 20222041	四川众智种业科技有限公司等	锦城优2275	川审稻 20222042	四川鑫源种业有限公司等
野香优308	川审稻 20222043	四川农业大学等	荃香优905	川审稻 20222044	四川农业大学等
万象优丰香1号	川审稻 20222045	广西南宁良农种业有限公司等	华两优1462	川审稻 20222046	成都天府农作物研究所等
广8优2115	川审稻 20222047	四川省蜀玉科技农业发展有限公司等	锦城优5212	川审稻 20222048	四川丰大种业有限公司等
华两优2581	川审稻 20222049	四川科荟生物科技有限公司等	恒两优玉占	川审稻 20222050	四川锦秀河山农业科技有限公司等

（续表）

品种名称	审定编号	选育单位	品种名称	审定编号	选育单位
千乡优 4245	川审稻 20222051	宜宾市农业科学院等	锦城优 313	川审稻 20222052	成都市农林科学院作物研究所
甜香优 1306	川审稻 20222053	内江杂交水稻科技开发中心等	汉两优 1622	川审稻 20222054	乐山市农业科学研究院等
甜优 2534	川审稻 20222055	四川荃银种业有限公司等	M 两优五山丝苗	川审稻 20222056	四川发生种业有限责任公司等
德优 7215	川审稻 20222057	西南科技大学水稻研究所等	千乡优 550	川审稻 20222058	四川农业大学水稻研究所等
泰优航 1573	川审稻 20222059	江西省超级水稻研究发展中心等	碧 9 优华占	川审稻 20222060	西南科技大学水稻研究所等
蓉 6 优清禾	川审稻 20222061	四川省华根禾生物技术有限责任公司等	泰丰优 10350	川审稻 20222062	四川省原子能研究院等
雅思优 134	川审稻 20222063	乐山市农业科学研究院等	嘉 2 优 968	川审稻 20222064	四川种之灵种业有限公司等
泰两优华占	川审稻 20222065	浙江国稻高科技有限公司等	禾 5 优 313	川审稻 20222066	四川禾嘉新品地种业有限公司等
雅康 1 优雅禾	川审稻 20222067	四川科瑞种业有限公司等	惠和优 181	川审稻 20222068	四川农业大学
碧优 4188	川审稻 20222069	西南科技大学水稻研究所	瑞优 5216	川审稻 20222070	四川科瑞种业有限公司等
蜀乡优 668	川审稻 20222071	崇州市蜀州水稻研究所等	早香优 538	川审稻 20222072	内江杂交水稻科技开发中心等
瑞优 5001	川审稻 20222073	四川科瑞种业有限公司	雅 8 优 2115	川审稻 20222074	四川科瑞种业有限公司等
泓达优 5218	川审稻 20222075	四川科瑞种业有限公司等	蓉优 528	川审稻 20222076	成都金卓农业股份有限公司等
荣紫糯	川审稻 20223001	四川农业大学等	荣糯 1 号	川审稻 20223002	四川农业大学等
荣粳糯	川审稻 20223003	四川农业大学等	川绿优 2182	川审稻 20223004	四川省农业科学院水稻高粱研究所等
爽两优 105	川审稻 20226001	西科农业集团股份有限公司等	忠香优 2115	川审稻 20226002	西科农业集团股份有限公司等
中优 6886	川审稻 20226003	西科农业集团股份有限公司等	兴农油占	川审稻 20226004	仲衍种业股份有限公司等
雅 9 优 5049	川审稻 20226005	西科农业集团股份有限公司等	川酿优 1 号	川审稻 20226006	西科农业集团股份有限公司等
瑞两优 958	川审稻 20226007	仲衍种业股份有限公司等	友香优 60	黔审稻 20220001	贵州更优农业科技有限公司
友两优 683	黔审稻 20220002	贵州友禾种业有限公司	玉龙优 4001	黔审稻 20220003	黔东南苗族侗族自治州农业科学院等
粮两优丝苗	黔审稻 20220004	湖南粮安科技股份有限公司等	G 优 597	黔审稻 20220005	贵州省水稻研究所等

品种名称	审定编号	选育单位	品种名称	审定编号	选育单位
Q 优 692	黔审稻 20220006	贵州省水稻研究所等	广 8 优 35	黔审稻 20220007	贵州兆丰种业有限公司等
贵丰优 998	黔审稻 20220008	贵州省水稻研究所等	黔优 1130	黔审稻 20220009	贵州省水稻研究所等
金龙优 308	黔审稻 20220010	四川农业大学等	宜香优 582	黔审稻 20220011	四川鑫盛卓源农业科技有限公司等
荃优 118	黔审稻 20220012	贵州省水稻研究所等	色香优莉丝	黔审稻 20220013	广西绿海种业有限公司
双优 785	黔审稻 20220014	贵州省水稻研究所等	U 两优 573	黔审稻 20220015	四川农业大学水稻研究所等
德优 1812	黔审稻 20220016	黔南州农业科学研究院等	广 8 优 1090	黔审稻 20220017	安顺市农业科学院等
泰丰优 1090	黔审稻 20220018	安顺市农业科学院等	金优香占	黔审稻 20220019	江苏金土地种业有限公司等
旌 7 优 1116	黔审稻 20220020	中国种子集团有限公司等	广 8 优 198	黔审稻 20220021	贵州兆丰种业有限责任公司等
Q 香优 352	黔审稻 20220022	重庆市农业科学院等	泰优 808	黔审稻 20220023	四川泰隆汇智生物科技有限公司等
双优 573	黔审稻 20220024	四川农业大学水稻研究所等	蜀优 975	黔审稻 20220025	四川农业大学水稻研究所等
广 8 优龙丝苗	黔审稻 20220026	广西兆和种业有限公司等	野香优 959	黔审稻 20220027	四川鼎盛和袖种业有限公司等
野香优 1701	黔审稻 20220028	四川鼎盛和袖种业有限公司等	野香优 9901	黔审稻 20220029	四川鼎盛和袖种业有限公司等
野香优油丝	黔审稻 20220030	广西绿海种业有限公司	广 8 优 165	黔审稻 20220031	广东省农业科学院水稻研究所等
友两优 228	黔审稻 20220032	贵州友禾种业有限公司	秋乡优 2 号	黔审稻 20220033	四川智慧高地种业有限公司
奥富优 287	黔审稻 20220034	湖南奥谱隆科技股份有限公司	六福优 977	黔审稻 20220035	湖南奥谱隆科技股份有限公司
糯两优 561	黔审稻 20220036	湖北中香农业科技股份有限公司等	乌蒙红 1 号	黔审稻 20220037	毕节市乌蒙杂粮科技有限公司
毕粳优 8 号	黔审稻 20220038	毕节市农业科学研究所	宁香粳 9 号	黔审稻 20220039	南京农业大学水稻研究所
瑞红优 175	黔审稻 20220040	贵州省水稻研究所等	金旱 1 号	黔审稻 20220041	贵州吉丰种业有限责任公司
高原红 3 号	黔审稻 20220042	贵州吉丰种业有限责任公司	昆粳 14 号	滇审稻 2022001	昆明市农业科学研究院等
岫粳 32 号	滇审稻 2022002	保山市农业科学研究所	岫粳 33 号	滇审稻 2022003	保山市农业科学研究所
楚粳 55 号	滇审稻 2022004	楚雄彝族自治州农业科学院	云航籼 2 号	滇审稻 2022005	云南省农业科学院粮食作物研究所

（续表）

品种名称	审定编号	选育单位	品种名称	审定编号	选育单位
云航籼 3 号	滇审稻 2022006	云南省农业科学院粮食作物研究所	保两优 284	滇审稻 2022007	保山市农业科学研究所
宜优 1908	滇审稻 2022008	蒙自市红云作物研究所等	红云优 3908	滇审稻 2022009	四川昌源种业有限公司等
鸿邦两优 6363	滇审稻 2022010	福建省三明市茂丰农业科技开发有限公司	遂两优臻占	滇审稻 2022011	福建旺穗种业有限公司等
内 9 优金占	滇审稻 2022012	四川昌源种业有限公司等	云两优 9922	滇审稻 2022013	云南省农业科学院粮食作物研究所
清优 676	滇审稻 2022014	福建省农业科学院水稻研究所等	瑞两优 712	滇审稻 2022015	福建省农业科学院水稻研究所等
甜香优 3115	滇审稻 2022016	四川省内江市农业科学院等	华浙优 26	滇审稻 2022017	中国水稻研究所等
华浙优 28	滇审稻 2022018	浙江勿忘农种业股份有限公司等	赣 73 优臻占	滇审稻 2022019	三明市农业科学研究院等
蜀乡优 294	滇审稻 2022020	四川农业大学水稻研究所等	Y 两优云 290	滇审稻 2022021	湖南杂交水稻研究中心等
台两优 802	滇审稻 2022022	四川台沃种业有限责任公司等	潢优 808	滇审稻 2022023	福建省农业科学院水稻研究所
内 6 优 5182	滇审稻 2022024	文山壮族苗族自治州农业科学院等	闽红两优 177	滇审稻 2022025	福建省农业科学院水稻研究所等
神农优红丝苗	滇审稻 2022026	福建旺穗种业有限公司等	红两优 8012	滇审稻 2022027	云南省农业科学院粮食作物研究所等
傣家小软谷	滇审稻 2022028	陇川县农业农村局	滇谷 1728	滇审稻 2022029	云南农业大学稻作研究所等
滇谷 1839	滇审稻 2022030	云南农业大学稻作研究所等	滇红 727	滇审稻 2022031	云南农业大学稻作研究所等
滇籼糯 17	滇审稻 2022032	云南农业大学稻作研究所等	和稻 16 号	滇审稻 2022033	蒙自和顺农业科技开发有限公司
红阳 3 号	滇审稻 2022034	红河哈尼族彝族自治州农业科学院	云资籼 22 号	滇审稻 2022035	云南省农业科学院生物技术与种质资源研究所等
云岭翠糯	滇审稻 2022036	云南农业大学稻作研究所	云粳 50 号	滇审稻 2022037	云南省农业科学院粮食作物研究所
傣毫糯 11 号	滇审稻 2022038	西双版纳傣族自治州绿色食品与乡村产业发展中心等	中科玉毫	滇审稻 2022039	中国科学院西双版纳热带植物园
中科西陆 10 号	滇审稻 2022040	中国科学院西双版纳热带植物园	黄广绿占	粤审稻 20220001	广东省农业科学院水稻研究所
粤珠占	粤审稻 20220002	广东省农业科学院水稻研究所等	黄粤莉占	粤审稻 20220003	广东省农业科学院水稻研究所
合莉早占	粤审稻 20220004	广东省农业科学院水稻研究所	莉农占	粤审稻 20220005	广东省农业科学院水稻研究所

（续表）

品种名称	审定编号	选育单位	品种名称	审定编号	选育单位
广源占 151 号	粤审稻 20220006	广州市农业科学研究院等	黄广泰占	粤审稻 20220007	广东省农业科学院水稻研究所
南秀美占	粤审稻 20220008	广东省农业科学院水稻研究所	白粤丝苗	粤审稻 20220009	广东省农业科学院植物保护研究所
野源占 2 号	粤审稻 20220010	佛山市农业科学研究所	黄广粳占	粤审稻 20220011	广东省农业科学院水稻研究所
珍晶占 7 号	粤审稻 20220012	广州市农业科学研究院等	南惠 1 号	粤审稻 20220013	广东省农业科学院水稻研究所
奇新丝苗	粤审稻 20220014	佛山市农业科学研究所	南桂新占	粤审稻 20220015	广东省农业科学院水稻研究所
粤糯 2 号	粤审稻 20220016	广东省农业科学院水稻研究所	合红占	粤审稻 20220017	广东省农业科学院水稻研究所
贡糯 1 号	粤审稻 20220018	广东省农业科学院水稻研究所	金恒优金丝苗	粤审稻 20220019	广东粤良种业有限公司
启源优 492	粤审稻 20220020	广东海洋大学等	中银优金丝苗	粤审稻 20220021	广东粤良种业有限公司
C 两优 557	粤审稻 20220022	湖南杂交水稻研究中心	裕优丝占	粤审稻 20220023	广东鲜美种苗股份有限公司
耕香优新丝苗	粤审稻 20220024	广东现代种业发展有限公司	金香优 301	粤审稻 20220025	肇庆学院、中国种子集团有限公司
勤两优华宝	粤审稻 20220026	湖南亚华种业科学研究院等	耕香优银粘	粤审稻 20220027	广东现代种业发展有限公司
银恒优金桂丝苗	粤审稻 20220028	广东粤良种业有限公司	台两优粤福占	粤审稻 20220029	广东省农业科学院水稻研究所等
莹两优 821	粤审稻 20220030	广东省农业科学院水稻研究所	中映优银粘	粤审稻 20220031	广东现代种业发展有限公司等
粤禾优 3628	粤审稻 20220032	广东华茂高科种业有限公司等	金香优 6 号	粤审稻 20220033	中国种子集团有限公司
中银优珍丝苗	粤审稻 20220034	广东粤良种业有限公司	金恒优金桂丝苗	粤审稻 20220035	广东粤良种业有限公司
香龙优泰占	粤审稻 20220036	中国种子集团有限公司	兴两优 124	粤审稻 20220037	广东天弘种业有限公司
来优 178	粤审稻 20220038	广东现代种业发展有限公司	仁优国泰	粤审稻 20220039	深圳兆农农业科技有限公司
深两优 2018	粤审稻 20220040	国家植物航天育种工程技术研究中心（华南农业大学）等	玮两优 1019	粤审稻 20220041	湖南隆平高科种业科学研究院有限公司等
中泰优银粘	粤审稻 20220042	广东恒昊农业有限公司等	信两优 127	粤审稻 20220043	华南农业大学农学院
碧玉丝苗 2 号	粤审稻 20220044	广东华农大种业有限公司	华航 81 号	粤审稻 20220045	国家植物航天育种工程技术研究中心（华南农业大学）

（续表）

品种名称	审定编号	选育单位	品种名称	审定编号	选育单位
合新油占	粤审稻 20220046	广东省农业科学院水稻研究所	禾龙占	粤审稻 20220047	广东省农业科学院水稻研究所
广台 7 号	粤审稻 20220048	广州市农业科学研究院等	黄广五占	粤审稻 20220049	广东省农业科学院水稻研究所
黄丝粤占	粤审稻 20220050	广东省农业科学院水稻研究所	黄华油占	粤审稻 20220051	广东省农业科学院水稻研究所
裕优 083	粤审稻 20220052	广东茂农种业科技有限公司	胜优 088	粤审稻 20220053	广州市金粤生物科技有限公司
中丝优银粘	粤审稻 20220054	广东现代种业发展有限公司	泰丰优 1132	粤审稻 20220055	广东华农大种业有限公司等
峰软优天弘油占	粤审稻 20220056	广东天弘种业有限公司	广 8 优源美丝苗	粤审稻 20220057	广东省农业科学院水稻研究所
臻两优 785	粤审稻 20220058	袁隆平农业高科技股份有限公司等	胜优 083	粤审稻 20220059	广东茂农种业科技有限公司
春两优 30	粤审稻 20220060	中国农业科学院深圳农业基因组研究所等	峰软优 49	粤审稻 20220061	广东天弘种业有限公司等
贵优 117	粤审稻 20220062	广东省农业科学院水稻研究所等	贵优 313	粤审稻 20220063	广东省农业科学院水稻研究所等
又美优金丝苗	粤审稻 20220064	广东粤良种业有限公司	金象优 579	粤审稻 20220065	广东现代种业发展有限公司
峰软优天弘丝苗	粤审稻 20220066	广东天弘种业有限公司	南新优 698	粤审稻 20220067	广东省农业科学院水稻研究所
贵优 55	粤审稻 20220068	中国种子集团有限公司等	诚优荀占	粤审稻 20220069	广东省金稻种业有限公司等
Ⅱ优 5522	粤审稻 20220070	广东粤良种业有限公司	金恒优 5522	粤审稻 20220071	广东粤良种业有限公司
兴两优红晶占	粤审稻 20220072	广东海洋大学等	合红占 2 号	粤审稻 20220073	广东省农业科学院水稻研究所
双牙香占	粤审稻 20220074	江门市万丰园种植业有限公司等	万占香丝苗 1 号	粤审稻 20220075	广东省鹤山市农业技术推广中心等
软华优 7311	粤审稻 20220076	华南农业大学	匠心香丝苗	粤审稻 20220077	华南农业大学
江农香占 1 号	粤审稻 20220078	江门市农业科学研究所	增香优南香占	粤审稻 20220079	广东华农大种业有限公司
深香优 6615	粤审稻 20220080	深圳市兆农农业科技有限公司	华航香银针	粤审稻 20220081	国家植物航天育种工程技术研究中心（华南农业大学）
靓优香	粤审稻 20220082	广东粤良种业有限公司	中发优 9822	粤审稻 20220083	广东现代种业发展有限公司等
裕优 T95	粤审稻 20220084	广东现代金穗种业有限公司等	乐优 190	粤审稻 20220085	创世纪种业有限公司等

（续表）

品种名称	审定编号	选育单位	品种名称	审定编号	选育单位
深两优 326	粤审稻 20220086	湖南杂交水稻研究中心	金科丝苗 2 号	粤审稻 20220087	深圳市金谷美香实业有限公司
聚两优 53	粤审稻 20220088	广东省汕头市农业科学研究所等	深两优 9815	粤审稻 20220089	湖南杂交水稻研究中心
星优 135	粤审稻 20220090	广东源泰农业科技有限公司	金隆优 078	粤审稻 20220091	广东鲜美种苗股份有限公司
诚优 5305	粤审稻 20220092	广东省金稻种业有限公司等	协禾优 1521	粤审稻 20220093	广东省农业科学院水稻研究所等
广泰优 772	粤审稻 20220094	广东省农业科学院水稻研究所等	泰优 792	粤审稻 20220095	广东省农业科学院水稻研究所等
泰优 98	粤审稻 20220096	江西现代种业股份有限公司等	香禾优 1002	粤审稻 20220097	广东省农业科学院水稻研究所
协禾优 1002	粤审稻 20220098	广东华茂高科种业有限公司等	广泰优 6355	粤审稻 20220099	广东省金稻种业有限公司等
五乡优 1002	粤审稻 20220100	广东华茂高科种业有限公司等	和两优 1086	粤审稻 20220101	肇庆市农业科学研究所等
福香优 6503	粤审稻 20220102	广东华农大种业有限公司	青香优合莉油占	粤审稻 20220103	广东省良种引进服务公司等
胜优 19 香	粤审稻 20220104	广东鲜美种苗股份有限公司等	青香优 132	粤审稻 20220105	广东鲜美种苗股份有限公司
青香优 083	粤审稻 20220106	广东鲜美种苗股份有限公司	青香优黄占	粤审稻 20220107	广东鲜美种苗股份有限公司
青香优美占	粤审稻 20220108	广东鲜美种苗股份有限公司	银恒优金丝苗	粤审稻 20220109	广东粤良种业有限公司等
航 93 两优 2018	粤审稻 20220110	国家植物航天育种工程技术研究中心（华南农业大学）	纳优 51	粤审稻 20220111	广东华农大种业有限公司
野香优明月丝苗	粤审稻 20220112	广西绿海种业有限公司等	泰丰优 1136	粤审稻 20220113	广东华农大种业有限公司等
粤品优珍香	粤审稻 20220114	广东粤良种业有限公司	又美优珍香	粤审稻 20220115	广东粤良种业有限公司
耕耘禾占	粤审稻 20220116	广东现代种业发展有限公司	丽两优香油占	粤审稻 20220117	广东省清远市农业科技推广服务中心等
粤良珍禾	粤审稻 20220118	广东粤良种业有限公司	又香优郁香	粤审稻 20220119	广西兆和种业有限公司等
耕香优 98 丝苗	粤审稻 20220120	广东现代种业发展有限公司等	中浙优 8 号	粤审稻 20220121	中国水稻研究所等
又香优龙丝苗	粤审稻 20220122	广西兆和种业有限公司等	增香优宁香丝苗	粤审稻 20220123	广东华农大种业有限公司
丽两优 1068	粤审稻 20220124	广东省清远市农业科技推广服务中心等	黄广绿占	粤审稻 20220125	广东省农业科学院水稻研究所

（续表）

品种名称	审定编号	选育单位	品种名称	审定编号	选育单位
满香优306	桂审稻2022001	广西五泰种子有限公司	丝香优908	桂审稻2022002	广西兆和种业有限公司等
又香优15香	桂审稻2022003	广西兆和种业有限公司等	五优116	桂审稻2022004	中国农业科学院深圳农业基因组研究所
邦两优908	桂审稻2022005	广西兆和种业有限公司等	饭晶优1770	桂审稻2022006	广西大学等
佳龙优华占	桂审稻2022007	中国水稻研究所等	耘两优玖48	桂审稻2022008	湖南金色农丰种业有限公司等
泰优农39	桂审稻2022009	湖南金色农丰种业有限公司等	五乡优208	桂审稻2022010	广东省农业科学院水稻研究所等
荷优8116	桂审稻2022011	江西博大种业有限公司等	银两优822	桂审稻2022012	湖北荃银高科种业有限公司等
济优6553	桂审稻2022013	深圳市兆农农业科技有限公司	泰优银华粘	桂审稻2022014	湖南永益农业科技发展有限公司等
桃秀优美珍	桂审稻2022015	湖南桃花源农业科技股份有限公司	中银优丝苗	桂审稻2022016	广东粤良种业有限公司
奥富优826	桂审稻2022017	湖南奥谱隆科技股份有限公司	五乡优398	桂审稻2022018	江西省天仁种业有限公司等
金珍优早丝	桂审稻2022019	江西金山种业有限公司等	原优5009	桂审稻2022020	袁隆平农业高科股份有限公司等
扬泰优128	桂审稻2022021	袁隆平农业高科股份有限公司等	杉谷优533	桂审稻2022022	福建省农业科学院生物技术研究所等
恒丰优1082	桂审稻2022023	广西壮族自治区农业科学院等	川康优6308	桂审稻2022024	四川农业大学水稻研究所等
软华优815	桂审稻2022025	广西壮族自治区农业科学院水稻研究所等	软华优6111	桂审稻2022026	华南农业大学
旌优7863	桂审稻2022027	四川省农业科学院水稻高粱研究所等	甬优6715	桂审稻2022028	宁波种业股份有限公司
旱两优8208	桂审稻2022029	上海市农业生物基因中心	旱优93	桂审稻2022030	上海天谷生物科技股份有限公司
悦两优6269	桂审稻2022031	湖南隆平高科种业科学研究院有限公司等	恒丰优15香	桂审稻2022032	广西壮邦种业有限公司等
广8优香油占	桂审稻2022033	广西兆和种业有限公司等	魅两优940	桂审稻2022034	广西南泥湾种业有限公司等
桂浙优2833	桂审稻2022035	广西万禾种业有限公司等	甬优6708	桂审稻2022036	湖南正隆农业科技有限公司等
金隆优青占	桂审稻2022037	广东鲜美种苗股份有限公司等	奥香优美丝	桂审稻2022038	四川奥力星农业科技有限公司等
甬优8802	桂审稻2022039	宁波种业股份有限公司等	念香优019	桂审稻2022040	广西奎丰农业科技有限公司等

（续表）

品种名称	审定编号	选育单位	品种名称	审定编号	选育单位
泰优 2515	桂审稻 2022041	广西绿丰种业有限责任公司等	旱优 3928	桂审稻 2022042	广西嘉穗农业发展有限公司等
恒丰优粤农丝苗	桂审稻 2022043	北京金色农华种业科技股份有限公司等	荃广优 1606	桂审稻 2022044	安徽荃银高科种业股份有限公司等
荃优银泰香占	桂审稻 2022045	安徽荃银高科种业股份有限公司	荃泰优银泰香占	桂审稻 2022046	安徽荃银高科种业股份有限公司
荃香优银泰香占	桂审稻 2022047	安徽荃银高科种业股份有限公司	Q 两优银泰香占	桂审稻 2022048	安徽荃银高科种业股份有限公司
得两优香油占	桂审稻 2022049	广西南宁华稻种业有限责任公司等	果两优桂花丝苗	桂审稻 2022050	湖南中朗种业有限公司
泰丰优 2 号	桂审稻 2022051	中国水稻研究所等	广香 386	桂审稻 2022052	广西大学
广优 2215	桂审稻 2022053	广西博士园种业有限公司	香两优 246	桂审稻 2022054	广西瑞特种子有限责任公司
五丰优 248	桂审稻 2022055	中国农业科学院深圳农业基因组研究所	泰丰优 8 号	桂审稻 2022056	中国水稻研究所等
瑞优 121	桂审稻 2022057	南宁永泰种业有限公司	纳优 6618	桂审稻 2022058	广东华农大种业有限公司等
昱香两优香丝	桂审稻 2022059	广西恒茂农业科技有限公司等	粮两优香妃娜	桂审稻 2022060	广西粮发种业有限公司
昱香两优香 99	桂审稻 2022061	广西恒茂农业科技有限公司等	上优香巴巴	桂审稻 2022062	广西恒茂农业科技有限公司等
旌早优明珍	桂审稻 2022063	广西万川种业有限公司等	旱优 711	桂审稻 2022064	上海天谷生物科技股份有限公司等
粮发长粒香	桂审稻 2022065	广西粮发种业有限公司	广粮新桂	桂审稻 2022066	广西粮发种业有限公司
原香优 908	桂审稻 2022067	广西壮邦种业有限公司等	先仙优 5105	桂审稻 2022068	广西大学等
兰香优御丝	桂审稻 2022069	广西绿丰种业有限责任公司等	闻香优 8688	桂审稻 2022070	广西万禾种业有限公司
青香优 19 香	桂审稻 2022071	广东鲜美种苗股份有限公司等	俊香优 8688	桂审稻 2022072	广西万禾种业有限公司
甬优香 92	桂审稻 2022073	宁波种业股份有限公司等	泰优 298	桂审稻 2022074	广西绿丰种业有限责任公司等
胜优 19 香	桂审稻 2022075	广东鲜美种苗股份有限公司等	奥香优润香	桂审稻 2022076	四川农业大学水稻研究所等
胜香优 8688	桂审稻 2022077	广西万禾种业有限公司等	旱优 217	桂审稻 2022078	广西嘉穗农业发展有限公司等
梦丰优 633	桂审稻 2022079	广西燕坤农业科技有限公司	广福优 1899	桂审稻 2022080	广西壮族自治区农业科学院

（续表）

品种名称	审定编号	选育单位	品种名称	审定编号	选育单位
幸福优 1899	桂审稻 2022081	广西壮族自治区农业科学院	珉优 1899	桂审稻 2022082	广西壮族自治区农业科学院
旺香优 720	桂审稻 2022083	南宁市桂稻香农作物研究所等	泰优粤禾丝苗	桂审稻 2022084	广东省金稻种业有限公司等
竹两优珍 25	桂审稻 2022085	广西科香种业有限公司等	博康优 9873	桂审稻 2022086	博白县农业科学研究所
名丰优合香	桂审稻 2022087	广西瀚德农业科技有限公司	香两优 1218	桂审稻 2022088	广西瑞特种子有限责任公司
香两优 5 号	桂审稻 2022089	广西瑞特种子有限责任公司等	五优 886	桂审稻 2022090	中国农业科学院深圳农业基因研究所
瑞两优 1819	桂审稻 2022091	广西瑞特种子有限责任公司	两优 709	桂审稻 2022092	中国水稻研究所等
嘉禾优 7245	桂审稻 2022093	中国水稻研究所等	嘉禾优 9 号	桂审稻 2022094	中国水稻研究所等
发优香占	桂审稻 2022095	南宁瑞乐农业科技有限公司	永优 328	桂审稻 2022096	南宁永泰种业有限公司等
丰顺优珍香	桂审稻 2022097	广西泰都农业科技有限公司等	昌两优香丝	桂审稻 2022098	广西恒茂农业科技有限公司等
乾两优香巴巴	桂审稻 2022099	广西恒茂农业科技有限公司等	发两优香妃娜	桂审稻 2022100	广西粮发种业有限公司
粮发紫香	桂审稻 2022101	广西粮发种业有限公司	丝丰占	桂审稻 2022102	广西壮族自治区农业科学院
矗香优纳丝苗	桂审稻 2022103	广西百香高科种业有限公司	中浙优 24	桂审稻 2022104	中国水稻研究所等
平丰优香占	桂审稻 2022105	广西壮族自治区农业科学院	中浙优惠占	桂审稻 2022106	中国水稻研究所等
振两优 1151	桂审稻 2022107	湖南隆平高科种业科学研究院有限公司等	软华优 630	桂审稻 2022108	广西鼎烽种业有限公司
金泽优爽美丝苗	桂审稻 2022109	南宁谷源丰种业有限公司	咏绿优 5153	桂审稻 2022110	广西大学等
广 8 优 15 香	桂审稻 2022111	广西兆和种业有限公司等	沉香优又丝苗	桂审稻 2022112	南宁谷源丰种业有限公司
珍香优 908	桂审稻 2022113	南宁谷源丰种业有限公司等	喜两优超占	桂审稻 2022114	安徽喜多收种业科技有限公司
留香优 908	桂审稻 2022115	南宁谷源丰种业有限公司等	珍香优郁香	桂审稻 2022116	南宁谷源丰种业有限公司
广香优银丝占	桂审稻 2022117	广西仙德农业科技有限公司	好香优金星丝苗	桂审稻 2022118	广西绿海种业有限公司
色香优粉丝	桂审稻 2022119	广西绿海种业有限公司	广 8 优又丝苗	桂审稻 2022120	广西兆和种业有限公司等
闻香优 2833	桂审稻 2022121	广西万禾种业有限公司等	青香优 086	桂审稻 2022122	广东鲜美种苗股份有限公司等

（续表）

品种名称	审定编号	选育单位	品种名称	审定编号	选育单位
胜香优 2833	桂审稻 2022123	广西农业职业技术大学等	泰两优香牙占	桂审稻 2022124	浙江科原种业科学研究有限公司等
奥香优美晶	桂审稻 2022125	四川农业大学水稻研究所等	甬优香 6753	桂审稻 2022126	宁波种业股份有限公司等
忠香优润苗	桂审稻 2022127	广西绿丰种业有限责任公司	旱优 549	桂审稻 2022128	广西嘉穗农业发展有限公司等
垦两优 801	桂审稻 2022129	垦丰长江种业科技有限公司	巧两优超占	桂审稻 2022130	安徽喜多收种业科技有限公司
中浙优 28	桂审稻 2022131	中国水稻研究所等	新梅优 1 号	桂审稻 2022132	博白县农业科学研究所
新梅优 2 号	桂审稻 2022133	博白县农业科学研究所	荃优 280	桂审稻 2022134	安徽华安种业有限责任公司等
孟两优 151	桂审稻 2022135	广西绿田种业有限公司等	文两优 1240	桂审稻 2022136	华南农业大学等
荃两优 2118	桂审稻 2022137	安徽荃银高科种业股份有限公司等	广稻优 3318	桂审稻 2022138	广西大学等
福泰优 8 号	桂审稻 2022139	广西米高农业开发有限公司	甜优翡翠	桂审稻 2022140	广西桂稻香农作物研究所有限公司等
芳香优华珍	桂审稻 2022141	广西桂稻香农作物研究所有限公司等	秀厢优 345 香	桂审稻 2022142	广西壮族自治区农业科学院
泰优 1002	桂审稻 2022143	广东省金稻种业有限公司等	泰优 6355	桂审稻 2022144	广东省农业科学院水稻研究所
信优糯 721	桂审稻 2022145	信阳市农业科学院	青香优香占	桂审稻 2022146	四川奥力星农业科技有限公司等
青香优 138	桂审稻 2022147	四川奥力星农业科技有限公司等	华浙优华湘占	桂审稻 2022148	浙江勿忘农业股份有限公司等
华浙优 581	桂审稻 2022149	广西壮族自治区农业科学院等	新星 5 号	桂审稻 2022150	安徽新安种业有限公司
新星珍牙	桂审稻 2022151	安徽新安种业有限公司	瀚金香丝苗	桂审稻 2022152	广西瀚林农业科技有限公司
壮两优 747	桂审稻 2022153	南宁谷源丰种业有限公司	国良优 958	桂审稻 2022154	广西国良种业有限公司
丰顺优银香丝苗	桂审稻 2022155	广西金卡农业科技有限公司	名丰优 1158	桂审稻 2022156	广西绿丰种业有限责任公司
香两优 663	桂审稻 2022157	广西瑞特种子有限责任公司	两优 583	桂审稻 2022158	中国水稻研究所等
桂丰晶丝	桂审稻 2022159	广西壮族自治区农业科学院	柳农丝苗	桂审稻 2022160	广西农业科学院柳州分院等
金针香	桂审稻 2022161	广西壮族自治区农业科学院等	山香丝苗	桂审稻 2022162	广西南宁市大穗种业有限责任公司
桂玉美香	桂审稻 2022163	广西壮族自治区农业科学院	南秀油占	桂审稻 2022164	广东省农业科学院水稻研究所等

品种名称	审定编号	选育单位	品种名称	审定编号	选育单位
桂美丝香	桂审稻2022165	广西壮族自治区农业科学院	金农香占	桂审稻2022166	广西武宣仙香源农业开发有限公司等
贡香188	桂审稻2022167	广西皓凯生物科技有限公司等	润丰香占	桂审稻2022168	湖北鄂科华泰种业股份有限公司等
芳菲丝苗	桂审稻2022169	广西中惠农业科技有限公司等	桂丰9号	桂审稻2022170	广西皓凯生物科技有限公司等
新丰3号	桂审稻2022171	广西麟丰种业有限公司	贵银香131	桂审稻2022172	广西南宁联航农业科技有限公司
19香	桂审稻2022173	广东省农业科学院水稻研究所	南晶香占	桂审稻2022174	广东省农业科学院水稻研究所等
菁华粉稻	桂审稻2022175	广西粮研农业科技有限公司	菁美丝香	桂审稻2022176	广西粮研农业科技有限公司
雅香2号	桂审稻2022177	广西博士园种业有限公司	泰嘉香9号	桂审稻2022178	广西博士园种业有限公司
荔香998	桂审稻2022179	广西绿丰种业有限责任公司	柳丰莉占	桂审稻2022180	广西农业科学院柳州分院等
河农丝占	桂审稻2022181	广西农业科学院河池分院等	华浙优223	桂审稻2022182	中国水稻研究所等
中浙优华湘占	桂审稻2022183	浙江勿忘农种业股份有限公司等	华浙优261	桂审稻2022184	中国水稻研究所等
欣两优1号	桂审稻2022185	安徽荃银欣隆种业有限公司	恒两优新华粘	桂审稻2022186	湖南恒德种业科技有限公司等
鑫两优6832	桂审稻2022187	福建丰田种业有限公司等	泰香199	桂审稻2022188	四川泰隆农业有限公司
泰两优5187	桂审稻2022189	四川泰隆汇智生物科技有限公司	明两优468	桂审稻2022190	蒙自和顺农业科技开发有限公司等
Y两优油占	桂审稻2022191	广东省农业科学院水稻研究所	嘉丰优2号	桂审稻2022192	浙江可得丰种业有限公司等
鄂丰丝苗	桂审稻2022193	武汉亘谷源生态农业科技有限公司等	两优H108	桂审稻2022194	南平市农业科学研究所等
禾两优676	桂审稻2022195	福建农林大学作物科学学院等	泰丰优758	桂审稻2022196	四川飞洋种业有限公司等
中浙优15	桂审稻2022197	中国水稻研究所等	中浙优518	桂审稻2022198	浙江勿忘农种业股份有限公司等
鹏优国泰	桂审稻2022199	湖北华昌农业科技有限公司等	金龙优163	琼审稻2022001	中国种子集团有限公司等
山两优1690	琼审稻2022002	三明市农业科学研究院等	广8优8359	琼审稻2022003	福建农林大学农学院等
旗1优128	琼审稻2022004	福州市闽佳农作物科学研究所等	Y两优多回14	琼审稻2022005	武汉多倍体生物科技有限公司等
野香优华宝占	琼审稻2022006	海南大学等	徽两优晶华占	琼审稻2022007	湖北省潜江市潜丰种业有限公司等

（续表）

品种名称	审定编号	选育单位	品种名称	审定编号	选育单位
中科西陆4号	琼审稻2022008	中国科学院西双版纳热带植物园	琅50S	琼审稻2022009	中国种子集团有限公司等
擎9S	琼审稻2022010	中国种子集团有限公司等	徽晶S	琼审稻2022011	潜江市潜丰种业有限公司等
北方稻区					
松粳207	黑审稻20220001	黑龙江省农业科学院生物技术研究所	松845	黑审稻20220002	黑龙江省农业科学院生物技术研究所
中科804	黑审稻20220003	中国科学院遗传与发育生物学研究所等	龙合1号	黑审稻20220004	中国科学院植物研究所等
唯农210	黑审稻20220005	东北农业大学	唯农209	黑审稻20220006	东北农业大学
东富144	黑审稻20220007	东北农业大学等	龙稻205	黑审稻20220008	黑龙江省农业科学院耕作栽培研究所
禾粳1号	黑审稻20220009	五常金禾种业有限公司	鸿源107	黑审稻20220010	黑龙江孙斌鸿源农业开发集团有限责任公司
东富145	黑审稻20220011	东北农业大学等	龙稻134	黑审稻20220012	黑龙江省农业科学院耕作栽培研究所
龙稻345	黑审稻20220013	黑龙江省农业科学院耕作栽培研究所	唯农211	黑审稻20220014	东北农业大学
龙稻133	黑审稻20220015	黑龙江省农业科学院耕作栽培研究所	龙稻206	黑审稻20220016	黑龙江省农业科学院耕作栽培研究所
北稻16	黑审稻20220017	黑龙江省北方稻作研究所	绥粳126	黑审稻20220018	黑龙江省农业科学院绥化分院
维沃1号	黑审稻20220019	泰来县维沃农业科技发展有限公司	瑞龙2号	黑审稻20220020	泰来县维沃农业科技发展有限公司
绥禾2号	黑审稻20220021	绥化市北林区鸿利源现代农业科学研究所	龙庆稻32	黑审稻20220022	庆安县北方绿洲稻作研究所
龙庆稻13号	黑审稻20220023	庆安县北方绿洲稻作研究所	龙粳2317	黑审稻20220024	黑龙江省农业科学院水稻研究所
中农粳175	黑审稻20220025	中国农业科学院作物科学研究所等	龙桦3	黑审稻20220026	黑龙江田友种业有限公司
绥生002	黑审稻20220027	绥化市绥生水稻研究所	天盈6739	黑审稻20220028	黑龙江省莲江口种子有限公司
绥禾6号	黑审稻20220029	绥化市北林区鸿利源现代农业科学研究所	龙盾1840	黑审稻20220030	黑龙江省莲江口种子有限公司
龙科糯1	黑审稻20220031	龙江县龙科农业开发有限责任公司	龙稻1604	黑审稻20220032	黑龙江省农业科学院耕作栽培研究所
唯农304	黑审稻20220033	东北农业大学	绥生104	黑审稻20220034	绥化市绥生水稻研究所

（续表）

品种名称	审定编号	选育单位	品种名称	审定编号	选育单位
绥粳 119	黑审稻 20220035	黑龙江省农业科学院绥化分院	龙禾 156	黑审稻 20220036	黑龙江田友种业有限公司
绥粳 116	黑审稻 20220037	黑龙江省农业科学院绥化分院	绥粳 117	黑审稻 20220038	黑龙江省农业科学院绥化分院
唯农 218	黑审稻 20220039	东北农业大学	绥粳 104	黑审稻 20220040	黑龙江省农业科学院绥化分院
华研 1	黑审稻 20220041	黑龙江省建三江农垦华研农业科技有限公司等	龙粳 1851	黑审稻 20220042	黑龙江省农业科学院水稻研究所
粳禾 10 号	黑审稻 20220043	中国科学院东北地理与农业生态研究所农业技术中心等	哈粳稻 11 号	黑审稻 20220044	哈尔滨市农业科学院
东富 116	黑审稻 20220045	东北农业大学等	哈粳稻 6 号	黑审稻 20220046	哈尔滨市农业科学院
龙稻 209	黑审稻 20220047	黑龙江省农业科学院耕作栽培研究所	寒稻 3	黑审稻 20220048	哈尔滨亿森科技开发有限公司
绥粳 313	黑审稻 20220049	黑龙江省农业科学院绥化分院	龙绥 20	黑审稻 20220050	绥化市北林区盛禾农作物科研所
绥稻 36	黑审稻 20220051	绥化市盛昌种子繁育有限责任公司	龙庆稻 14 号	黑审稻 20220052	庆安县北方绿洲稻作研究所
壮家 9	黑审稻 20220053	绥化市兴盈种业有限公司	绥粳 115	黑审稻 20220054	黑龙江省农业科学院绥化分院
益农稻 10 号	黑审稻 20220055	哈尔滨市益农种业有限公司	星粳 2 号	黑审稻 20220056	哈尔滨明星农业科技开发有限公司
齐粳 22	黑审稻 20220057	黑龙江省农业科学院齐齐哈尔分院	东富 153	黑审稻 20220058	东北农业大学等
粳禾 20	黑审稻 20220059	中国科学院东北地理与农业生态研究所农业技术中心等	松粘 11	黑审稻 20220060	黑龙江省农业科学院生物技术研究所
鸿源粘 7 号	黑审稻 20220061	黑龙江孙斌鸿源农业开发集团有限责任公司	乔稻 8 号	黑审稻 20220062	绥化市乔氏种业有限公司
垦稻 1918	黑审稻 20220063	黑龙江省农垦科学院水稻研究所	龙粳 1823	黑审稻 20220064	黑龙江省农业科学院水稻研究所
龙垦 2103	黑审稻 20220065	北大荒垦丰种业股份有限公司	松粳 82	黑审稻 2022L0001	黑龙江省农业科学院生物技术研究所
松粳 83	黑审稻 2022L0002	黑龙江省农业科学院生物技术研究所	松粳 84	黑审稻 2022L0003	黑龙江省农业科学院生物技术研究所
松科粳 119	黑审稻 2022L0004	黑龙江省农业科学院生物技术研究所	松粳 86	黑审稻 2022L0005	黑龙江省农业科学院生物技术研究所
松科粳 120	黑审稻 2022L0006	黑龙江省农业科学院生物技术研究所等	东富 155	黑审稻 2022L0007	东北农业大学等

品种名称	审定编号	选育单位	品种名称	审定编号	选育单位
东富 156	黑审稻2022L0008	东北农业大学等	富稻 62	黑审稻2022L0009	齐齐哈尔市富尔农艺有限公司
惠稻 1 号	黑审稻2022L0010	黑龙江省巨基农业科技开发有限公司	巨基 3 号	黑审稻2022L0011	黑龙江省巨基农业科技开发有限公司
天合 3 号	黑审稻2022L0012	穆棱天合作物育种研究所	卓越 2 号	黑审稻2022L0013	黑龙江省巨基农业科技开发有限公司
金穗源 4 号	黑审稻2022L0014	绥棱县水稻综合试验站	龙庆粳 12	黑审稻2022L0015	黑龙江龙庆绿洲种业有限公司
富稻 60	黑审稻2022L0016	齐齐哈尔市富尔农艺有限公司	垦稻 19613	黑审稻2022L0017	黑龙江省农垦科学院水稻研究所
鸿源 209	黑审稻2022L0018	桦南鸿源种业有限公司	莲育 1010	黑审稻2022L0019	黑龙江省莲江口种子有限公司
富尔稻 12	黑审稻2022L0020	哈尔滨华旭种业有限公司等	富粳 15	黑审稻2022L0021	齐齐哈尔市富拉尔基农艺农业科技有限公司等
富稻 59	黑审稻2022L0022	黑龙江省富尔水稻研究院等	天农 17	黑审稻2022L0023	绥化市北林区天昊农业科技研究所
天农 16	黑审稻2022L0024	绥化市北林区天昊农业科技研究所	绥研香 7	黑审稻2022L0025	黑龙江省绥研种业有限公司
龙粳 4211	黑审稻2022L0026	黑龙江省农业科学院水稻研究所	绥粳 326	黑审稻2022L0027	黑龙江省农业科学院绥化分院
龙庆稻 53 号	黑审稻2022L0028	庆安县北方绿洲稻作研究所	龙庆稻 37 号	黑审稻2022L0029	庆安县北方绿洲稻作研究所
北稻 14	黑审稻2022L0030	黑龙江省北方稻作研究所	北 S1501	黑审稻2022L0031	绥化市北神农业科技有限公司
普育 921	黑审稻2022L0032	黑龙江省普田种业有限公司	普育 821	黑审稻2022L0033	黑龙江省普田种业有限公司
巨基 8 号	黑审稻2022L0034	黑龙江省巨基农业科技开发有限公司	鑫晟稻 7 号	黑审稻2022L0035	黑龙江省巨基农业科技开发有限公司
卓越 6 号	黑审稻2022L0036	黑龙江省巨基农业科技开发有限公司	金穗源 3 号	黑审稻2022L0037	绥棱县水稻综合试验站
龙庆粳 11	黑审稻2022L0038	黑龙江龙庆绿洲种业有限公司	龙庆粳 4	黑审稻2022L0039	黑龙江龙庆绿洲种业有限公司
垦研 928	黑审稻2022L0040	黑龙江农垦垦研种业有限公司	粳禾 821	黑审稻2022L0041	佳木斯粳禾农业科技有限公司
华研 6	黑审稻2022L0042	黑龙江省建三江农垦华研农业科技有限公司	华研 7	黑审稻2022L0043	黑龙江省建三江农垦华研农业科技有限公司
响稻 21	黑审稻2022L0044	宁安市水稻研究所	松粳 87	黑审稻2022L0045	黑龙江省农业科学院生物技术研究所
东富 159	黑审稻2022L0046	东北农业大学等	东富 160	黑审稻2022L0047	东北农业大学等

（续表）

品种名称	审定编号	选育单位	品种名称	审定编号	选育单位
富合 60	黑审稻 2022L0048	黑龙江省农业科学院佳木斯分院	富稻 57	黑审稻 2022L0049	齐齐哈尔市富尔农艺有限公司
齐粳 24	黑审稻 2022L0050	黑龙江省农业科学院齐齐哈尔分院	莲育 1987	黑审稻 2022L0051	黑龙江省莲江口种子有限公司
莲育 422	黑审稻 2022L0052	黑龙江省莲江口种子有限公司	富粳 17	黑审稻 2022L0053	齐齐哈尔市富拉尔基农艺农业科技有限公司等
庆源 12 号	黑审稻 2022L0054	庆安源升河寒地水稻技术研究中心有限公司	绥研香 3	黑审稻 2022L0055	黑龙江省绥研种业有限公司
莲汇 6864	黑审稻 2022L0056	黑龙江省莲汇农业科技有限公司	龙盾 1823	黑审稻 2022L0057	黑龙江省莲汇农业科技有限公司
稼禾 2 号	黑审稻 2022L0058	黑龙江稼禾种业有限公司	稼禾 4 号	黑审稻 2022L0059	黑龙江稼禾种业有限公司
承泽 3 号	黑审稻 2022L0060	绥化市承泽农业科技有限公司	稼信 3 号	黑审稻 2022L0061	绥化市稼信谷物种植有限公司
稼信 6 号	黑审稻 2022L0062	绥化市稼信谷物种植有限公司	稼信 2 号	黑审稻 2022L0063	绥化市稼信谷物种植有限公司
北稻 24	黑审稻 2022L0064	黑龙江省北方稻作研究所	百盛 4 号	黑审稻 2022L0065	绥化市百盛农业科技有限公司
SN106	黑审稻 2022L0066	绥化市神农农业科技有限公司	北稻 17	黑审稻 2022L0067	绥化市乔氏种业有限公司
绥生 17	黑审稻 2022L0068	绥化市瑞丰种业有限公司	壮家 5 号	黑审稻 2022L0069	绥化市兴盈种业有限公司
金郁 3 号	黑审稻 2022L0070	龙江县龙科农业开发有限责任公司	中盛 7 号	黑审稻 2022L0071	绥化市北林区中盛农业技术服务中心
盛誉 8 号	黑审稻 2022L0072	绥化市盛昌种子繁育有限责任公司	普育 925	黑审稻 2022L0073	黑龙江省普田种业有限公司
莲稻 28	黑审稻 2022L0074	虎林市绿都农业科学研究所等	莲稻 26	黑审稻 2022L0075	虎林市绿都农业科学研究所
珍宝 18	黑审稻 2022L0076	虎林市绿都种子有限责任公司	益农稻 13 号	黑审稻 2022L0077	哈尔滨市益农种业有限公司
物集 3	黑审稻 2022L0078	佳木斯物集种业有限公司	绿达 5	黑审稻 2022L0079	黑龙江天丰园种业有限公司
鸿育 7	黑审稻 2022L0080	黑龙江省建三江农垦鸿达种业有限公司	巨基 5 号	黑审稻 2022L0081	黑龙江省巨基农业科技开发有限公司
龙庆粳 5	黑审稻 2022L0082	黑龙江龙庆绿洲种业有限公司	龙庆粳 7	黑审稻 2022L0083	黑龙江龙庆绿洲种业有限公司
金穗源 5 号	黑审稻 2022L0084	绥棱县水稻综合试验站	天隆粳 391	黑审稻 2022L0085	黑龙江天隆科技有限公司
天隆粳 396	黑审稻 2022L0086	黑龙江天隆科技有限公司	富合 63	黑审稻 2022L0087	黑龙江省农业科学院佳木斯分院

（续表）

品种名称	审定编号	选育单位	品种名称	审定编号	选育单位
科稻1802	黑审稻2022L0088	齐齐哈尔市富尔农艺有限公司	莲育805	黑审稻2022L0089	黑龙江省莲江口种子有限公司
莲育809	黑审稻2022L0090	黑龙江省莲江口种子有限公司	龙盾1417	黑审稻2022L0091	黑龙江省莲江口种子有限公司
龙盾1424	黑审稻2022L0092	黑龙江省莲江口种子有限公司	龙盾1981	黑审稻2022L0093	黑龙江省莲江口种子有限公司
龙平386	黑审稻2022L0094	黑龙江省莲江口种子有限公司等	龙盾710	黑审稻2022L0095	黑龙江省莲江口种子有限公司
龙盾711	黑审稻2022L0096	黑龙江省莲江口种子有限公司	龙盾712	黑审稻2022L0097	黑龙江省莲江口种子有限公司
龙盾713	黑审稻2022L0098	黑龙江省莲江口种子有限公司	鸿源205	黑审稻2022L0099	桦南鸿源种业有限公司
唯农221	黑审稻2022L0100	黑龙江唯农种业有限公司等	富尔稻9	黑审稻2022L0101	哈尔滨华旭种业有限公司等
富粳11	黑审稻2022L0102	齐齐哈尔市富拉尔基农艺农业科技有限公司等	富研5	黑审稻2022L0103	黑龙江省富尔水稻研究院等
科稻1803	黑审稻2022L0104	黑龙江省富尔水稻研究院等	富稻18	黑审稻2022L0105	黑龙江省富尔水稻研究院等
龙粳3024	黑审稻2022L0106	黑龙江省农业科学院水稻研究所	龙粳3025	黑审稻2022L0107	黑龙江省农业科学院水稻研究所
龙粳2322	黑审稻2022L0108	黑龙江省农业科学院水稻研究所	龙粳1718	黑审稻2022L0109	黑龙江省农业科学院水稻研究所
龙粳1836	黑审稻2022L0110	黑龙江省农业科学院水稻研究所	莲汇6853	黑审稻2022L0111	黑龙江省莲汇农业科技有限公司
龙庆稻45号	黑审稻2022L0112	庆安县北方绿洲稻作研究所	盛禾6号	黑审稻2022L0113	绥化市北林区盛禾农作物科研所
丰硕101	黑审稻2022L0114	绥化市北林区丰硕农作物科研所	盛誉6号	黑审稻2022L0115	绥化市北林区鸿利源现代农业科学研究所
天赐18	黑审稻2022L0116	绥化市盛昌种子繁育有限责任公司	中盛2号	黑审稻2022L0117	绥化市北林区中盛农业技术服务中心
普育931	黑审稻2022L0118	黑龙江省普田种业有限公司	鸿丰稻9号	黑审稻2022L0119	佳木斯市鸿发种业有限公司
莲兴稻3	黑审稻2022L0120	佳木斯市莲兴水稻研究所	绿研10	黑审稻2022L0121	虎林市黑土地水稻种植农民专业合作社等
莲稻25	黑审稻2022L0122	虎林市绿都农业科学研究所	天隆粳492	黑审稻2022L0123	黑龙江天隆科技有限公司
东富163	黑审稻2022L0124	东北农业大学等	东富164	黑审稻2022L0125	东北农业大学等
科稻1805	黑审稻2022L0126	齐齐哈尔市富尔农艺有限公司	莲育191	黑审稻2022L0127	黑龙江省莲江口种子有限公司

（续表）

品种名称	审定编号	选育单位	品种名称	审定编号	选育单位
莲育 808	黑审稻 2022L0128	黑龙江省莲江口种子有限公司	富尔稻 8	黑审稻 2022L0129	哈尔滨华旭种业有限公司等
龙粳 3023	黑审稻 2022L0130	黑龙江省农业科学院水稻研究所	龙粳 4311	黑审稻 2022L0131	黑龙江省农业科学院水稻研究所
龙粳 2315	黑审稻 2022L0132	黑龙江省农业科学院水稻研究所	龙粳 2316	黑审稻 2022L0133	黑龙江省农业科学院水稻研究所
龙粳 1707	黑审稻 2022L0134	黑龙江省农业科学院水稻研究所	莲育 1601	黑审稻 2022L0135	黑龙江省莲汇农业科技有限公司
莲育 420	黑审稻 2022L0136	黑龙江省莲汇农业科技有限公司	龙庆稻 51 号	黑审稻 2022L0137	庆安县北方绿洲稻作研究所
龙庆稻 52 号	黑审稻 2022L0138	庆安县北方绿洲稻作研究所	龙垦 2063	黑审稻 2022L0139	北大荒垦丰种业股份有限公司等
龙垦 2064	黑审稻 2022L0140	北大荒垦丰种业股份有限公司等	绥生 16	黑审稻 2022L0141	绥化市瑞丰种业有限公司
苗稻 20	黑审稻 2022L0142	黑龙江省苗氏种业有限责任公司	建原 178	黑审稻 2022L0143	黑龙江省建三江农垦吉地原种业有限公司
东富 166	黑审稻 2022L0144	东北农业大学等	富稻 42	黑审稻 2022L0145	齐齐哈尔市富尔农艺有限公司
富稻 43	黑审稻 2022L0146	齐齐哈尔市富尔农艺有限公司	育龙 70	黑审稻 2022L0147	黑龙江省农业科学院作物资源研究所
龙粳 4411	黑审稻 2022L0148	黑龙江省农业科学院水稻研究所	莲育 1538	黑审稻 2022L0149	黑龙江省莲汇农业科技有限公司
天盈 5202	黑审稻 2022L0150	黑龙江省莲江口种子有限公司	龙庆稻 66	黑审稻 2022L0151	庆安县北方绿洲稻作研究所
龙粳 2211	黑审稻 2022L0152	黑龙江省农业科学院水稻研究所	龙粳 1938	黑审稻 2022L0153	黑龙江省农业科学院水稻研究所
龙粳 1713	黑审稻 2022L0154	黑龙江省农业科学院水稻研究所	垦汇 3	黑审稻 2022L0155	北大荒垦丰种业股份有限公司等
垦川 4	黑审稻 2022L0156	北大荒垦丰种业股份有限公司等	松粳 208	黑审稻 20220066	黑龙江省农业科学院生物技术研究所
农大 599	吉审稻 20220001	吉林大农种业有限公司	东稻 211	吉审稻 20220002	中国科学院东北地理与农业生态研究所等
长粳 529	吉审稻 20220003	长春市农业科学院	吉粳 129	吉审稻 20220004	吉林省农业科学院
臻福源 228	吉审稻 20220005	公主岭市金福源农业科技有限公司	庆林 115	吉审稻 20220006	吉林市丰优农业研究所
通育 8701	吉审稻 20220007	通化市农业科学研究院	吉粳 322	吉审稻 20220008	吉林省农业科学院
绿科 9	吉审稻 20220009	舒兰市绿赢水稻专业合作社等	松泽 518	吉审稻 20220010	吉林省松泽农业科技有限公司

（续表）

品种名称	审定编号	选育单位	品种名称	审定编号	选育单位
通禾 873	吉审稻 20220011	通化市农业科学研究院	通禾 875	吉审稻 20220012	通化市农业科学研究院
延粳 39	吉审稻 20220013	延边朝鲜族自治州农业科学院（延边特产研究所）	九稻 606	吉审稻 20220014	吉林市农业科学院
奔驰 9	吉审稻 20220015	吉林省奔驰水稻育种与开发有限公司	松辽 778	吉审稻 20220016	公主岭市松辽农业科学研究所等
月光 2 号	吉审稻 20220017	梅河口市曹氏种业有限公司	东稻 812	吉审稻 20220018	中国科学院东北地理与农业生态研究所等
吉农大 891	吉审稻 20220019	吉林农业大学等	通育 8802	吉审稻 20220020	通化市农业科学研究院
吉粳 837	吉审稻 20220021	吉林省农业科学院	通系 942	吉审稻 20220022	通化市农业科学研究院
臻福源 528	吉审稻 20220023	公主岭市金福源农业科技有限公司	吉粳 577	吉审稻 20220024	吉林省农业科学院
新稻 36	吉审稻 20220025	吉林省新田地农业开发有限公司	东稻 862	吉审稻 20220026	中国科学院东北地理与农业生态研究所等
吉大 798	吉审稻 20220027	吉林大学植物科学学院等	吉大 819	吉审稻 20220028	吉林大学植物科学学院等
吉粳 575	吉审稻 20220029	吉林省农业科学院	吉粳 851	吉审稻 20220030	吉林省农业科学院
吉粳 330	吉审稻 20220031	吉林省农业科学院	通科 97	吉审稻 20220032	通化市农业科学研究院
延粳 503	吉审稻 20220033	延边朝鲜族自治州农业科学院（延边特产研究所）	通粳 525	吉审稻 20220034	通化市农业科学研究院
九稻 89	吉审稻 20220035	吉林市农业科学院	佳稻 36	吉审稻 20220036	吉林省佳信种业有限公司
松粮 15	吉审稻 20220037	松原粮食集团水稻研究所有限公司	宏科 895	吉审稻 20220038	吉林省宏科稻业有限公司
金谷 48	吉审稻 20220039	吉林省金谷种业有限公司	佳稻 37	吉审稻 20220040	吉林省佳信种业有限公司
吉宏 802	吉审稻 20220041	吉林市宏业种子有限公司等	通华 205	吉审稻 20220042	吉林市星辰种业有限责任公司
通源 9	吉审稻 20220043	通化市丰华种业有限公司	珍粳 1957	吉审稻 20220044	吉林省珍实农业科技有限公司
众赢 301	吉审稻 20220045	吉林省众赢农业发展有限公司	吉洋 132	吉审稻 20220046	梅河口吉洋种业有限责任公司
承林 799	吉审稻 20220047	吉林省承林种业有限责任公司	榆优 19	吉审稻 20220048	榆树市水稻研究所

（续表）

品种名称	审定编号	选育单位	品种名称	审定编号	选育单位
吉作 304	吉审稻 20220049	梅河口吉洋种业有限责任公司	通福 616	吉审稻 20220050	梅河口市金种子种业有限公司
P 两优 61	辽审稻 20220001	吉林省农业科学院	沈稻 105	辽审稻 20220002	沈阳农业大学农学院
铁粳 1743	辽审稻 20220003	铁岭市农业科学院	铁粳 1712	辽审稻 20220004	铁岭市农业科学院
天隆粳 668	辽审稻 20220005	天津天隆科技股份有限公司等	金峰稻 999	辽审稻 20220006	辽宁沈农利民科技有限公司
花粳 226	辽审稻 20220007	辽宁省盐碱地利用研究所	阳光稻 60	辽审稻 20220008	大石桥市阳光种业有限公司
辽粳 1925	辽审稻 20220009	辽宁省水稻研究所	东研稻 20	辽审稻 20220010	东港市示范繁殖农场
辽优 919	辽审稻 20220011	辽宁省水稻研究所	东研稻 22	辽审稻 20220012	东港市示范繁殖农场
通稻 66	辽审稻 20220013	营口久丰农业科技有限责任公司	辽粳香 2 号	辽审稻 20220014	辽宁省水稻研究所
彦粳软玉 21	辽审稻 20220015	沈阳农业大学	沈农 178	辽审稻 20220016	沈阳农业大学水稻研究所
辽粳香 1 号	辽审稻 20220017	辽宁省水稻研究所	勇稻香	辽审稻 20220018	沈阳领先种业有限公司
盐粳 476	辽审稻 20220019	辽宁省盐碱地利用研究所	阳光稻 725	辽审稻 20220020	大石桥市阳光种业有限公司
沈农 168	辽审稻 20220021	沈阳农业大学水稻研究所	沈农 922	辽审稻 20220022	沈阳农业大学水稻研究所
港优 5 号	辽审稻 20220023	东港市示范繁殖农场	隆粳 24 号	辽审稻 20220024	辽宁天隆生物科技有限公司
隆粳香 3 号	辽审稻 20220025	辽宁天隆生物科技有限公司	营育稻 55	辽审稻 20220026	大石桥市阳光种业有限公司
浑粳 2108	辽审稻 20220027	沈阳博科种业有限公司	营佳稻 896	辽审稻 20220028	辽宁臻营佳农业科技发展有限公司
锦香糯 3 号	辽审稻 20220029	盘锦北方农业技术开发有限公司	营禾 1 号	辽审稻 20220030	辽宁钰硕种业有限公司
佳昌稻 7 号	辽审稻 20220031	营口市佳昌种子有限公司	东壮 2700	辽审稻 20220032	营口市佳昌种子有限公司
桥研 2 号	辽审稻 20220033	辽宁钰硕种业有限公司	臻营佳 99	辽审稻 20220034	辽宁钰硕种业有限公司
久选稻 201	辽审稻 20220035	营口久丰农业科技有限责任公司	祝氏稻 1 号	辽审稻 20220036	盘锦祝氏种业有限公司
富禾稻 1305	辽审稻 20226001	辽宁东亚种业有限公司	富禾稻 1301	辽审稻 20226002	辽宁东亚种业有限公司
富友稻 1303	辽审稻 20226003	辽宁东亚种业有限公司	DK 稻 1715	辽审稻 20226004	辽宁东亚种业有限公司

品种名称	审定编号	选育单位	品种名称	审定编号	选育单位
富友稻 1615	辽审稻 20226005	辽宁东亚种业有限公司	乌兰 207	蒙审稻 2022001	扎赉特旗佰东农业科技有限公司
鸿发 17	蒙审稻 2022002	佳木斯市鸿发种业有限公司	鸿源 134 号	蒙审稻 2022003	黑龙江孙斌鸿源农业开发集团有限责任公司
兴育 3 号	蒙审稻 2022004	兴安盟兴安粳稻优质品种科技研究所	金郁 2	蒙审稻 2022005	龙江县龙科农业开发有限责任公司
保农 105	蒙审稻 2022006	扎赉特旗佰东农业科技有限公司	兴粳 14 号	蒙审稻 2022007	兴安盟隆华农业科技有限公司等
兴粳 11 号	蒙审稻 2022008	兴安盟农牧科学研究所等	兴粳 8 号	蒙审稻 2022009	兴安盟农牧科学研究所等
鸿发 19	蒙审稻 2022010	佳木斯市鸿发种业有限公司	鸿发 18	蒙审稻 2022011	佳木斯市鸿发种业有限公司
兴育 2 号	蒙审稻 2022012	兴安盟兴安粳稻优质品种科技研究所	哲稻 4 号	蒙审稻 2022013	通辽市农牧科学研究所
中亚 213	蒙审稻 2022014	公主岭市中亚水稻种子繁育有限公司	中研粳稻 20	蒙审稻 2022015	吉林省中研农业开发有限公司
维育 22	蒙审稻 2022016	泰来县维沃农业科技发展有限公司	滨稻 20	冀审稻 20220001	河北省农林科学院滨海农业研究所
滨稻 9 号	冀审稻 20220002	河北省农林科学院滨海农业研究所	垦稻 1949	冀审稻 20220003	河北省农林科学院滨海农业研究所
滨香 5 号	冀审稻 20220004	河北省农林科学院滨海农业研究所	金稻 909	津审稻 20220001	天津市农作物研究所
天隆粳 4 号	津审稻 20220002	天津天隆科技股份有限公司	津原 U999	津审稻 20220003	天津市优质农产品开发示范中心
津原润 1 号	津审稻 20225001	天津市优质农产品开发示范中心	宁粳 64 号	宁审稻 20220001	宁夏农林科学院农作物研究所
宁粳 65 号	宁审稻 20220002	宁夏大学农学院	宁粳 66 号	宁审稻 20220003	宁夏农林科学院农作物研究所
宁粳 67 号	宁审稻 20220004	宁夏农林科学院农作物研究所	宁粳 68 号	宁审稻 20220005	宁夏回族自治区原种场
金灵州 1 号	宁审稻 2022L006	宁夏金灵州种业有限公司	宁粳 69 号	宁审稻 2022L007	宁夏旱田种业有限公司
宁粳 70 号	宁审稻 2022L008	宁夏科丰种业有限公司等	宁粳 71 号	宁审稻 2022Z009	宁夏农林科学院农作物研究所
宁粳 72 号	宁审稻 2022Z010	宁夏大学农学院	YD01	新审稻 2022 年 001	新疆伊犁哈萨克自治州农业科学研究所
金稻 77	新审稻 2022002	新疆金丰源种业有限公司	金稻 112	新审稻 2022003	新疆金丰源种业有限公司
塔稻 1 号	新审稻 2022004	新疆塔里木河种业股份有限公司	新农粳 1 号	新审稻 2022005	新疆农业科学院核技术生物技术研究所等

（续表）

品种名称	审定编号	选育单位	品种名称	审定编号	选育单位
新农粳 3 号	新审稻 2022006	新疆农业科学院核技术生物技术研究所等	新农粳 4 号	新审稻 2022007	新疆农业科学院核技术生物技术研究所等
新农粳 8 号	新审稻 2022008	新疆农业科学院核技术生物技术研究所等	新粳伊 24 号	新审稻 2022009	新疆农业科学院核技术生物技术研究所等
新粳伊 20 号	新审稻 2022010	新疆农业科学院核技术生物技术研究所等	金稻 95	新审稻 2022011	新疆金丰源种业有限公司
塔稻 3 号	新审稻 2022012	新疆塔里木河种业股份有限公司	新农粳伊 3 号	新审稻 2022013	安徽友鑫农业科技有限公司等
新粳伊 2 号	新审稻 2022014	新疆农业科学院核技术生物技术研究所等	济儒稻 1 号	鲁审稻 20220001	山东省济宁市农业科学研究院等
瑞诚 058	鲁审稻 20220002	江苏瑞诚农业科技有限公司等	圣稻 1909	鲁审稻 20220003	山东省农业科学院
润农 802	鲁审稻 20220004	山东登海润农种业有限公司	临秀糯 11	鲁审稻 20220005	山东省沂南县水稻研究所等
鲁资稻 14 号	鲁审稻 20220006	山东省农业科学院	济糯 1 号	鲁审稻 20226007	山东省农业科学院
晶糯 100	鲁审稻 20226008	山东省郯城县种子公司	鑫香糯 286	鲁审稻 20226009	合肥市友鑫生物技术研究中心
矮丰 80	鲁审稻 20226010	山东省农业科学院等	陕黑 6 号	陕审稻 20220001	陕西省汉中市农业科学研究所
泰优香占	陕审稻 20220002	陕西省汉中市金穗农业科技开发有限责任公司	郑稻 C42	豫审稻 20220001	河南省农业科学院粮食作物研究所
苑丰 818	豫审稻 20220002	河南省新乡市远缘分子育种工程技术研究中心	新香粳 1 号	豫审稻 20220003	河南省新乡市农业科学院
新丰 12	豫审稻 20220004	河南丰源种子有限公司	华农 330	豫审稻 20220005	新乡市华农种业有限公司
蒝香 9	豫审稻 20220006	河南蒝香生态农业专业合作社	新稻 571	豫审稻 20220007	河南省新乡市农业科学院
信两优 1319	豫审稻 20220008	河南省信阳市农业科学院	万象优 982	豫审稻 20220009	江西红一种业科技股份有限公司
泰两优 188	豫审稻 20220010	福建天力种业有限公司	两优 268	豫审稻 20220011	河南省信阳市农业科学院
川康优 6308	豫审稻 20220012	四川农业大学水稻研究所等			

附表 8　2022 年水稻新品种授权情况

品种权号	品种名称	品种权人	品种权号	品种名称	品种权人
			授权日：2021-12-30		
CNA20140258.9	龙粳 61	黑龙江省农业科学院佳木斯水稻研究所	CNA20161370.8	鄂香优华占	湖北鄂科华泰种业股份有限公司
CNA20161631.3	桂硒红占	广西壮族自治区农业科学院水稻研究所	CNA20161984.6	旱恢 198	上海天谷生物科技股份有限公司
CNA20161985.5	申恢 157	上海天谷生物科技股份有限公司	CNA20162217.3	泉 298S	湖南粮安种业科技有限公司
CNA20162229.9	通院香 518	通化市农业科学研究院	CNA20162232.4	延粳 30	延边朝鲜族自治州农业科学院
CNA20162234.2	通粳 887	通化市农业科学研究院	CNA20162273.4	黄广华占 1 号	广东省农业科学院水稻研究所
CNA20162301.0	隆两优 97	袁隆平农业高科技股份有限公司	CNA20162336.9	广两优 730	信阳市农业科学院
CNA20162378.8	秋占	广东天弘种业有限公司	CNA20170052.4	R 莉丝	广西绿海种业有限公司
CNA20170053.3	粤品 A	湛江田丰源农业技术开发有限公司	CNA20170083.7	66S	湖南省水稻研究所
CNA20170084.6	育龙 9 号	黑龙江省农业科学院作物育种研究所	CNA20170116.8	绥粳 30	黑龙江省农业科学院绥化分院
CNA20170170.1	哈 145147	黑龙江省农业科学院耕作栽培研究所	CNA20170171.0	哈 146037	黑龙江省农业科学院耕作栽培研究所
CNA20170172.9	珍优 9822	广东现代种业发展有限公司	CNA20170320.0	文红恢 628	文山壮族苗族自治州农业科学院
CNA20170326.4	星两优华占	安徽袁粮水稻产业有限公司	CNA20170434.3	当育粳 0908	马鞍山神农种业有限责任公司
CNA20170453.9	粤银软占	广东省农业科学院水稻研究所	CNA20170915.1	昌 S	广西恒茂农业科技有限公司
CNA20171539.5	龙粳 4131	黑龙江省农业科学院佳木斯水稻研究所	CNA20171675.9	隆两优晶占	袁隆平农业高科技股份有限公司
CNA20171685.7	陵两优 1377	袁隆平农业高科技股份有限公司	CNA20172275.1	创两优粤农丝苗	北京金色农华种业科技股份有限公司
CNA20172700.6	玉恢 2278	玉林市农业科学院	CNA20172701.5	鼎 A	玉林市农业科学院
CNA20172972.7	龙稻 202	黑龙江省农业科学院耕作栽培研究所	CNA20173156.3	隆两优 5 号	湖南杂交水稻研究中心
CNA20173157.2	隆两优 298	湖南杂交水稻研究中心	CNA20173237.6	寒稻 79	天津天隆科技股份有限公司
CNA20173390.9	中智 S	中国水稻研究所	CNA20173562.1	舜达 95	中国水稻研究所
CNA20173629.2	浙两优 274	浙江农科种业有限公司	CNA20173717.5	粤良恢 5511	广东粤良种业有限公司

品种权号	品种名称	品种权人	品种权号	品种名称	品种权人
CNA017922G	呈 391S	中国种子集团有限公司	CNA20173786.1	中种恢 2130	中国种子集团有限公司
CNA20180238.0	R2018	安徽袁粮水稻产业有限公司	CNA20180404.8	金科丝苗 3 号	深圳市金谷美香实业有限公司
CNA20180446.8	皖直粳 001	安徽省农业科学院水稻研究所	CNA20180542.1	黔恢 8319	贵州省农作物品种资源研究所
CNA20180580.4	甬优 5550	宁波种业股份有限公司	CNA20180612.6	浙恢 818	浙江省农业科学院作物与核技术利用研究所
CNA20180683.0	响稻 12	天津天隆科技股份有限公司	CNA20180688.5	天隆粳 311	天津天隆科技股份有限公司
CNA20180931.0	龙粳 1614	黑龙江省农业科学院水稻研究所	CNA20180934.7	龙粳 1625	黑龙江省农业科学院水稻研究所
CNA20180937.4	龙粳 1734	黑龙江省农业科学院水稻研究所	CNA20180938.3	龙粳 1740	黑龙江省农业科学院水稻研究所
CNA20180939.2	龙粳 1755	黑龙江省农业科学院水稻研究所	CNA20182092.1	粤创优金丝苗	广东粤良种业有限公司
CNA20182094.9	粤良恢 773	广东粤良种业有限公司	CNA20182454.3	龙稻 201	黑龙江省农业科学院耕作栽培研究所
CNA20182541.8	彦粳软玉 13 号	沈阳农业大学	CNA20182770.0	八宝谷 7 号	广南县八宝米研究所
CNA20182784.4	浙大 1 号	浙江大学	CNA20182826.4	广晶油占	广东省农业科学院水稻研究所
CNA20182879.0	启源 A	福建省农业科学院水稻研究所	CNA20183186.6	Bph65S	湖北荃银高科种业有限公司
CNA20183187.5	全赢丝苗	湖北荃银高科种业有限公司	CNA20183188.4	鄂晶丝苗	湖北荃银高科种业有限公司
CNA20183192.8	鄂香丝苗	湖北荃银高科种业有限公司	CNA20183193.7	全赢占	湖北荃银高科种业有限公司
CNA20183196.4	勇 658S	湖北荃银高科种业有限公司	CNA20183260.5	佳源粳 1 号	俞敬忠
CNA20183302.5	珍广 A	中国水稻研究所	CNA20183329.4	海农红 1 号	海南省农业科学院粮食作物研究所
CNA20183338.3	荃早优鄂丰丝苗	湖北荃银高科种业有限公司	CNA20183445.3	哈黏稻 1 号	哈尔滨市农业科学院
CNA20183537.2	哈粳稻 8 号	哈尔滨市农业科学院	CNA20183538.1	哈粳稻 9 号	哈尔滨市农业科学院
CNA20183542.5	哈粳稻 6 号	哈尔滨市农业科学院	CNA20183613.9	楚香 88	武汉金丰收种业有限公司
CNA20183641.5	齐粳 4 号	黑龙江省农业科学院齐齐哈尔分院	CNA20183643.3	齐粳 31	黑龙江省农业科学院齐齐哈尔分院
CNA20183769.1	创恢 966	湖南袁创超级稻技术有限公司	CNA20183770.8	Y 两优 1577	湖南袁创超级稻技术有限公司

（续表）

品种权号	品种名称	品种权人	品种权号	品种名称	品种权人
CNA20183789.7	Y两优17	安徽袁粮水稻产业有限公司	CNA20183791.3	亮2172S	合肥国丰农业科技有限公司
CNA20183866.3	长丝101	萍乡市农业科学研究所	CNA20183868.1	莲育711	黑龙江省莲江口种子有限公司
CNA20183869.0	莲汇6612	黑龙江省莲汇农业科技有限公司	CNA20183897.6	帮恢308	重庆帮豪种业股份有限公司
CNA20183898.5	云豪A	重庆帮豪种业股份有限公司	CNA20183899.4	渝豪A	重庆帮豪种业股份有限公司
CNA20183982.2	擎1S	中国种子集团有限公司	CNA20183983.1	擎9S	中国种子集团有限公司
CNA20184081.0	莲育125	黑龙江省莲汇农业科技有限公司	CNA20184150.6	龙粳3013	黑龙江省农业科学院水稻研究所
CNA20184151.5	龙粳3005	黑龙江省农业科学院水稻研究所	CNA20184153.3	龙粳3010	黑龙江省农业科学院水稻研究所
CNA20184200.6	冰润1号	四川冰清玉润农业科技有限公司	CNA20184212.2	黄柳香占	安徽兆和种业有限公司
CNA20184455.8	生56S	安徽省农业科学院水稻研究所	CNA20184465.6	绥粳108	黑龙江省农业科学院绥化分院
CNA20184467.4	绥粳31	黑龙江省农业科学院绥化分院	CNA20184468.3	绥粳32	黑龙江省农业科学院绥化分院
CNA20184470.9	绥粳102	黑龙江省农业科学院绥化分院	CNA20184471.8	绥粳105	黑龙江省农业科学院绥化分院
CNA20184511.0	奥隆丝苗	湖南奥谱隆科技股份有限公司	CNA20184678.9	长恢70	长江大学
CNA20184817.1	辽粳419	辽宁省水稻研究所	CNA20184818.0	辽粳1415	辽宁省水稻研究所
CNA20191000053	Y两优919	安徽袁粮水稻产业有限公司	CNA20191000157	华智191	华智生物技术有限公司
CNA20191000160	R9001	华智水稻生物技术有限公司	CNA20191000601	禧优华占	安徽袁粮水稻产业有限公司
CNA20191000911	莲汇13	黑龙江省莲汇农业科技有限公司	CNA20191000968	莲育香6号	黑龙江省莲江口种子有限公司
CNA20191000981	泗稻17号	江苏省农业科学院宿迁农科所	CNA20191001362	R610311	武汉大学
CNA20191001388	绥粳109	黑龙江省农业科学院绥化分院	CNA20191001398	隆晶优413	袁隆平农业高科技股份有限公司
CNA20191001399	隆晶优4013	袁隆平农业高科技股份有限公司	CNA20191001780	米岗油占	广东现代种业发展有限公司
CNA20191001892	云粳46号	云南省农业科学院粮食作物研究所	CNA20191002051	锦两优7810	袁隆平农业高科技股份有限公司
CNA20191002669	珍9S	安徽袁粮水稻产业有限公司	CNA20191002784	HA9311	中国科学院合肥物质科学研究院
CNA20191002801	E恢688	中国科学院合肥物质科学研究院	CNA20191002838	扬农产28	扬州大学

（续表）

品种权号	品种名称	品种权人	品种权号	品种名称	品种权人
CNA20191002937	YH532	安徽荃银高科种业股份有限公司	CNA20191002957	2413S	武汉衍升农业科技有限公司
CNA20191003047	豫章香占	江西春丰农业科技有限公司	CNA20191003385	内香优8012	中国水稻研究所
CNA20191003408	R1627	中国种子集团有限公司	CNA20191003580	德粳6号	四川省农业科学院水稻高粱研究所
CNA20191003616	升香301S	武汉衍升农业科技有限公司	CNA20191003812	建航1715	黑龙江省建三江农垦吉地原种业有限公司
CNA20191004383	上545S	湖南农业大学	CNA20191004425	莲汇6811	黑龙江省莲江口种子有限公司
CNA20191004447	农香优2381	湖南佳和种业股份有限公司	CNA20191004472	泰优19香	广东省农业科学院水稻研究所
CNA20191004744	莲育420	黑龙江省莲江口种子有限公司	CNA20191004858	龙禾156	黑龙江田友种业有限公司
CNA20191004859	龙桦3	黑龙江田友种业有限公司	CNA20191004922	庐香1号	合肥市农业科学研究院
CNA20191005002	龙盾1849	黑龙江省莲江口种子有限公司	CNA20191005006	内6优2118	四川农业大学
CNA20191005018	南粳53045	江苏省农业科学院	CNA20191005077	五岭丰占	安徽凯利种业有限公司
CNA20191005254	五岭丰占	安徽凯利种业有限公司	CNA20191005254	中恢1618	中国水稻研究所
CNA20191005255	中恢9330	中国水稻研究所	CNA20191005340	科粳365	昆山科腾生物科技有限公司
CNA20191005347	华智R11934	华智水稻生物技术有限公司	CNA20191005348	华智R11935	华智生物技术有限公司
CNA20191005518	科粳618	昆山科腾生物科技有限公司	CNA20191005646	建航172	黑龙江省建三江农垦吉地原种业有限公司
CNA20191005697	粤抗新占	中国水稻研究所	CNA20191006107	沪旱106	上海市农业生物基因中心
CNA20191006108	沪旱1517	上海市农业生物基因中心	CNA20191006109	沪旱1516	上海市农业生物基因中心
CNA20191006182	禅稻1号	北京农联双创科技有限公司	CNA20191006192	湘农恢018	湖南农业大学
CNA20191006260	沪旱6220	上海市农业生物基因中心	CNA20191006287	荃9优5号	安徽荃银高科种业股份有限公司
CNA20191006401	龙稻203	黑龙江省农业科学院耕作栽培研究所	CNA20191006493	恒丰优158	广东省农业科学院水稻研究所
CNA20191006515	荃广B	安徽荃银高科种业股份有限公司	CNA20191006527	全两优华占	湖北荃银高科种业有限公司

（续表）

品种权号	品种名称	品种权人	品种权号	品种名称	品种权人
CNA20191006530	银两优 822	湖北荃银高科种业有限公司	CNA20191006580	育龙 59	黑龙江省农业科学院作物资源研究所
CNA20191006694	荃泰 B	安徽荃银高科种业股份有限公司	CNA20191006716	常优 998	常熟市农业科学研究所
CNA20191006741	银恢 002	安徽荃银高科种业股份有限公司	CNA20191006766	荃恢 10 号	安徽荃银高科种业股份有限公司
CNA20191006886	YR0219	安徽荃银高科种业股份有限公司	CNA20191006887	YR9085	安徽荃银高科种业股份有限公司
CNA20191006902	天隆粳 169	天津天隆科技股份有限公司	CNA20191006916	YH6019	安徽荃银高科种业股份有限公司
CNA20191006918	YR135	安徽荃银高科种业股份有限公司	CNA20191006971	荃优 169	安徽荃银高科种业股份有限公司
CNA20201000038	圣糯 139	山东省水稻研究所	CNA20201000090	武育粳 528	江苏（武进）水稻研究所
CNA20201000099	临稻 29	沂南县水稻研究所	CNA20201000101	成糯 398A	四川省农业科学院作物研究所
CNA20201000145	中科粳 5 号	中国科学院合肥物质科学研究院	CNA20201000147	圳两优 2018	长沙利诚种业有限公司
CNA20201000148	圳两优 749	长沙利诚种业有限公司	CNA20201000149	利两优银丝	长沙利诚种业有限公司
CNA20201000180	科粳稻 2 号	昆山科腾生物科技有限公司	CNA20201000191	全两优楚丰丝苗	湖北荃银高科种业有限公司
CNA20201000213	连鉴 5 号	连云港市农业科学院	CNA20201000214	野香优油丝	广西绿海种业有限公司
CNA20201000229	天盈 2 号	黑龙江省莲江口种子有限公司	CNA20201000234	顺两优 6100	广东华农大种业有限公司
CNA20201000235	华两优 6100	广东华农大种业有限公司	CNA20201000238	育龙 51	黑龙江省农业科学院作物资源研究所
CNA20201000249	华美优 3352	广东华农大种业有限公司	CNA20201000289	福粳 688	梅河口市金种子种业有限公司
CNA20201000297	育龙 60	黑龙江省农业科学院作物资源研究所	CNA20201000303	玖两优 505	湖南省核农学与航天育种研究所
CNA20201000306	通禾 898	通化市农业科学研究院	CNA20201000307	通禾 868	通化市农业科学研究院
CNA20201000308	通禾 866	通化市农业科学研究院	CNA20201000309	通禾 861	通化市农业科学研究院
CNA20201000501	Q 两优 1606	安徽荃银高科种业股份有限公司	CNA20201000506	银两优 606	安徽荃银高科种业股份有限公司
CNA20201000545	临秀 58	沂南县水稻研究所	CNA20201000637	扬辐粳 11 号	江苏里下河地区农业科学研究所
CNA20201000773	临稻 26	沂南县水稻研究所	CNA20201000867	川康优 4313	四川省农业科学院作物研究所

（续表）

品种权号	品种名称	品种权人	品种权号	品种名称	品种权人
CNA20201001020	育龙 61	黑龙江省农业科学院作物资源研究所	CNA20201001022	育龙 62	黑龙江省农业科学院作物资源研究所
CNA20201001052	通育 337	通化市农业科学研究院	CNA20201001085	35B	安徽荃银高科种业股份有限公司
CNA20201001103	YR006	安徽荃银高科种业股份有限公司	CNA20201001104	YR53242	安徽荃银高科种业股份有限公司
CNA20201001105	YR160	安徽荃银高科种业股份有限公司	CNA20201001164	荃广优 532	安徽荃银高科种业股份有限公司
CNA20201001332	9 优 766	江苏红旗种业股份有限公司	CNA20201001334	南粳 7718	江苏省农业科学院
CNA20201001338	连粳 17 号	连云港市农业科学院	CNA20201001351	宁 7909	江苏省农业科学院
CNA20201001358	辽粳 218	辽宁省水稻研究所	CNA20201001361	Y 两优 609	江苏红旗种业股份有限公司
CNA20201001375	巧两优 1220	安徽喜多收种业科技有限公司	CNA20201001404	连粳 18 号	连云港市农业科学院
CNA20201001417	大粮 317	临沂市金秋大粮农业科技有限公司	CNA20201001454	扬粳 7081	江苏里下河地区农业科学研究所
CNA20201001457	荃香糯 3 号	江苏里下河地区农业科学研究所	CNA20201001542	泰粳 5241	江苏（武进）水稻研究所
CNA20201001758	辽粳 2086	辽宁省水稻研究所	CNA20201001835	金香玉 1 号	江苏里下河地区农业科学研究所
CNA20201001878	天隆粳 314	天津天隆科技股份有限公司	CNA20201001912	泰优 1625	中国种子集团有限公司
CNA20201002058	荃优 982	江苏丘陵地区镇江农业科学研究所	CNA20201002099	福两优 1376	金华市农业科学研究院
CNA20201002146	臻两优 8612	湖南隆平高科种业科学研究院有限公司	CNA20201002147	臻两优 5438	袁隆平农业高科技股份有限公司
CNA20201002148	臻两优 3703	湖南隆平高科种业科学研究院有限公司	CNA20201002149	隆两优 95	湖南隆平高科种业科学研究院有限公司
CNA20201002150	隆两优 1957	湖南隆平高科种业科学研究院有限公司	CNA20201002151	隆两优华宝	袁隆平农业高科技股份有限公司
CNA20201002152	隆晶优玛占	湖南隆平高科种业科学研究院有限公司	CNA20201002155	华恢 8549	袁隆平农业高科技股份有限公司
CNA20201002156	华恢 4413	袁隆平农业高科技股份有限公司	CNA20201002158	泰丝	袁隆平农业高科技股份有限公司
CNA20201002160	华恢 3228	袁隆平农业高科技股份有限公司	CNA20201002161	华恢 3485	湖南省长沙市芙蓉区合平路 638 号（410000）

品种权号	品种名称	品种权人	品种权号	品种名称	品种权人
CNA20201002177	隆晶优 1273	湖南省长沙市芙蓉区合平路 638 号（410000）	CNA20201002195	隆晶优 4171	湖南隆平高科种业科学研究院有限公司
CNA20201002201	隆锋优 905	湖南隆平高科种业科学研究院有限公司	CNA20201002216	玮两优 1273	湖南隆平高科种业科学研究院有限公司
CNA20201002217	玮两优 1227	湖南隆平高科种业科学研究院有限公司	CNA20201002218	玮两优 1019	湖南隆平高科种业科学研究院有限公司
CNA20201002229	D 两优 8612	袁隆平农业高科技股份有限公司	CNA20201002284	悦两优金 4	袁隆平农业高科技股份有限公司
CNA20201002285	悦两优 1672	袁隆平农业高科技股份有限公司	CNA20201002287	玮两优 1206	袁隆平农业高科技股份有限公司
CNA20201002298	悦两优美香新占	袁隆平农业高科技股份有限公司	CNA20201002311	悦两优 3189	湖南隆平高科种业科学研究院有限公司
CNA20201002316	隆晶优蒂占	袁隆平农业高科技股份有限公司	CNA20201002372	绥粳 112	黑龙江省农业科学院绥化分院
CNA20201002374	旌 3 优 2115	四川农业大学	CNA20201002406	雅 7 优 5049	四川农业大学
CNA20201002471	甬籼 641	宁波市农业科学研究院	CNA20201002472	甬粳 581	宁波市农业科学研究院
CNA20201002483	雅 5 优 2199	四川农业大学	CNA20201002488	绥粳 121	黑龙江省农业科学院绥化分院
CNA20201002489	绥粳 137	黑龙江省农业科学院绥化分院	CNA20201002522	广糯 1 号	广西壮族自治区农业科学院
CNA20201002523	广福 3 号	广西壮族自治区农业科学院	CNA20201002524	广福 2 号	广西壮族自治区农业科学院
CNA20201002525	广福香丝苗	广西壮族自治区农业科学院	CNA20201002557	中广 120	广西壮族自治区农业科学院
CNA20201002558	中广 179	广西壮族自治区农业科学院	CNA20201002623	乐 3 优 2275	四川农业大学
CNA20201002637	徽两优香丝苗	安徽兆和种业有限公司	CNA20201002677	九优粤禾丝苗	安徽荃银超大种业有限公司
CNA20201002707	香血稻 515	江苏（武进）水稻研究所	CNA20201002719	广恢 1521	广东省农业科学院水稻研究所
CNA20201002722	福恢 702	福建省农业科学院水稻研究所	CNA20201002813	忠 S	株洲市农业科学研究所
CNA20201002861	南粳 01A	江苏省农业科学院	CNA20201002905	镇稻 668	江苏丘陵地区镇江农业科学研究所
CNA20201002910	钧香优 2918	广西桂稻香农作物研究所有限公司	CNA20201002920	鸿源 29	黑龙江孙斌鸿源农业开发集团有限责任公司

（续表）

品种权号	品种名称	品种权人	品种权号	品种名称	品种权人
CNA20201003055	申优 27	上海市农业科学院	CNA20201003060	泽两优 8607	湖南隆平高科种业科学研究院有限公司
CNA20201003106	荃优 607	中国种子集团有限公司	CNA20201003175	宁两优 1513	江苏明天种业科技股份有限公司
CNA20201003180	辽粳香 2 号	辽宁省水稻研究所	CNA20201003677	德 1 优 3241	四川省农业科学院水稻高粱研究所
CNA20201003729	辽粳 1758	辽宁省水稻研究所	CNA20201003955	辽粳 1925	辽宁省水稻研究所
CNA20201004020	津粳优 1619	天津市水稻研究所	CNA20201004088	香丝 5293	广东省农业科学院水稻研究所
CNA20201004350	秀厢 A	广西壮族自治区农业科学院	CNA20201004437	旱优 3015	上海市农业生物基因中心
CNA20201004541	绥香 075206	黑龙江省农业科学院绥化分院	CNA20201005017	川优 8459	四川省农业科学院作物研究所

授权日：2022-05-10

品种权号	品种名称	品种权人	品种权号	品种名称	品种权人
CNA20170095.3	南桂占	广东省农业科学院水稻研究所	CNA20170235.4	锦恢 902	云南金瑞种业有限公司
CNA20170239.0	龙粳 1504	黑龙江省农业科学院佳木斯水稻研究所	CNA20170254.0	深两优 136	湖南大农种业科技有限公司
CNA20170331.7	两优 671	安徽省农业科学院水稻研究所	CNA20170342.4	圣稻 23	山东省水稻研究所
CNA20170563.6	荃优 3745	南京农业大学	CNA20170661.7	绥粳 307	黑龙江省农业科学院绥化分院
CNA20170865.1	扬粳 103	江苏里下河地区农业科学研究所	CNA20171055.9	裕粳 136	原阳沿黄农作物研究所
CNA20171199.6	吉丰优 298	北京金色农华种业科技股份有限公司	CNA20171225.4	吉大 818	吉林大学
CNA20171383.2	文宝恢 8122	文山壮族苗族自治州农业科学院	CNA20171384.1	文宝恢 811	文山壮族苗族自治州农业科学院
CNA20171385.0	文宝恢 8067	文山壮族苗族自治州农业科学院	CNA20171386.9	文宝恢 875	文山壮族苗族自治州农业科学院
CNA20171552.7	陵两优 179	中国水稻研究所	CNA20171553.6	陵两优 171	中国水稻研究所
CNA20171570.5	楚粳 42 号	楚雄彝族自治州农业科学研究推广所	CNA20171742.8	荃粳优 1 号	安徽荃银高科种业股份有限公司
CNA20171870.2	文宝恢 817	文山壮族苗族自治州农业科学院	CNA20172228.9	龙垦 208	北大荒垦丰种业股份有限公司
CNA20172562.3	初香粳 1 号	初振武	CNA20172618.7	深优 9577	合肥丰乐种业股份有限公司
CNA20172628.5	百香 A	广西百香高科种业有限公司	CNA20173311.5	荃两优 2118	安徽荃银高科种业股份有限公司
CNA20173362.3	锦两优 851	云南金瑞种业有限公司	CNA20173363.2	云两优 501	云南省农业科学院粮食作物研究所

（续表）

品种权号	品种名称	品种权人	品种权号	品种名称	品种权人
CNA20173533.7	黔 209A	贵州省水稻研究所	CNA20173642.5	楚稻 1 号	刘兴婷
CNA20173643.4	楚稻 2 号	刘兴婷	CNA20173680.8	金卓香 1 号	成都金卓农业股份有限公司
CNA20173721.9	奥占	湖南奥谱隆科技股份有限公司	CNA20180059.6	圣稻 26	山东省水稻研究所
CNA20180195.1	辽粳 1499	辽宁省水稻研究所	CNA20180260.1	宏稻 59	河南师范大学
CNA20180262.9	玉粳 3	河南师范大学	CNA20180402.0	臻优 H30	中国水稻研究所
CNA20180547.6	东粳 66	公主岭市吉农研水稻研究所有限公司	CNA20180548.5	东粳 69	公主岭市吉农研水稻研究所有限公司
CNA20180590.2	昆粳 11 号	昆明市农业科学研究院	CNA20180652.7	金 R205	湖南金耘水稻育种研究有限公司
CNA20180653.6	金 R386	湖南金耘水稻育种研究有限公司	CNA20180655.4	金 R919	湖南金耘水稻育种研究有限公司
CNA20180656.3	金 R965	湖南金耘水稻育种研究有限公司	CNA20180657.2	金 R989	湖南金耘水稻育种研究有限公司
CNA20180658.1	金丰 19	湖南金耘水稻育种研究有限公司	CNA20180659.0	金丰 25	湖南金耘水稻育种研究有限公司
CNA20180709.0	新科 32	吉林省新田地农业开发有限公司	CNA20180710.7	金丰 188	吉林省新田地农业开发有限公司
CNA20180755.3	育龙 34	黑龙江省农业科学院作物育种研究所	CNA20180756.2	育龙 41	黑龙江省农业科学院作物育种研究所
CNA20180824.0	NP001	中国科学院遗传与发育生物学研究所	CNA20180869.6	育龙 52	黑龙江省农业科学院作物育种研究所
CNA20180870.3	育龙 54	黑龙江省农业科学院作物育种研究所	CNA20180871.2	育龙 63	黑龙江省农业科学院作物育种研究所
CNA20180874.9	宏惠 1 号	云南省德宏傣族景颇族自治州种子管理站	CNA20181053.0	两优 3995	福建农林大学
CNA20181145.0	信优糯 721	信阳市农业科学院	CNA20181172.6	翔吉稻 36	吉林省鸿翔农业集团鸿翔种业有限公司
CNA20181217.3	桂野丰	广西壮族自治区农业科学院水稻研究所	CNA20181545.6	中广两优 727	中国种子集团有限公司
CNA20182854.9	津原 58	天津市原种场	CNA20182981.5	佳香 5	孙德才
CNA20183544.3	昆粳 13 号	昆明市农业科学研究院	CNA20183699.6	龙粳 1775	黑龙江省农业科学院水稻研究所
CNA20183780.6	喜禾	中国水稻研究所	CNA20183781.5	中智 2S	中国水稻研究所
CNA20183785.1	钰禾	中国水稻研究所	CNA20184210.4	普粳 832	黑龙江省普田种业有限公司农业科学研究院
CNA20184414.8	圣稻 30	山东省水稻研究所	CNA20184537.0	宁香粳 11	南京农业大学
CNA20184694.9	圣稻 718	山东省水稻研究所	CNA20191000034	圣稻 183	山东省水稻研究所

（续表）

品种权号	品种名称	品种权人	品种权号	品种名称	品种权人
CNA20191000082	荃早优 851	安徽荃银高科种业股份有限公司	CNA20191000084	荃优 85	安徽荃银高科种业股份有限公司
CNA20191000419	C927	中国水稻研究所	CNA20191000466	龙稻 208	黑龙江省农业科学院耕作栽培研究所
CNA20191000985	E 两优 2071	湖北省农业科学院粮食作物研究所	CNA20191001577	荃广 A	安徽荃银高科种业股份有限公司
CNA20191001975	YR836	安徽荃银高科种业股份有限公司	CNA20191001979	洁田丝苗	安徽荃银高科种业股份有限公司
CNA20191001980	YR086	安徽荃银高科种业股份有限公司	CNA20191001981	YR829	安徽荃银高科种业股份有限公司
CNA20191001982	YR879	安徽荃银高科种业股份有限公司	CNA20191002045	武香粳 5245	江苏（武进）水稻研究所
CNA20191002059	增科新选丝苗 1 号	广州市增城区农业科学研究所	CNA20191002342	寒稻 162	哈尔滨市寒地农作物研究所
CNA20191002532	YR8238	安徽荃银高科种业股份有限公司	CNA20191002687	武香粳 6622	江苏（武进）水稻研究所
CNA20191002701	武科粳 7375	江苏（武进）水稻研究所	CNA20191002717	浙 1708	浙江省农业科学院
CNA20191002718	浙 1730	浙江省农业科学院	CNA20191002939	YR165	安徽荃银高科种业股份有限公司
CNA20191003504	YR1606	安徽荃银高科种业股份有限公司	CNA20191003516	申两优华占	上海天谷生物科技股份有限公司
CNA20191003997	嘉育 25	浙江省嘉兴市农业科学研究院（所）	CNA20191004354	浙粳优 1626	浙江省农业科学院
CNA20191004676	华浙优 26	中国水稻研究所	CNA20191004699	福玉香占	福建省福瑞华安种业科技有限公司
CNA20191004701	中浙优 H7	中国水稻研究所	CNA20191004804	龙盾 1761	黑龙江省莲江口种子有限公司
CNA20191004955	浙禾香 2 号	浙江省嘉兴市农业科学研究院（所）	CNA20191004967	台恢 3514	台州市农业科学研究院
CNA20191004997	R198	天津天隆科技股份有限公司	CNA20191005194	中浙优 26	中国水稻研究所
CNA20191005346	华智 R11833	华智生物技术有限公司	CNA20191005496	华夏香丝	湖北华之夏种子有限责任公司
CNA20191005606	天隆粳 168	天津天隆科技股份有限公司	CNA20191005645	九稻 171	黑龙江省建三江农垦吉地原种业有限公司
CNA20191005687	凯两优 77	安徽凯利种业有限公司	CNA20191005692	龙稻 363	黑龙江省农业科学院耕作栽培研究所
CNA20191005953	台恢 1890	台州市农业科学研究院	CNA20191006283	中两优 607	中国种子集团有限公司
CNA20191006511	科粳 85	昆山科腾生物科技有限公司	CNA20191006624	金粳 107	天津市水稻研究所

品种权号	品种名称	品种权人	品种权号	品种名称	品种权人
CNA20191006625	金粳 686	天津市农作物研究所	CNA20191006738	荃两优 087	安徽荃银高科种业股份有限公司
CNA20191006760	CNA20191006760	安徽荃银高科种业股份有限公司	CNA20191006803	R8160	湖南杂交水稻研究中心
CNA20191006804	芙 9302S	湖南杂交水稻研究中心	CNA20191006805	金香 1 号	湖南杂交水稻研究中心
CNA20191006937	Q 两优 506	安徽荃银高科种业股份有限公司	CNA20191006970	荃优 386	安徽荃银高科种业股份有限公司
CNA20201000088	沂 171	沂南县水稻研究所	CNA20201000512	荃广优 851	安徽荃银高科种业股份有限公司
CNA20201000859	浙粳优 6 号	浙江省农业科学院	CNA20201000890	忠恢 362	湖南杂交水稻研究中心
CNA20201000891	忠恢 255	湖南杂交水稻研究中心	CNA20201001137	泷两优 868	广西桂稻香农作物研究所有限公司
CNA20201001163	荃两优 532	安徽荃银高科种业股份有限公司	CNA20201001467	宜优 727	宜宾市农业科学院
CNA20201001882	天隆粳 325	天津天隆科技股份有限公司	CNA20201001987	镇籼 3 优 134	江苏丘陵地区镇江农业科学研究所
CNA20201001992	荃优 134	江苏丘陵地区镇江农业科学研究所	CNA20201002014	两优 1160	安徽省农业科学院水稻研究所
CNA20201002046	箴 9311S	湖北荃银高科种业有限公司	CNA20201002075	红 35S	湖北荃银高科种业有限公司
CNA20201002076	黑 818S	湖北荃银高科种业有限公司	CNA20201002077	荃晶丝苗	湖北荃银高科种业有限公司
CNA20201002133	华恢 6342	袁隆平农业高科技股份有限公司	CNA20201002198	荃优 605	中国种子集团有限公司
CNA20201002232	旌优 607	中国种子集团有限公司	CNA20201002560	桂恢 1899	广西壮族自治区农业科学院
CNA20201002784	徽两优 899	安徽国瑞种业有限公司	CNA20201002995	湘钰 621S	袁隆平农业高科技股份有限公司
CNA20201003008	倩丝	袁隆平农业高科技股份有限公司	CNA20201003752	R1916	武汉衍升农业科技有限公司
CNA20201003769	珞红优 1564	武汉大学	CNA20201003778	升两优 2618	武汉大学
CNA20201003784	珞红优 931	武汉大学	CNA20201003789	双香丝苗	湖南杂交水稻研究中心
CNA20201004125	青竹香占	广东省农业科学院水稻研究所	CNA20201004126	客都寿乡 1 号	广东省农业科学院水稻研究所
CNA20201004312	桂恢 627	广西壮族自治区农业科学院	CNA20201004329	华智 R11911	华智生物技术有限公司
CNA20201004762	106S	湖南农业大学	CNA20201004766	粤香 S	广东省农业科学院水稻研究所
CNA20201004926	升两优珞佳占	武汉衍升农业科技有限公司	CNA20201004929	369S	湖南农业大学

（续表）

品种权号	品种名称	品种权人	品种权号	品种名称	品种权人
CNA20201005625	585S	湖南农业大学	CNA20201005695	R5384	湖南杂交水稻研究中心
CNA20201005740	成桂 A	广西壮族自治区农业科学院	CNA20201005785	兴桂 A	广西壮族自治区农业科学院
CNA20201006066	新 03A	江西现代种业股份有限公司	CNA20201006240	浙粳 12A	浙江省农业科学院
CNA20201006308	桂恢 852	广西壮族自治区农业科学院	CNA20201006509	野抗 R70	广西壮族自治区农业科学院
CNA20201006561	野抗 R17	广西壮族自治区农业科学院	CNA20201006574	野抗 R41	广西壮族自治区农业科学院
CNA20201006581	丝丰占	广西壮族自治区农业科学院	CNA20201006583	野抗 R38	广西壮族自治区农业科学院
CNA20201006584	香丝糯	广西壮族自治区农业科学院	CNA20201006586	野抗 R259	广西壮族自治区农业科学院
CNA20201006730	阳光稻 63	大石桥市阳光种业有限公司	CNA20201007082	泰丰优 717	中国水稻研究所
CNA20201007098	新禾	中国水稻研究所	CNA20201007101	中恢 717	中国水稻研究所
CNA20201007392	泰优 820	中国种子集团有限公司	CNA20201007393	金龙优 189	中国种子集团有限公司
CNA20201007394	金龙优 607	中国种子集团有限公司	CNA20201007397	川种优 622	中国种子集团有限公司
CNA20201007575	广恢 568	广东省农业科学院水稻研究所	CNA20201007732	南粳 170008	江苏省农业科学院
CNA20211000134	忠恢 1878	湖南杂交水稻研究中心	CNA20211000243	贵优 1298	中国种子集团有限公司
CNA20211000419	呈两优丰占	中国种子集团有限公司	CNA20211000486	华浙优 22	中国水稻研究所
CNA20211000487	华恢 162	中国水稻研究所	CNA20211000638	宁 9837	江苏省农业科学院
CNA20211000639	宁 9804	江苏省农业科学院	CNA20211000675	宁 9811	江苏省农业科学院
CNA20211000676	宁 9186	江苏省农业科学院	CNA20211000818	呈两优 4312	中国种子集团有限公司
CNA20211000889	华香丝占	中国水稻研究所	CNA20211001539	昌两优 9 号	广西恒茂农业科技有限公司
CNA20211001665	坤两优紫 88	广西恒茂农业科技有限公司			
		授权日：2022-08-18			
CNA20140901.0	众 A	广东粤良种业有限公司	CNA20141009.9	P143	湖南杂交水稻研究中心
CNA20141203.3	隆两优 618	湖南隆平种业有限公司	CNA20141211.3	隆两优 608	湖南隆平种业有限公司
CNA20141300.5	两优 900	湖南袁创超级稻技术有限公司	CNA20151615.4	晶两优 534	袁隆平农业高科技股份有限公司

（续表）

品种权号	品种名称	品种权人	品种权号	品种名称	品种权人
CNA20152027.4	隆两优 1141	湖南隆平种业有限公司	CNA20160078.5	润甬 1 号	浙江省农业科学院
CNA20160505.8	常两优 18	湖南隆平种业有限公司	CNA20161154.0	晶两优 1377	袁隆平农业高科技股份有限公司
CNA20161317.4	R1377	广东省农业科学院水稻研究所	CNA20161387.9	焦粳 161	江苏焦点农业科技有限公司
CNA20162160.0	NY1	江苏省农业科学院	CNA20162161.9	NY2	江苏省农业科学院
CNA20162162.8	KDWB3	江苏省农业科学院	CNA20162163.7	KDWB4	江苏省农业科学院
CNA20162193.1	科辐粳 9 号	中国科学院合肥物质科学研究院	CNA20162306.5	煜两优 4156	袁隆平农业高科技股份有限公司
CNA20162432.2	蓉 7A	成都市农林科学院	CNA20162455.4	立丰 A	杨立坚
CNA20162465.2	糖可顺 1 号	上海微银生物技术有限公司	CNA20170020.3	R883	长沙奥林生物科技有限公司
CNA20170141.7	广越 S	广东省农业科学院水稻研究所	CNA20170145.3	GR165	广东省农业科学院水稻研究所
CNA20170228.3	鲁盐稻 68 号	山东省水稻研究所	CNA20170245.2	T 两优华占	福建旺福农业发展有限公司
CNA20170658.2	原香 39A	广西象州黄氏水稻研究所	CNA20170765.2	汴稻 1 号	开封市农林科学研究院
CNA20171388.7	湘巨 1 号	中国科学院亚热带农业生态研究所	CNA20171795.4	润香糯	浙江省农业科学院
CNA20171796.3	润香 3 号	浙江省农业科学院	CNA20171797.2	润香 4 号	浙江省农业科学院
CNA20172029.0	勇稻 1 号	沈阳领先种业有限公司	CNA20172251.9	丰粳 3227	江苏（武进）水稻研究所
CNA20172255.5	粤秀 A	广东省金稻种业有限公司	CNA20172258.2	R3463	湖南隆平种业有限公司
CNA20172385.8	中种 19A	中国种子集团有限公司	CNA20172608.9	南泰香占	广东省农业科学院水稻研究所
CNA20172623.0	南 11S	广东省农业科学院水稻研究所	CNA20172633.8	犇 A	广西百香高科种业有限公司
CNA20172750.5	HA1705S	安徽华安种业有限责任公司	CNA20172880.8	隆 6A	湖南隆平种业有限公司
CNA20172881.7	隆 6B	湖南隆平种业有限公司	CNA20172884.4	隆 8A	湖南隆平种业有限公司
CNA20172886.2	R3917	湖南隆平种业有限公司	CNA20172892.4	领 A	湖南隆平种业有限公司
CNA20172893.3	领 B	湖南隆平种业有限公司	CNA20172938.0	松粳 32	黑龙江省农业科学院五常水稻研究所
CNA20172943.3	泓 92S	湖南隆平种业有限公司	CNA20173052.8	穗香 A	吕桂权
CNA20173053.7	裕丝香	吕桂权	CNA20173055.5	屯恢 006	吕桂权

（续表）

品种权号	品种名称	品种权人	品种权号	品种名称	品种权人
CNA20173197.4	龙粳 3068	黑龙江省农业科学院水稻研究所	CNA20173286.6	扬恢 1512	江苏里下河地区农业科学研究所
CNA20173337.5	AS30	湖南省水稻研究所	CNA20173356.1	粤丰丝苗	合肥国丰农业科技有限公司
CNA20173357.0	创恢 1577	湖南袁创超级稻技术有限公司	CNA20173406.1	阳 S	湘西土家族苗族自治州农业科学研究院
CNA20173415.0	华 K01S	安徽华凯农业科技有限公司	CNA20173416.9	华粳 K2 号	安徽华凯农业科技有限公司
CNA20173429.4	湘宁早 1105	海南波莲水稻基因科技有限公司	CNA20173673.7	台早 1S	广东省农业科学院水稻研究所
CNA20173674.6	沃 S	广东省农业科学院水稻研究所	CNA20173698.8	黑粳 11 号	黑龙江省农业科学院黑河分院
CNA20173714.8	秀美占	广东粤良种业有限公司	CNA20173720.0	红丰 80S	湖南奥谱隆科技股份有限公司
CNA20173724.6	奥 R996	湖南奥谱隆科技股份有限公司	CNA20173729.1	奥 R682	湖南奥谱隆科技股份有限公司
CNA20173731.7	奥 R 雄占	湖南奥谱隆科技股份有限公司	CNA20180046.2	贵妃糯 2 号	武汉多倍体生物科技有限公司
CNA20180047.1	贵妃糯 1 号	武汉多倍体生物科技有限公司	CNA20180051.4	武粳 38	江苏（武进）水稻研究所
CNA20180164.8	华智 185	华智生物技术有限公司	CNA20180187.1	焦粳 1 号	江苏焦点农业科技有限公司
CNA20180247.9	圣稻 258	山东省水稻研究所	CNA20180248.8	圣稻 100	山东省水稻研究所
CNA20180265.6	隆两优 902	邹跃金	CNA20180302.1	当禾 621	浙江省嘉兴市农业科学研究院（所）
CNA20180303.0	当育粳 1608	浙江省嘉兴市农业科学研究院（所）	CNA20180304.9	早籼 1205	马鞍山神农种业有限责任公司
CNA20180305.8	早籼 1210	马鞍山神农种业有限责任公司	CNA20180314.7	新稻 52	河南省新乡市农业科学院
CNA20180315.6	绿雨梦占	安徽绿雨种业股份有限公司	CNA20180316.5	LR548	安徽绿雨种业股份有限公司
CNA20180342.3	新稻 568	河南省新乡市农业科学院	CNA20180354.8	早莉湘	周定科
CNA20180372.6	志 S	湖南志和种业科技有限公司	CNA20180373.5	和 2S	湖南志和种业科技有限公司
CNA20180390.4	扬粳糯 2 号	江苏里下河地区农业科学研究所	CNA20180405.7	金科丝苗 2 号	深圳市金谷美香实业有限公司
CNA20180406.6	金科丝苗 4 号	深圳市金谷美香实业有限公司	CNA20180407.5	金科丝苗 1 号	深圳市金谷美香实业有限公司
CNA20180471.6	辉 505S	湖南农业大学	CNA20180473.4	煌 614S	湖南农业大学
CNA20180474.3	源 511S	湖南农业大学	CNA20180493.0	创两优 513	袁氏种业高科技有限公司

（续表）

品种权号	品种名称	品种权人	品种权号	品种名称	品种权人
CNA20180494.9	R871	袁氏种业高科技有限公司	CNA20180495.8	佳恢471	厦门大学
CNA20180525.2	徐稻11号	江苏徐淮地区徐州农业科学研究所	CNA20180530.5	浙粳96	浙江省农业科学院
CNA20180531.4	浙湖粳25	浙江省农业科学院	CNA20180579.7	佳福红占	厦门大学
CNA20180596.6	闽禾8号	福建农林大学	CNA20180613.5	浙恢F1015	浙江省农业科学院作物与核技术利用研究所
CNA20180614.4	浙恢F1121	浙江省农业科学院作物与核技术利用研究所	CNA20180615.3	浙优19	浙江省农业科学院作物与核技术利用研究所
CNA20180616.2	浙优21	浙江省农业科学院作物与核技术利用研究所	CNA20180636.8	巨胚紫1号	中国水稻研究所
CNA20180637.7	巨胚8号	中国水稻研究所	CNA20180661.6	东81S	袁氏种业高科技有限公司
CNA20180663.4	袁糯315A	袁氏种业高科技有限公司	CNA20180670.5	金R276	湖南农业大学
CNA20180671.4	金R997	湖南农业大学	CNA20180672.3	新稻51	河南省新乡市农业科学院
CNA20180685.8	响稻352	天津天隆科技股份有限公司	CNA20180691.0	天隆粳323	天津天隆科技股份有限公司
CNA20180706.3	垦稻808	郯城县种苗研究所	CNA20180730.3	汉S	湖南佳和业股份有限公司
CNA20180761.5	宜香优粤农丝苗	北京金色农华种业科技股份有限公司	CNA20180762.4	圣香69	山东省水稻研究所
CNA20180801.7	旺两优950	湖南袁创超级稻技术有限公司	CNA20180802.6	旺两优9188	湖南袁创超级稻技术有限公司
CNA20180821.3	创粳18	创世纪种业有限公司	CNA20180836.6	W116S	湖南科裕隆种子研究所有限公司
CNA20180878.5	白金6	广西白金种子股份有限公司	CNA20180879.4	白金5	广西白金种子股份有限公司
CNA20180893.6	剑S	湖南志和种业科技有限公司	CNA20180926.7	弋粳10号	芜湖青弋江种业有限公司
CNA20180927.6	弋粳20	芜湖青弋江种业有限公司	CNA20180928.5	弋粳52	芜湖青弋江种业有限公司
CNA20180940.9	龙粳1766	黑龙江省农业科学院佳木斯水稻研究所	CNA20180976.6	田禾1号	佛山市农业科学研究所
CNA20180977.5	山软8号	佛山市农业科学研究所	CNA20180978.4	莉苗占	佛山市农业科学研究所
CNA20181007.7	五粤占3号	江西恒沃种业科技有限公司	CNA20181011.1	华粳9号	江苏省大华种业集团有限公司

（续表）

品种权号	品种名称	品种权人	品种权号	品种名称	品种权人
CNA20181014.8	玻璃香 S	王启荣	CNA20181038.0	洁净稻 1 号	安徽日辉生物科技有限公司
CNA20181039.9	普立米 1 号	广东普立米生物科技有限公司	CNA20181042.4	两优 409	北京金色农华种业科技股份有限公司
CNA20181078.1	C 两优粤莉占	北京金色农华种业科技股份有限公司	CNA20181079.0	C 两优广丝苗	北京金色农华种业科技股份有限公司
CNA20181081.6	R3411	北京金色农华种业科技股份有限公司	CNA20181082.5	徽两优广丝苗	北京金色农华种业科技股份有限公司
CNA20181095.0	名丰 A	杨立坚	CNA20181155.7	恒优 758	长沙利诚种业有限公司
CNA20181157.5	东粳 67	公主岭市吉农研水稻研究所有限公司	CNA20181183.3	金恢 031	林 骏
CNA20181184.2	天优珍丝苗	广东粤良种业有限公司	CNA20181185.1	天优金丝苗	广东粤良种业有限公司
CNA20181206.6	金黄占	广州市金粤生物科技有限公司	CNA20181218.2	野占	广西壮族自治区农业科学院水稻研究所
CNA20181219.1	野香占	广西壮族自治区农业科学院水稻研究所	CNA20181225.3	繁 42	上海市农业科学院
CNA20181239.7	G189S	湖北华泓种业科技有限公司	CNA20181372.4	武运 2845	江苏（武进）水稻研究所
CNA20181373.3	泗稻 16 号	江苏省农业科学院宿迁农科所	CNA20181448.4	淮香粳 29	安徽绿洲农业发展有限公司
CNA20181449.3	徽绿粳 1 号	安徽绿洲农业发展有限公司	CNA20181450.9	徽星占	安徽绿洲农业发展有限公司
CNA20181501.8	新稻 569	河南省新乡市农业科学院	CNA20181570.4	通系 933	通化市农业科学研究院
CNA20181575.9	瑞丰 S	长沙利诚种业有限公司	CNA20181703.4	悦 6318S	江苏悦丰种业科技有限公司
CNA20181760.4	R0815	湖南湘穗种业有限责任公司	CNA20181762.2	柳丝香占	广西粮发种业有限公司
CNA20181800.6	金稻 919	天津市水稻研究所	CNA20181801.5	金粳 518	天津市水稻研究所
CNA20181853.2	鲁黑香糯稻 1 号	山东省水稻研究所	CNA20181860.3	金粳 616	天津市水稻研究所
CNA20181861.2	丰润稻 768	镇江丰优农业科技有限公司	CNA20181874.7	R154	广西大学
CNA20181875.6	桂 69A	广西大学	CNA20181876.5	桂 R186	广西大学
CNA20181929.2	粤美占	广东省农业科学院水稻研究所	CNA20181981.7	化感稻 201	华南农业大学
CNA20181982.6	化 57S	华南农业大学	CNA20181985.3	凤粳 1 号	安徽省农业科学院水稻研究所

品种权号	品种名称	品种权人	品种权号	品种名称	品种权人
CNA20181986.2	酷秀丝苗	安徽酷科生物科技有限公司	CNA20181995.1	通系 949	通化市农业科学研究院
CNA20182017.3	中种 1305	中国种子集团有限公司	CNA20182020.8	中种 1622	中国种子集团有限公司
CNA20182021.7	香龙 A	中国种子集团有限公司	CNA20182055.6	广 8 优 386	广东省农业科学院水稻研究所
CNA20182056.5	五优 305	广东省农业科学院水稻研究所	CNA20182057.4	吉优 305	广东省农业科学院水稻研究所
CNA20182058.3	越两优 305	广东省农业科学院水稻研究所	CNA20182074.3	创两优五山丝苗	北京金色农华种业科技股份有限公司
CNA20182084.1	利两优华占	长沙利诚种业有限公司	CNA20182093.0	粤创优金丝占	广东粤良种业有限公司
CNA20182098.5	中银 A	广东粤良种业有限公司	CNA20182105.6	绥粳 316	黑龙江省农业科学院绥化分院
CNA20182106.5	绥粳 318	黑龙江省农业科学院绥化分院	CNA20182117.2	裕优 305	广东省农业科学院水稻研究所
CNA20182173.3	蜀鑫 18S	安徽友鑫农业科技有限公司	CNA20182174.2	鑫香 118	安徽友鑫农业科技有限公司
CNA20182175.1	鑫香 428	安徽友鑫农业科技有限公司	CNA20182180.4	恒 59S	湖南恒德种业科技有限公司
CNA20182239.5	吨 S	湖南袁创超级稻技术有限公司	CNA20182294.7	银红宝	广东省农业科学院水稻研究所
CNA20182366.0	荃优禾广丝苗	北京金色农华种业科技股份有限公司	CNA20182423.1	热科 181	中国热带农业科学院热带作物品种资源研究所
CNA20182477.6	蓉优 28	重庆市农业科学院	CNA20182480.1	隆粳 213	天津天隆科技股份有限公司
CNA20182536.5	优 H210	海南波莲水稻基因科技有限公司	CNA20182558.8	镇籼优 1393	江苏沿海地区农业科学研究所
CNA20182559.7	荃香优 7535	江苏沿海地区农业科学研究所	CNA20182560.4	盐恢 535	江苏沿海地区农业科学研究所
CNA20182565.9	苏 1716	江苏太湖地区农业科学研究所	CNA20182583.7	国 1S	重庆市农业科学院
CNA20182775.5	佳田 1	孙德才	CNA20182823.7	早繁 24	上海市农业科学院
CNA20182825.5	固广油占	广东省农业科学院水稻研究所	CNA20182840.6	玉晶新占	广东省农业科学院水稻研究所
CNA20182841.5	玉晶油占	广东省农业科学院水稻研究所	CNA20182855.8	津原 77	天津市原种场
CNA20182856.7	津原 97	天津市原种场	CNA20182857.6	津原 985	天津市原种场
CNA20182899.6	MR1513	江苏明天种业科技股份有限公司	CNA20182900.3	扬两优 612	江苏里下河地区农业科学研究所
CNA20182934.3	金隆 A	林青山	CNA20182946.9	珍宝香 9	孙德才

（续表）

品种权号	品种名称	品种权人	品种权号	品种名称	品种权人
CNA20182947.8	佳香 2	孙德才	CNA20182977.1	华盛 A	江西先农种业有限公司
CNA20182978.0	晶泰 A	江西先农种业有限公司	CNA20182979.9	金乡 A	江西先农种业有限公司
CNA20182982.4	珍宝香 13	孙德才	CNA20183008.2	佳香 1	孙德才
CNA20183045.7	航 10S	华南农业大学	CNA20183046.6	香丝苗	广州优能达稻米科技有限公司
CNA20183082.1	新丰 10 号	河南丰源种子有限公司	CNA20183087.6	佳香 6	孙德才
CNA20183119.8	佳香 4	孙德才	CNA20183120.5	佳香 3	孙德才
CNA20183155.3	全香占	湖北荃银高科种业有限公司	CNA20183178.6	津育粳 25	天津市农作物研究所
CNA20183213.3	佳香 8	孙德才	CNA20183304.3	南新油占	广东粤良种业有限公司
CNA20183311.4	金隆 B	林青山	CNA20183335.6	松粳 35	黑龙江省农业科学院五常水稻研究所
CNA20183336.5	松粳 48	黑龙江省农业科学院五常水稻研究所	CNA20183371.1	R312	湖南民升种业科学研究院有限公司
CNA20183384.6	惠稻 1 号	黑龙江省巨基农业科技开发有限公司	CNA20183385.5	鑫晟稻 6 号	黑龙江省巨基农业科技开发有限公司
CNA20183436.4	翔粳糯 210	安徽翔宇农业科技有限公司	CNA20183437.3	翔粳糯 1 号	安徽翔宇农业科技有限公司
CNA20183438.2	华占 S	安徽丰大种业股份有限公司	CNA20183439.1	金吉 A	北京金色农华种业科技股份有限公司
CNA20183450.5	云岭 301FS	云南农业大学	CNA20183451.4	云岭 302FS	云南农业大学
CNA20183470.1	航恢 1508	华南农业大学	CNA20183473.8	航恢 1978	华南农业大学
CNA20183474.7	华航 51 号	华南农业大学	CNA20183475.6	华航 52 号	华南农业大学
CNA20183480.9	黄广华占 2 号	广东省农业科学院水稻研究所	CNA20183527.4	禾银丝苗	广东省农业科学院水稻研究所
CNA20183553.1	航新糯	广东省农业科学院水稻研究所	CNA20183559.5	创油占 1 号	创世纪种业有限公司
CNA20183603.1	青香优华占	广州市金奥生物科技有限公司	CNA20183611.1	楚 18S	湖北楚创高科农业有限公司
CNA20183612.0	楚糯 9 号	湖北楚创高科农业有限公司	CNA20183616.6	永乐晶丝香	合肥市永乐水稻研究所
CNA20183627.3	珍宝香 1	孙德才	CNA20183637.1	R798	广东省农业科学院水稻研究所
CNA20183642.4	齐粳 12 号	黑龙江省农业科学院齐齐哈尔分院	CNA20183682.5	龙盾 125	黑龙江省莲江口种子有限公司
CNA20183688.9	龙粳 1502	黑龙江省农业科学院佳木斯水稻研究所	CNA20183689.8	龙粳 1704	黑龙江省农业科学院佳木斯水稻研究所

（续表）

品种权号	品种名称	品种权人	品种权号	品种名称	品种权人
CNA20183692.3	龙粳1710	黑龙江省农业科学院佳木斯水稻研究所	CNA20183694.1	龙粳1719	黑龙江省农业科学院水稻研究所
CNA20183696.9	龙粳1728	黑龙江省农业科学院水稻研究所	CNA20183698.7	龙粳1767	黑龙江省农业科学院水稻研究所
CNA20183719.2	沪稻89号	上海市农业科学院	CNA20183738.9	福恢371	福建省农业科学院水稻研究所
CNA20183775.3	壮两优1号	湖南袁创超级稻技术有限公司	CNA20183790.4	G两优1718	合肥国丰农业科技有限公司
CNA20183793.1	月牙香珍	湖南粮安科技股份有限公司	CNA20183794.0	同丰粳62	安徽省同丰种业有限公司
CNA20183798.6	双优573	四川农业大学	CNA20183865.4	JX99	广东海洋大学
CNA20183874.3	R6	广东海洋大学	CNA20183875.2	海红12	广东海洋大学
CNA20183896.7	帮恢608	重庆帮豪种业股份有限公司	CNA20183948.5	重学15	陵水重学辐射育种研究所
CNA20183961.7	创优91	湖南袁创超级稻技术有限公司	CNA20183981.3	中种两优607	中国种子集团有限公司
CNA20184025.9	垦稻96	黑龙江省农垦科学院	CNA20184050.7	中丝占1号	中国水稻研究所
CNA20184051.6	中丝占2号	中国水稻研究所	CNA20184052.5	中丝占3号	中国水稻研究所
CNA20184053.4	中丝占4号	中国水稻研究所	CNA20184054.3	中丝占5号	中国水稻研究所
CNA20184055.2	中丝占6号	中国水稻研究所	CNA20184056.1	中早67	中国水稻研究所
CNA20184120.3	清农占	清远市农业科技推广服务中心（清远市农业科学研究所）	CNA20184123.0	福恢450	福建省农业科学院水稻研究所
CNA20184149.0	龙粳3026	黑龙江省农业科学院水稻研究所	CNA20184152.4	龙粳3004	黑龙江省农业科学院水稻研究所
CNA20184197.1	阳光900	郯城县种子公司	CNA20184209.7	福糯1号	湖北省农业科学院粮食作物研究所
CNA20184211.3	腾稻835	黑龙江省普田种业有限公司农业科学研究院	CNA20184215.9	龙香粳179	安徽丰大种业股份有限公司
CNA20184216.8	绿都19	蒋重君	CNA20184219.5	绿都129	蒋重君
CNA20184221.1	泉糯669	安徽禾泉种业有限公司	CNA20184251.4	中恢HR35	中国水稻研究所
CNA20184252.3	中恢R68	中国水稻研究所	CNA20184255.0	育龙33	黑龙江省农业科学院作物育种研究所
CNA20184334.5	浙粳优1726	浙江省农业科学院	CNA20184412.0	圣稻27	山东省水稻研究所
CNA20184413.9	圣稻29	山东省水稻研究所	CNA20184456.7	Y80	安徽省农业科学院水稻研究所
CNA20184457.6	花18S	安徽桃花源农业科技有限责任公司	CNA20184458.5	TR1600	安徽桃花源农业科技有限责任公司

（续表）

品种权号	品种名称	品种权人	品种权号	品种名称	品种权人
CNA20184459.4	TR776	安徽桃花源农业科技有限责任公司	CNA20184460.1	TR36	安徽桃花源农业科技有限责任公司
CNA20184509.4	奥晶丝苗	湖南奥谱隆科技股份有限公司	CNA20184510.1	奥隆丽晶	湖南奥谱隆科技股份有限公司
CNA20184512.9	奥香丝	湖南奥谱隆科技股份有限公司	CNA20184513.8	奥美香	湖南奥谱隆科技股份有限公司
CNA20184526.3	坚恢1158	杨立坚	CNA20184536.1	W0096	南京农业大学
CNA20184539.8	W023	南京农业大学	CNA20184543.2	ZSR29	湖南省水稻研究所
CNA20184547.8	武育粳35号	江苏（武进）水稻研究所	CNA20184663.6	宁丰A	杨立坚
CNA20184695.8	圣稻132	山东省水稻研究所	CNA20184705.6	苗稻7	黑龙江省苗氏种业有限责任公司
CNA20184731.4	R1710	湖南省水稻研究所	CNA20184745.8	玖两优121	湖南省水稻研究所
CNA20184767.1	R336	湖南农业大学	CNA20184790.2	深优5438	袁隆平农业高科技股份有限公司
CNA20184832.2	隆两优1227	袁隆平农业高科技股份有限公司	CNA20184833.1	隆晶优1706	袁隆平农业高科技股份有限公司
CNA20184834.0	隆晶优4456	袁隆平农业高科技股份有限公司	CNA20184836.8	隆优5438	袁隆平农业高科技股份有限公司
CNA20184854.5	菰香油占1号	江门市种业有限公司	CNA20191000077	圣稻1852	山东省水稻研究所
CNA20191000492	丰稻5号	山东丰年农业科技有限公司	CNA20191000500	鲁资稻9号	山东省农作物种质资源中心
CNA20191000535	莲育606	黑龙江省莲江口种子有限公司	CNA20191000597	鲁资糯10号	山东省农作物种质资源中心
CNA20191000733	中作1703	中国农业科学院作物科学研究所	CNA20191000872	济稻7号	山东省农业科学院生物技术研究中心
CNA20191000924	鲁资稻13号	山东省农作物种质资源中心	CNA20191001252	Y两优459	湖南神州星锐种业科技有限公司
CNA20191001257	湘两优203	湖南神州星锐种业科技有限公司	CNA20191001258	明两优203	湖南神州星锐种业科技有限公司
CNA20191001310	徽占1319	安徽省农业科学院水稻研究所	CNA20191001333	1628S	常德市农林科学研究院
CNA20191001373	玉稻58	河南师范大学	CNA20191001415	京粳7号	中国农业科学院作物科学研究所
CNA20191001989	巴斯香占	安徽荃银高科种业股份有限公司	CNA20191002589	新科稻58	河南省新乡市农业科学院
CNA20191003247	江两优7901	浙江大学	CNA20191003510	龙粳1821	黑龙江省农业科学院水稻研究所
CNA20191003847	野抗R28	广西壮族自治区农业科学院	CNA20191004843	龙粳1713	黑龙江省农业科学院水稻研究所
CNA20191005437	绥粳131	黑龙江省农业科学院绥化分院	CNA20191005633	雅优2116	四川农业大学

品种权号	品种名称	品种权人	品种权号	品种名称	品种权人
CNA20191005641	龙粳 4211	黑龙江省农业科学院水稻研究所	CNA20191005644	龙粳 4311	黑龙江省农业科学院水稻研究所
CNA20191005776	龙粳 4411	黑龙江省农业科学院水稻研究所	CNA20191005854	丰粳 908	江苏神农大丰种业科技有限公司
CNA20191005944	龙粳 1851	黑龙江省农业科学院水稻研究所	CNA20191006025	中作 1705	中国农业科学院作物科学研究所
CNA20191006028	中作 1802	中国农业科学院作物科学研究所	CNA20191006029	中作 1801	中国农业科学院作物科学研究所
CNA20191006770	小薇	中国水稻研究所	CNA20191006772	小薇籼	中国水稻研究所
CNA20191006773	热科 192	中国热带农业科学院热带作物品种资源研究所	CNA20191006801	龙粳 1826	黑龙江省农业科学院水稻研究所
CNA20191006806	芙 811S	湖南杂交水稻研究中心	CNA20201000005	宏运 051	五常市宏运种业有限公司
CNA20201000253	莲汇 5127	黑龙江省莲江口种子有限公司	CNA20201000737	热科 196	中国热带农业科学院热带作物品种资源研究所
CNA20201000880	热科 197	中国热带农业科学院热带作物品种资源研究所	CNA20201001161	荃两优 1606	安徽荃银高科种业股份有限公司
CNA20201001587	苏糯 7132	江苏中江种业股份有限公司	CNA20201001643	桂恢 786	广西壮族自治区农业科学院
CNA20201001644	桂恢 1936	广西壮族自治区农业科学院	CNA20201001775	黑粳 12	黑龙江省农业科学院黑河分院
CNA20201001836	桂丰 18	广西壮族自治区农业科学院水稻研究所	CNA20201001988	镇稻 6726	江苏丘陵地区镇江农业科学研究所
CNA20201001989	镇稻 30 号	江苏丘陵地区镇江农业科学研究所	CNA20201001991	镇糯 29 号	江苏丘陵地区镇江农业科学研究所
CNA20201002007	桂丰黑糯 169	广西壮族自治区农业科学院水稻研究所	CNA20201002018	桂育糯 158	广西壮族自治区农业科学院水稻研究所
CNA20201002020	桂育糯 198	广西壮族自治区农业科学院水稻研究所	CNA20201002035	松科粳 108	黑龙江省农业科学院生物技术研究所
CNA20201002042	镇稻 23 号	江苏丘陵地区镇江农业科学研究所	CNA20201002079	郢香丝苗	湖北荃银高科种业有限公司
CNA20201002141	晶紫糯 166	广西壮族自治区农业科学院	CNA20201002142	桂丰黑糯 168	广西壮族自治区农业科学院水稻研究所
CNA20201002153	隆晶优 8401	袁隆平农业高科技股份有限公司	CNA20201002206	锦两优 22	袁隆平农业高科技股份有限公司
CNA20201002224	悦两优 8612	袁隆平农业高科技股份有限公司	CNA20201002226	捷两优 1187	袁隆平农业高科技股份有限公司

（续表）

品种权号	品种名称	品种权人	品种权号	品种名称	品种权人
CNA20201002227	晖两优 5281	袁隆平农业高科技股份有限公司	CNA20201004368	胜香 A	江西现代种业股份有限公司
授权日：2022-11-30					
CNA20170382.5	中种 R1605	中国种子集团有限公司	CNA20170403.0	中种粳 1503	中国种子集团有限公司
CNA20171276.2	雅占	江西天涯种业有限公司	CNA20171277.1	锋占	江西天涯种业有限公司
CNA20171659.9	晶两优 4952	袁隆平农业高科技股份有限公司	CNA20171660.6	隆晶优 4393	袁隆平农业高科技股份有限公司
CNA20171663.3	晶两优 1988	袁隆平农业高科技股份有限公司	CNA20171664.2	晶两优 1686	袁隆平农业高科技股份有限公司
CNA20171665.1	晶两优 1252	袁隆平农业高科技股份有限公司	CNA20171670.4	晶两优黄莉占	袁隆平农业高科技股份有限公司
CNA20171673.1	隆两优 1686	袁隆平农业高科技股份有限公司	CNA20171682.0	晶两优 641	袁隆平农业高科技股份有限公司
CNA20172645.4	鄂中 6 号	湖北省农业科学院粮食作物研究所	CNA20173147.5	ER38	湖北省农业科学院粮食作物研究所
CNA20173396.3	华盛早香	陕西华盛种业科技有限公司	CNA20173397.2	早香 707	吴升华
CNA20173670.0	福稻 99	武汉隆福康农业发展有限公司	CNA20173676.4	53S	中国种子集团有限公司
CNA20180120.1	华恢 5348	袁隆平农业高科技股份有限公司	CNA20180147.0	明特 A	三明市农业科学研究院
CNA20180172.8	江早油占	江西科源种业有限公司	CNA20180173.7	玉软占	江西科源种业有限公司
CNA20180268.3	E 两优 476	湖北省农业科学院粮食作物研究所	CNA20180294.1	R2806	湖北省农业科学院粮食作物研究所
CNA20180352.0	福恢 2165	福建省农业科学院水稻研究所	CNA20180380.6	T76S	郴州市农业科学研究所
CNA20180381.5	K411S	郴州市农业科学研究所	CNA20180403.9	金恢 12	深圳市金谷美香实业有限公司
CNA20180498.5	双佳占	厦门大学	CNA20180532.3	浙糯 106	浙江省农业科学院
CNA20180533.2	营 S	江西红一种业科技股份有限公司	CNA20180534.1	39S	江西红一种业科技股份有限公司
CNA20180599.3	两优 699	福建农林大学	CNA20180635.9	文早糯 1 号	郴州市农业科学研究所
CNA20180697.4	秦早 A	江西金信种业有限公司	CNA20180757.1	育龙 43	黑龙江省农业科学院作物育种研究所
CNA20180791.9	鄂香 2 号	湖北中香农业科技股份有限公司	CNA20180793.7	糯恢 11	湖北中香农业科技股份有限公司
CNA20180894.5	亮晶 S	湖南志和种业科技有限公司	CNA20180947.2	冈恢 441	黄冈市农业科学院

品种权号	品种名称	品种权人	品种权号	品种名称	品种权人
CNA20181080.7	R3409	北京金色农华种业科技股份有限公司	CNA20181144.1	鄂中占	刘定富
CNA20181277.0	天旱2号	江西天涯种业有限公司	CNA20181278.9	天旱9号	江西天涯种业有限公司
CNA20181279.8	晶禾	江西天涯种业有限公司	CNA20181280.5	泰乡优粤丝苗	江西天涯种业有限公司
CNA20181451.8	绿洲星	安徽绿洲农业发展有限公司	CNA20181458.1	冈早籼11号	武汉佳禾生物科技有限责任公司
CNA20181492.9	黑珍珠	江西省农业科学院农产品质量安全与标准研究所	CNA20181495.6	青香A	林青山
CNA20181515.2	萍恢8339	萍乡市农业科学研究所	CNA20181569.7	佳优长晶	湖南佳和种业股份有限公司
CNA20181796.2	松雅4号	湖南省水稻研究所	CNA20181836.4	湘盐603	湖南省水稻研究所
CNA20182096.7	粤纯A	广东粤良种业有限公司	CNA20182143.0	赣恢661	江西省农业科学院水稻研究所
CNA20182144.9	赣恢718	江西省农业科学院水稻研究所	CNA20182145.8	赣恢3164	江西省农业科学院水稻研究所
CNA20182176.0	三乐	萍乡市农业科学研究所	CNA20182178.8	萍恢3240	萍乡市农业科学研究所
CNA20182209.1	伏S	江西红一种业科技股份有限公司	CNA20182277.8	京贵占	北京金色农华种业科技股份有限公司
CNA20182289.4	19香	广东省农业科学院水稻研究所	CNA20182512.3	荃优683	中国水稻研究所
CNA20182513.2	中恢GSR1	中国水稻研究所	CNA20182514.1	中恢R683	中国水稻研究所
CNA20182539.2	荃优GSR1	中国水稻研究所	CNA20182582.8	Q恢25	重庆市农业科学院
CNA20182584.6	神9优25	重庆中一种业有限公司	CNA20182585.5	神农优228	重庆中一种业有限公司
CNA20182645.3	中早60	中国水稻研究所	CNA20182646.2	中早58	中国水稻研究所
CNA20182647.1	中早57	中国水稻研究所	CNA20182649.9	中早66	中国水稻研究所
CNA20182695.2	泸520A	四川省农业科学院水稻高粱研究所	CNA20182876.3	兴安早香	江西兴安种业有限公司
CNA20182877.2	思源A	福建省农业科学院水稻研究所	CNA20182878.1	创源A	福建省农业科学院水稻研究所
CNA20182945.0	青丰占	广州市金粤生物科技有限公司	CNA20183044.8	华航48号	华南农业大学
CNA20183121.4	绿研6	孙德才	CNA20183157.1	早丰占	湖北荃银高科种业有限公司
CNA20183161.5	粤泰油占	广东省农业科学院水稻研究所	CNA20183337.4	创两优鄂丰丝苗	湖北荃银高科种业有限公司
CNA20183388.2	卓越8号	黑龙江省巨基农业科技开发有限公司	CNA20183560.2	景华丝苗	湖北华之夏种子有限责任公司

品种权号	品种名称	品种权人	品种权号	品种名称	品种权人
CNA20183614.8	金籼 181	武汉金丰收种业有限公司	CNA20183615.7	永丰 806	合肥市永乐水稻研究所
CNA20183697.8	龙粳 1761	黑龙江省农业科学院水稻研究所	CNA20183748.7	R20	湖北省农业科学院粮食作物研究所
CNA20183771.7	Y 两优 966	湖南袁创超级稻技术有限公司	CNA20184134.7	南优占	广东省农业科学院水稻研究所
CNA20184218.6	绿都 105	蒋重君	CNA20184236.4	莲丝 1 号	海南波莲水稻基因科技有限公司
CNA20184676.1	紫糯 S	广西恒茂农业科技有限公司	CNA20184791.1	晶两优 5438	袁隆平农业高科技股份有限公司
CNA20184792.0	晶两优 8612	袁隆平农业高科技股份有限公司	CNA20184793.9	隆两优 5438	袁隆平农业高科技股份有限公司
CNA20184794.8	隆两优 8612	袁隆平农业高科技股份有限公司	CNA20184807.3	晶两优 5348	袁隆平农业高科技股份有限公司
CNA20184835.9	隆晶优 8129	袁隆平农业高科技股份有限公司	CNA20184837.7	晶两优 1237	袁隆平农业高科技股份有限公司
CNA20184838.6	隆两优 2246	袁隆平农业高科技股份有限公司	CNA20184840.2	隆两优 8401	袁隆平农业高科技股份有限公司
CNA20191002500	中科香粳 1 号	中国科学院合肥物质科学研究院	CNA20191002567	华盛优华占	北京金色农华种业科技股份有限公司
CNA20191005273	深两优 1133	湖南农业大学	CNA20191005681	楚香丝苗	湖北楚种农业科技有限公司
CNA20191005770	F1534	中国水稻研究所	CNA20191005782	龙粳 4239	黑龙江省农业科学院水稻研究所
CNA20191006776	绥粳 126	黑龙江省农业科学院绥化分院	CNA20191006940	Q 两优 169	安徽荃银高科种业股份有限公司
CNA20201000227	黄广美占	广东省农业科学院水稻研究所	CNA20201000230	黄广金占	广东省农业科学院水稻研究所
CNA20201000243	龙粳 3032	黑龙江省农业科学院水稻研究所	CNA20201000373	沪香糯 1911	上海市农业科学院
CNA20201000391	龙粳 1938	黑龙江省农业科学院水稻研究所	CNA20201000543	龙粳 4413	黑龙江省农业科学院水稻研究所
CNA20201001416	新粤占	广东省农业科学院水稻研究所	CNA20201001487	广黑糯 1 号	广东省农业科学院水稻研究所
CNA20201001665	金粳糯 6288	江苏金土地种业有限公司	CNA20201002041	镇稻 33 号	江苏丘陵地区镇江农业科学研究所
CNA20201002231	玮两优美香新占	袁隆平农业高科技股份有限公司	CNA20201002279	泰优 6365	安徽红旗种业科技有限公司
CNA20201002302	悦两优 2646	袁隆平农业高科技股份有限公司	CNA20201002312	悦两优 5688	湖南隆平高科种业科学研究院有限公司
CNA20201002315	玮两优 8612	袁隆平农业高科技股份有限公司	CNA20201002478	泰优 3216	泸州泰丰种业有限公司

（续表）

品种权号	品种名称	品种权人	品种权号	品种名称	品种权人
CNA20201002606	中垦稻 100	江苏（武进）水稻研究所	CNA20201002632	宁香糯 1 号	江苏省农业科学院
CNA20201002680	泰优 1261	湖南金健种业科技有限公司	CNA20201002809	展两优 018	湖南农业大学
CNA20201002821	鸿源 19 号	黑龙江孙斌鸿源农业开发集团有限责任公司	CNA20201002823	鸿源 5 号	黑龙江孙斌鸿源农业开发集团有限责任公司
CNA20201002963	桂黑丝占	广西壮族自治区农业科学院水稻研究所	CNA20201003218	华玉香丝	湖北华之夏种子有限责任公司
CNA20201003244	荃粳优 70	中国科学院分子植物科学卓越创新中心	CNA20201003608	旱恢 55	上海市农业生物基因中心
CNA20201003692	鸿源粘 2 号	黑龙江孙斌鸿源农业开发集团有限责任公司	CNA20201003751	喜 09S	安徽喜多收种业科技有限公司
CNA20201003847	龙绥 199	绥化市北林区盛禾农作物科研所	CNA20201003878	盛禾 9	绥化市盛昌种子繁育有限责任公司
CNA20201004129	天盈 4 号	黑龙江省普田种业有限公司	CNA20201004160	唯农 103	东北农业大学
CNA20201004327	镇稻 31 号	江苏丘陵地区镇江农业科学研究所	CNA20201004404	绥禾 6 号	绥化市北林区鸿利源现代农业科学研究所
CNA20201004407	龙绥 188	绥化市北林区丰硕农作物科研所	CNA20201004572	花 150	宁夏农林科学院农作物研究所
CNA20201004673	东富 112	东北农业大学	CNA20201004773	桂恢 051	广西壮族自治区农业科学院
CNA20201004931	全香丝苗	湖北荃银高科种业有限公司	CNA20201004971	焱丰 A	广西壮族自治区农业科学院
CNA20201005391	莲育 7012	黑龙江省莲江口种子有限公司	CNA20201005450	龙垦 292	北大荒垦丰种业股份有限公司
CNA20201005452	龙垦 2004	北大荒垦丰种业股份有限公司	CNA20201005455	龙垦 2020	北大荒垦丰种业股份有限公司
CNA20201005456	龙垦 2027	北大荒垦丰种业股份有限公司	CNA20201005472	龙垦 290	北大荒垦丰种业股份有限公司
CNA20201005473	龙垦 2011	北大荒垦丰种业股份有限公司	CNA20201005540	17TJ2	宁夏农林科学院农作物研究所
CNA20201005546	宁系 44	宁夏农林科学院农作物研究所	CNA20201005572	圣香 1826	山东省农业科学院
CNA20201005653	17TJ12	宁夏农林科学院农作物研究所	CNA20201005656	宁系 47	宁夏农林科学院农作物研究所
CNA20201005662	花 151	宁夏农林科学院农作物研究所	CNA20201005699	2016KF7	宁夏农林科学院农作物研究所

（续表）

品种权号	品种名称	品种权人	品种权号	品种名称	品种权人
CNA20201005746	箴两优荃晶丝苗	湖北荃银高科种业有限公司	CNA20201005885	东富 111	东北农业大学
CNA20201005886	东富 202	东北农业大学	CNA20201006116	哈勃 506	无锡哈勃生物种业技术研究院有限公司
CNA20201006147	龙垦 2002	北大荒垦丰种业股份有限公司	CNA20201006148	龙垦 2021	北大荒垦丰种业股份有限公司
CNA20201006204	华浙糯 1 号	浙江勿忘农种业股份有限公司	CNA20201006296	钱优 9299	浙江省农业科学院
CNA20201006373	宁粳 58 号	宁夏农林科学院农作物研究所	CNA20201006812	吉粳 518	吉林省农业科学院
CNA20201006827	哈勃 603	无锡哈勃生物种业技术研究院有限公司	CNA20201006848	吉粳 516	吉林省农业科学院
CNA20201006849	吉粳 812	吉林省农业科学院	CNA20201007102	C 两优 143	中国水稻研究所
CNA20201007238	哈农育 1 号	哈尔滨市祥财农业科技发展有限公司	CNA20201007320	荃优洁田丝苗	安徽荃银高科种业股份有限公司
CNA20201007321	荃优洁丰丝苗	安徽荃银高科种业股份有限公司	CNA20201007325	荃两优洁丰丝苗	安徽荃银高科种业股份有限公司
CNA20201007327	荃广优 879	安徽荃银高科种业股份有限公司	CNA20201007734	富稻 14	齐齐哈尔市富尔农艺有限公司
CNA20201007774	吉粳 305	吉林省农业科学院	CNA20201007853	富稻 1	齐齐哈尔市富尔农艺有限公司
CNA20201007913	嘉禾优 5 号	中国水稻研究所			

注：数据来源于农业农村部科技发展中心《品种权授权公告（2022 年）》。